Risikobasierte Gestaltung von Subskriptionsmodellen im Maschinen- und Anlagenbau

Risk-based Design of Subscription Business Models of Machine and Plant Manufacturers

Von der Fakultät für Maschinenwesen
der Rheinisch-Westfälischen Technischen Hochschule Aachen
zur Erlangung des akademischen Grades eines
Doktors der Ingenieurwissenschaften
genehmigte Dissertation

vorgelegt von

Martin Peter Lenart

Berichter/in:

Univ.-Prof. Dr.-Ing. Achim Kampker, MBA
apl. Prof. Dr.-Ing. Volker Stich

Tag der mündlichen Prüfung: 13. März 2024

Diese Dissertation ist auf den Internetseiten der Universitätsbibliothek online verfügbar.

SCHRIFTENREIHE RATIONALISIERUNG

Martin Lenart

Risikobasierte Gestaltung von Subskriptionsmodellen im Maschinen- und Anlagenbau

Herausgeber:
Prof. Dr.-Ing. Dipl.-Wirt. Ing. G. Schuh

Band 192

fir an der
RWTH Aachen

Bibliografische Information der Deutschen Nationalbibliothek
Die Deutsche Nationalbibliothek verzeichnet diese Publikation in der Deutschen Nationalbibliografie; detaillierte bibliografische Daten sind im Internet über https://portal.dnb.de abrufbar.

Martin Lenart:

Risikobasierte Gestaltung von Subskriptionsmodellen im Maschinen- und Anlagenbau

1. Auflage, 2024

Gedruckt auf holz- und säurefreiem Papier, 100% chlorfrei gebleicht.

Wissenschaftsverlag des Instituts für Industriekommunikation und Fachmedien
an der RWTH Aachen
Steinbachstr. 25, 52074 Aachen
Internet: www.apprimus-verlag.de, E-Mail: info@apprimus-verlag.de

Druck: CPI Druckdienstleistungen GmbH, Ferdinand-Jühlke-Straße 7 I 99095 Erfurt

ISBN 978-3-98555-212-2

D 82 (Diss. RWTH Aachen University, 2024)

Zusammenfassung

Die Zielsetzung dieses Dissertationsvorhabens besteht in der Entwicklung eines Vorgehens für die risikobasierte Gestaltung von Subskriptionsmodellen. Mit den Ergebnissen dieser Arbeit werden Unternehmen dazu befähigt, Subskriptionsmodelle zu entwickeln und dabei Chancen und Gefahren gemäß den Randbedingungen des Unternehmens zu optimieren.

Die Grundlage für diese Arbeit stellte die Erhebung von zehn Fallstudien dar. Basierend auf den Fallstudien konnten Gestaltungs- und Einflussgrößen abgeleitet werden. Gestaltungsgrößen sind die durch den Anbieter veränderbaren Größen zur Gestaltung des Subskriptionsmodells. Einflussgrößen wiederum stellen Größen aus dem Umfeld des Anbieters dar, welche einen Einfluss auf beispielsweise die Attraktivität oder den Erfolg eines Subskriptionsmodells haben können. Anders als Gestaltungsgrößen lassen sich Einflussgrößen nicht oder nur schwierig durch den Anbieter beeinflussen. Sie stellen damit feste Rahmenbedingungen dar, die bei der Konzeption und Planung eines Subskriptionsmodells berücksichtigt werden müssen.

Unter dem Begriff „Risiko“ wurde im Rahmen dieser Arbeit die ambivalente Auffassung eines Risikos sowohl als Gefahr als auch als Chance vertreten. Es wurden folglich Gefahren und Chancen von Subskriptionsmodellen beschrieben. Diese Gefahren und Chancen sind im engen Kontext mit der Gestaltung des Subskriptionsmodells sowie dem Unternehmensumfeld des Anbieters zu sehen. Bei der Beschreibung der Risiken wurde auf die zuvor beschriebenen Gestaltungs- und Einflussgrößen Bezug genommen. Jede beschriebene Chance oder Gefahr nimmt Bezug auf diejenigen charakteristischen Einfluss- und Gestaltungsgrößen, welche die Basis für die jeweilige Chance oder Gefahr darstellen. Durch das Eingehen von Risiken kann auch auf einem gesättigten Markt, in dem eine Differenzierung allein über das Produkt zunehmend schwieriger wird, ein strategischer Vorteil erlangt werden. Die Differenzierung findet zunehmend weniger allein über innovative Produkte statt, sondern vermehrt über den effektiven und effizienten Einsatz dieser Produkte zur Lösung von Kundenproblemen.

Das entwickelte Vorgehensmodell dient der Unterstützung des Anwenders zur Umsetzung der Inhalte dieser Dissertationsschrift. Der Anwender ist dabei ein Unternehmen des Maschinen- und Anlagenbaus, welches sich in der Konzeptionsphase eines Subskriptionsmodells befindet. Im Rahmen des Vorgehens werden die zuvor beschriebenen Modelle integriert und in einer stringenten Abfolge von Tätigkeiten für eine risikobasierte Gestaltung von Subskriptionsmodellen überführt.

Summary

The objective of this dissertation is to develop a procedure for the risk-based design of subscription models. The results of this work enable companies to develop subscription models and to optimize opportunities and threats according to the company's constraints.

The basis for this work is laid by ten case studies. Based on the case studies, design and influencing variables for subscriptions models were derived. Design variables are variables that can be changed by the provider in order to design the subscription model. Influencing variables, in turn, represent variables from the provider's environment that can have an influence on the attractiveness or success of a subscription model. Unlike design variables, influencing variables cannot be influenced by the provider, or can only be influenced with difficulty. They therefore represent fixed constraints that must be taken into account when designing and planning a subscription model.

In the context of this work, the term "risk" was used to describe the ambivalent view of risk as both a danger and an opportunity. Consequently, dangers and opportunities of subscription models were described. These dangers and opportunities are to be seen in close context with the set-up of the subscription model as well as company's constraints. In describing the risks, reference was made to the previously described design and influencing variables. Each opportunity or risk described refers to those characteristic design and influencing variables that represent the basis for the respective danger or opportunity. By taking risks, a strategic advantage can be gained even in a saturated market, where differentiation via the product alone is becoming increasingly difficult. Differentiation is increasingly less about innovative products alone, but more about the effective and efficient use of these products to solve customer problems.

The methodology that was developed serves the support of the user for the conversion of contents of this dissertation. The intended user of the methodology is a company of the mechanical and plant engineering industry, which is in the conception phase of a subscription model. In the course of the methodology, the finding of this thesis are integrated and applied in a stringent sequence of activities for a risk-based design of subscription models.

Inhaltsverzeichnis

Abbildungsverzeichnis

Tabellenverzeichnis

Abkürzungsverzeichnis

CapEx	Capital Expenditure
CP	Chancenpotenzial
DSGVO	Europäische Datenschutzgrundverordnung
EW	Eintrittswahrscheinlichkeit
FEM	Finite-Elemente-Methode
GP	Gefahrenpotenzial
HLB	Hybrides Leistungsbündel
HGB	Handelsgesetzbuch
IBM	Industrielles Betreibermodell
IEC	International Electrotechnical Comission
IHIP	Intangibility, heterogenicity, interseperability, perishability
IPS²	Industrielles Product-Service-System
OpEx	Operating Expenditure
PoS	Product-oriented Service
PSS	Product-Service-System
ROI	Return-on-Investement
RoS	Result-oriented-Service
RPN	Risk Priority Number
SRI	Subscription Risk Indiscator
UoS	Use-oriented Service
VDMA	Verband Deutscher Maschinen- und Anlagenbau

1 Einleitung

1.1 Ausgangssituation und Problemstellung

In den letzten Jahren hat die Bedeutung der Digitalisierung bei vielen Unternehmen des Maschinen- und Anlagenbaus stark zugenommen. Folgerichtig nahmen Investitionen in digitale Infrastruktur deutlich zu. In der Folge veränderten sich oftmals die Arbeitsweisen der gesamten Organisation (s. SKLYAR ET AL. 2021, S. 12; s. SCHUH ET AL. 2020a, S. 7ff.; s. PETERSEN U. BLUTH 2020, S. 6; s. DOMBROWSKI ET AL. 2020, S. 326). Eine entsprechende Anpassung des Geschäftsmodells dahingehend, dass es die durch die Digitalisierung verbesserten Produkte, Prozesse und Services bündelt und die dabei eingesetzten Informations- und Kommunikationstechnologien für den Kunden in der Gesamtheit mehrwertstiftend eingesetzt werden, hat bislang allerdings nur vereinzelt stattgefunden. In der Folge konnte auch keine entsprechende Umsatzsteigerung aufgrund von Digitalisierungsinitiativen verzeichnet werden. (s. TOONEN ET AL. 2016, S. 5; s. SCHURITZ U. SATZGER 2016, S. 141; s. VDMA & MCKINSEY&COMPANY 2020, S. 22; s. SCHUH ET AL. 2017a, S. 58).

Dabei haben Unternehmen unter Nutzung der mit Informations- und Kommunikationstechnologie ausgestatteten Produkte des Maschinen- und Anlagenbaus die Möglichkeit, Nutzungsdaten zu generieren und damit datenbasiert die Bedürfnisse ihrer Kunden nachzuvollziehen. (s. TZUO U. WEISERT 2018, S. 18; s. BUSTINZA ET AL. 2017, S. 1; s. MARTINEZ ET AL. 2017, S. 69; s. LEIMEISTER 2020, S. 6). Mithilfe dieser Daten können individuelle Services entwickelt werden, die darauf abzielen, Kunden noch stärker als bisher bei der Wertschöpfung zu unterstützen und gleichzeitig die Geschäftsbeziehung zum Kunden zu verstetigen (s. BENEDETTINI ET AL. 2017, S. 114; s. ADRODEGARI ET AL. 2017, S. 1256). Dies stellt die Basis für neue, innovative Geschäftsmodelle, wie beispielsweise Subskriptionsmodelle, dar.

Subskriptionsmodelle bauen auf einer kontinuierlichen Geschäftsbeziehung auf und zielen darauf ab, dem Kunden eine immer besser passende Leistung zur Verfügung zu stellen. In der Zusammenarbeit wird dadurch langfristig die Produktivität der Wertschöpfung des Kunden gesteigert. (s. SCHUH ET AL. 2020c, S. 603) Dabei kauft der Kunde nicht wie bisher einzelne Leistungen ein. Vielmehr abonniert er die für seine Wertschöpfung erforderlichen Leistungen, bestehend aus physischen und digitalen Produkten sowie Dienstleistungen. (s. CLASSEN ET AL. 2019, S. 64) Für die Dauer der Geschäftsbeziehung garantiert der Anbieter dabei bestimmte Funktionsweisen des Leistungssystems. Verschiedene Risiken des Kunden gehen damit auf den Anbieter über. (s. GLAS ET AL. 2019, S. 1078f.)

Somit besteht bei dieser Form des Geschäftsmodells stärker als bisher die Notwendigkeit, Transparenz über Risiken zu schaffen und diese bereits bei der Konzeption des Subskriptionsmodells und damit vor Abschluss einer rechtlich bindenden Geschäftsbeziehung zu berücksichtigen. Dies gilt insbesondere auch für Produkte des

Maschinen- und Anlagenbaus. Vor der eigentlichen Nutzung der Produkte sind umfangreiche Investitionen in die Herstellung und Inbetriebnahme der meist komplexen Produkte zu tätigen. Dies beeinflusst die Risiken von Subskriptionsmodellen im Maschinen- und Anlagenbau maßgeblich. Bei den derzeitigen Ansätzen zum Umgang mit Risiken von Subskriptionsmodellen zeigen sich allerdings erhebliche Defizite. (s. RADDATS ET AL. 2019, S. 219; s. GLAS ET AL. 2019, S. 1079; s. BRILLINGER ET AL. 2020, S. 121f.; s. MOURTZIS ET AL. 2018, S. 93) Die Wirkung von Risiken und die Abhängigkeiten von Risiken untereinander zeigen sich oftmals erst nach Vertragsabschluss zu einem Zeitpunkt, zu dem der Anbieter die Verantwortung für diese Risiken bereits übernommen hat (s. ANTON 2018, S. 58; s. KÖNIG 2008, S. 73). Die Risiken betreffen in Summe das gesamte Geschäftsmodell und können zu desaströsen Folgen für eine Geschäftsbeziehung oder das Geschäftsmodell und damit den Anbieter führen, wenn sie nicht frühzeitig bei der Konzeption des Subskriptionsmodells einbezogen werden. Aus einer antizipierten Umsatzsteigerung durch ein Subskriptionsmodell können sich für den Anbieter in der Folge finanzielle Einbußen, Rufschädigungen und eine Verschlechterung der Marktposition ergeben (s. EBI ET AL. 2019, S. 613; s. RADDATS ET AL. 2019, S. 214). Es fehlt folglich ein Vorgehen, welches bereits während der Konzeption von Subskriptionsmodellen Risiken hinreichend berücksichtigt und den Anbieter dazu ermächtigt, die Chancen dieses Geschäftsmodells wahrzunehmen, ohne dabei unkontrollierbare oder nicht antizipierte Gefahren in Kauf zu nehmen.

1.2 Zielsetzung und Forschungsfragen

Das übergeordnete Ziel dieser Arbeit besteht darin, Unternehmen des Maschinen- und Anlagenbaus dazu zu befähigen, Risiken von Subskriptionsmodellen aus Anbietersicht zu verstehen und diese Risiken bei der Gestaltung eines Subskriptionsmodells zu berücksichtigen. Beim Umgang mit solchen Risiken hat es sich bewährt, Strukturen grundsätzlich zu überdenken und nicht einfach Kontrollkreise zur Antizipation negativer Ereignisse aneinanderzureihen (s. BOUTELLIER U. KALIA 2006, S. 42). Insofern sollten Gefahren bereits vor der Einführung eines Subskriptionsmodells hinreichend analysiert und ebenso wie Chancen proaktiv durch die Gestaltung des Subskriptionsmodells gesteuert werden.

Die Chance auf einen hohen Profit ist oftmals mit großen Gefahren verbunden. Ein Management, welches diesen Gefahren allzu scheu gegenübersteht, stellt oftmals die Ursache für verpasste Chancen dar (s. GASSMANN 2006, 6, 13; s. REIM ET AL. 2016, S. 669). Die Übernahme von Risiken ist eine grundlegende Eigenschaft des Unternehmertums (s. CANTILLON U. HIGGS 1959, S. 41). In Subskriptionsmodellen stellt die Übernahme von Risiken ein zentrales Leistungsversprechen dar, sodass Risiken einen inhärenten Bestandteil von Subskriptionmodellen ausmachen (s. SCHUH ET AL. 2020b, S. 298). Durch Adaption von Parametern des Geschäftsmodells lassen sich Risiken, abhängig von den Rahmenbedingungen des Unternehmens, in Chancen überführen und bieten damit eine wesentliche Differenzierungsmöglichkeit im Wettbewerb (s. MOURTZIS ET AL. 2018, S. 93).

Im Rahmen dieser Arbeit wird zunächst Transparenz über die Chancen und Gefahren von Subskriptionsmodellen sowie deren Wirkungsbeziehungen geschaffen. Die Grundlage dafür stellt eine Untersuchung der Gestaltungsmöglichkeiten und Einflussgrößen von Subskriptionsmodellen dar. Letztlich werden die Erkenntnisse in ein Vorgehensmodell überführt, welches Unternehmen dazu befähigen soll, Subskriptionsmodelle der eigenen Risikoneigung entsprechend zu gestalten. Dabei soll die Nutzung von Chancen sichergestellt und gleichzeitig Gefahren auf ein vertretbares Maß reduziert werden.

Die Ziele der Arbeit lassen sich basierend auf den vorangegangenen Ausführungen wie folgt formulieren:

Ziele der Arbeit sind die Beschreibung von Risiken von Subskriptionsmodellen auf Basis von internen und externen Einfluss- und Gestaltungsgrößen sowie die Entwicklung eines Vorgehens zur risikobasierten Gestaltung von Subskriptionsmodellen im Maschinen- und Anlagenbau unter Berücksichtigung von Risikowechselwirkungen.

Folgende zentrale Forschungsfrage lässt sich zur Erreichung der beschriebenen Zielsetzung formulieren:

Wie können Subskriptionsmodelle unter Berücksichtigung der vorherschenden Risiken gestaltet werden?

Für die Beantwortung der zentralen Forschungsfrage ergeben sich folgende Unterfragen, welche zum einen einen Beitrag zur Zielerreichung leisten, zum anderen die Struktur des Vorhabens bestimmen:

- Forschungsfrage 1: Welche Gestaltungsmöglichkeiten bestehen bei Subskriptionsmodellen und welche externen Einflüsse sind zu beachten?
- Forschungsfrage 2: Welche Risiken leiten sich aus den Gestaltungsmöglichkeiten und externen Einflüssen ab?
- Forschungsfrage 3: Wie kann mit konkreten Risiken und deren Wechselwirkungen umgegangen werden?

Die vorliegende Dissertationsschrift schließt die wissenschaftliche Lücke bei der risikobasierten Gestaltung von Subskriptionsmodellen unter Berücksichtigung der in der Praxis auftretenden Probleme. Es wird somit ein praktisch anwendbares Vorgehensmodell entwickelt, welches Unternehmen des Maschinen- und Anlagenbaus dazu befähigt, Subskriptionsmodelle unter der Berücksichtigung der damit einhergehenden Risiken anzubieten.

1.3 Forschungskonzeption und Aufbau der Arbeit

Die vorliegende Arbeit ist aus der Motivation heraus entstanden, ein reales Defizit aus der betrieblichen Praxis von Unternehmen wissenschaftlich zu adressieren. Der Wissenschaftssystematik nach ULRICH U. HILL folgend, untergliedert sich die Wissenschaft in die Formalwissenschaften und die Realwissenschaften (s. Abbildung 1).

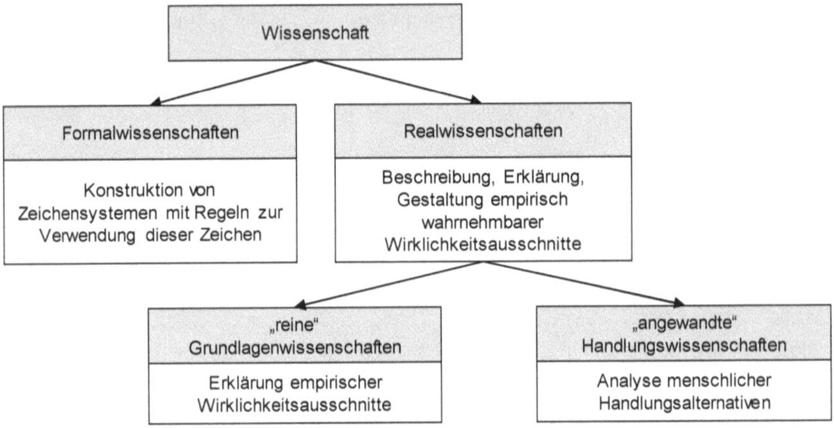

Abbildung 1: Wissenschaftssystematik (eigene Darstellung i. A. a. ULRICH U. HILL 1976a, S. 305)

Zu den Formalwissenschaften zählen die Philosophie, Logik oder die Mathematik, die sich mit der Konstruktion von Sprachen befassen. Die Realwissenschaften wiederum befassen sich mit der Beschreibung, Erklärung und Gestaltung empirisch wahrnehmbarer Wirklichkeitsausschnitte. Die Realwissenschaften können anhand ihrer Zielstellung in die reinen Grundlagenwissenschaften oder die angewandten Handlungswissenschaften untergliedert werden. Ziel der reinen Grundlagenwissenschaften ist es, Erklärungsmodelle zu Wirklichkeitsausschnitten zu entwickeln, wohingegen die angewandten Wissenschaften versuchen, Handlungsalternativen für die Gestaltung von sozialen und technischen Systemen zu schaffen. Anders als die reinen Grundlagenwissenschaften müssen angewandte Wissenschaften nicht allein durch logische Wahrheit überprüfbar sein, sondern durch faktische Wahrheit, also unmittelbaren Realitätsbezug. Der Motivation dieser Arbeit folgend, lässt sich sich diese Arbeit den Realwissenschaften, speziell den Ingenieurwissenschaften, zuordnen, die nach ULRICH U. HILL nicht explizit verortet werden, ihrer Systematik folgend aber den angewandten Handlungswissenschaften zugehörig sind. Darüber hinaus enthält diese Arbeit einen wesentlichen Anteil, welcher der Betriebswirtschaft zuzuordnen ist, die den angewandten Sozialwissenschaften zugerechnet wird. (s. ULRICH U. HILL 1976a, S. 305)

Die Arbeit folgt der Strategie der angewandten Forschung nach ULRICH ET AL. (s. ULRICH ET AL. 1984, S. 193). In Abbildung 2 ist der grundsätzliche Aufbau des Dissertationsvorhabens dargestellt.

Im ersten Kapitel werden die Ausgangssituation und Problemstellung dargestellt und daraus die Zielsetzung und die Forschungsfragen abgeleitet. Zudem wird die zugrundeliegende Forschungskonzeption vorgestellt.

Eine Definition der grundlegenden Begrifflichkeiten sowie eine Eingrenzung des Untersuchungsbereichs durch Einordnung der Arbeit in die Managementlehre erfolgen im zweiten Kapitel.

Im dritten Kapitel wird der Stand der Forschung dargelegt. Dabei werden zum einen Ansätze zum Risikomanagement innovativer Geschäftsmodelle analysiert. Zum anderen werden Ansätze zur Gestaltung von Subskriptionsmodellen vorgestellt. Dabei wird auf Vorläufer und auf subskriptionsmodellähnliche Geschäftsmodelle Bezug genommen.

Im vierten Kapitel werden die für die Modellentwicklung erforderlichen wissenschaftlichen Grundlagen herausgearbeitet. Dazu werden zentrale Ansätze des Dienstleistungs-, Lebenszyklus- und Risikomanagements vorgestellt. Zudem werden formalkonzeptionelle und inhaltiche Anforderungen an die Modelle erarbeitet.

Basierend auf einem fallstudienbasierten Vorgehen werden im fünften Kapitel die für diese Arbeit erforderlichen Fallstudien präsentiert und anschließend Gestaltungs- und Einflussgrößen von Subskriptionsmodellen definiert. Im sechsten Kapitel werden, basierend auf den Fallstudien und Gestaltungs- sowie Einflussgrößen, Risiken von Subskriptionsmodellen abgeleitet und die Bedeutung von Wechselwirkungen zwischen Risiken diskutiert.

Die Modelle zur Beschreibung von Risiken und Einflussfaktoren sowie die Erklärung zu deren (Inter-)Dependenzen werden im siebten Kapitel in ein Vorgehensmodell überführt, welches die risikobasierte Gestaltung von Subskriptionsmodellen ermöglicht.

Die Glaubwürdigkeit des Vorgehens und der dahinterliegenden Modelle wird im Rahmen einer fallbezogenen Validierung mithilfe eines Praxispartners durchgeführt (s. Kapitel 0). Dieser Praxispartner befindet sich in der Entwicklungsphase eines Subskriptionsmodells und steht somit an genau der Stelle, an welcher das Vorgehensmodell anknüpft.

Die Arbeit schließt im neunten Kapitel mit einer Zusammenfassung und einem Ausblick.

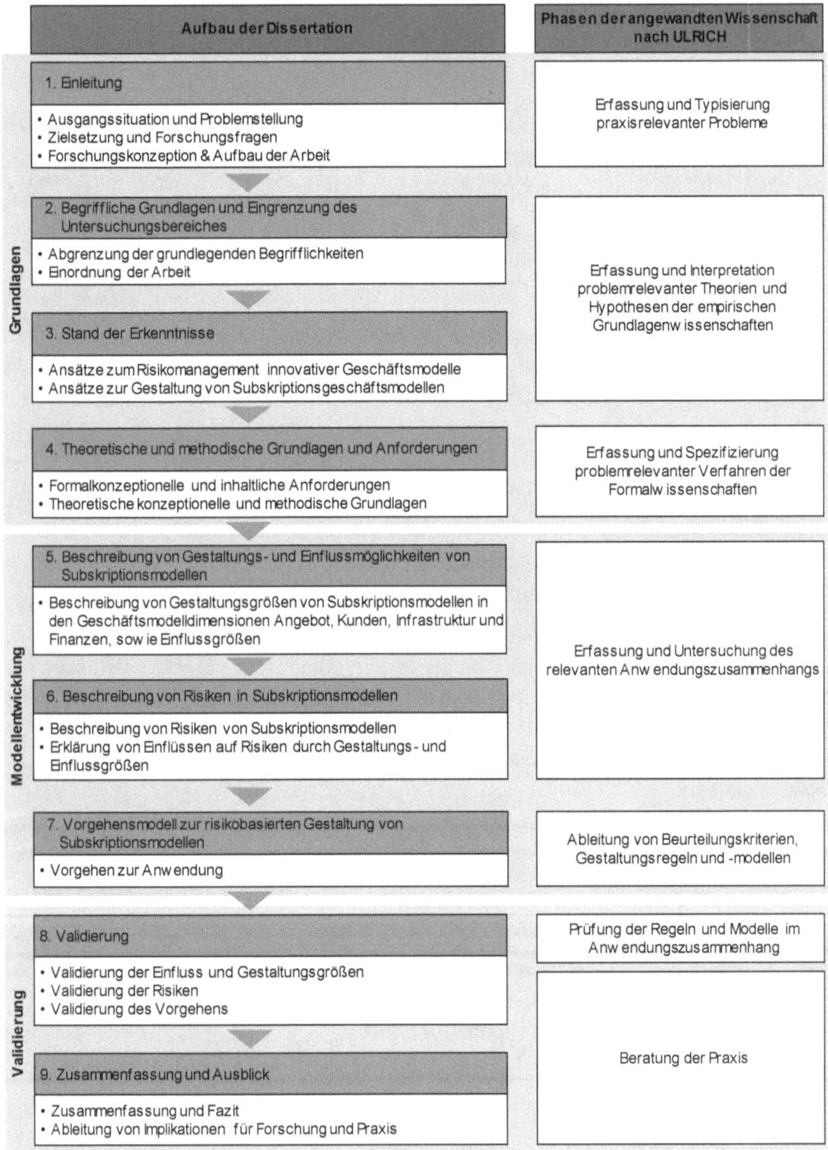

Abbildung 2: Aufbau des Dissertationsvorhabens (eigene Darstellung)

2 Begriffliche Grundlagen und Eingrenzung des Untersuchungsbereiches

In den folgenden Unterkapiteln wird, gemäß der Strategie angewandter Wissenschaft nach ULRICH U. HILL, die Grundlage für die Erfassung und Interpretation der problemrelevanten Theorien und Hypothesen der empirischen Grundlagenwissenschaften gelegt. Dazu werden, einer terminologisch-deskriptiven Herangehensweise entsprechend, die für diese Arbeit grundlegenden Begriffe *Risiko*, *Wirtschaftsgüter*, *Subskriptionsgeschäftsmodell* und *Maschinen- und Anlagenbau* definiert und das Untersuchungsgebiet eingegrenzt (s. ULRICH U. HILL 1976b, S. 348). Anschließend wird die Arbeit in der Managementlehre entsprechend dem St. Galler Management-Modell verortet und innerhalb der Dienstleistungsforschung eingeordnet.

2.1 Risiko

Definition

Der Begriff Risiko ist in vielfältiger Form belegt. Ursprünglich aus der mathematisch inspirierten Entscheidungstheorie mit Anwendungsgebiet in der Versicherungswirtschaft stammend, ist der Begriff mittlerweile in verschiedenen Disziplinen für Ökonomen, Ingenieure, Juristen, Psychologen und Soziologen Teil der Forschung geworden (s. BECHMANN 1991, S. 214; s. KRATZHELLER 1997, S. 11). Im Folgenden wird auf Begriffe und Auffassungen, die im Risikokontext gebräuchlich sind, eingegangen. Es werden zwei weitverbreitete Auffassungen des Risikobegriffes hinsichtlich der Ursache und der Wirkung eines Risikos dargelegt und eine für diese Arbeit gültige Definition des Risikobegriffes festgelegt.

In seiner ursprünglichen Form geht der Risikobegriff auf Zweifel an der Vorbestimmtheit der Zukunft zurück und hat somit eine stark theologische bzw. philosophische Komponente. Der im 17. Jahrhundert als Begründer der modernen Philosophie geltende DESCARTES setzt hier an und stellt grundlegend infrage, inwieweit man der Dinge, die man zu wissen meint, sicher sein kann (s. SCRUTON 1995, 12, 36). Die Auffassung der menschlichen Unwissenheit griff der Psychologe SLOVIC im 21. Jahrhundert auf und setzte es mit dem Risikobegriff in Verbindung. SLOVIC beschäftigte sich insbesondere mit der menschlichen Wahrnehmung von Risiko und stellte fest, dass Risiko im Grunde nicht existiert, sondern ein menschliches Hilfsmittel ist, um die Gefahren und Ungewissheiten des Lebens zu verstehen und damit umzugehen. Risiko ist immer abhängig von der Wahrnehmung einer einzelnen Person oder Kultur und kann somit nicht objektiv betrachtet werden. (s. SLOVIC U. WEBER 2002, S. 5)

Das menschliche Verhalten ist dabei asymmetrisch, abhängig davon, ob ein Risiko einen möglichen Gewinn oder Verlust zur Folge haben könnte (s. KAHNEMAN ET AL. 1990, S. 1325). Menschen sind stärker von der Aussicht eines möglichen Verlustes getrieben als von der Aussicht eines möglichen Gewinnes (s. FOX U. POLDRACK 2009, S. 149; s. BOUTELLIER U. KALIA 2006, S. 30).

Hier setzt die informationsbezogene Auffassung des Risikobegriffes an. Risiko basiert dieser Auffassung folgend immer auf einem Informationsdefizit, welches entweder auf die Komplexität der Umwelt oder die kognitiven Grenzen des Individuums zurückzuführen ist. Die absolute Betrachtung des Informationsdefizites geht mit oben benannten philosophischen Fragestellungen einher und beleuchtet den Begriff der Ungewissheit über mögliche Erwartungsstrukturen. Die subjektive Betrachtung und Bewertung dieses Informationsdefizites führt zum Begriff der Unsicherheit, welcher sich laut LAUX ET AL. in Unsicherheit im engeren Sinne und Risiko gliedert. Unter Sicherheit wiederum werden Zustände aufgefasst, für die sich einem Entscheider Entscheidungsalternativen bieten, bei denen das jeweilige Ergebnis bekannt ist (s. LAUX ET AL. 2014, S. 33; s. KNIGHT 1964, S. 233).

Unsicherheit im engeren Sinne bezeichnen LAUX ET AL. als den Zustand, in dem ein Entscheider nicht in der Lage ist, sich ein Wahrscheinlichkeitsurteil über die möglichen Zustände zu bilden und lediglich eine Abschätzung möglich ist, welche Zustände überhaupt eintreten können (s. LAUX ET AL. 2014, S. 33). LAUX ET AL. verstehen Risiko neben Unsicherheit im engeren Sinne als eine weitere Ausprägung der Unsicherheit, in welcher ein Entscheider den denkbaren Zuständen Eintrittswahrscheinlichkeiten zuordnen (s. LAUX ET AL. 2014, S. 33) kann. Dazu führt KNIGHT an, dass die ein Risiko ausweisende Wahrscheinlichkeit objektiv und somit messbar sein muss (s. KNIGHT 1964, S. 20). Problematisch ist allerdings, dass in der Realität zum einen objektive Einschätzungen selten möglich sind, zum anderen selbst objektive Wahrscheinlichkeiten, ohne eine subjektive Beurteilung, zu keiner Aussage über ein Risiko führen (s. FASSE 1995, S. 50). Von Risiko wird gesprochen, sobald Handlungsalternativen zur Konkretisierung der Unsicherheit und der damit einhergehenden Ursache-Wirkungs-Beziehungen betrachtet werden und daraus eine Entscheidung abgeleitet wird. Risiko hat somit eine sach-, subjekt- sowie zeitraumbezogene Komponente und wird erst durch die stattgefundene Entscheidung vom Begriff der Unsicherheit differenziert.

Folglich beschäftigt sich die ursachenbezogene[1] Auffassung des Risikobegriffes im Rahmen der Entscheidungslehre insbesondere mit der Ursache, die zur Entstehung eines Risikos führt. An der ursachenbezogenen Auffassung des Risikobegriffes knüpft die wirkungsbezogene Risikodefinition. Bei dieser wird die Wirkung des Informationsdefizites als ausschlaggebendes Kriterium zur Beurteilung eines Risikos betrachtet. Das Risiko wird dabei als die Abweichung von gesetzten Zielen aufgefasst (s. BRAUN 1984, S. 23; s. KRATZHELLER 1997, S. 12). Im umgangssprachlichen Kontext wird Risiko als negative Zielabweichung aufgefasst. Diese Auffassung von Risiko wird auch als Schadensrisiko bezeichnet. Im Rahmen der wirkungsbezogenen Auffassung wird

[1] auch als informationsbezogene Auffassung bezeichnet

Risiko ambivalenter aufgefasst und auch als spekulatives oder unternehmerisches Risiko bezeichnet.

Im spekulativen Kontext ist Risiko keineswegs negativ konnotiert, wie es im umgangssprachlichen Kontext der Fall ist. Vielmehr drückt Risiko gänzlich neutral eine mögliche Abweichung vom Zielzustand aus, welche sowohl als positiv als auch negativ aufgefasst werden kann. Weiter spezifiziert wird das spekulative Risiko bei einer positiven Zielabweichung als Chance, bei einer negativen als Gefahr. Abhängig von der Ambition, mit welcher der Zielwert gesetzt wurde, wird Risiko sehr viel eher als Chance oder entsprechend Gefahr aufgefasst. (s. JONEN 2007, S. 25f.; s. SCHORCHT 2004, S. 24ff.)

Die formale Gliederung der Begrifflichkeiten der ursachenbezogenen und der wirkungsbezogenen Auffassung des Risikos ist in Abbildung 3 dargestellt.

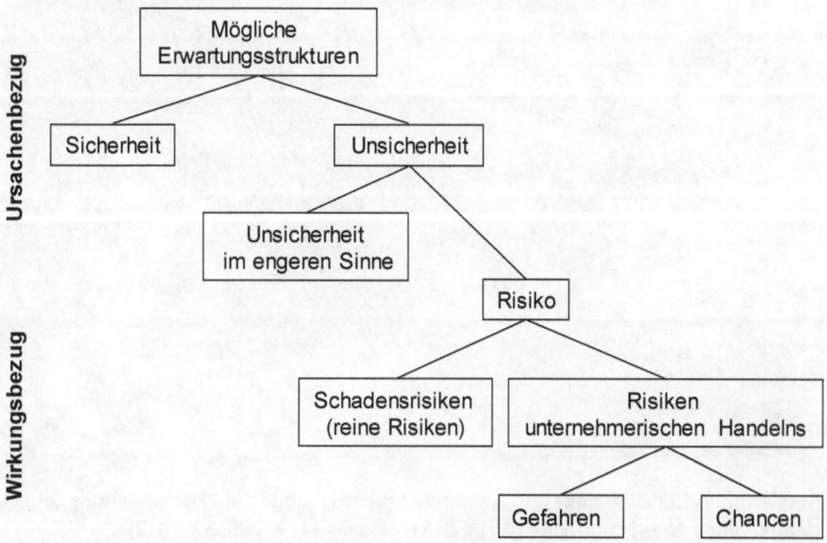

Abbildung 3: Unterteilung von mögliche Erwartungsstrukturen bei Entscheidungsprozessen (eigene Darstellung i. A. a. LAUX ET AL. 2014, S. 33; SCHORCHT 2004, S. 29)

Der Begriff des Risikos ist sowohl in seiner ursachenbezogenen als auch der wirkungsbezogenen Auffassung eng mit dem Begriff der Wahrscheinlichkeit verknüpft, die eng an mathematische Betrachtungen des Risikobegriffes angelehnt ist. Die allgemein verbreitete Auffassung von Risiko in der Mathematik besteht darin, Risiko als Produkt einer Eintrittswahrscheinlichkeit und des aus dem Eintreten resultierenden Schadensausmaßes zu definieren (s. JONEN 2007, S. 9). Weitergehende Definitionen verallgemeinern das Schadensausmaß zur ungewollten Konsequenz eines Ereignisses, bedingt durch den Eintritt eines Risikos. Wie bereits angeführt, ist eine weitverbreitete Auffassung, dass die Wahrscheinlichkeit objektiv und messbar sein muss, um von Risiko und nicht Unsicherheit zu sprechen (s. KNIGHT 1964, S. 20).

des korrespondierenden Risikos nicht abzustreiten ist und ein Risiko somit immer eine subjektive, durch menschliche Erfahrung ergänzte, Komponente aufweist (s. SLOVIC 1992, S. 122). Dies ist beim Glücksspiel der Fall, wo der individuelle Spieler seine Möglichkeiten auf einen Gewinn trotz der Existenz einer objektiven Wahrscheinlichkeit, subjektiv einschätzt (s. GETHMANN U. KLOEPFER 1993, S. 10). Einschätzungen zu Wahrscheinlichkeiten singulärer Ereignisse sind letztlich kaum möglich und immer mit subjektiven Einflüssen verbunden (s. GETHMANN U. KLOEPFER 1993, S. 18). Bei gegebener Wahrscheinlichkeit, unabhängig, ob diese auf subjektiver oder objektiver Basis abgeleitet wurde, kann anhand der Wahrscheinlichkeitsverteilung die korrespondierende Risikosituation beurteilt werden (s. Abbildung 4).

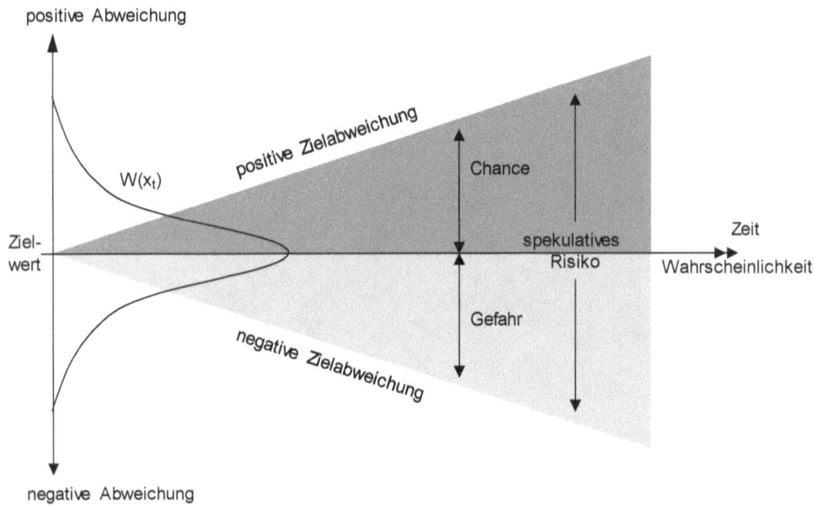

Abbildung 4: Der Chancen- und Gefahrenbegriff als mögliche Zielabweichung (eigene Darstellung i. A. a. SCHUMACHER 2016, S. 31; HORVÁTH ET AL. 2015, S. 512)

Eine Gefahr ist eine negative Zielabweichung, die nicht sicher eintritt. Analog ist eine Chance eine positive Zielabweichung, die nicht sicher eintritt. (s. SAEBI ET AL. 2017, S. 570) Ist die Zielabweichung bestimmbar, so handelt es sich um eine Schwäche bzw. Stärke (s. BOUTELLIER ET AL. 2008, S. 46; s. FISCHER 2008, S. 85). Mit zunehmendem Zeithorizont und damit abnehmender Prognosesicherheit wird die Charakterisierung eines Ereignisses und damit eine Unterscheidung zwischen Chance und Risiko schwieriger, weswegen hierbei, der wirkungsbezogenen Auffassung von Risiko folgend, von spekulativen oder auch unternehmerischen Risiken gesprochen wird (s. SCHUMACHER 2016, S. 31).

Neben den benannten Autoren und deren für diese Dissertationsschrift als relevant befundenen Risikodefinitionen gibt es eine Vielzahl weiterer Autoren, die in Nuancen von den hier beschriebenen Risikoauffassungen abweichen oder, dem Fachgebiet des Autors geschuldet, in Teilen andere Auffassungen des Risikobegriffs vertreten.

Neben den benannten Autoren und deren für diese Dissertationsschrift als relevant befundenen Risikodefinitionen gibt es eine Vielzahl weiterer Autoren, die in Nuancen von den hier beschriebenen Risikoauffassungen abweichen oder, dem Fachgebiet des Autors geschuldet, in Teilen andere Auffassungen des Risikobegriffs vertreten.

Im Rahmen dieser Arbeit steht insbesondere die abivalente Auffassung von Risiko als Chance und Gefahr im Rahmen des unternehmerischen Handelns im Vordergrund. Dabei wird auf die Definition nach SCHORCHT zurückgegriffen (s. SCHORCHT 2004, S. 25ff.):

Definition | Risiko

Ein Risiko kann „aus einem Ereignis resultieren, von dem nicht sicher bekannt ist, ob es eintreten wird bzw. sich aus einer Entscheidung oder Handlung ergeben, deren Ausmaß nicht eindeutig abzuschätzen ist […]. Unter dem Begriff […] Risiko soll hierbei nicht nur die Gefahr verstanden werden, […] sondern auch die Chance, die […] positive Auswirkungen auf den Erfolg des Unternehmens ausübt. […]

Risikoklassen

Durch die Klassifizierung von Risiken ist die Komplexität der Risikostruktur reduzierbar (s. WOLF 2003, S. 41). Eine umfassende Ordnung sämtlicher denkbarer Risikoerscheinungen scheint dabei allerdings kaum möglich (s. KUPSCH 1973, S. 36). In der Literatur ist die Klassifizierung von Risiken, analog zum Risikobegriff, von zahlreichen Ansätzen geprägt. Ergebnisse dieser Ansätze differenzieren sich nach Anforderungen an den konkreten Anwendungsfall, sowie anhand des Hintergrundes des Autors. Spezifische Unterscheidungen werden in der Literatur durch konkreten thematischen Bezug getroffen. Eine eindeutige Einordnung eines Risikos in eine Kategorie, ohne Überschneidung mit anderen Kategorien, kann nicht immer erfolgen (s. ANTON 2018, S. 11f). Im Folgenden werden unterschiedliche Möglichkeiten zur Risikoklassifikation dargelegt. Eine Einteilung möglicher Risikoklassen ist in Tabelle 1 dargestellt.

Tabelle 1: Einteilung möglicher Risikoklassen (eigene Darstellung)

Unterscheidungsmerkmal	Risikoklassen
Unternehmensbezug	Endogene und exogene Risiken
Problemtyp	Strategisches, operatives, taktisches Risiko
Betriebsfunktion	Beschaffungs-, Produktions-, Absatz- und Finanzierungsrisiko
Art des Verlustes	Finanzielles, güterwirtschaftliches Risiko, Informationsrisiko
Wirkungsweise	Schlagendes und schleichendes Risiko
Ursache	Vermeidbare und nicht vermeidbare Risiken
Versicherbarkeit	Versicherbares und nicht versicherbares Risiko
Verdichtungsgrad	Einzelrisiko und Gesamtrisiko
Verdichtungsgrad und Wirkung	Singuläre und kumulative Risiken

Eine allgemeine Unterteilung von Risiken kann zwischen endogenen und exogenen Risiken vorgenommen werden (HAINDL 1996, S. 28). Endogene Risiken sind Risiken, die aus dem Unternehmen selbst heraus resultieren, und exogene Risiken solche, die durch äußere Einflüsse auf das Unternehmen wirken (s. KUPSCH 1973, S. 37). Diese Auffassung ist analog auch bei HALLER wiederzufinden, der die Bezeichnungen „Aktionsrisiken" und „Bedingungsrisiken" wählt (s. HALLER 1986, S. 20). Eine andere Auffassung vertreten HAHN ET AL., die endogene und exogene Risiken im Sinne der Prinzipal-Agent-Theorie verstehen. Endogene Risiken entstehen somit als Ursache von Informationsasymmetrie. Dabei spielen die Eigenschaften, Absichten und Leistungen des Vertragspartners die ausschlaggebende Rolle. Exogene Risiken wiederum werden als Ungewissheit hinsichtlich Umfeldentwicklungen verstanden. (s. HAHN ET AL. 1997, S. 355) Eine Klassifizierung von strategischen und operativen Risiken lässt sich nach dem Problemtyp vornehmen. Strategische Risiken weisen einen globalen Charakter auf und resultieren aus falschen, strategischen Managemententscheidungen (s. GLASER 2015, S. 38). Operative Risiken resultieren aus den Fehlentscheidungen der operativen Unternehmensführung und damit dem unangemessenen Handeln oder Versagen von Mitarbeitern, internen Prozessen oder dem System insgesamt. Sie können ebenfalls durch externe Ereignisse, einschließlich Rechtsrisiken, entstehen (s. WOLF 2003, S. 41; s. GLASER 2015, S. 34). BUSSMANN betrachtet außerdem noch das taktische Risiko und damit Fehler, die aus einer falschen Umsetzung der Strategie resultieren (s. BUSSMANN 1979, S. 1578).

Auf einer betriebsfunktionalen Ebene werden Risiken in Beschaffungs-, Produktions-, Absatz- und Finanzierungsrisiken unterteilt (s. KUPSCH 1973, S. 37). Werden Risiken anhand des möglichen Verlustes unterschieden, führt dies zu einer Klassifizierung in güterwirtschaftliche, finanzielle und informationelle Risiken (s. MIKUS 2001a, S. 8). Eine Klassifizierung nach der Wirkungsweise unterscheidet schlagende und schleichende Risiken. Die Ursachen für die Verluste schleichender Risiken bleiben im ersten Moment häufig unerkannt, wohingegen die Ursache schlagender Risiken sofort evident ist (s. KUPSCH 1973, S. 37). Vermeidbare Risiken lassen sich durch Maßnahmen der Risikoverhinderung hinsichtlich ihrer Eintrittswahrscheinlichkeit oder Wirkung in Teilen oder auch ganzheitlich reduzieren, wohingegen unvermeidbare Risiken eine Vorsorge erfordern, mit dem Ziel, ihre Wirkung zu vermindern (s. KUPSCH 1973, S. 36). Daran anknüpfend existieren Risiken, für die Versicherungen abgeschlossen werden können, und Risiken, für die dies nicht möglich ist. Insbesondere bei Katastrophenrisiken mit immensem Schadenspotenzial und schwer abschätzbaren Eintrittswahrscheinlichkeiten, ist dies der Fall (s. NGUYEN 2007, V). Wegen des Verdichtungsgrades werden Risiken in Einzel- und Gesamtrisiken unterschieden. Ein Konglomerat wechselseitiger Einzelrisiken verkörpert das Gesamtrisiko. Weiterhin kann zwischen singulären und kumulativen Risiken unterschieden werden. Singuläre Risiken wirken sich auf ein begrenztes Betrachtungsobjekt (beispielsweise Prozessschritt) aus, ohne Nebenwirkungen auf weitere Betrachtungsobjekte hervorzurufen. Dagegen wirken sich kumulative Risiken mit unterschiedlicher Intensität auf eine Vielzahl weiterer Betrachtungsobjekte aus. (s. WOLF 2003, S. 44f.)

Die hier beschriebenen Klassifizierungsansätze dienen als Grundlage für die Beschreibung von Risiken in Subskriptionsmodellen in Kapitel 6. Anhand der beschriebenen Ansätze wird deutlich, dass Risiken auf unterschiedliche Weisen definiert werden können und ein Risiko nicht zwangsläufig eindeutig einer Risikoklasse zugeordnet werden kann. Darüber hinaus kann ein Klassifizierungsansatz für die Beschreibung ausgewählter Risiken dienlich sein, für die Beschreibung weiterer Risiken aber die Verwendung eines anderen Klassifizierungsansatzes erforderlich sein.

Risikomanagement

Aus den Problematiken rund um den Umgang mit Risiken hat sich eine eigene Disziplin herausgebildet: das Risikomanagement. Unter Risikomanagement subsummieren sich einzelne Tätigkeiten, die durchgeführt werden, um mit Risiken unter Berücksichtigung der Aufwand-Nutzen-Abschätzung umzugehen. (s. ROMEIKE 2018, S. 35; s. MIKUS 2001a, S. 10)

Mittlerweile wurde zwischen verschiedenen branchenspezifischen ISO-Standards ein gemeinsamer Nenner definiert, der zudem mit der verbreiteten Standardfamilie für Qualitätsmanagementsysteme ISO 9000ff. vereint wurde und unter der ISO 31000 zusammengefasst wird (s. BRÜHWILER U. ROMEIKE 2010, 82f.). Die ISO 31000 harmonisiert zwar zahlreiche Standards, die branchenspezifisch entwickelt wurden, ist in diesem Zuge aber auch wesentlich generischer formuliert und liefert lediglich einen Rahmen und wenige methodische Ansätze (s. ROMEIKE 2018, S. 36).

Die gesetzlichen Anforderungen werden auch in der DIN ISO 31000 aufgegriffen, welche klares, wenn auch generisches Vorgehen für den Umgang mit Risiken definiert. Im Folgenden werden die Prozessschritte nach DIN ISO 31000 (s. Abbildung 5) vorgestellt und durch Ansätze aus der Literatur ergänzt, welche sich dem grundsätzlich durch die Norm vorgeschlagenen Vorgehen anschließen und lediglich in Begrifflichkeiten und Unterteilung des Prozesses variieren.

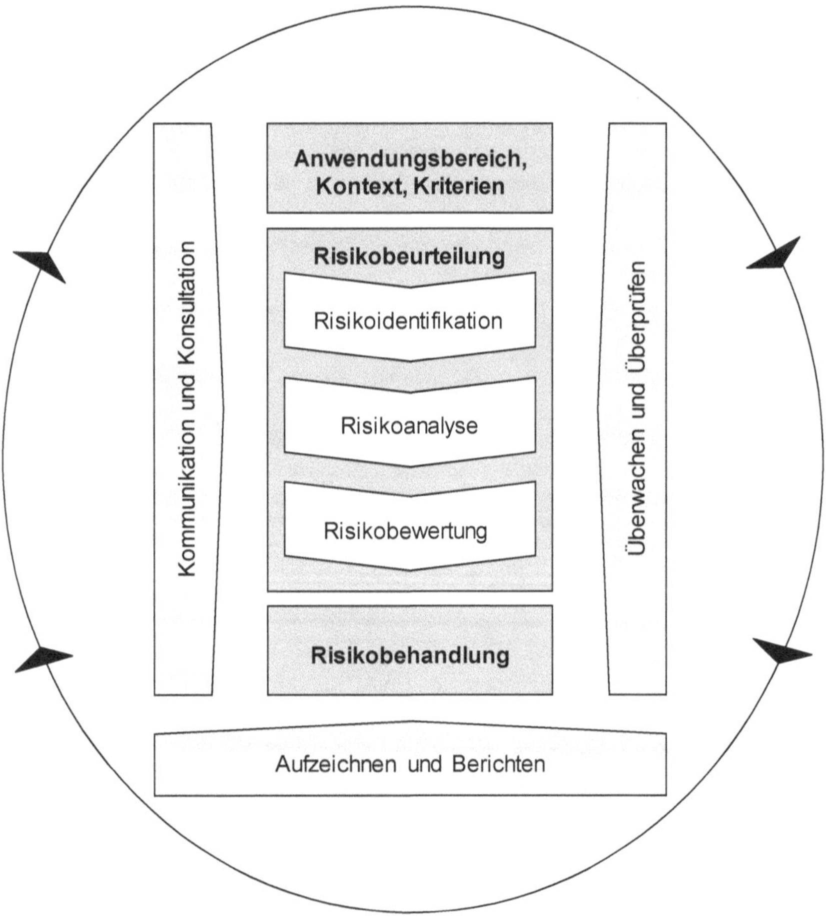

Abbildung 5: Risikomanagement-Prozess nach DIN ISO 31000 (s. DIN ISO 31000, S. 16)

Die Anwendung von Risikomanagement kann von operativen bis hin zu strategischen Ebenen stattfinden sowie für einzelne Projekte oder Aktivitäten bis hin zu ganzen Programmen durchgeführt werden. Entsprechend sind dem Anwendungsbereich korrespondierend konkrete Ziele festzulegen und beteiligte Institutionen und Verantwortlichkeiten sind abzustimmen. Das Umfeld, begrenzt durch die Ziele der Organisation und die dafür geschaffenen Projekte, Prozesse und Aktivitäten, ist zu analysieren und damit der Rahmen für das Risikomanagement festzulegen.

Die Risikobeurteilung umfasst den gesamten Prozess von der Identifikation über die Analyse hin zur Risikobewertung zusammen. Laut DIN ISO 31000 hat die Beurteilung von Risiken systematisch, iterativ und unter Einbezug von Stakeholdern zu erfolgen.

Im ersten Schritt sind Risiken zu identifizieren, folglich Risiken zu finden und zu beschreiben. Die Identifikation von Risiken erfolgt unabhängig davon, ob auf identifizierte Risiken Einfluss genommen werden kann oder nicht. Zunächst ist eine nach Möglichkeit vollständige Transparenz existenter Risiken zu erreichen. Das zu erzielende Ergebnis ist folglich eine systematische Sammlung aktueller, zukünftiger, potenzieller und theoretisch denkbarer Risiken und wird auch als Risikoinventar bezeichnet (s. MOTT 2001, S. 203) Die Identifikation hat ebenso wie bei allen im Risikomanagementprozess verankerten Prozessen zudem kontinuierlich zu erfolgen, um auf ein ggf. verändertes Umfeld zu reagieren. ROMEIKE U. FINKE bezeichnen die Beschaffung von Informationen als die schwierigste Phase im gesamten Risikomanagementprozess, auf die ein besonderes Augenmerk zu legen ist. Ohne eine belastbare Informationsbasis können nachgelagerte Prozessschritte als gegenstandslos betrachtet werden (s. ROMEIKE U. FINKE 2003, S. 153).

Die Analyse von Risiken kann mit unterschiedlichem Detaillierungs- und Komplexitätsgrad erfolgten und auf qualitativen oder quantitativen Methoden beruhen. Die Analyse von Risiken kann hinsichtlich Unsicherheiten, Risikoursachen, Auswirkungen, Wahrscheinlichkeiten, Ereignisse, Szenarien, Steuerungen und deren Wirksamkeit durchgeführt werden. Die Auswirkung eines einzelnen Ereignisses kann vielfältig sein, ebenso wie dessen Ursache, und damit auch für mehrere Ziele von Interesse sein.

Im letzten Teil der Risikobeurteilung, häufig als Risikobewertung bezeichnet, wird die Entscheidungsfindung unterstützt. Dies wird über den Vergleich der derzeitigen Situation, welche sich durch die Risikoanalyse ergeben hat, mit dem gewünschten Zustand, definiert durch die zuvor erarbeiteten Kriterien, erreicht. Aus diesem Vergleich ergeben sich Handlungsbedarfe, die durch nähere Analysen weiter gestützt oder direkt den entscheidenden Stellen vorgelegt werden.

Der Prozess der Risikobehandlung reicht von der Auswahl von Optionen zum Umgang mit dem Risiko bis hin zur Implementierung geeigneter Maßnahmen. Der Prozess erfolgt dabei iterativ und richtet sich nach der Wirksamkeit der bereits implementierten Optionen. Abhängig davon, ob ein Risiko als weiterhin kritisch bzw. ein Restrisiko als nicht akzeptabel angesehen wird, ist die Implementierung weiterer Optionen zu prüfen.

Die Auswahl der geeigneten Optionen erfolgt dabei über eine Kosten- bzw. Aufwand-Nutzen-Abwägung. Verschiedene Möglichkeiten zur Behandlung des Risikos stehen grundsätzlich zur Auswahl. In Klammern sind im Folgenden die in der Literatur dazu geläufigen Begriffe genannt (s. MOTT 2001, S. 207). Es kann zum einen die Ursache des Risikos beseitigt werden (Risikovermeidung) oder die Wahrscheinlichkeit des Risikos bzw. dessen Auswirkungen verringert werden (Risikominderung). Weiterhin ist eine Verteilung des Risikos durch den Abschluss von Verträgen oder Versicherungen möglich (Risikobegrenzung oder Risikoüberwälzung). Es kann zudem auch eine Entscheidung zur Übernahme eines Risikos ohne Anwendung weiterer Optionen in Betracht gezogen werden (Risikokompensation). Die hier benannten Arten zur Behandlung von Risiken werden von GASSMAN U. KOBE in eine Chronologie gesetzt. So wird die Beseitigung von Risiko als die bevorzugte Option angesehen, gefolgt von der Minderung und letztlich der Begrenzung bzw. Überwälzung (s. GASSMAN U. KOBE 2006, S. 35).

Die Behandlung des Risikos hat in Abstimmung mit den Werten der Organisation zu erfolgen und weiterhin mit zuvor definierten Kriterien und Zielen zu korrespondieren. Dabei ist auch der Aufwand unter Berücksichtigung der zur Verfügung stehenden Ressourcen abzuschätzen. Trotz gleicher Wirksamkeit kann die Akzeptanz verschiedener Optionen der Risikobehandlung zwischen den Stakeholdern variieren. Folglich ist der Einbezug von Stakeholdern an dieser Stelle unerlässlich.

Der hier dargestellte Kernprozess des Risikomanagements kann nach erfolgreicher Implementierung zwar den Umgang mit Risiken verbessern und abhängig vom Ziel der Implementierung auch Risiken beseitigen, nichtsdestotrotz durch die Implementierung von Maßnahmen auch zu neuen Risiken führen, die wiederum in diesen Prozess integriert werden müssen.

Als unterstützende Tätigkeiten werden die in der Norm aufgeführten Kommunikations- und Konsultations-, Überwachungs- und Überprüfungsprozesse sowie das Berichtswesen verstanden.

Der Prozess der Überwachung und Überprüfung von implementierten Maßnahmen ist folglich ein kritischer Teil des Risikomanagements, um dessen Wirksamkeit sicherzustellen. Im Falle nicht vorhandener Behandlungsoptionen für einzelne Risiken ist der Überwachungsprozess noch viel wesentlicher als für die Überwachung aller weiteren Maßnahmen, zudem ein geeignetes Mittel, um die Kritikalität jederzeit abschätzen zu können und etwaige Maßnahmen einzuleiten.

Das Berichtswesen schließt sich der Überwachung und Überprüfung von Risiken an und dient dazu, Informationen für die Entscheidungsfindung bereitzustellen und dadurch die Aktivitäten des Risikomanagements insgesamt zu verbessern. Durch die Dokumentation relevanter Informationen des Risikomanagements erleichtert sich zudem die Kommunikation mit den Stakeholdern, denen Verantwortungsbereiche zugewiesen werden können, über welche diese rechenschaftspflichtig zu sein haben. Nur durch die Kommunikation mit den entsprechenden Stakeholdern kann der Stellenwert des Risikomanagements hervorgehoben werden und durch Konsultation der Stakeholder und damit der durch das Risikomanagement betroffenen bzw. ausführenden Stellen fortwährend verbessert werden.

Basierend auf den vorherigen Ausführungen zu Risikomanagement kann selbiges wie folgt definiert werden:

Definition | Risikomanagement
Der Kernbereich des Risikomanagements umfasst Tätigkeiten zur Identifikation, Analyse und Bewertung von Risiken. Diese Tätigkeiten resultieren in einer Behandlung des jeweiligen Risikos.

2.2 Wirtschaftsgüter

Die Inhalte dieser Arbeit beziehen sich auf die durch den Maschinen- und Anlagenbau hervorgebrachten Wirtschaftsgüter. Der Maschinen- und Anlagenbau zählt mit etwa 1 Million Beschäftigten und etwa 225 Milliarden Euro Umsatz zu den größten Wirtschaftszweigen Deutschlands und ist für etwa 15,9 Prozent der weltweiten Exporte in diesem Bereich verantwortlich (s. VDMA 2019, S. 29). Eine Übersicht der Fachzweige des deutschen Maschinen- und Anlagenbaus ist in Tabelle 2 dargestellt.

Tabelle 2: Fachzweige des deutschen Maschinen- und Anlagenbaus nach VDMA (s. VDMA 2019, S. 21)

Fachzweig	(Fortsetzung)
Allgemeine Lufttechnik	Kompressoren, Druckluft- und Vakuumtechnik
Antriebstechnik	Kunststoff- und Gummimaschinen
Armaturen	Landtechnik
Aufzüge und Fahrtreppen	Mess- und Prüftechnik
Bau- und Baustoffmaschinen	Motoren und Systeme
Bekleidungs- und Ledertechnik	Nahrungsmittelmaschinen und Verpackungsmaschinen
Bergbaumaschinen	Präzisionswerkzeuge
Druck- und Papiertechnik	Power-Systems
Elektrische Automation	Robotik und Automation
Fluidtechnik	Textilmaschinen
Flüssigkeitspumpen	Thermoprozesstechnik
Fördertechnik	Verfahrenstechnische Maschinen und Apparate
Gießereimaschinen	Werkzeugmaschinen
Holzbearbeitungsmaschinen	

Unternehmen des Maschinen- und Anlagenbaus bringen verschiedene Arten von Produkten hervor, welche im Allgemeinen als Güter bezeichnet werden können (s. MALERI 1997, S. 4). Als Güter werden alle Mittel bezeichnet, welche die Bedürfnisse von Menschen direkt oder indirekt befriedigen (s. BLUM ET AL. 2003, S. 5). Güter lassen sich in Untergruppen kategorisieren (s. Abbildung 6).

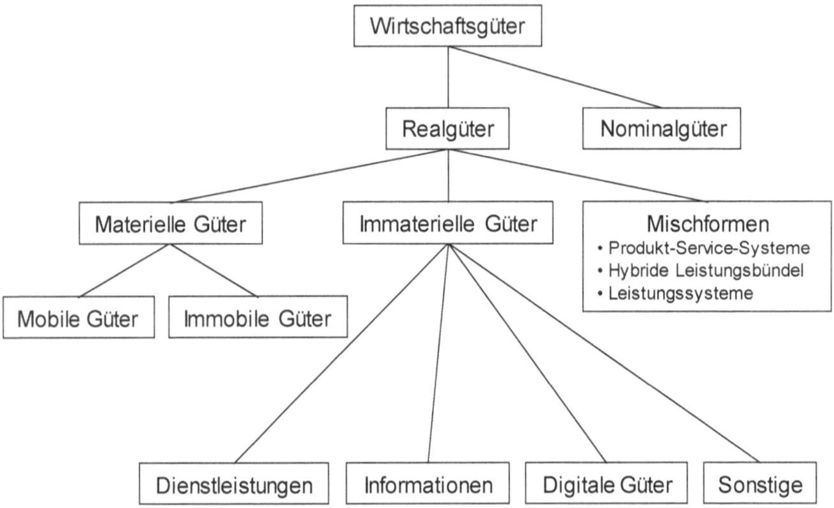

Abbildung 6: Güstersystematik (eigene Darstellung i. A. a. BRUHN ET AL. 2019, S. 28; STELZER 2004, S. 237; BAUREIS 2013, S. 13)

Bei den Produkten des Maschinen- und Anlagenbaus handelt es sich um mobile Materielle Güter sowie immaterielle digitale Güter und Dienstleistungen. Dies führt zu der folgenden Definition des Maschinen- und Anlagenbaus:

Definition | Maschinen- & Anlagenbau

Der Wirtschaftszweig des Maschinen- und Anlagenbaus produziert mehrteilige materielle Produkte mit einer komplexen Struktur und einem Anteil individueller Komponenten. Zusätzlich werden immaterielle Produkte wie Dienstleistungen und Softwarelösungen angeboten, welche die Leistung der materiellen Produkte sicherstellen und verbessern.

Bei den genannten Produkten des Maschinen- und Anlagenbaus handelt es sich um Realgüter. Nominalgüter stellen monetäre Güter wie Geld, Darlehenswerte oder Beteiligungswerte dar und werden im Rahmen dieser Arbeit nicht näher beleuchtet, da sie im Kontext dieser Arbeit nicht zu den vermarktbaren Gütern eines Unternehmens des Maschinen- und Anlagenbaus zählen.

Realgüter stellen sämtliche Ergebnisse von Produktionsprozessen dar und werden in materielle und immaterielle Wirtschaftsgüter sowie Mischformen aus diesen unterschieden (s. CORSTEN U. GÖSSINGER 2007, S. 20).

Materielle Güter gliedern sich weiter in mobile und immobile Güter. Immobile, materielle Güter wie Immobilien oder Grundstücke stehen ebenfalls nicht im Fokus dieser Arbeit. Mobile, materielle Güter hingegen können nach BARDMANN sowie nach BRUHN ET AL. wie folgt definiert werden (BARDMANN 2019, S. 256; s. BRUHN ET AL. 2019, S. 66)

Definition | Mobile materielle Güter

Mobile materielle Güter „[...] besitzen eine physikalische Substanz". Sie sind damit qualitativ und quantitativ messbar sowie lager- und transportfähig. Eine Produktion ist ohne nähere Beteiligung des Käufers möglich. Die Übergabe des produzierten Gutes erfolgt somit erst nach der eigentlichen Produktion.

Bei materiellen Produkten des Maschinen- und Anlagenbaus handelt es sich um mehrteilige Produkte mit komplexer Struktur. Maschinen werden dabei überwiegend in Einzel- und Kleinserien gefertigt; bei Anlagen handelt es sich oftmals auch um Sonderfertigungen. Die Maschinenstruktur beschreibt dabei die Individualität des produzierten Objektes und die Anzahl von Einzelteilen, aus denen es zusammengesetzt ist. Mit zunehmender Komplexität nimmt der Anteil an Serviceleistungen zu, der zusammen mit dem materiellen Produkt verkauft wird (s. GUTENBERG 1983, S. 109; s. BELZ ET AL. 1997a, S. 36f.).

Neben den materiellen Produkten des Maschinenbaus spielen Serviceleistungen eine immer wichtigere Rolle, um die oftmals niedrigen Margen im Neumaschinengeschäft auszugleichen und eine Absicherung für wirtschaftliche Krisen zu treffen. Als Produkt werden dabei sämtliche Güter bezeichnet, die während eines ökonomischen Produktionsprozesses „innerhalb eines Betriebes als final angestrebte Ausbringungsgröße" entstehen (MARR 1979, S. 1434).

Bereits heute beträgt der Serviceanteil am Maschinenbauumsatz etwa 19,2 %. In der Folge versuchen zunehmend mehr der meist mittelständischen Unternehmen des Maschinen- und Anlagenbaus, sich als Lösungsanbieter zu positionieren. (s. VDMA 2019, S. 9; 2016, S. 6) Bei den immateriellen Produkten handelt es sich um Softwarelösungen und Dienstleistungen für die Instandhaltung und den Betrieb der materiellen Produkte sowie um Beratungsleistungen. (s. VDMA 2016, S. 18)

Immaterielle Realgüter gliedern sich neben Dienstleistungen in Informationen und digitale Güter sowie sonstige immaterielle Realgüter wie beispielsweise Rechte, Patente, Lizenzen usw. auf. Immaterielle Güter weisen gänzlich andere Charakteristika auf als materielle Güter. Neben den mobilen materiellen Objekten sind insbesondere Dienstleistungen und digitale Güter von besonderer Bedeutung in dieser Arbeit. Für Dienstleistungen sind die sogenannten „*IHIP characteristics*" bezeichnend. Dabei steht

„IHIP" für *intangibility*, *heterogenicity*, *inseperability*, *perishability* (dt. Intangibilität, Heterogenität, Untrennbarkeit, Unbeständigkeit) (s. SPRING U. ARAUJO 2009, S. 451).

Der Begriff Dienstleistung kann auf unterschiedliche Weise definiert werden. Eine grundlegende Unterscheidung treffen u. a. GLAS oder CORSTEN U. GÖSSINGER durch potenzial-, prozess- und ergebnisorientierte Ansätze (s. GLAS 2012, S. 27; s. CORSTEN U. GÖSSINGER 2007, S. 21f.).

Potenzialorientierte Ansätze fokussieren insbesondere die Leistungsbereitschaft und damit die zur Leistungserbringung notwendigen Grundlagen. Anders als bei materiellen Gütern kauft der Kunde hier kein fertiges Produkt, sondern ein Leistungsversprechen, welches nicht konserviert und inventarisiert werden kann. Neben dem Potenzial, welches vom Anbieter eingebracht wird, spielt bei der Erbringung von Dienstleistungen zudem die Integration externer Faktoren durch den Kunden eine wesentliche Rolle. (s. CORSTEN U. GÖSSINGER 2007, S. 21)

Prozessorientierte Ansätze konzentrieren sich auf die Interaktion zwischen Kunden und Anbietern während der Leistungserstellung. Die Produktion und der Konsum einer Dienstleistung fallen zusammen (Uno-actu-Prinzip). Daraus leitet sich ab, dass nicht nur das Ergebnis wesentlich ist für die Beurteilung der Dienstleistungsqualität, sondern auch der Prozess und damit die Zusammenarbeit zwischen Anbieter und Kunde (s. CORSTEN U. GÖSSINGER 2007, S. 22).

Ergebnisorientierte Ansätze legen den Fokus auf den Nutzen, der aus einer erbrachten Dienstleistung hervorgeht. Wie eine Dienstleistung selbst, so ist auch das korrespondierende Ergebnis immateriell. Dienstleistungen werden in diesem Kontext als immaterieller Output von Faktorkombinationsprozessen angesehen (s. HALLER 2012, S. 12; s. CORSTEN U. GÖSSINGER 2007, S. 23).

Nach BRUHN ET AL. werden Dienstleistungen wie folgt definiert (BRUHN ET AL. 2019, S. 25):

Definition | Dienstleistung

„Dienstleistungen sind selbstständige, marktfähige Leistungen, die mit der Bereitstellung [...] und/oder dem Einsatz von Leistungsfähigkeiten [...] verbunden sind (Potenzialorientierung). Interne [...] und externe Faktoren [...] werden im Rahmen des Erstellungsprozesses kombiniert (Prozessorientierung). Die Faktorenkombination des Dienstleistungsanbieters wird mit dem Ziel eingesetzt, an den externen Faktoren, an Menschen [...] und deren Objekten [...] nutzenstiftende Wirkungen [...] zu erzielen (Ergebnisorientierung)."

Güter, die weder einen physischen Anteil beinhalten noch einen Dienstleistungsanteil aufweisen und somit vollständig über das Internet oder andere Datennetze verteilt und genutzt werden können, werden als vollständig digitale Güter bezeichnet (s. CLEMENT U. SCHREIBER 2016, S. 25).

Eine Reproduzierbarkeit und damit Skalierung von digitalen Gütern ist möglich. Das geistige Eigentum spielt dadurch hier eine noch wesentlichere Rolle als bei materiellen Gütern. Da der Wert von digitalen Gütern oftmals nur subjektiv bestimmbar ist, gestaltet sich die Preisbildung komplex. Kosten sind zudem schwierig identifizierbar, weisen insgesamt aber einen hohen fixen und nur einen geringen variablen Anteil auf. (s. STELZER 2004, S. 243ff.)

Nach STELZER sowie CLEMENT U. SCHREIBER können digitale Güter wie folgt definiert werden (STELZER 2004, 233; s. CLEMENT U. SCHREIBER 2016, S. 27):

Definition | digitale Güter

„Digitale Güter sind immaterielle Mittel zur Bedürfnisbefriedigung, die sich mit Hilfe von Informationssystemen entwickeln, vertreiben und anwenden lassen". Anders als bei materiellen Gütern nimmt der Wert eines digitalen Gutes durch den Gebrauch zu.

Neben einer Unterteilung in materielle und immaterielle Güter können Realgüter zudem in Mischformen unterteilt werden, die sich insbesondere in den vergangenen Jahrzehnten entwickelt haben. Aufgrund der steigenden Homogenität von Industrieprodukten versuchen Unternehmen, sich durch Mischformen, die sich durch produktbegleitende Dienstleistungen, sogenannte Value-added Services, auszeichnen, vom Wettbewerb zu differenzieren (s. BRUHN ET AL. 2019, S. 6). Dieser Trend wird auch unter dem Begriff *Servitization* zusammengefasst und bezeichnet grundsätzlich den Wandel vom Verkauf von Sachleistungen hin zum Verkauf ganzheitlicher Lösungen mit dominierendem Dienstleistungsanteil (s. BAINES ET AL. 2017, S. 257). Diese Mischformen können auch einen digitalen Anteil aufweisen wie bei Dienstleistungen, die für digitale Produkte, wie beispielsweise Schulungen zu Software, erbracht werden. Die in diesem Zusammenhang häufig verwendeten Begriffe zur Beschreibung dieser Mischformen sind oftmals vage, sodass eine genaue Abgrenzung einzelner Begriffe oder Konzepte schwierig ist (s. BONNEMEIER 2009, S. 23).

Der am weitesten verbreitete Ausdruck hinsichtlich Mischformen aus materiellen und immateriellen Gütern ist der des Produkt-Service-Systems (PSS). Dabei handelt es sich um ein materielles Gut, welches über seinen Lebenszyklus zielgerichtet durch verschiedenen Serviceprodukte ergänzt wird (s. AURICH U. CLEMENT 2010, S. 7; s. BAINES ET AL. 2007, S. 1543; s. ÖZCAN ET AL. 2014, S. 56). Eine Sonderform der PSS sind die industriellen Produkt-Service-Systeme, die einen konkreten Industriebezug aufweisen und sich durch integrierte und gegenseitig bestimmende Planung, Entwicklung, Erbringung und Nutzung von Sach- und Dienstleistungsanteilen auszeichnen (s. UHLMANN U. MEIER 2017, S. 8).

Ein weiterer in diesem Zusammenhang relevante Begriff ist der des hybriden Leistungsbündels (HBL, auch hybride Leistung oder hybride Wertschöpfung) (s. SPATH U. DEMUß 2003, S. 467ff.; s. KLEINALTENKAMP U. SAAB 2009, S. 11; s. BURIÁNEK 2009, Vff.

; s. DIN SPEC 33453, S. 8). Der Begriff wird synonym zu dem bereits genannten Begriff industrielles Produkt-Service-System genutzt (s. MEIER U. UHLMANN 2017, S. 8). Dabei betont das Attribut „hybrid“ den dualen Charakter der Kombination aus Produkt und Dienstleistung, wie auch Leistungsbündel das Bündeln von verschiedenen Produkten und Dienstleistungen bezeichnet. Der Begriff des Bündelns im industriellen Kontext geht bereits auf Autoren aus den 70er Jahren wie ADAMS U. YELLEN zurück (s. ADAMS U. YELLEN 1976).

Hybride Leistungsbündel grenzen sich des Weiteren von Leistungssystemen ab, die synonym auch als hybride Produkte bezeichnet werden (s. GLASER 2015, S. 36) und die dritte Strömung im Kontext der Mischformen realer und immaterieller Güter bilden. Der Begriff „Leistungssysteme“, des Weiteren auch als *hybrides Produkt*, *Lösungssystem*, *Systemgeschäft* oder *Systemlösung* bezeichnet, geht auf BELZ zurück und wurde insbesondere von SCHUH ET AL. weiter geprägt (s. BELZ 1988, S. 64; s. BONNEMEIER 2009, S. 24). Da sich die Problemstellungen und Lösungsansätze hinsichtlich der Konzeption und des Umgangs der verschiedenen Mischformen von Wirtschaftsgütern ähneln, wird im Folgenden der Begriff „Leistungssystem“ repräsentativ für die beschriebenen, verwandten Mischformen verwendet. BELZ ET AL. definieren den Begriff dabei wie folgt (s. BELZ ET AL. 1997a, S. 28):

Definition | Leistungssystem

Bei Leistungssystemen handelt es sich um „(…) integrierte Problemlösungen für spezifische Kundengruppen. Leistungssysteme umfassen dabei modulare Problemlösungen, die den Kunden umfassend unterstützen. Die flexible Systemarchitektur der Leistungssysteme ermöglicht es, standardisierte und individuelle Leistungen zu einer kundenindividuellen Gesamtlösung zu kombinieren.“

SCHMIDT ergänzt zudem, dass im Zentrum eines Leistungssystems zudem das „Kernprodukt, das den Kernnutzen des Systems ausmacht“, steht (s. SCHMIDT 2009, S. 100) Im Rahmen dieser Arbeit besteht das Leistungssystem aus einer Kombination von Gütern. Dabei handelt es sich um Maschinen oder Anlagen und Software, die im Folgenden auch als Objekte bezeichnet oder als materielle und immaterielle Objekte spezifiziert werden, sowie Dienstleistungen.

2.3 Subskriptionsgeschäftsmodell

Geschäftsmodelle können grundsätzlich als Modelle und Methoden verstanden werden, um Unternehmensprozesse zu verstehen und zu verändern (s. NILSSON ET AL. 1999, S. 1). Dabei wird ein Modell als das Abbild einer Organisation inklusive seiner Informationssysteme verstanden und eine Methode als konkrete Richtlinie, um Entwicklungstätigkeiten in einer Organisation zu erfüllen (s. NILSSON ET AL. 1999, S. 3). Diese zum Ende der 90er Jahre entstandene Auffassung hat sich bis heute nicht grundlegend verändert, auch wenn in neueren Erklärungsansätzen der Kundenbegriff und damit verbunden die Ressourcentransformation eines Unternehmens für den jeweiligen Kunden stärker in den Fokus gerückt sind (s. SCHUH ET AL. 2017b, S. 59). In diesem Zeitraum kam der Thematik der Geschäftsmodelle eine neue Bedeutung zu, getrieben durch die Verbreitung des Internets sowie grundsätzlich durch neue Information- und Kommunikationstechnologien. Alte Geschäftsmodelle wurden in Teilen als überholt angesehen und Manager durch die daraus resultierende Komplexität und Unsicherheit konfrontiert, verstärkt durch die zu diesem Zeitpunkt zunehmende Globalisierung, (s. OSTERWALDER 2004, 11).

Eng verbunden ist der Begriff des Geschäftsmodells mit den Strategiefragen eines Unternehmens. OSTERWALDER U. PIGNEUR verorten die Unternehmensstrategie dabei als vorgelagerten Prozess, in welchem die Unternehmensziele und -vorgaben sowie die Vision definiert werden. Das Geschäftsmodell knüpft daran an und überführt die Ergebnisse in eine monetäre Logik, nach welcher ein Unternehmen Geld verdient bzw. nach welcher eine Organisation Wert schafft, vermittelt und erfasst (s. OSTERWALDER U. PIGNEUR 2011, S. 14). Der Kundennutzen steht dabei im Zentrum eines Geschäftsmodells (s. KAMPKER ET AL. 2018d, S. 154f.). Für die Beschreibung eines Geschäftsmodells existieren verschiedene Ansätze unterschiedlicher Autoren (s. GERL 2020, S. 29ff.). SCHALLMO untersuchte dabei die Ansätze von 19 verschiedenen Autoren und bewertete diese nach Kriterien wie der Detaillierungsebene, den Entwicklungsrichtungen, dem Vorhandensein eines Vorgehens usw. Im Ergebnis sticht insbesondere der Ansatz von OSTERWALDER U. PIGNEUR als universeller Ansatz zur Beschreibung und Entwicklung von Geschäftsmodellen hervor (s. SCHALLMO 2013, S. 108). Der Business-Model-Canvas, welcher diesem Ansatz zugrunde liegt, ist in Abbildung 7 dargestellt.

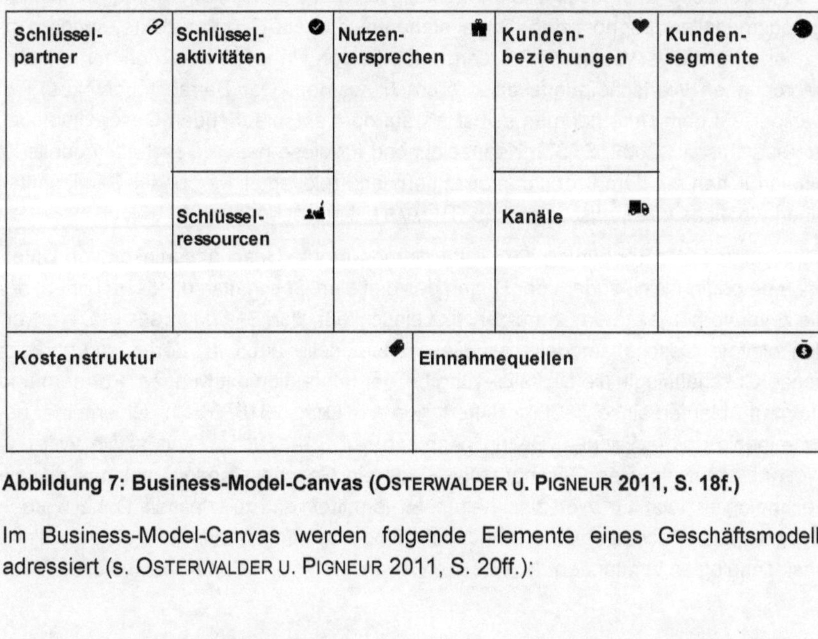

Abbildung 7: Business-Model-Canvas (OSTERWALDER U. PIGNEUR 2011, S. 18f.)

Im Business-Model-Canvas werden folgende Elemente eines Geschäftsmodells adressiert (s. OSTERWALDER U. PIGNEUR 2011, S. 20ff.):

- Kundensegmente: Gruppen von Personen oder Organisationen, die erreicht und bedient werden sollen
- Nutzenversprechen: Kombination aus Produkten und Dienstleistungen, die Wert für das spezische Kundensegment schaffen, indem Probleme gelöst und Bedürfnisse befriedigt werden
- Kanäle: Art, in welcher das Nutzenversprechen einem Kundensegment durch Kommunikation, Distribution und Verkaufskanäle unterbreitet wird
- Kundenbeziehungen: Beziehungsart zu bestimmten Kundensegmenten, um diese anzuwerben und zu halten
- Einnahmequellen: Einnahmen, die durch sämtliche Kundensegmente mittels des Nutzenversprechens generiert werden
- Schlüsselressourcen: Wirtschaftsgüter für die Erbringung des Nutzenversprechens
- Schlüsselaktivitäten: Handlungen für die Erbringung des Nutzenversprechens
- Schlüsselpartner: Netzwerk an Partnern und Lieferanten für den Betrieb des Geschäftsmodells
- Kostenstruktur: Kosten für den Betrieb des Geschäftsmodells

Mit dem Aufkommen von Geschäftsmodellen als wissenschaftliches Untersuchungsfeld wurde auch eine Vision für Charakteristika zukünftiger Geschäftsmodelle formuliert, die durch heutige Technologien in die Anwendung gebracht werden kann. Bereits 2002 formulieren BIEGER ET AL. eine Vision neuer, unternehmensübergreifender Geschäftsmodelle. Zu dem Zeitpunkt wird bereits ein Wandel von Transaktionsgeschäften hin zu Geschäftsmodellen mit langfristigen Kundenbeziehungen und komplexen Ertragsmodellen prognostiziert. Dabei stehen nicht mehr Einzelprodukte, sondern integrierte Leistungssysteme im Vordergrund, die von virtuellen Unternehmen mit aufgebrochenen Wertschöpfungsketten erbracht werden. Der Betrachtungsfokus liegt weniger auf dem Unternehmen selbst als auf dem entsprechenden Geschäftsmodell (s. BIEGER ET AL. 2002, S. 37). Kennzeichnend für diese neuen Geschäftsmodelle ist ein verglichen mit dem Produktanteil zunehmend relevanter werdender Serviceanteil innerhalb eines Leistungssystems (s. THOMAS U. NÜTTGENS 2013, S. 97).

Mit zunehmender Bedeutung der Digitalisierung für die Geschäftstätigkeit von Unternehmen beginnt sich zudem der Begriff des digitalen Geschäftsmodells zu bilden, der die zuvor vorhergesagten Charakteristika einschließt. Von BARENFANGER U. OTTO werden digitale Geschäftsmodelle als Geschäftsmodelle definiert, deren zugrundeliegende Geschäftslogik die Digitalisierung bei der Interaktion mit Kunden, Partnern und internen Abläufen einschließt (s. BARENFANGER U. OTTO 2015, S. 18). Allgemeiner beschreiben BOCK U. WIENER, Bezug nehmend auf u. a. RAI U. TANG sowie WEILL U. WOERNER, ein digitales Geschäftsmodell als ein Geschäftsmodell, welches digitale Technologien nutzt, um Wert zu schaffen, zu vermitteln und zu erfassen. Dabei werden unter digitalen Technologien insbesondere moderne Informations- und Kommunikationstechnologien verstanden. (s. BOCK U. WIENER 2017, S. 4). Im Kontext dieser Arbeit sind insbesondere IoT, Cloud-Computing, Big Data und Data-Analytics zu nennen (s. PAIOLA U. GEBAUER 2020, S. 247).

Beide hier genannten Definitionen zu digitalen Geschäftsmodellen führen zum Begriff des Subskriptionsgeschäftsmodells, welches im Zentrum dieser Arbeit steht. Subskriptionsgeschäftsmodelle, kurz Subskriptionsmodelle, können als Geschäftsmodell im Allgemeinen und aufgrund der Nutzung digitaler Technologien als digitales Geschäftsmodell im Speziellen verstanden werden. Dabei bezahlt der Kunde für „die laufende Nutzung des Produkts, nicht für das Produkt selbst" (HERMANN 2019, S. 193). Mit zunehmender Popularität von Subskriptionsmodellen prognostizieren TZUO U. WEISERT einen Paradigmenwechsel in der Wirtschaft. Unternehmen wandeln sich von produktzentrierten Organisationen hin zu kundenzentrierten Organisationen (s. TZUO U. WEISERT 2018, S. 21ff.). Im Maschinen- und Anlagenbau existiert eine große Vielfalt verschiedener Subskriptionsgeschäftsmodelle, wie auch die in dieser Arbeit untersuchten Fallstudien zeigen und auch MANSARD U. CAGIN feststellen (s. MANSARD U. CAGIN 2020, S. 13ff.). Diese Geschäftsmodelle werden nicht immer als Subskriptionsmodelle bezeichnet, sondern unter verschiedenen alternativen Begriffen vermarktet (s. BRAX U. VISINTIN 2017, S. 29; s. GERL 2020, S. 11), wie Equipment-as-a-Service- oder Capex-to-Opex- (s. BENDIG ET AL. 2021, S. 1; s. STOJKOVSKI ET AL. 2021, S. 1; s. KIRCHHARTZ 2021), Everything-as-a-Service- (s. JODLBAUER 2018, S. 167ff.; s. GERL 2018, S. 6), Pay-per-Use- (s. SOUSA-ZOMER ET AL. 2018, S. 3; s. GEBAUER ET AL. 2017, S. 14) und Non-Ownership-Service-Geschäftsmodelle (s. UUSKOSKI ET AL. 2020, S. 403; s. WIRTZ U. EHRET 2019, S. 787f.)

Für die vorliegende Arbeit werden Subskriptionsmodelle in Anlehnung an GASSMANN ET AL. und LAH U. WOOD wie folgt definiert (s. GASSMANN ET AL. 2013, S. 232; s. LAH U. WOOD 2016, S. 7)

Definition | Subskriptionsmodell

Bei Subskriptionsmodellen bezieht der Kunde kontinuierlich bzw. in regelmäßigen Abständen eine Leistung, für die er in regelmäßigen Zeitabständen oder im Voraus bezahlt. Durch das Aggregieren und die Analyse von Nutzungsdaten können dem Kunden kontinuierlich Nutzenvorteile durch Verbesserung der Leistung sowie zusätzliche Leistungen angeboten werden.

Im Zentrum eines Subskriptionsmodells steht ein Leistungssystem aus materiellen und immateriellen Objekten sowie Dienstleistungen, welche die Leistungsbereitschaft der Objekte herstellen, erhalten und verbessern (s. SCHUH ET AL. 2020c, S. 601; s. SCHÖNSLEBEN 2019, S. 30). Für die Nutzung, die Verfügbarkeit oder das beim Kunden erzeugte Ergebnis dieses Leistungssystems bezahlt der Kunde kontinuierlich eine fixe oder variable Gebühr (s. HERMANN 2019, S. 193; s. NEUHÜTTLER ET AL. 2018, S. 103f.).

Bei der Inanspruchnahme der Leistung werden durch Anwendung digitaler Technologien große Datenmengen generiert, die einen digitalen Schatten des Kunden erzeugen. (s. LAH U. WOOD 2016, 72f.; s. GAIARDELLI ET AL. 2021, S. 179). Mithilfe dieser Daten kann der Anbieter eine Verbesserung der Wertschöpfung des Kunden erreichen (s. YANG U. EVANS 2019, S. 1161). Dies erfolgt aufgrund eines vertraglich definierten Risikotransfers vom Kunden auf den Anbieter. Der Anbieter verantwortet folglich gewisse Teile der Wertschöpfung und reduziert dadurch beispielsweise Ausfälle, Fehlbedingungen oder Ineffizienzen (s. SONG U. SAKAO 2017, S. 1675; s. LINDHULT ET AL. 2018, S. 463; s. GERL 2020, S. 39). Aufgrund umfangreicher, datenbasierter Erfahrungen kann der Anbieter von Subskriptionsmodellen diesen Risiken besser begegnen als der Kunde und bestimmte Verbesserungen der Wertschöpfung des Kunden garantieren (s. ERKOYUNCU ET AL. 2019, S. 166). Dabei kann der Anbieter auch durch eine Gewinnteilung infolge der Verbesserung profitieren (s. HERMANN 2019, S. 188). Dies führt im Rahmen der Geschäftsbeziehung zu einer Angleichung von Anbieter- und Kundeninteressen (s. EHRET U. WIRTZ 2018, S. 49). Subskriptionsmodelle ermöglichen die Reduzierung von Überkapazitäten und können somit auch als Nachhaltigkeitstreiber angesehen werden. (s. SCHUH ET AL. 2020b, S. 287; s. PEZZOTTA ET AL. 2018, S. 1271). Darüber hinaus sind Subskriptionsmodelle von einer langfristigen kollaborativen Partnerschaft zwischen Kunden und Anbieter und, wie bei einem klassischen Abonnementgeschäftsmodell auch, von periodischen Zahlungen für den Zugang zu einer Leistung gekennzeichnet, die aber ergebnisbezogene Komponenten aufweisen kann (s. SCHUH ET AL. 2020c, S. 603). Während dieser Partnerschaft wird der erbrachte Mehrwert für den Kunden durch eine kontinuierliche Verbesserung der Leistung zum Zwecke der Produktivitätssteierung hochgehalten (s. SCHUH ET AL. 2020c, S. 602f. ; s. LONG ET AL. 2016, S. 5337; s. LINDHULT ET AL. 2018, S. 459).

Die Vorteile eines Subskriptionsmodells sind für den Anbieter vielfältig. Neben einer Erhöhung der Profitabilität durch einen hohen Anteil von Services im Leistungssystem stehen eine bessere Ausrichtung auf Kundenbedürfnisse, zielgerichtete Produktinnovationen, eine Erhöhung der Kundenbindung und der Aufbau von Markteintrittsbarrieren im Fokus. Abhängig von der genauen Ausgestaltung des Preissystems kann der Anbieter seine Einnahmen besser kalkulieren und seine Geschäftstätigkeiten besser planen (s. BAINES ET AL. 2017, S. 257; s. LEE U. LEE 2020, S. 2; s. HERMANN 2019, S. 192). Der Kunde profitiert davon, seine Investitionen für Maschinen- und Anlagen nicht mehr in Form von Einmalinvestitionen (CapEx), sondern im Rahmen von Betriebsausgaben (OpEx) tätigen zu können. Gleichzeitig verfügt der Kunde über eine hohe Kostentransparenz und kann seine Wertschöpfung durch das anbieterseitige Wissen steigern. (s. STOJKOVSKI ET AL. 2021, S. 13; s. HERMANN 2019, S. 192).

2.4 Einordnung und Eingrenzung der Arbeit

Im Folgenden wird der Untersuchungsbereich der Arbeit eingegrenzt und eingeordnet. Dies erfolgt innerhalb der Managementlehre und der Dienstleistungsforschung, den beiden für diese Arbeit grundlegenden Themenbereichen.

2.4.1 Einordnung in die Managementlehre

Die Managementlehre hat sich zur Aufgabe gemacht, durch die Entwicklung von Lösungsvorschlägen nützliches Wissen für die Praxis bereitzustellen. Adressiert werden dabei reale gesellschaftliche Probleme, die bei der Gestaltung und Lenkung sozialer Institutitionen auftreten. (s. ULRICH 2001, S. 117) Als Management werden dabei das Gestalten und die Lenkung von zweckorientierten, sozialen Systemen verstanden (s. ULRICH 2001, S. 110).

Das dieser Arbeit zugrunde gelegte Verständnis der Managementlehre basiert auf dem Konzept Integriertes Management nach BLEICHER U. ABEGGLEN, welches wiederum auf dem St. Galler Management-Modell beruht. Bei der Entwicklung differenzierter Lösungen für die Herausforderungen des Managements wird zwischen normativen, strategischen und operativen Handlungsfeldern unterschieden. Der in Abbildung 8 dargestellte Ordnungsrahmen des Konzeptes Integriertes Management dient damit der Betrachtung, Diagnose und Lösung von Management-Problemen unter Berücksichtigung von Interdependenzen, die bei Entscheidungen einzubeziehen sind. (s. BLEICHER U. ABEGGLEN 2017, S. 148f.)

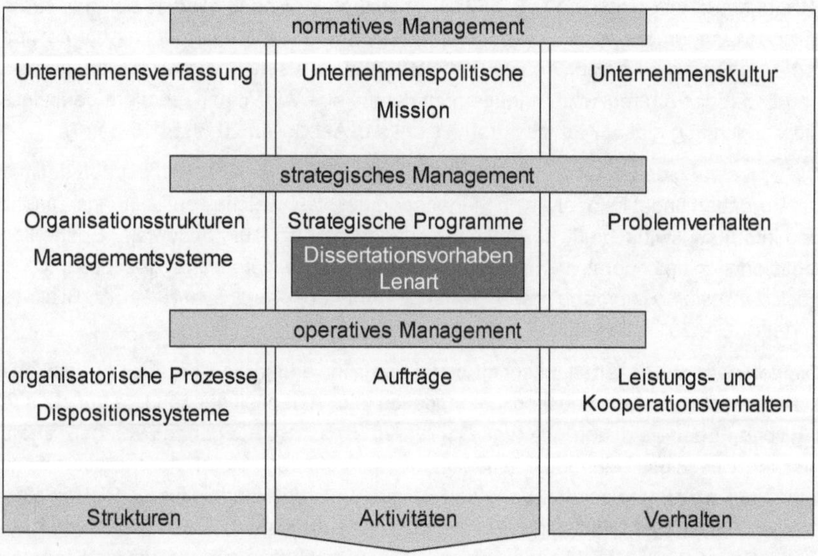

Abbildung 8: Einordnung des Dissertationsvorhabens in das Konzept Integriertes Management (eigene Darstellung)

Der Ordnungsrahmen bildet eine Matrix, in der auf vertikaler Ebene die normative, strategische und operative Dimension des Managements dargestellt sind. Die ersten zwei Dimensionen bilden dabei die für den operativen Vollzug erforderliche Rahmengestaltung. Zwischen den Dimensionen sind die vielfältigen Vor- und Rückkopplungsprozesse zu beachten (s. BLEICHER U. ABEGGLEN 2017, S. 150). Auf horizontaler Ebene werden die zuvor genannten Ebenen durch die Bereiche *Aktivitäten*, *Strukturen* und *Verhalten* durchzogen.

Das normative Management gewährleistet die Identität eines Unternehmens und ist die Voraussetzung für die Fähigkeit zur Unternehmensentwicklung. Unter der Entwicklungsfähigkeit wird insbesondere auch die positive und sinnvolle Veränderung verstanden. Grundlage für das normative Management bildet die Vision eines Unternehmens, auf deren Basis das unternehmenspolitische Handeln und Verhalten abgeleitet werden kann und sich in einer Mission konkretisiert. Auf der horizontalen Ebene gliedert sich das normative Management weiter in die Unternehmensverfassung und -kultur als Träger der Unternehmenspolitik. Durch das normative Management werden zweckorientierte Ziele des Unternehmens definiert, die deren Mitgliedern und Partnern Sinn und Identität im Inneren und Äußeren vermitteln. Damit wirkt das normative Management als Grundlage für alle Handlungen eines Unternehmens. (s. BLEICHER U. ABEGGLEN 2017, S. 151f.).

Das strategische Management konzentriert sich auf „den Ausbau, die Pflege und die Ausbeutung von Erfolgspotenzialen, für die Ressourcen eingesetzt werden müssen" (BLEICHER U. ABEGGLEN 2017, S. 152) Auf horizontaler Ebene gliedert sich das strategische Management weiter in *Organisationsstrukturen und Managementsysteme*, *strategische Programme* und *Problemverhalten*. Anders als das normative Management, begründet das strategische Management damit keine Aktivitäten, sondern beeinflusst die Ausrichtung dieser Aktiväten. (s. BLEICHER U. ABEGGLEN 2017, S. 152f.)

Die Umsetzung des normativen und strategischen Managements und der dort definierten Vorgaben findet im operativen Mananagement statt, welches auf leistungs-, finanz- und informatinswirtschaftliche Prozesse ausgerichtet ist. Auf horizontaler Ebene konkretisiert sich das operative Management weiter in *organisatorische Prozesse und Dispositionssysteme*, *Aufträge* sowie *Leistungs- und Kooperationsverhalten*. (s. BLEICHER U. ABEGGLEN 2017, S. 153f.)

Die vorliegende Dissertationsschrift bietet dem Anwender ein Vorgehen zur risikobasierten Gestaltung von Subskriptionsmodellen und ist damit insbesondere auf der strategischen Ebene einzuordnen (vgl. GLASER 2015, S. 16). Ausgehend von dem strategischen Beschluss, ein Subskriptionsmodell einzuführen, bietet diese Dissertationsschrift auf der strategischen Ebene den Rahmen, ein Verständnis für die Risiken eines solchen Geschäftsmodells zu entwickeln und jene zu steuern. Dazu werden dem Anwender zunächst Möglichkeiten aufgezeigt, ein Subskriptionsmodell sowie Einflüsse, die dabei zu berücksichtigen sind, zu gestalten. Infolge dieser Gestaltungsmöglichkeiten und Einflüsse ergeben sich die Risiken des konzipierten Subskriptionsmodells. Durch das entwickelte Vorgehen wird dem Anwender auf strategischer Ebene demonstriert, wie durch die Gestaltung des Subskriptionsmodells die Dimensionen *Strukturen, Aktivitäten* und das *Verhalten* beeinflussen und damit Risiken entsprechend der Gefahren- bzw. Chancenneigung des Unternehmens gezielt eingegangen werden können.

2.4.2 Eingrenzung des Betrachungsbereiches

Aufbauend auf den zuvor dargestellten Definitionen und der Einordnung in die Managementlehre wird der Betrachtungsbereich dieser Arbeit im Folgenden eingegrenzt.

Der Adressatenkreis dieser Arbeit sind Maschinen- und Anlagenbauer, welche mehrteilige Produkte mit komplexer Struktur in Einzel- und Kleinserienfertigung oder Einmalfertigung für andere Unternehmen herstellen. Neben den materiellen Produkten sind auch nicht-materielle Produkte des Maschinen- und Anlagenbaus für diese Arbeit relevant. Im Fokus dieser Arbeit stehen die als Leistungssystem bezeichneten Mischformen aus materiellen und immateriellen Produkten. Dabei handelt es sich um Maschinen und Anlagen, Dienstleistungen und Softwareprodukte. Bei den Dienstleistungen sind es insbesondere klassische Dienstleistungen des After-Sales-Service wie Instandhaltungsleistungen. Diese Dienstleistungen werden einerseits durch den Hersteller der Maschine oder Anlage erbracht, andererseits durch andere Dienstleistungsunternehmen. Angeboten werden diese Leistungssysteme im Rahmen von Subskriptionsmodellen. Der Zeitpunkt der Betrachtung liegt dabei vor dem Roll-out des Subskriptionsmodells. Die Betrachtungen dieser Arbeit ermöglichen einen zielgerichteten Umgang mit den Risiken von Subskriptionsmodellen. Hinsichtlich der Risiken findet dabei eine Abschätzung der während der Erbringung zu erwartenden Chancen und Gefahren statt. Dazu erfolgen eine Identifikation und Analyse der Risiken, die in einer Empfehlung zur Bewertung der Risiken münden.

Entsprechend der Einordnung in die Managementlehre handelt es sich bei den Ergebnissen dieser Arbeit um Beschreibungen, Erklärungen und Handlungsempfehlungen für die strategische Planung von Subskriptionsmodellen. Es ergibt sich folglich ein mittelfristiger Planungshorizont.

In Abbildung 9 wird die Eingrenzug des Betrachtungsbereichs visualisiert und zusammenfasst.

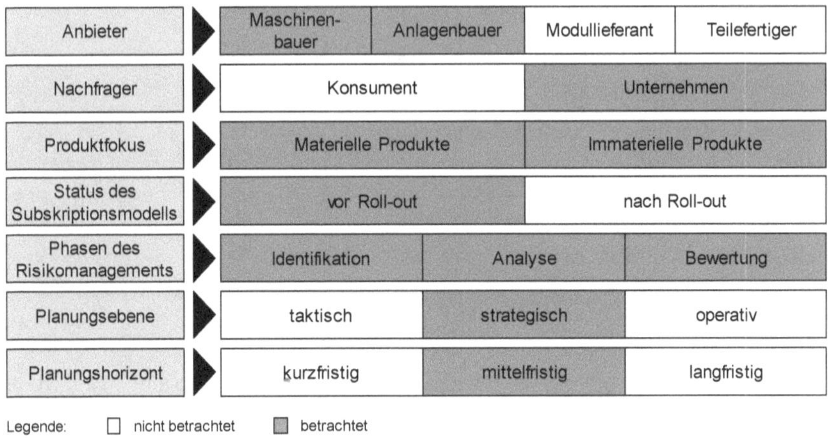

Abbildung 9: Einordnung der Arbeit in die Dienstleistungsforschung (eigene Darstellung)

3 Stand der Erkenntnisse

Der Forschungsmethodik ULRICH ET AL.entsprechend werden die für die Problemstellung relevanten Ansätze zunächst dargestellt (s. ULRICH ET AL. 1984, S. 193). Ausgehend von der Zielsetzung der Arbeit und der Eingrenzung des Betrachtungsbereichs werden jene bezüglich ihrer Eignung zur Lösung der vorliegenden Problemstellung bewertet. Dazu werden zunächst dem Subskriptionsmodell verwandte Geschäftsmodelle und -ansätze vorgestellt. Anschließend werden Beiträge beurteilt, die zur Erfüllung der im Rahmen dieser Arbeit gesetzten Ziele beitragen. Der Fokus der Betrachtung liegt dabei auf der deutsch- und englischsprachigen Fachliteratur. Die Beurteilung der Ansätze erfolgt anhand des Schwerpunktes des jeweiligen Ansatzes, der Erfüllung von Anforderungen hinsichtlich des Inhaltes sowie des Ergebnisses entsprechend Zielsetzung und letztlich der fokussierten Branche.

3.1 Vorstellung und Bewertung existierender Ansätze

Gemäß der Zielsetzung und dem zuvor eingegrenzten Untersuchungsbereich der Arbeit werden im Folgenden bestehende Lösungsansätze zur risikobasierten Gestaltung von Subskriptionsmodellen aufgezeigt. Diese werden anschließend hinsichtlich der Eignung für die vorliegende Problemstellung bewertet.

3.1.1 Anforderungen

An die im Kapitel „Stand der Erkenntnisse“ vorgestellten Ansätze werden verschiedene inhaltliche Anforderungen gestellt, welche sich aus der zugrundeliegenden Problemstellung (s. Kapitel 1.1) sowie der daraus abgeleiteten Forschungsfrage und Zielsetzung (s. Kapitel 1.2) ergeben. Folgende inhaltliche Anforderungen werden an die Ansätze gestellt:

- **Eignung für Subskriptionsmodelle im Maschinen- und Anlagenbau**
  Subskriptionsmodelle waren in den letzten Jahren vermehrt im B2C-Bereich populär. Erst seit kurzem sind erste Umsetzungen im B2B-Bereich bzw. im Maschinen- und Anlagenbau zu finden. Die Besonderheiten des Maschinen- und Anlagenbaus sollen für die Ergebnisse dieser Arbeit wegweisend Verwendung finden.
- **Kombination von Geschäftsmodellentwicklung und Risikomanagement**
  Die Übernahme von Risiken stellt einen zentralen Teil des Leistungsversprechens eines Subskriptionsmodells dar. Im Rahmen des Konsortialbenchmarkings „Subscription-Business“ am FIR mit über 100 Teilnehmern hat sich herausgestellt, dass sich eine überwiegende Zahl der Teilnehmer derzeit noch mit der Einführung eines Subskriptionsmodells auseinandersetzt. Mithilfe dieser Arbeit soll folglich die Entwicklung eines Subskriptionsmodells unter Beachtung von Aspekten des Risikomanagements unterstützt werden.

- **Identifikation von Risiken von Subskriptionsmodellen**
  Im Rahmen von unternehmerischen Tätigkeiten ergeben sich stets Risiken. Diesen generischen Risiken muss bei der Gestaltung von Subskriptionsmodellen nicht zwangsläufig eine größere Bedeutung beigemessen werden als bei anderen Geschäftsmodellen auch. Für die Betrachtungen in dieser Arbeit ausschlaggebend sind Risiken, die exklusiv beim Anbieten von Subskriptionsmodellen auftreten oder aufgrund der Charakteristika eines Subskriptionsmodells neu zu bewerten wären. Dabei verbessert eine detaillierte Beschreibung von Risiken, die über das oftmals abstrakte Beschreiben von Risiken hinausgeht, die Anwenderfreundlichkeit.
- **Analyse und Bewertung von Risiken in Subskriptionsmodellen**
  Für die risikobasierte Gestaltung von Subskriptionsmodellen ist es nicht ausreichend, lediglich die Risiken zu identifizieren. Die Analyse von Risiken selbst sowie deren Interdependenzen stellen die Basis für eine aussagekräftige Risikobewertung dar (s. IEC 31010:2019, S. 21f.). Die Grundlage dafür bilden die zuvor identifizierten Risiken. Risiken, die nicht subskriptionsmodellspezifisch sind, können im Kontext der analysierten Interdependenzen Relevanz besitzen.
- **Einflussnahme auf Risiken**
  Um den Anwender bei der Gestaltung von Subskriptionsmodellen zu unterstützen, ist es erforderlich, einerseits Gestaltungsgrößen von Subskriptionsmodellen zu beschreiben, auf die der Anwender aktiv Einfluss nehmen kann. Andererseits ist es notwendig, Rahmenbedingungen aufzuzeigen, die sich auf Subskriptionsmodelle auswirken und folglich zu berücksichtigen sind, auf welche der Anwender aber nur sehr bedingt Einfluss nehmen kann.
- **Qualitative Modellierung**
  Vor dem Roll-out des Subskriptionsmodells verfügen die zukünftigen Anbieter über keine umfassende Datenbasis, um eine quantitative Modellierung zu ermöglichen. Explizit bedeutet dies, dass an dieser Stelle lediglich eine qualitative Modellierung im Vordergrund steht. Der Datenbedarf soll entsprechend der qualitativen Betrachtung niedrig sein.
- **Berücksichtigung von Chancen**
  Da Subskriptionsmodelle neben verschiedenen Gefahren auch zahlreiche Chancen aufweisen, soll der Betrag nicht nur die Vermeidung von Gefahren thematisieren, sondern mindestens gleichbedeutend auf die Nutzung von Chancen eingehen.

In den folgenden Kapiteln wird dargelegt, inwiefern die beschriebenen Anforderungen an das Modell bereits von existierenden Ansätzen erfüllt werden. Darüber hinaus wird basierend auf den Defiziten der existierenden Ansätze der Forschungsbedarf und damit die Grundlage für diese Arbeit abgeleitet.

Neben Monographien und Sammelwerken wurden Journals und Konferenzbeiträge zur Analyse des Stands der Forschung systematisch durchsucht. Dabei wurde auf folgende Datenbanken zurückgegriffen:

- Google Scholar,
- Scopus
- SpringerLink
- ScienceDirect
- Emerald

Für die Recherche des Stands der Technik wurden in den genannten Datenbanken die folgenden in Tabelle 3 dargestellten Suchkriterien verwendet.

Tabelle 3: Suchkriterien zur Recherche des Stands der Forschung

Betrachtungsbereich	Suchkriterien
Subskriptionsgeschäftsmodell	subscription business model, PSS, industrial product service system, innovative Geschäftsmodelle, digitale Geschäftsmodelle, digital business model, Leistungssystem, Leistungsbündel, Everything-as-a-service, pay-per-x, performance-based-contracting, data-based business model, outcome-based service, integriertes Leistungssystem, servitization, BOT, functional product, integrated product service offering, hybrid solution, integrated solution
Geschäftsmodellentwicklung	Business model engineering, business engineering, service engineering
Risikomanagement	Risk-based, risikobasierte, risk management, Risikomanagement, Risiko, Risiken

3.1.2 Vorstellung existierender Ansätze

Aufbauend auf den im vorherigen Kapitel beschriebenen Anforderungen an das Ergebnis dieser Arbeit werden im folgenden Abschnitt Ansätze aus der wissenschaftlichen Literatur vorgestellt.

Risikomanagement von Anlagenprojekten | GUTMANNSTHAL-KRIZANITS (1994)

GUTMANNSTHAL-KRIZANITS betrachtet das Risikomanagement von Industrieanlagenprojekten aus der Contractor-Sicht. Das Geschäft mit Industrieanlagen definiert er dabei als einen um Dienstleistungen ergänzten Handel (s. GUTMANNSTHAL-KRIZANITS 1994, S. 8). Ein Industrieanlagenprojekt gliedert sich laut Autor in die Phasen Vor-Projek-Phase, Angebotsphase, Verhandlungsphase, Planungs-, Liefer- und Erreichungsphase sowie Betriebsphase (s. GUTMANNSTHAL-KRIZANITS 1994, S. 86ff.). Risiken werden wiederum in die Kategorien Umwelt-, Akteur- und wirkungsbezogene Projektrisiken unterteilt, die aufeinander aufbauen bzw. einander in der genannten Folge bedingen. Zu den Risiken, die unter Umweltrisiken zusammengefasst werden, zählen u. a. Naturereignisse, politische Lage, wirtschaftliche und soziale Bedingungen usw. Akteurrisiken wiederum werden durch die Akteure beim Industrieanlagengeschäft beeinflusst. Dazu zählen der Klient, andere Contractors, Subcontractors und Suppliers sowie das eigene Contractor-Unternehmen. Zu den wirkungsbezogenen Projektrisiken zählen das Qualitäts-, Termin-, Kapazitäts- und Kostenrisiko. (s. GUTMANNSTHAL-KRIZANITS 1994, S. 227ff.) Diese Risiken werden von GUTMANNSTHAL-KRIZANITS detailliert beschrieben, entlang konkreter Szenarien verortet und Interdependenzen aufgezeigt (s. GUTMANNSTHAL-KRIZANITS 1994, S. 248). Zum Umgang mit Risiken wird anschließend das Risk-Management von Industrieanlagenprojekten beschrieben (s. GUTMANNSTHAL-KRIZANITS 1994, S. 278ff.). Der Risk-Management-Prozess gliedert sich dabei in die in Abbildung 10 beschriebenen Abschnitte.

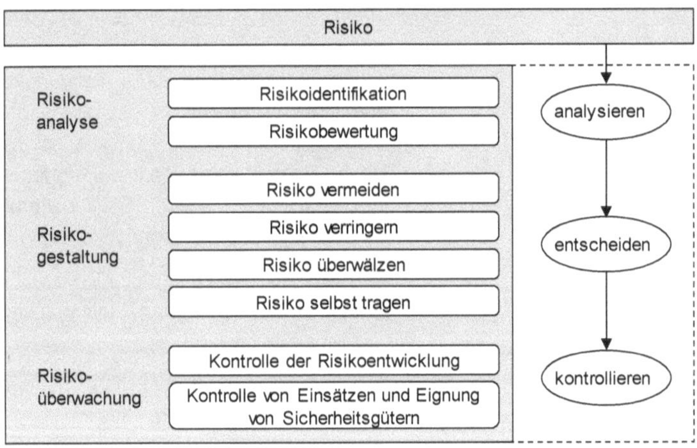

Abbildung 10: Abschnitte des Risk-Management-Prozesses (GUTMANNSTHAL-KRIZANITS 1994, S. 282)

Unter Risk-Management werden somit die Analyse, Gestaltung und Überwachung von Risiken bzw. risikobedrohten Systemen verstanden (s. GUTMANNSTHAL-KRIZANITS 1994, S. 273). Dazu werden Methoden vorgestellt, die in den einzelnen Abschnitten Anwendung finden können (s. GUTMANNSTHAL-KRIZANITS 1994, S. 292ff.). Entsprechend den Möglichkeiten der Risikogestaltung werden verschiedene Risiken erläutert und vorgeschlagen, wie mit dem jeweiligen Risiko umzugehen ist. Da zahlreiche Risiken durch eine geeignete Vertragsgestaltung entschärft werden können, erläutert GUTMANNSTHAL-KRIZANITS detailliert die Bestandteile eines Vertrages für ein Anlagenprojekt. (s. GUTMANNSTHAL-KRIZANITS 1994, S. 149ff.)

Strategisches Risikomanagement im Maschinen- und Anlagenbau | HEIN (2007)

HEIN entwickelt in seinem Beitrag ein Gestaltungsmodell für das strategische Risikomanagement im Maschinen- und Anlagenbau. Entlang des Risikomanagementprozesses mit den Phasen Risikoidentifikation, -bewertung, -steuerung und -kontrolle stellt er Methoden vor, die in diesen Phasen angewandt werden können. (s. HEIN 2007, S. 125ff.) Er konkretisiert anschließend die Hauptprozessphasen für die Einführung, die Durchführung und die kontinuierlichen Verbesserungen des Risikomanagements unter Berücksichtigung der Interdependenzen und unter Nutzung des St. Galler Managementkonzeptes als Bezugsrahmen (s. HEIN 2007, S. 143). Die Prozessphasen sind in Abbildung 11 dargestellt.

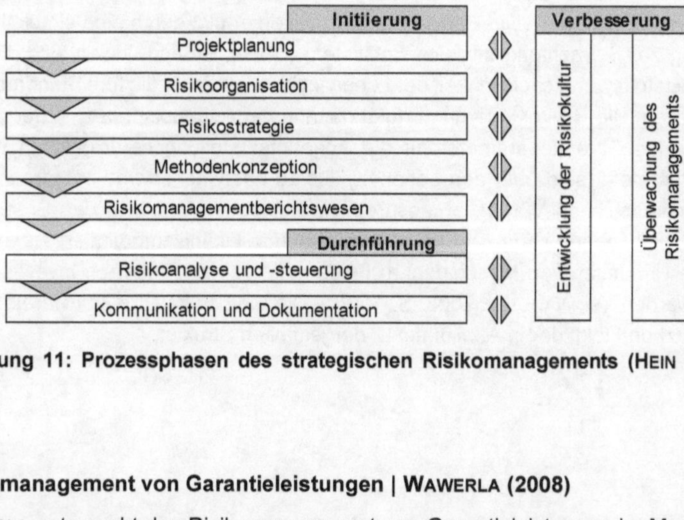

Abbildung 11: Prozessphasen des strategischen Risikomanagements (HEIN 2007, S. 144)

Risikomanagement von Garantieleistungen | WAWERLA (2008)

WAWERLA untersucht das Risikomanagement von Garantieleistungen im Maschinen- und Anlagenbau. Dazu werden zunächst die verschiedenen Garantieleistungen betrachtet, die üblicherweise angeboten werden, sowie Gründe analysiert, die sowohl aus Anbieter-, als auch als Kundensicht für oder gegen eine jeweilige Garantie sprechen würden. Betrachtet werden dabei fünf Standardgarantien (s. WAWERLA 2008, S. 19ff.):

- Free-Replacement-Warrantie: kostenloser Austausch oder die kostenlose Reparatur eines Produktes im Fehlerfall
- Pro-Rata-Warranty: Abdeckung der korrektiven Instandhaltungskosten
- Reliability-Improvement-Warranty: Behebung von Fehlern und Produktoptimierung im Sinne einer Zuverlässigkeitssteigerung
- Life-Cycle-Cost-Warranty: Ausgewählte Lebenszykluskosten überschreiten nicht einen garantierten Wert
- Pay-on-Availability: Bonus-Malus-Kompensation bis hin zu Betreibermodellen

Der Fokus dieser Arbeit liegt insbesondere auf quantitativen Modellen für die Berechnung von Ausfallwahrscheinlichkeiten. Dadurch soll die Angebotserstellung für langfristige Garantieverträge durch die Bestimmung der Garantiekosten und ihrer Eintrittswahrscheinlichkeit verbessert werden (s. WAWERLA 2008, S. 64). Im Rahmen der Riskoanalyse wird die Weibull-Analyse genutzt, um das Ausfallverhalten technischer Komponenten zu bestimmen (s. WAWERLA 2008, S. 35). Dazu wurden zunächst sechs generische Einzelrisiken identifiziert (statistische Streuung des Ausfallverhaltens, statistische Streuung der Reparaturzeiten, Preissteigerung der Ersatzteile, Belastungseinfluss auf Ausfallverhalten, Prognoseungenauigkeit der Kennwerte, Nachweisbarkeit von fahrlässigem Verhalten) (s. WAWERLA 2008, S. 102ff.). Anschließend werden im Rahmen der Risikoanalyse unter Nutzung von daten- und wissensbasierten Ansätzen die Risiken quantifiziert. Die Bewertung der Risiken erfolgt durch eine simulative Verrechnung zur Betrachtung des Gesamtsystems. Abschließend lassen sich die Höhe und die Eintrittswahrscheinlichkeit der Lebenszykluskosten für die fünf Standardgarantien ableiten. Die Risikosteuerung erfolgt dann in der Angebotsphase, in der die kostenoptimalen Garantieparameter für die Angebotserstellung berücksichtigt werden. Diese Parameter sind über den Lebenszyklus zu überwachen und entsprechend einem kontinuierlichen Verbesserungsprozess anzupassen. Mithilfe des Ergebnisses dieser Arbeit können somit sowohl neue Maschinen technisch optimiert als auch potenzielle Umbauten von Maschinen im Feld mithilfe eines Return-on-Investment bewertet werden. (s. WAWERLA 2008, S. 150ff.). Die Methodik wurde softwaretechnisch umgesetzt und folgt der in Abbildung 12 dargestellten Struktur.

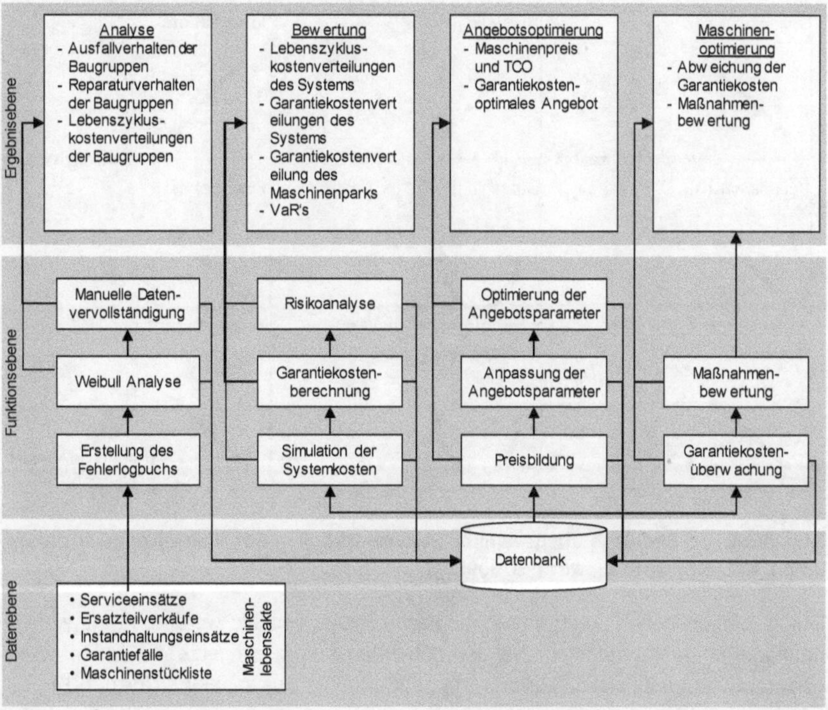

Abbildung 12: Programmtechnische Implementierung der Methodik (WAWERLA 2008, S. 126)

The risks of providing services: differential risk effects of the service-development strategies of customization, bundling, and range | NORDIN ET AL. (2011)

NORDIN ET AL. untersuchen den Einfluss von ausgewählten Servicestrategien auf Betriebsrisiken, strategische und finanzielle Risiken. Untersucht wurden die Servicestrategien „*customization*“, „*bundling*“ und „*range*“ (Erweiterung des Serviceportfolios). Die aufgestellten Hypothesen wurden in neun international agierenden, europäischen, produzierenden Unternehmen validiert. Die Ergebnisse sind in Abbildung 13 dargestellt.

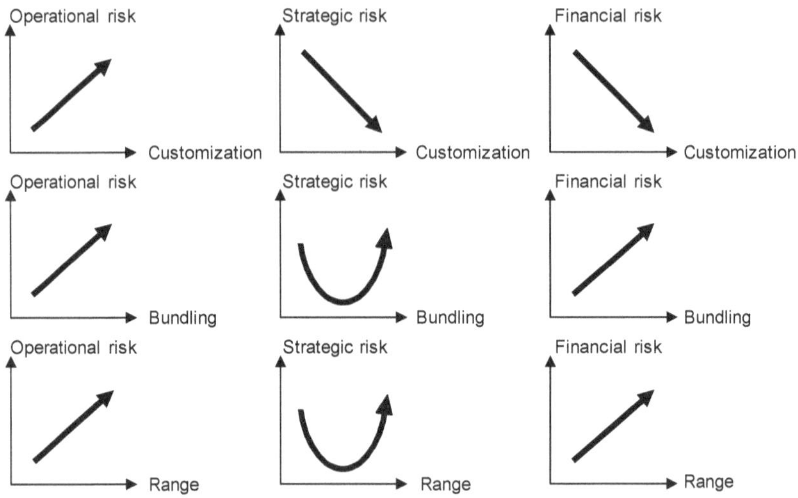

Abbildung 13: Einflüsse ausgewählter Servicestrategien auf Risiken (eigene Darstellung i. A. a. NORDIN ET AL. 2011, S. 399ff.)

Durch „customization" kann das strategische Risiko gesenkt werden, da es weniger häufig zu Missverständnissen bei den konkreten Anforderungen des Kunden kommt und damit das finanzielle Risiko, verbunden mit der Auswahl einer für den Kunden falschen Leistung, sinkt. Werden bei diesem Prozess nur wenige standardisierte Bestandteile eingesetzt, kann dies das operative Risiko allerdings erhöhen. Ebenfalls eine Erhöhung wurde bei der Servicestrategie „bundling" festgestellt, da durch das Bündeln von Leistungen die Komplexität steigt. Dieser Effekt wird umso geringer, je besser mit dieser Komplexität umgegangen werden kann. Hinsichtlich des strategischen Risikos von „bundling" wurde festgestellt, dass das strategische Risiko zunächst sinkt, wenn ausgewählte Bündel von Leistungen angeboten werden. Der Effekt kehrt sich aber um, je individueller die Bündel durch den Kunden gestaltet werden können. Das finanzielle Risiko steigt durch „bundling", da die Preisfindung erschwert wird. Wird das Serviceangebot erhöht, steigt auch hier das Betriebsrisiko, da eine geringere Spezialisierung möglich ist und somit der Anteil an Fehlern steigen kann. Das strategische Risiko sinkt zunächst, da individuell auf Kunden eingegangen werden kann, steigt aber wieder an, wenn der Anbieter möglicherweise den Fokus auf seine Kerntätigkeiten verliert. Das finanzielle Risiko steigt, da der Controlling-Aufwand mit größer werdendem Serviceportfolio zunimmt. (s. NORDIN ET AL. 2011, S. 405ff.)

Risk Management of Industrial Product-Service Systems Systems (IPS²) – How to Consider Risk and Uncertainty over the IPS2 Lifecycle? | SCHULTE U. STEVEN (2012)

SCHULTE U. STEVEN beschreiben ein Vorgehen zum Risikomanagement von industriellen Produkt-Service-Systemen. Die hier betrachteten industriellen Produkt-Service-Systeme (IPS²) werden als integrierte Kombination von Produkten und Dienstleistungen verstanden, die gemeinsam von Kunden und Anbietern dieser Systeme entwickelt werden. Der Anteil von Produkt bzw. Dienstleistung an der Gesamtlösung variiert abhängig vom jeweiligen Leistungsversprechen. Der Lebenszyklus von IPS² gliedert sich dabei in fünf Phasen: Planung, Entwicklung, Implementierung, Betrieb und Beendigung des IPS². IPS² können in verschiedenen Geschäftsmodellen angeboten werden. SCHULTE U. STEVEN unterscheiden dabei zwischen funktions-, verfügbarkeits- und ergebnisorientierten Geschäftsmodellen. Das Risikomanagement von IPS² kann dabei in vier Schritten durchgeführt werden (s. Abbildung 14). Zunächst müssen die Ziele des Unternehmens definiert werden, bevor Risiken in den Kategorien Markt-, Produktions- und Geschäftsrisiken identifiziert werden. Anschließend wird eine Beurteilung der jeweiligen Risiken aus Produkt- und Serviceperspektive durchgeführt. Abschließend erfolgt eine kontinuierliche Überwachung der Risiken in Abstimmung mit den jeweiligen Unternehmenszielen. (s. SCHULTE U. STEVEN 2012, S. 38ff.).

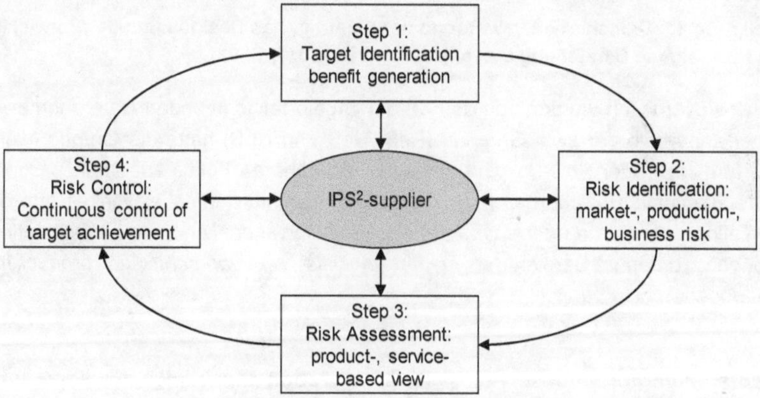

Abbildung 14: Risikomanagement für IPS² (SCHULTE U. STEVEN 2012, S. 40)

How is Uncertainty Perceived and Managed in Design by PSS Providers? | KUMAR ET AL. (2013)

Im Beitrag von KUMAR ET AL. werden die wesentlichen Unsicherheiten bei der Planung, dem Design und der Entwicklung von PSS untersucht. Grundlage dafür sind Interviews mit acht Firmenvertretern verschiedener Ingenieurbranchen. Darüber hinaus wird die Wahrnehmung von Unternehmen hinsichtlich verschiedener PSS-Typen analysiert. Bei den untersuchten PSS handelt es sich um PSS mit einem produktorientierten (PoS), nutzenorientierten (UoS) oder ergebnisorientierten (RoS) Service (s. Abbildung 15).

Planung	Design & Entwicklung	
• Marktanalyse • Unternehmen (Organisation, Interessengruppen, Ressourcen usw.) • Umfeld (technologischer Wandel, Änderung der Gesetzgebung)	• Produktfunktion (Zuverlässigkeit) • Produktfunktion (Veralterung, Kompatibilität mit neuen Produkten) • Innovative Dienstleistung (Ressourcenzuweisung) • Integration (notwendige Anpassung des PSS)	• Koordination der Lieferanten • Kommunikation • Remanufacturing (Wiederherstellung der ursprünglichen Leistung eines gebrauchten Produkts)

Abbildung 15: Unsicherheiten während der Planung, des Designs und der Entwicklung von PSS (eigene Darstellung i. A. a. KUMAR ET AL. 2013, S. 92)

Die Unsicherheiten wurden von den an der Studie teilnehmenden Unternehmen bewertet. Innerhalb der zwei Gruppen (PoS, UoS und RoS) hatte die Gruppe, welche PSS mit UoS- oder RoS-Fokus anbietet, einen höheren Fokus auf Chancen gelegt. Als relevanteste Unsicherheit mit der höchsten Eintrittswahrscheinlichkeit aus Sicht der Teilnehmer wurden dabei „*market analysis*“ und „*supplier coordination*“ definiert. Chancen wurden im Bereich der „*market analysis*“, „*environment*“ und „*product function*“ gesehen.

Understanding product-service system innovation capabilities development for manufacturing companies | WALLIN ET AL. (2015)

WALLIN ET AL. stellen basierend auf einer Fallstudie mit einem Luftfahrtunternehmen einen Prozess zur Entwicklung von Leistungssystemen und von den dafür erforderlichen Fähigkeiten eines Unternehmens dar (s. Abbildung 16). Als Leistungssystem wird dabei eine mittels Kundenanforderungen entwickelte, integrierte Lösung aus Dienstleistungen und Produkt verstanden (s. WALLIN ET AL. 2015, S. 764).

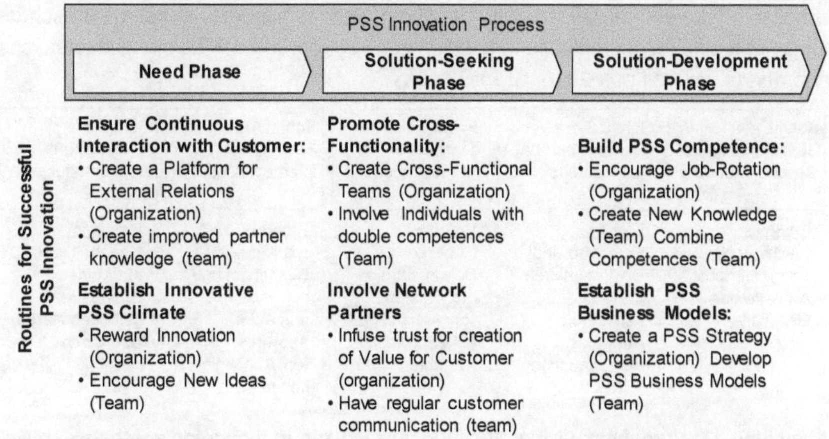

Abbildung 16: Prozess zur Entwicklung eines Leistungssystems und dazugehörige Fähigkeiten (WALLIN ET AL. 2015, 781)

Der Prozess gliedert sich in die Phasen *Need Phase*, *Solution-seeking Phase* und *Solution Development Phase*. In der *Need Phase* werden zunächst die Kundenanforderungen aufgenommen. Insgesamt ist eine enge Zusammenarbeit mit dem Kunden erforderlich, um aktuelle Probleme des Kunden einbeziehen zu können. Auch innerhalb der Anbieterorganisation können Ideen für innovative Leistungssysteme entstehen, wenn die Unternehmenskultur dies zulässt. In der *Solution-seeking Phase* steht die Suche nach möglichen Lösungen für ein Leistungssystem und die abteilungsübergreifende Zusammenarbeit in der Anbieterorganisation im Vordergrund. Auch außerhalb der Anbieterorganisation können entlang der Wertschöpfungkette wertvolle Beiträge zum Leistungssystem zu finden sein. In der anschließenden *Solution development Phase* erfolgt die Kombination aus Wissen, Software, Hardware und Dienstleistungen, um das Leistungssystem zu gestalten. Dafür kann es erforderlich sein, neue Kompetenzen aufzubauen. Letztlich muss das Leistungssystem in der Unternehmensstrategie und mit einem passenden Geschäftsmodell in der Organisation verankert werden. (s. WALLIN ET AL. 2015, S. 772ff.)

Ein Vorgehensmodell zur Risikoidentifikation in der Entwicklung technologiegetriebener Geschäftsmodelle | WAITZINGER (2015)

WAITZINGER entwickelt ein Vorgehen mit einer darin verorteten Methodensammlung für die Identifikation von Risiken in technologiegetriebenen Geschäftsmodellen. Das Vorgehen kombiniert Elemente der Geschäftsmodellgestaltung und des Risikomanagements. Das Vorgehen ist in Abbildung 17 dargestellt. Als technologiegetriebenes Geschäftsmodell versteht WAITZINGER dabei ein Geschäftsmodell, dessen Wertschöpfungskette eine technologische Innovation zur Realisierung des Leistungsaustauschs erfordert (s. WAITZINGER 2015, S. 21).

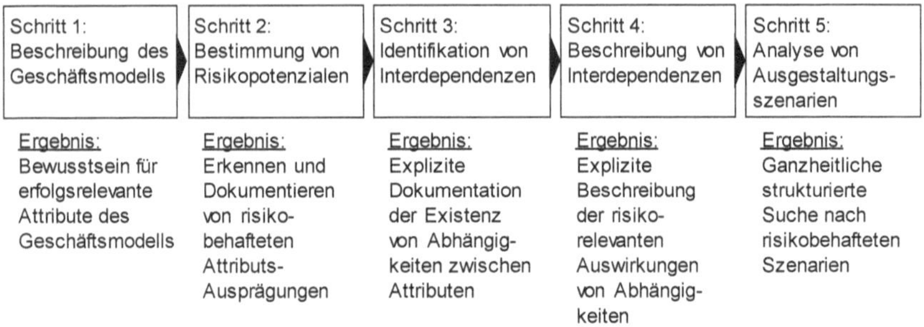

Abbildung 17: Vorgehen zur Identifikation von Risiken in technologiegetriebenen Geschäftsmodellen (eigene Darstellung i. A. a. WAITZINGER 2015, S. 119)

Im ersten Schritt erfolgt eine Charakterisierung des technologiegetriebenen Geschäftsmodells. Dabei werden Attribute und deren Ausprägungen analysiert, die für den wirtschaftlichen Erfolg erforderlich sind. (s. WAITZINGER 2015, S. 56ff.) Im zweiten Schritt wird das Risikopotenzial der für das Geschäftsmodell relevanten Attribute abgeschätzt. Dabei werden diejenigen Schlüssselattribute analysiert, die zu einem Scheitern des Geschäftsmodells führen können. Für das Geschäftsmodell unkritische Attribute werden vereinfacht mit einer Likertskala entsprechend den Ausprägungen *risikokritisch*, eher *risikokritisch*, eher *risikoneutral*, *risikoneutral* und *risikofrei* beurteilt. (s. WAITZINGER 2015, S. 67ff.) Im anschließenden dritten Schritt werden Abhängigkeiten zwischen den Schlüsselattributen herausgearbeitet und im vierten Schritt die aktiven Risiken beschrieben. (s. WAITZINGER 2015, 72, 79ff.) Szenarien auf Basis von Ausprägungskombinationen werden im fünften Schritt hinsichtlich ihres Risikopotenzials analysiert und visualisiert. Auf dieser Basis ist die letztliche Ausgestaltung des technologiegetriebenen Geschäftsmodells durchzuführen (s. WAITZINGER 2015, S. 83ff.).

Lebenzyklusorientierte Leistungssysteme im Werkzeugbau | KÜHN (2016)

KÜHN entwickelt eine Methodik für die Gestaltung von Leistungssystemen im Werkzeugbau unter Berücksichtigung von Einflüssen des Lebenszyklus. Der Ordnungsrahmen der Methodik gliedert sich in die literaturbasiert hergeleiteten Phasen für die Gestaltung von Leistungssystemen Analyse & Zieldefinition, Konzeption, Konfiguration, Ausgestaltung, Realisierung & Implementierung (s. KÜHN 2016, S. 92). Das Konzept der Methodik mit den zu durchlaufenden Schritten ist in Abbildung 18 dargstellt.

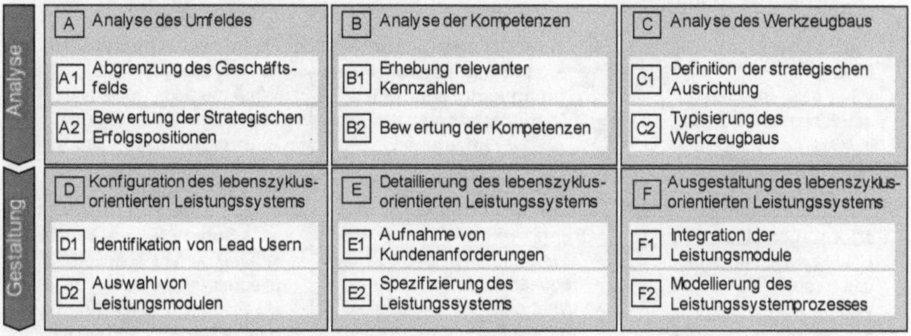

Abbildung 18: Konzept der Methodik zur Gestaltung von lebenszyklusorientierten Leistungssystemen im Werkzeugbau (KÜHN 2016, S. 93)

Eight challenges of servitisation for the configuration, measurement and management of organisations | NUDURUPATI ET AL. (2016)

NUDURUPATI ET AL. entwickeln einen Ordnungsrahmen mit acht literaturbasiert hergeleiteten Forschungsfeldern für den Bereich der *„servitization“* und von *„product service systems“*. Grundsätzlich wurden drei Defizite in der analysierten Literatur festgestellt:

1. Die Beiträge sind überwiegend konzeptionell mit geringem Praxisbezug.
2. Es existieren nur wenige empirische Studien mit häufig wenigen Experteninterviews oftmals eines einzigen Unternehmens.
3. Oftmals existieren nur diskrete Informationen, die es erschweren, eine Dynamik von Vorfällen analysieren zu können

Basierend auf der analysierten Literatur und den zuvor beschriebenen Defiziten leiten NUDURUPATI ET AL. folgenden Ordnungsrahmen für weitere Forschungsaktivitäten in dem Bereich ab (s. NUDURUPATI ET AL. 2016, S. 745ff.) (s. Abbildung 19):

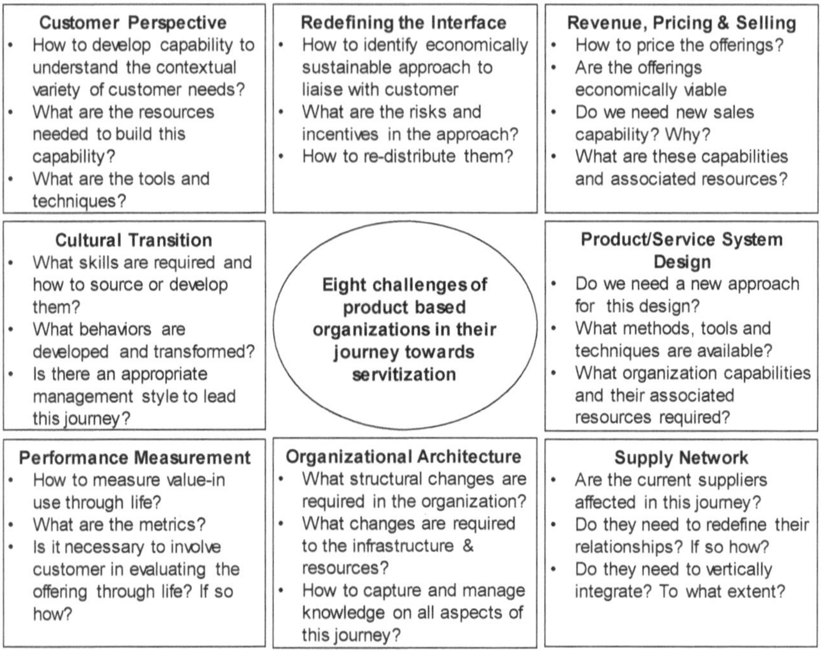

Abbildung 19: Rahmenwerk für Forschungsfelder, bezogen auf Herausforderungen für produktzentrierte Unternehmen (Nudurupati et al. 2016, S. 755)

Risk management for product-service system operation | Reim et al. (2016)

Basierend auf Interviews mit einem schwedischen Baumaschinenhersteller und etablierten Anbieter von PPS entwickeln Reim et al. ein Rahmenwerk zur Entscheidungsfindung beim Risikomanagement von PPS. Unter PPS wird dabei eine Kombination aus Services und Produkten verstanden, die in einer wirtschaftlichen und nachhaltigen Form Kundenbedürfnisse befriedigen. Dabei wird die Beziehung des Anbieters zum Kunden intensiviert bis hin zur Übernahme von Verantwortungen für Prozesse beim Kunden durch den Anbieter. Dies ist mit einer Zunahme des Risikos für den Anbieter verbunden. (s. Reim et al. 2016, S. 665) Grundlegende Risiken von PPS wurden in den Kategorien *Technical risk*, *Behavioural risk* und *Delivery competence risk* literaturbasiert hergeleitet (s. Reim et al. 2016, S. 668). Basierend auf 25 Interviews mit verschiedenen Akteuren aus unterschiedlichen Unternehmensbereichen des Baumaschinenherstellers wurden mögliche Risiken und zugehörige Maßnahmen diskutiert. Die dort herausgearbeiteten Risiken wurden in *Operational Risks* und *PSS Risk* unterteilt. Unter *Operational Risks* werden Risiken hinsichtlich der Maschinen, der Mitarbeiter oder der Organisationsstruktur verstanden. PSS Risk fasst Risiken zusammen, die sich aus dem Umgang mit zuvor genannten Risiken, wie einer korrekten Kalkulation des Leistungssystems, ergeben. Diese Risiken werden von REIM ET AL. erläutert, Mitigationsstrategien werden für jedes Risiko in grundlegender Form aufgezeigt und die dem Risiko zugrundeliegende Aussage aus dem Interview wird zitiert. Abschließend werden die Erkenntnisse zur Auswahl der passenden Risikomanagemenstrategie in dem in Abbildung 20 dargestellten Entscheidungsbaum zusammengefasst.

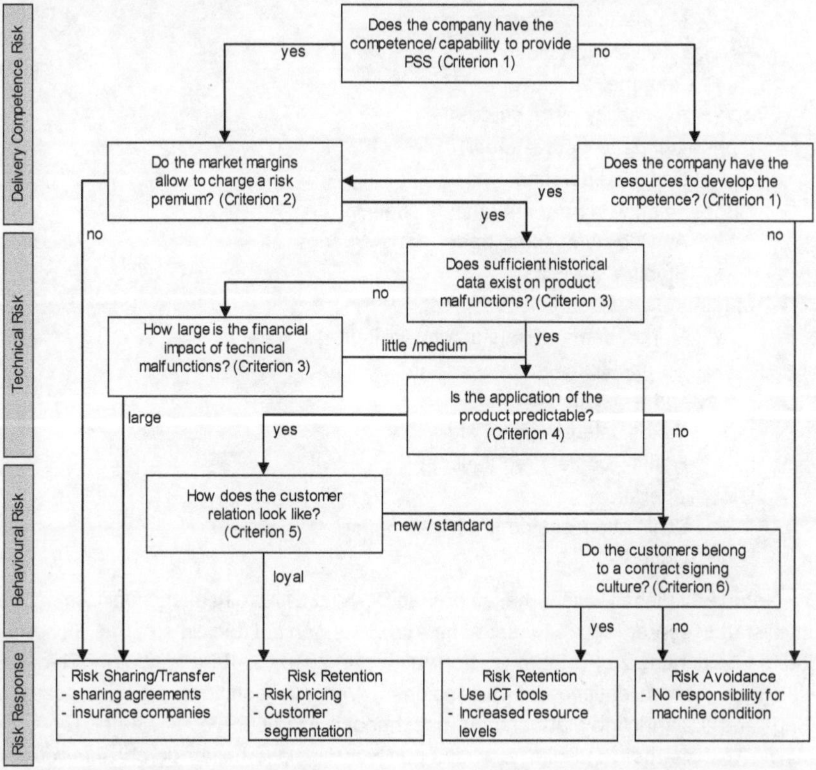

Abbildung 20: Entscheidungsbaum zum Risikomanagement von Leistungssystemen (REIM ET AL. 2016, S. 679)

Managing Uncertainty in Industrial Full Service Contracts: Digital Support for Design and Delivery | SCHMITZ ET AL. (2016)

SCHMITZ ET AL. untersuchen, wie digitale Technologien zum einen Unsicherheiten bei Full-Service-Verträgen und zum anderen die Wirkung von Risiken reduzieren können. Dazu werden zunächst Unsicherheiten beschrieben und im Weiteren Auswirkungen auf ein Unternehmen sowie Möglichkeiten der Einflussnahme auf die beschriebenen Unsicherheiten daraus abgeleitetet. Im Rahmen der Untersuchungen wurden zehn Experten von acht verschiedenen Anbietern von Full-Service-Verträgen interviewt. Im Ergebnis wurden von den Experten folgende Unsicherheiten genannt (SCHMITZ ET AL. 2016, S. 128):

- Product performance
  - Failure rate
  - Maintenance / repair cost
- Service delivery (provider)
  - Personell skill level
  - Availability of resources
- Operation/ delivery (customer)
  - Unskilled personell
- Cooperation with partners (supply chain)
  - Availability of spare parts
  - Stability of prices
- Markets
  - Market demand (customers' willingness to pay)
  - Competitions
- Policy and legislation
  - Taxes, interest rates, etc.
  - Health & safety regulations
- Global operation
  - Legislation, customs, ...
  - Culture

Die Gründe für diese Unsicherheiten ordnen SCHMITZ ET AL. einem unspezifischen oder unvollständigen Vertrag zu. Dieser hätte Auswirkungen auf den Umsatz, die Sicherheit und die Beziehung zu Partnern (s. SCHMITZ ET AL. 2016, S. 129). Minderung der Auswirkungen werden entlang der Dimensionen „Vertragsgestaltung", „Leistungserbringung" und „Langfristige Maßnahmen" beschrieben. Darüber hinaus werden Einflüsse auf die Unsicherheit und die Auswirkungen von Unsicherheiten durch „*intelligent & connected service objects*", sowie „*technology-supported service delivery*" beschrieben.

Risikomanagement für die qualitätsorientierte Entwicklung industrieller Dienstleistungen | SCHUMACHER (2016)

Im Rahmen dieser Arbeit wird von SCHUMACHER ein Vorgehensmodell zur risikomanagementgestützten Dienstleistungsentwicklung vorgestellt. Dabei werden sowohl Elemente aus der Dienstleistungsentwicklung als auch dem Dienstleistungsmanagement integriert. Das Risikomanagement fungiert als präventives Qualitätsmanagement im Dienstleistungslebenszyklus. Sowohl Chancen als auch Gefahren finden hierbei Berücksichtigung (s. SCHUMACHER 2016, S. 80). Innerhalb des Vorgehensmodells wurde insbesondere auf bestehende Ansätze zurückgegriffen, diese in Teilen allerdings angepasst, um eine durchgängige Methodik abzubilden. Das Vorgehensmodell ist in Abbildung 21 dargestellt.

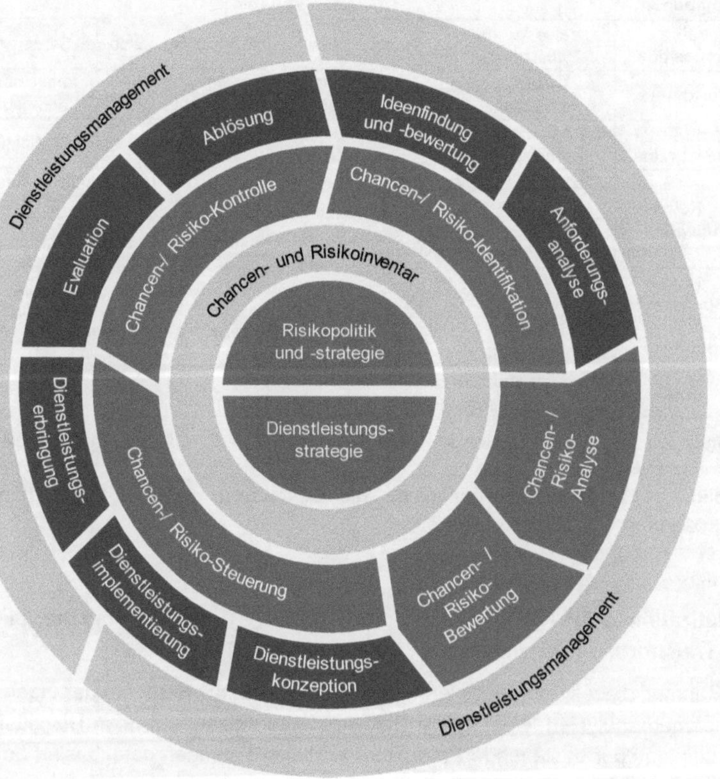

Abbildung 21: Vorgehensmodell zur risikomanagementgestützten Dienstleistungsentwicklung (SCHUMACHER 2016, S. 83)

PSS business model conceptualization and application | ADRODEGARI ET AL. (2017)

Unter Nutzung des Business-Model-Canvas leiten ADRODEGARI ET AL. einen zweistufigen Ordnungsrahmen für Geschäftsmodelle zu Leistungssystemen her. Die im Canvas verwendeten Dimensionen „Kundensegmente“ und „Kundenbeziehungen“ wurden dabei unter „Kunden“ zusammengefasst. Das Ergebnis wurde in drei Industrieunternehmen vorgestellt. Auf der ersten Stufe wird dabei das grundsätzliche Geschäftsmodell detailliert mithilfe der Dimensionen des Canvas beschrieben und auf der zweiten Stufe durch konkrete Handlungsfelder konkretisiert und beschrieben. Diese Handlungsfelder sind in Abbildung 22 dargestellt.

<table>
<tr><th>Component</th><th colspan="12">Variable</th></tr>
<tr><td>Value Proposition</td><td colspan="3">Value for the customer</td><td colspan="3">Creation of value</td><td colspan="3">Product ownership</td><td colspan="3">Service offering</td></tr>
<tr><td>Customers</td><td colspan="3">Customer interactions</td><td colspan="3">Customers information sharing</td><td colspan="3">Customer and market insight</td><td colspan="3">Target customers and segments</td></tr>
<tr><td>Key Resources</td><td colspan="3">ICT and monitoring technologies</td><td colspan="3">Installed base information</td><td colspan="3">Human</td><td colspan="3">Financial</td></tr>
<tr><td rowspan="2">Key Activities</td><td colspan="4">Product development and design</td><td colspan="4">Services design and engineering</td><td colspan="4">Products and services configuration support</td></tr>
<tr><td colspan="6">Products and services delivery</td><td colspan="6">Intra-firm collaboration and integration</td></tr>
<tr><td>Key Partners</td><td colspan="6">Network</td><td colspan="6">Supplier relationship</td></tr>
<tr><td>Channels</td><td colspan="6">Sales channel configuration</td><td colspan="6">After sales channel and field service network</td></tr>
<tr><td>Cost</td><td colspan="6">Cost structure composition and management</td><td colspan="6">Risk</td></tr>
<tr><td>Revenue</td><td colspan="6">Revenue streams</td><td colspan="6">Contractual agreements</td></tr>
</table>

Abbildung 22: Ordnungsrahmen für die Gestaltung von PSS-Geschäftsmodellen (ADRODEGARI ET AL. 2017, S. 1260)

Datatization as the Next Frontier of Servitization – Understanding the Challenges for Transforming Organizations | SCHÜRITZ ET AL. (2017)

Im Rahmen dieses Beitrages werden von SCHÜRITZ ET AL. Herausforderungen von Unternehmen analysiert, wenn diese Data-Analytics nutzen, um neue Dienstleistungen anzubieten oder bestehende Produkte und Dienstleistungen datenbasiert zu verbessern. Die sogenannte „*datatized organization*“ ist dabei die Fortsetzung der „*servitized*“, sowie der „*product-focused organization*“ (s. Charakteristika in Abbildung 23). Dazu wurden 15 Fallstudien angefertigt und eine Literaturrecherche durchgeführt. Die Herausforderungen wurden auf Basis der Literaturrecherche in die Kategorien *Processes*, *Organizational Structure & Governance*, *Strategy*, *Skills & Capabilities*, *Culture*, *Market*, *Design of Offering*, *Design of Revenue Model*, *Transformation*, *Co-Creation* untergliedert. (s. SCHÜRITZ ET AL. 2017, S. 2ff.)

	Product-focused organisation	**Servitized organisation**	**Datatized organization**
Strategy	Product-focused strategy	Integrated Product-Service-Strategy	Additional Data-Strategy
Network	Supplier Network	Partner Network	Partner Information Ecosystem
Customer Relationship	Short-term transaction-based relationship	• Long-term Relationships • New customer facing roles	• Deep-Relationships (if data access is required) • New interfaces (API, Portal, Apps, etc.)
Delevopment Practice	• Product-oriented • Separate and function based	• Service-oriented • Partially separated and function based	• Analytics and software oriented • Integrative and crossfunctional
Revenue Stream	One revenue stream	Additional revenue stream or replacing of existing revenue stream	• Additional revenue stream • Indirect pay-off through product or service uplift
Culture	Product-oriented culture	Service-oriented culture	Data-driven culture
Skills & Capabilities	Manufacturing capabilities	Customer facing skills	Data Science, IT infrastructure capabilities and software development skills

Abbildung 23: Charakteristika verschiedener Unternehmensformen (SCHÜRITZ ET AL. 2017, S. 15)

Challenges of servitization: A systematic literature review | ZHANG U. BANERJI (2017)

ZHANG U. BANERJI adressieren in ihrem Beitrag die Frage nach Herausforderungen der „Servitization" im Rahmen einer Literaturstudie. Das wissenschaftliche Interesse an Fragestellungen zur „*Servitization*" begann entsprechend den Ergebnissen bereits 1988 (s. ZHANG U. BANERJI 2017, S. 220). Als Ergebnis definieren ZHANG U. BANERJI fünf Bereiche mit jeweiligen Unterbereichen, in denen Herausforderungen der „*Servitization*" liegen (s. Abbildung 24). Darüber hinaus werden Hypothesen über die Einflüsse der dargestellten Herausforderungen auf durch „*Servitization*" verursachte Vorteile auf strategische, finanzielle und durch Marketing bedingte Zielgrößen untersucht. Sämtliche Hypothesen erwarten negative Auswirkungen auf die genannten Zielgrößen beim Eintreten eines der beschriebenen Risiken. Des Weiteren werden Hypothesen über die Interdependenzen zwischen diesen Zielgrößen und dem Geschäftserfolg eines Unternehmens aufgestellt. Hier beschreiben die Hypothesen einen positiven Zusammenhang zwischen den Zielgrößen und dem Geschäftserfolg eines Unternehmens. (s. ZHANG U. BANERJI 2017, S. 224ff.) Die entwickelten Hypothesen wurden nicht validiert.

Organisations-struktur:	Geschäftsmodell:	Entwicklungs-prozess	Kunden Management:	Risiko-management:
• Kultureller Wandel • Kommunikation • Fachwissen über Dienstleistungen • Abteilungsübergr eifende Zusammenarbeit	• Änderung des Geschäftsmodells • Nutzenversprech en • Ressourcennutzu ng • Mechanismus der Kostenrechnung • Mechanismus der Preisgestaltung • Zusammenarbeit mit Lieferanten	• Integrierter Entwicklungs-prozess • Werkzeuge, Methoden und Techniken • Leistungs-messung • Engagement für den Kunden	• Anpassung an die Kunden-bedürfnisse • Übertragung von Eigentumsrechten • Langfristiger Aufbau von Beziehungen • Gemeinsame Wertschöpfung • Gemeinsame Nutzung von Informationen	• Finanzielles Risiko • Operationelle Risiken • Externe Risiken

Abbildung 24: Herausforderungen der „Servitization" (eigene Darstellung i. A. a. ZHANG U. BANERJI 2017, S. 224)

Investigating risks of outcome-based service contracts from a provider's perspective | HOU U. NEELY (2018)

HOU U. NEELY (2018) untersuchen Gefahren von ergebnisorientierten Serviceverträgen von Anbietern komplexer Investitionsgüter mithilfe von Fallstudien. Dabei wurden zwei große Gefahrenbereiche identifiziert. Bei den im kommerziellen Gefahrenbereich zusammengefassten Gefahren handelt es sich um falsche Versprechungen des Anbieters im Vertrag, unpassende Zahlungsmechanischmen und KPI, unzureichende Vertragsformulierungen oder auch zeitintensive Vertragsverhandlungen. Im zweiten Gefahrenbereich wurden operative Gefahren zusammengefasst. Dabei handelt es sich um Gefahren hinsichtlich der Implementierung und Erbringungen des Leistungsversprechens. Darüber hinaus analisierten HOU U. NEELY Faktoren, welche die in den Gefahrenbereichen zusammengefassten Gefahren beeinflussen. Diese Faktoren gliedern sich in die fünf Bereiche *Komplexität*, *Dynamik*, *Fähigkeiten*, *Abstimmungen*, und *Abhängigkeiten*. Der Einfluss einzelner Faktoren auf die Gefahrenbereiche wurde quantitativ auf Basis von Interviews bewertet.

Towards a framework to design upgradable product service systems | KHAN U. WUEST (2018)

KHAN U. WUEST betrachten Leistungssysteme als eine nachhaltige und ressourceneffiziente Möglichkeit für Unternehmen, wettbewerbsfähig zu bleiben und gleichzeitig Kundenbedürfnisse in integrierter und individueller Form erfüllen zu können. Dazu haben sie eine Methode entwickelt, um systematisch „*upgradable*" Leistungssysteme entwickeln zu können. Solche „*upgradable*" Leistungssysteme ermöglichen, technologische Innovationen in das Leistungssystem integrieren zu können und dadurch Leistungssteigerungen zu erzielen. Ein „upgradable" Leistungssystem ist dabei gekennzeichnet durch folgende Merkmale:

- Individualisierbarkeit im Hinblick auf kundenindividuelle Anforderungen und Problemstellungen
- Flexibilität der Zusammensetzung des Leistungssystems entsprechend den aktuellen Kundenanforderungen anzupassen
- Datenbasierte Validierung der Kundenanforderungen und Nutzen der aktuellen Anpassungen
- Integrierte Produkt- und Serviceentwicklung unter Berücksichtigung von deren Interdependenzen im Leistungssystem

Basierend auf diesen Merkmalen entwickelten KHAN U. WUEST das in Abbildung 25 dargestellte Rahmenwerk für das Design von „upgradable" Leistungssystemen.

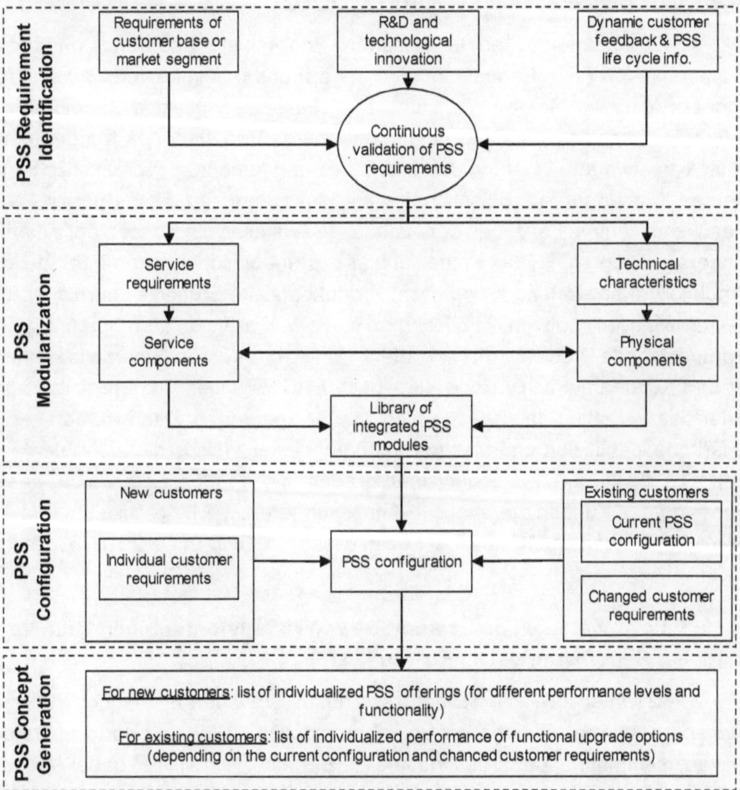

Abbildung 25: Rahmenwerk für "upgradable" Leistungssysteme (eigene Darstellung i. A. a. KHAN U. WUEST 2018, S. 403)

Während der ersten Phase werden kontinuierlich Kundenanforderungen aufgenommen und validiert sowie technologische Innovationen geprüft und in das Leistungssystem integriert. Im anschließenden Schritt werden die Anforderungen an die Dienstleistungen und die technischen Anforderungen an das Produkt abgeleitet. Um eine Austauschbarkeit einzelner Teile des Leistungssystems zu gewährleisten, sollten Abhängigkeiten einzelner Teile möglichst geringgehalten werden. In der dritten Phase erfolgt die Konfiguration des PSS entsprechend den jeweils individuellen Kundenanforderungen. Abschließend erfolgt in der letzten Phase die Erstellung eines Konzeptes für das Leistungssystem mit verschiedenen optionalen Leistungsversprechen und Optionen für die funktionale Aktualisierung des Leistungssystems. (s. KHAN U. WUEST 2018, S. 400ff.)

Mitigating adverse customer behaviour for product-service system provision: An agency theory perspective | REIM ET AL. (2018)

REIM ET AL. (2018) untersuchen die Beziehung von Anbieter und Kunde durch die Implementierung von PSS. Es entsteht eine engere und regelmäßigere Beziehung, bei welcher der Anbieter Verantwortung für die Leistung des Produktes übernimmt. Dabei beeinflusst unbeabsichtigtes und unvorhersehbares Verhalten des Kunden die vom Anbieter verantwortete Leistung des Produktes und kann zu opportunistischem Verhalten des Kunden führen. Beispielhaft wäre hier zu nennen, dass Kunden PSS nur für Maschinen kaufen, bei denen bereits häufige Ausfälle vom Kunden antizipiert sind. Besonders ausgeprägt ist das Potenzial hier bei ergebnisorientierten PSS, bei denen der Anbieter Verantwortung für das vom Produkt erzielte Ergebnis übernimmt. Untersucht wurde diese Problematik im Rahmen von zwei Fallstudien. Im Ergebnis konnten zwei grundlegende Probleme des Anbieters identifiziert werden. Einerseits können Anbieter und Kunde unterschiedliche Ziele beim PSS verfolgen. Andererseits kann der Anbieter das Verhalten des Kunden nicht immer überprüfen. Dazu wurden verschiedene Gründe identifiziert und Mechanismen abgeleitet, welche diese Probleme lösen können. Die identifizierten Mechanismen gliedern sich in Möglichkeiten zur besseren Überprüfung des Kunden, vertragliche Anpassungen sowie Möglichkeiten, die emotionale Verbundenheit des Kunden zu beeinflussen. (s. REIM ET AL. 2018, S. 150ff.)

Essay 2: Eine anbieterseitige Exploration von Herausforderungen beim Vertrieb industrieller Betreibermodelle | RUFFER (2018)

Mithilfe von 21 Interviews mit Teilnehmern aus 6 Branchen untersucht RUFFER den Vertriebsprozess von industriellen Betreibermodellen (IBM) und darin auftretenden Wirkungszusammenhängen. Als industrielles Betreibermodell wird dabei ein nutzenbasiertes Geschäftsmodell verstanden. Dabei wird eine industrielle Ressource für einen vertraglich fixierten Zeitraum im Kundenauftrag durch den Lieferanten betrieben. Bei einem IBM werden unternehmerische Risiken auf den Anbieter übertragen. Durch

Mindestabnahmemengen oder Grundgebühren für die Nutzung des IBM werden oftmals Randbedingungen geschaffen, die in der Vertriebsphase mit dem Kunden abzustimmen sind. (s. RUFFER 2018, S. 62) Im Ergebnis wurden Herausforderungen in den Phasen eines IBM und den jeweiligen Vertriebsmodalitäten herausgearbeitet. Betrachtet wurden dabei die Phasen Interessentengewinnung, Anforderungserhebung, Lösungserarbeitung, Einwandbehandlung, Vertragsabschluss und Betriebsphase. Zudem wurden Herausforderungen in den übergeordneten Dimensionen Vertriebsorganisation, -mitarbeiter und Vergügungskonzepte analysiert. (s. RUFFER 2018, S. 72) Insgesamt wird festgestellt, dass die Anforderungserhebung insbesondere im Interesse des Anbieters explorativ und idealerweise mit einem IBM-affinen Ansprechpartner auf Kundenseite erfolgen sollte und der Vertriebsprozess durch angepasste Vergütungsstrukturen optimiert werden kann (s. RUFFER 2018, S. 92).

Perceived Risks and Benefits of Advanced Pay-Per-Use Type of Business Models Based on Industry 4.0 Enabled Technologies in Manufacturing Companies | UUSKOSKI ET AL. (2018)

Aufgrund der nicht möglichen Skalierbarkeit von Pay-per-Use- und Pay-per-Output-Geschäftsmodellen im Maschinen und Anlagenbau können vorhandene Beiträge aus der Softwarebranche nur bedingt übertragen werden (s. UUSKOSKI ET AL. 2018, S. 500). Im Rahmen dieses Beitrages untersuchen UUSKOSKI ET AL. deshalb Risiken und Vorteile solcher Geschäftsmodelle im Maschinen und Anlagenbau, insbesondere für KMU, und führten dazu Interviews mit drei Maschinenbauunternehmen. Im Rahmen dieser Geschäftsmodelle werden bestimmte Risiken vom Kunden auf den Anbieter übertragen, der so beispielsweise auch die Finanzierung der Maschine übernimmt. Die Risiken und Vorteile dieser Modelle werden dabei aus einer *internen Sicht*, *Markt-* und Shareholder-Sicht sowie *sonstigen Sicht* analysiert. (s. UUSKOSKI ET AL. 2018, S. 500ff.) So werden wiederkehrende Umsätze mit hohen Margen und eine Abgrenzung gegenüber des teilweise auch preislich attraktiveren Wettbewerbs als vorteilhaft angesehen. Als Risiko wird insbesondere das Verständnis des Kunden für solche Geschäftsmodelle angesehen und damit einhergehend die Herausforderung des Vertriebs, diese Geschäftsmodelle erfolgreich zu platzieren. (s. UUSKOSKI ET AL. 2018, S. 504)

Methodik zur Bewertung von Chancen und Risiken industrieller Subskriptionsmodelle | EBI ET AL. (2019)

Das von EBI ET AL. beschriebene Vorgehen zur Bewertung von Chancen und Risiken industrieller Subskriptionsmodelle gliedert sich in fünf Schritte (s. Abbildung 26). Im ersten Schritt wird das Ökosystem analysiert. Dabei wird jeder Teilnehmer des Ökosystems hinsichtlich seiner Fähigkeiten und Anlagen sowie der unter den Teilnehmern ausgetauschten Entitäten (Produkte, Services, Informationen usw.) beschrieben. Im zweiten Schritt werden die Geschäftsmodelle der Teilnehmer analysiert, um anschließend das Geschäftsmodell des Ökosystems beschreiben zu können. Die kritischen Erfolgsfaktoren, die für eine erfolgreiche Umsetzung des Geschäftsmodells erforderlich sind, werden im dritten Schritt herausgearbeitet. Kritische Erfolgsfaktoren werden literaturbasiert bestimmt und mit den aktuellen Rahmenbedingungen verglichen. Im vierten Schritt wird analysiert, welche kritischen Erfolgsfaktoren durch welches Element eines Geschäftsmodells beeinflusst werden, um eine *Failure Mode and Effects Analysis Method* zur qualitativen Beschreibung formulieren zu können. Auf dieser Basis wird eine *Risk Priority Number* (RPN), hier als *Subscription Risk Indicator* (SRI) genannt, berechnet. Diese setzt sich aus den Dimensionen *Impact*, *Fulfilment* und *Complexity* zusammen, die jeweils auf einer Skala von eins bis zehn beurteilt werden. Eine hohe SRI deutet an, dass kritische Erfolgsfaktoren nicht bedient werden können. Die Interpretation des SRI und des RPN findet im fünften Schritt statt.(s. EBI ET AL. 2019, S. 616ff.)

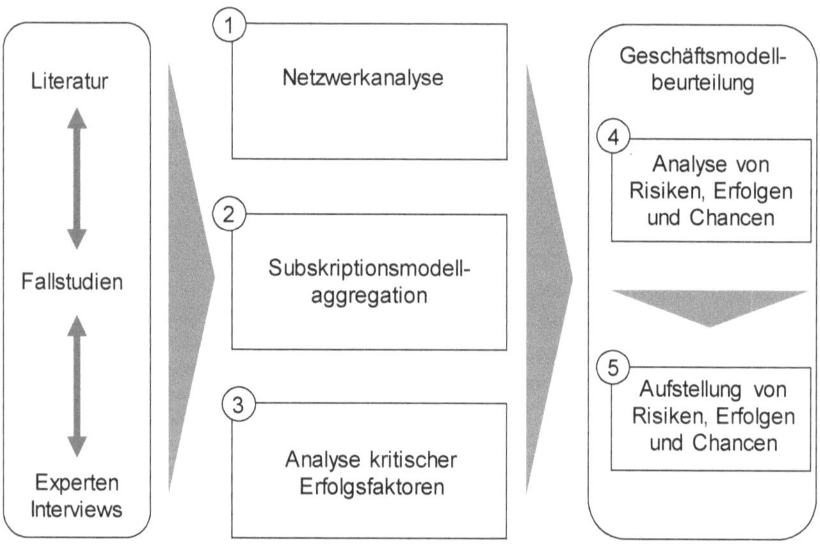

Abbildung 26: Methode zur Beurteilung von Subskriptionsmodellen (eigene Darstellung i. A. a. EBI ET AL. 2019, S. 616)

Digitalisierung in Industrieunternehmen | HERMANN (2019)

Als ehemaliges Vorstandsmitglied der Heidelberger Druckmaschinen AG und dort verantwortlich für die digitale Transformation des Unternehmens, beschreibt HERMANN in seinem Beitrag Methoden und Ansätze für die digitale Transformation. Dabei führt er zum einen detailliert die Vorteile von Subskriptionsmodellen aus, stellt aber zum anderen auch die mit Subskriptionsmodellen einhergehenden Herausforderungen heraus (s. HERMANN 2019, 191, 275). Zudem beschreibt er sechs wesentliche Grundtypen von Geschäftsmodellen, aus denen sich andere Geschäftsmodelle konfigurieren lassen (s. HERMANN 2019, S. 78f.). Zur Gestaltung eines Geschäftsmodells schlägt er als Werkzeug den Business-Model-Canvas vor (s. HERMANN 2019, S. 69ff.). Wie der Wandel hin zum neuen Geschäftsmodell gestaltet und dabei auftretende Hindernisse überwunden und Lösungsansätze entwickelt werden können, wird anschließend beschrieben (s. HERMANN 2019, S. 89ff.).

Servitization of Small- and Medium-Sized Manufacturing Enterprises: Facing Barriers through the Dortmund Management Model | MICHALIK ET AL. (2019)

MICHALIK ET AL. haben eine Literaturstudie durchgeführt, um Hindernisse bei der Einführung von PSS und zugehöriger Geschäftsmodelle zu identifizieren. Die Ergebnisse wurden in Kategorien von Hindernissen und in dort adressierte Aspekte unterteilt. Es wurden die Aspekte *Strategy*, *Knowledge & Information*, *Organizational Structure and Culture*, *Customers*, *Competitors*, *Supliers and Partners*, *Finance & Resources*, *Products & Activities* sowie Development in den folgenden Kategorien des Dortmunder Management-Modells, *Technology*, *Role of man*, *Organization*, *Digital Information* analysiert. Die Beiträge verschiedener Autoren wurden innerhalb dieser Matrix verortet. Die dort identifizierten Hindernisse sind bereits aus Studien zu großen Unternehmen bekannt. Es wird geschlussfolgert, dass gleiche Hindernisse auch in KMU auftreten, dort allerdings als wesentlicher wahrgenommen werden. (s. MICHALIK ET AL. 2019, S. 2327)

Monetizing Industry 4.0: Design Principles for Subscription Business in the Manufacturing Industry | SCHUH ET AL. (2019)

Einem Fallstudienansatz folgend haben SCHUH ET AL. Gestaltungsprinzipien für Subskriptionsmodelle abgeleitet. In den Dimensionen „Ressourcen“, „Informationssysteme“, „Organisationsstruktur“ und „Kultur“ werden dabei die Gestaltungsprinzipien *Digital Shadow*, *Always be Innovating*, *Always be Releasing* und *Financing & Pricing* definiert (s. Abbildung 27).

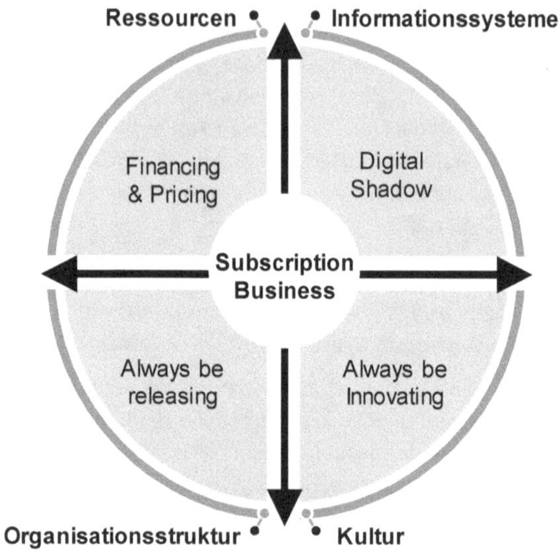

Abbildung 27: Subscription-Business-Management-Model (SCHUH ET AL. 2019, S. 5)

Die Dimension *Ressourcen* beschreibt die für ein Subskriptionsmodell erforderlichen Ressourcen. Abhängig von der Art des Geschäftsmodells sind dabei unterschiedliche Ressourcen erforderlich. Dazu zählen neben Maschinen und Rohmaterialien insbesondere auch die Mitarbeiter und ihre individuellen Fähigkeiten. Die Finanzierung, Bepreisung und Bündelung dieser Ressourcen stellen einen großen Hebel für den Erfolg des Geschäftsmodells sowie im Speziellen für das Marketing dar. Bei der Bepreisung der Ressourcen sollte in jedem Fall eine Basisgebühr erhoben werden, da eine ausschließlich variable Gebühr ein zu großes Risiko darstellt. Die Bepreisung der Produktivitätssteigerung stellt hierbei eine optimale Grundlage zu Preisanpassungen dar. Um die im Maschinenbau oftmals kostenintensiven Maschinen nicht in der Bilanz des Anbieters abbilden zu müssen, sind sogenannte Off-Balance-Lösungen zu prüfen, bei welcher Finanzierungspartner eingebunden werden.

In der Dimension *Informationssysteme* werden sozio-technische Systeme beschrieben, in welchen Personen, Informationen und Kommunikationstechnologien Informationen bereitstellen, verarbeiten, speichern und übertragen. Für die Erbringung von Subskriptionsmodellen ist ein digitaler Schatten erforderlich, um auf Basis von Kundendaten eine Produktivitätsteigerung durch Anpassung der Produkte und Services zu ermöglichen.

Durch die Dimension *Organisationsstruktur* werden Aufbau- und Ablauforganisation eines Unternehmens beschrieben. Entsprechend einem agilen, lernenden Unternehmen müssen sich Verbesserungen und Innovationsprozesse hinsichtlich der Produkte und Services auch in der Organisationsstruktur wiederfinden. Dabei ist es erforderlich, dass verschiedene Abteilungen eines Unternehmens gemeinsam an der Verbesserung der Leistung arbeiten, um einen Mehrwert für den Kunden erbringen zu können. Diese Einstellung sollte sich auch in der Kultur des Unternehmens wiederfinden, der letzten Dimension des Subscription-Business-Management-Modells. Eine passende Kultur ist dadurch gekennzeichnet, dass Mitarbeiter gewillt sind, kontinuierlich und insbesondere auch auf Basis von Daten zu lernen und sich weiterzuentwickeln. Dies stellt die Basis dar, um die für Subskriptionsmodelle erforderliche Agilität eines Unternehmens gewährleisten zu können. (s. SCHUH ET AL. 2019, S. 4ff.)

Business model risk and uncertainty factors: Toward building and maintaining profitable and sustainable business models | BRILLINGER ET AL. (2020)

Durch Analyse von 139 ausgewählten Artikeln leiteten BRILLINGER ET AL. 28 Gruppen von Geschäftsmodellrisiken und -unsicherheiten ab. Dabei wurde zwischen Risiko und Unsicherheit unterschieden. Risiko wurde, ander als Unsicherheit, als messbare oder bestimmbare Größe definiert. (s. BRILLINGER ET AL. 2020, S. 123). Das Ergebnis stellt einen Ordnungsrahmen dar, welcher Risiken bzw. Unsicherheiten in die Bereiche Kunde, Angebot, Infrastruktur, finanzielle Durchführbarkeit und Umgebung einsortiert. Einzelne Risiken bzw. Unsicherheiten wurden dabei grundlegend für Geschäftsmodelle beschrieben (s. Abbildung 28)

Infrastruktur
- Geschäftsmodell-Ökosystem
- Bilaterale Zusammenarbeit
- Fähigkeiten und Ressourcen
- Operative Risiko und Unsicherheitsfaktoren
- Geistiges Eigentum
- Geschäftsmodell-Portfolio

Umgebung
- Politik
- Umwelt
- Wirtschaft
- Gesetze und Regularien
- Wettbewerb
- Technologischer Wandel

Angebot
- Qualität
- Verfügbarkeit und Instandhaltung
- Daten
- Innovation

Rentabilität
- Finanzielle Ressourcen
- Investition
- Vermarktung
- Einnahmequellen
- Pricing
- Lebenszyklus

Kunden
- Nachfrage
- Kundenbeziehung
- Zahlungsfähigkeit des Kunden
- Zugang zum Kunden

Abbildung 28: Risiken und Unsicherheiten eines Geschäftsmodells (eigene Darstellung i. A. a. BRILLINGER ET AL. 2020, S. 126ff.)

Methodology for the implementation of subscription models in machinery and plant engineering | Riesener et al. (2020)

Das entwickelte Vorgehen gliedert sich in vier Schritte. Im ersten Schritt erfolgt eine generische Beschreibung des zu implementierenden Geschäftsmodells. Um als Subskriptionsmodell angesehen werden zu können, werden definierte Anforderungen an das Geschäftsmodell gestellt, welches in diesem Schritt entwickelt wird. Dazu zählt beispielsweise das Einbeziehen von Nutzungsdaten. Im zweiten Schritt werden verschiedene Aktivitäten definiert, die für die Implementierung eines Subskriptionsmodells durchzuführen sind. Anschließend werden im dritten Schritt Abhängigkeiten zwischen diesen Aktivitäten identifiziert und Cluster zwischen diesen Aktivitäten gebildet. Im letzten Schritt werden die Aktivitäten geordnet und in eine chronologische Abfolge überführt.

Equipment as a service: The transition towards usage-based business models | Stojkovski et al. (2021)

Stojkovski et al. definieren verschiedene Archetypen von Subskriptionsmodellen und beschreiben diese anhand des Business-Model-Canvas. Dazu werden Treiber und Hindernisse beschrieben, die die Entwicklung einzelner Archetypen fördern oder behindern. Es wurde dazu eine Unterscheidung zwischen Treibern und Hindernissen auf Makroebene sowie auf firmeninterner Ebene getroffen. Auf der Makroebene wurden Aspekte hinsichtlich des Marktes, der Technologie sowie der Gesetzgebung analysiert. Auf der firmeninternen Ebene wurde eine weitere Unterscheidung zwischen Verbrauch und Nachfrage sowie zwischen finanziellen, strategischen und organisationellen Aspekten getroffen.

3.1.3 Bewertung existierender Ansätze

Für die Bewertung der Ansätze und Beiträge des vorherigen Kapitels wird die in Abbildung 29 dargestellte Metrik verwendet. Die Kategorien, nach denen der Erfüllungsgrad mithilfe der dargestellten Matrix gemessen wurde, werden in Kapitel 3.1.1 vorgestellt und beziehen sich auf die dort beschriebenen inhaltlichen Anforderungen der im Rahmen dieser Dissertationsschrift zu entwickelnden Modelle. Mithilfe der dargestellten Matrix lässt sich somit beurteilen, inwieweit bestehende Ansätze und Beiträge bereits Anforderungen erfüllen, die an den Inhalt dieser Arbeit gestellt werden. Die Bewertung der Ansätze des vorherigen Kapitels findet in Kapitel 3.2 statt und stellt die Grundlage für die Ableitung des Forschungsbedarfs dar.

●	Anforderung <u>vollständig</u> erfüllt/berücksichtigt	Die Anforderung wird von dem betrachteten Ansatz explizit erfüllt
◑	Anforderung <u>teilweise</u> erfüllt/berücksichtigt	Aspekte der Anforderung finden Berücksichtigung im Ansatz bzw. es lassen sich gewisse (allgemeine) Lösungselemente des Ansatzes übertragen
○	Anforderung <u>nicht</u> erfüllt/berücksichtigt	Die Anforderung wird von dem betrachteten Ansatz nicht erfüllt. Aspekte der Anforderung finden keine Berücksichtigung. Eine Übertragung von Lösungselementen des Ansatzes ist nicht möglich.

Abbildung 29: Metrik zur Bewertung der bestehenden Ansätze (eigene Darstellung i. A. a. SCHUMACHER 2016, S. 77)

In Abbildung 30 und Abbildung 31 sind die bewerteten Beiträge auf Basis der mithilfe der in Abbildung 29 beschriebenen Metrik dargestellt.

Autor (Jahr)	Schwerpunkte			Anforderungen an den Inhalt					Branche
	Subskriptions-geschäftsmodelle	Geschäftsmodell-entwicklung	Risikomanagement	Identifikation von Risiken	Analyse und Bewertung von Risiken	Einflussnahme auf Risiken	Qualitative Modellierung	Berücksichtigung von Chancen	Maschinen- & Anlagenbau
GUTMANNSTHAL-KRIZANITS	○	○	●	●	○	●	○	●	●
HEIN	○	○	●	○	○	○	●	○	●
WAWERLA	○	◐	●	●	○	○	○	○	●
NORDIN ET AL.	◐	◐	◐	●	●	◐	○	○	◐
SCHULTE U. STEVEN	◐	◐	●	◐	○	○	◐	◐	●
KUMAR ET AL.	◐	○	◐	◐	◐	○	○	○	●
WALLIN ET AL.	◐	◐	○	◐	○	○	○	○	◐
WAITZINGER	◐	●	●	◐	◐	◐	●	○	●
KÜHN	◐	◐	○	○	○	○	●	○	●
NUDURUPATI ET AL.	◐	○	○	◐	○	○	○	○	◐
REIM	◐	◐	◐	●	○	◐	◐	◐	●
SCHMITZ ET AL.	◐	○	●	●	◐	●	○	○	●
SCHUMACHER	○	◐	●	◐	◐	○	●	●	●
ADRODEGARI ET AL.	●	●	◐	◐	○	◐	●	○	◐

● vollständig erfüllt ◐ teilweise erfüllt ○ nicht erfüllt

Abbildung 30: Übersicht Stand der Forschung (eigene Darstellung)

Autor (Jahr)	Schwerpunkte			Anforderungen an den Inhalt					Branche
	Subskriptions-geschäftsmodelle	Geschäftsmodell-entwicklung	Risikomanagement	Identifikation von Risiken	Analyse und Bewertung von Risiken	Einflussnahme auf Risiken	Qualitative Modellierung	Berücksichtigung von Chancen	Maschinen- & Anlagenbau
SCHÜRITZ ET AL.	●	◑	○	●	○	◑	○	○	●
ZHANG U. BANERJI	◑	○	◑	◑	◑	○	○	○	●
HOU U. NEELY	◑	○	◑	●	○	○	○	○	◑
REIM ET AL.	●	○	◑	●	◑	○	○	○	●
RUFFER	◑	○	○	◑	○	◑	○	○	●
UUSKOSKI ET AL.	●	○	◑	●	○	○	○	●	●
KHAN U. WUEST	◑	◑	○	○	○	○	○	○	○
EBI ET AL.	●	●	●	◑	○	◑	◑	●	●
HERMANN	●	●	○	◑	○	◑	○	●	●
MICHALIK ET AL.	◑	○	◑	●	○	◑	○	●	●
SCHUH ET AL.	●	◑	○	○	○	◑	●	◑	●
BRILLINGER ET AL.	○	●	◑	●	○	○	○	○	○
RIESENER ET AL.	●	◑	○	○	○	○	○	○	●
STOJKOVSKI ET AL.	●	○	◑	●	◑	○	○	◑	●

● vollständig erfüllt ◑ teilweise erfüllt ○ nicht erfüllt

Abbildung 31: Übersicht Stand der Forschung (eigene Darstellung) (Fortsetzung)

3.2 Fazit und Ableitung des Forschungsbedarfs

Es existiert eine Vielzahl von Publikationen, die sich mit der Gestaltung Subskriptionsmodellen und verwandten Geschäftsmodellen oder auch Geschäftsmodellen im Allgemeinen befassen. Dabei wird nicht immer trennscharf zwischen einem Geschäftsmodell und einer Kombination aus verschiedenen Wirtschaftsgütern unterschieden. So wird ein Leistungssystem zwar oftmals nicht mit einer Einmalzahlung vom Kunden erworben, sondern durch Pay-per-Use-Erlösmodelle monetarisiert. Ein Leistungssystem wird somit oftmals mit einer vergleichsweise innovativen Form eines Erlösmodells angeboten, kann allerdings auch in herkömmlicher Form mit der einmaligen Zahlung eines Geldbetrages verkauft werden. Die Art der in einem Geschäftsmodell verwendeten Wirtschaftsgüter, ebenso wie das verwendete Erlösmodell, stellt folglich nur einen Teil eines Geschäftsmodells dar, wenn man den Definitionen gängiger Autoren wie OSTERWALDER U. PIGNEUR (2011), GASSMANN ET AL. (2013) oder WIRTZ (2019) folgt.

Für die Beantwortung von der ersten Forschungsfrage, der Identifikation von Risiken, die sich beim Anbieten von Subskriptionsmodellen für den Anbieter ergeben, kann auf zahlreiche Autoren Bezug genommen werden, die bereits Voruntersuchungen vorgenommen haben. Eine Beschreibung von Risiken von Leistungssystemen wurde bereits von BELZ ET AL. (1997b) durchgeführt und von Autoren wie NORDIN ET AL. (2011), SCHULTE U. STEVEN (2012), NUDURUPATI ET AL. (2016), REIM ET AL. (2016), ZHANG U. BANERJI (2017), welche grundsätzliche Risiken von Leistungssystemen bzw. bei der Erbringung von Leistungssystemen untersuchen, fortgesetzt.

Die Analyse der Interdependenzen, welche zur Beantwortung der zweiten Forschungsfrage erforderlich ist, stellt dabei zwar einen wesentlichen Erfolgsfaktor für ein funktionierendes Risikomanagement dar, wird meist allerdings nur nebensächlich behandelt und weist erhebliche Defizite auf (s. MILLER 1992, S. 312; s. SCHRÖDER 2005, S. 32; s. DRECHSLER 2017, S. 124). So untersuchen ZHANG U. BANERJI (2017) zwar Interdependenzen, fokussieren dabei allerdings nicht Risiken untereinander, sondern Risiken und den Geschäftserfolg eines Unternehmens. Eine andere Herangehensweise wählen NORDIN ET AL. (2011), die den Einfluss ausgewählter Servicestrategien auf Risiken untersuchen. Eine Untersuchung von Interdependenzen zwischen Risiken im Serviceumfeld, speziell bei Subskriptionsmodellen, um auf dieser Basis besonders relevante Risiken identifizieren zu können, wurde bislang nicht durchgeführt.

Mit der dritten Forschungsfrage sollen Einflussfaktoren für die Gestaltung von Subskriptionsmodellen zur Beeinflussung von Risiken untersucht werden. Ansätze aus bestehender Literatur beschränken sich hierbei überwiegend auf das Leistungssystem, wie Untersuchungen von beispielsweise KÜHN (2016), ADRODEGARI ET AL. (2017) oder KHAN U. WUEST (2018) zeigen. Einflussfaktoren, die Bezug auf die Risiken eines Geschäftsmodells nehmen oder auf das Geschäftsmodell selbst, werden keine herausgearbeitet.

Für die Beantwortung der vierten Forschungsfrage darüber, welche Risiken vom Anbieter getragen werden sollten und wie mit konkreten Risiken und deren Wechselwirkungen umgegangen werden kann, ist ein Vorgehen erforderlich, mit welchem der Anwender seine individuelle Situation beurteilen und unter der Berücksichtigung von Risiken und Chancen ein Subskritpionsmodell entwickeln kann. Nur wenige Autoren, wie beispielsweise WAITZINGER (2015) oder HERZOG ET AL. (2014), betrachten Risiken allerdings als zentralen Ausgangspunkt für die Gestaltung eines Geschäftsmodells und widmen der Abwägung von Risiken und Chancen die erforderliche Aufmerksamkeit. Eine detaillierte Methodik für das Risikomanagement unter Beachtung von Interdependenzen entwickelte zudem URSCHEL (2010) im Bereich der Immobilienwirtschaft. Ansätze, welche die Besonderheiten von Subskriptionsmodelle einbeziehen und für den Anwender Transparenz schaffen, um wesentliche Interdependenzen und Einflussmöglichkeiten bei dessen Handeln einbeziehen zu können, existieren nicht.

Abschließend lässt sich folgern, dass Risiken Produkt-Service-basierter Geschäftsmodelle bereits Thema einiger wissenschaftlicher Beträge sind. Der Fokus dieser Beiträge liegt dabei insbesondere auf der Nennung von Risiken, befasst sich aber nur in geringem Maße mit dem Umgang mit diesen Risiken oder der Auffassung eines Risikos als Chance. Es fehlt ein Vorgehen, welches die konkreten Risiken von Subskriptionsmodellen adressiert, Interdependenzen zwischen diesen Risiken einbezieht und Möglichkeiten der Einflussnahme aufzeigt. Die vorliegende Arbeit knüpft an die genannten Defizite existierender Ansätze an, greift diese inhaltlich auf und entwickelt ein Vorgehen zur risikobasierten Gestaltung von Subskriptionsmodellen.

4 Theoretische und methodische Grundlagen und Anforderungen

Im folgenden Kapitel werden die theoretischen und konzeptionellen Grundlagen dargestellt und ihr Beitrag für die vorliegende Arbeit herausgestellt. Dies entspricht dem dritten Schritt der Phase der angewandten Wissenschaft nach ULRICH ET AL. (1984). Dazu werden zunächst theoretisch konzeptionelle Modelle vorgestellt und anschließend die methodischen Grundlagen für diese Arbeit dargelegt. Als theoretische Grundlagen werden die allgemeine Modelltheorie und die Systemtheorie vorgestellt. Anschließend werden verschiedene konzeptionelle Grundlagen aus dem Bereich des Dienstleistungsmanagements, des Lebenszyklusmanagements und des Risikomanagements vorgestellt, die das konzeptionelle Rahmenwerk für diese Arbeit bilden. Im Rahmen der methodischen Grundlagen werden verschiedene Methoden und Methodiken vorgestellt, die zur Lösung der Problemstellung dieser Arbeit beitragen. Dabei wird auf die Methodiken der Case-Study-Research sowie des vernetzten Denkens eingegangen und die morphologische Methode erläutert.

4.1 Theoretische Grundlagen und Anforderungen

In den folgenden Kapiteln werden die theoretischen Grundlagen der allgemeinen Modell- und Systemtheorie sowie Anforderungen an das im Rahmen dieser Arbeit entwickelte Vorgehensmodell beschrieben.

Allgemeine Modelltheorie

Als Modelle können „alle problemrepräsentierenden Artefakte, die in der Absicht erschaffen wurden, ein problemkonstituierendes Diskrepanzempfinden zu beseitigen" (s. ZELEWSKI 2008, S. 43), bezeichnet werden. Dabei reduzieren Modelle die zu untersuchende Wirklichkeit auf relevante Erklärungsgrößen (s. BARDMANN 2019, S. 149). Sie bestehen somit „aus einzelnen, aus der Wirklichkeit abstrahierten Unterschieden, pointiert hervorgehobenen Eigenschaften und deren Verknüpfungen untereinander" (BARDMANN 2019, S. 149). Abhängig von der konkreten Diskrepanz lassen sich verschiedene Darstellungszwecke unterscheiden (s. ZELEWSKI 2008, S. 41). Eine verkürzte Übersicht verschiedener Modellarten in Anlehnung an ZELEWSKI (2008) ist in Abbildung 32 dargestellt.

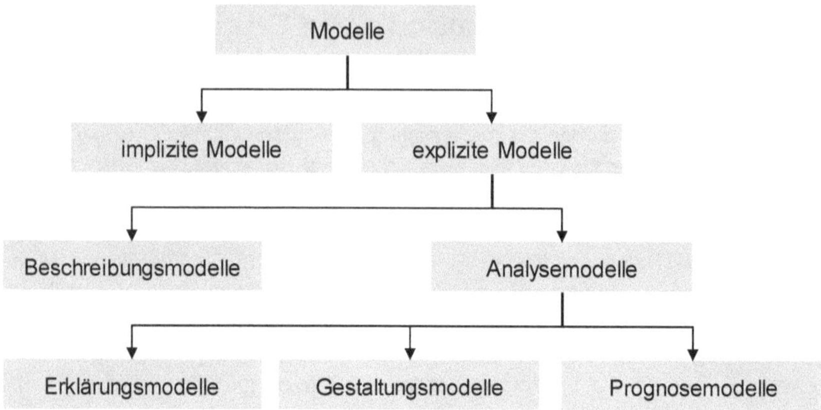

Abbildung 32: Verkürzte Übersicht von Modellarten (eigene Darstellung i. A. a. ZELEWSKI 2008, S. 45)

Grundsätzlich werden Modelle in implizite und explizite Modelle unterteilt. Bei impliziten Modellen handelt es sich um rein gedankliche Modelle, die vom Menschen während seiner Problemwahrnehmung erschaffen werden; sie spielen im Rahmen dieser Arbeit keine weitere Rolle. Explizite Modelle wiederum leiten sich aus impliziten Modellen ab und lassen sich hinsichtlich ihres betriebswirtschaftlichen Erkenntniszieles unterscheiden. Beschreibungsmodelle erfüllen meist kein eigenständiges Erkenntnisziel und werden für die ursprüngliche Beschreibung eines Realproblems benötigt. Analysemodelle wiederum dienen der Erreichung von betriebswirtschaftlichen Erkenntniszielen und gliedern sich in Erklärungs-, Gestaltungs- und Prognosemodelle. (s. ZELEWSKI 2008, S. 43ff.) Erklärungsmodelle bestehen aus nomologischen Hypothesen und Randbedingungen. Auf dieser Basis können Sachverhalte abgeleitet werden. Eine Validierung erfolgt durch die Prüfung, ob die theoretischen Ergebnisse mit den empirisch vorgefundenen Sachverhalten übereinstimmen. Durch Gestaltungsmodelle werden Auskünfte darüber, wie Randbegingungen zu gestalten sind, damit gewünschte Ergebnisse eintreten, generiert. Basiert ein Modell auf allgemeingültigen Gesetzen und sind die Randbedingungen bekannt, kann es zudem als Prognosemodell genutzt werden, mit dem zu erwartende Ergebniss prognostiziert werden können. (s. BARDMANN 2019, S. 149)

Systemtheorie

Die Systemtheorie beschreibt im Allgemeinen die Struktur, die Verbindungen und das Verhalten von Systemen (s. ULRICH 1970, S. 105). Darüber hinaus stellt sie Denkmodelle und Grundprinzipien für die Modellierung realweltlicher Systeme bereit (s. AULL 2012, S. 64). ULRICH legt aufbauend auf Autoren wie BEER und FLECHTNER erstmals eine detaillierte und allgemeingültige Definition des Begriffes System fest (vgl. FLECHTNER 1966, S. 1ff.). So versteht er unter einem System eine „geordnete Gesamtheit von Elementen, zwischen denen irgendwelche Beziehungen bestehen oder hergestellt werden können“ (s. ULRICH 1970, S. 105). Auch neuere Quellen greifen diese Definition auf, wie beispielsweise die VDI-Richtlinie VDI 3633 mit der Definition, dass ein System eine „abgegrenzte Anordnung von Elementen, die miteinander in Beziehung stehen“, zeigt.

Beide Definitionen greifen Elemente als ein wesentliches Merkmal von Systemen auf. Elemente stellen die kleinsten, nicht weiter aufteilbaren Einheiten eines Systems dar. FUCHS bezeichnet dabei drei Eigenschaften, die für alle Elemente Gültigkeit haben. Elemente haben demnach qualitative oder quantitative Beziehungen zu anderen Elementen, Systemen oder der Umwelt. Weiterhin weisen sie einen bestimmbaren Zustand auf, sind also aktiv oder inaktiv. Letztlich haben Elemente die Möglichkeit, ihren jeweiligen Zustand zu verändern (s. FUCHS 1973, S. 42). Zwischen den Elementen eines Systems bestehen Beziehungen. Die entsprechende Definition ist stark vom Autor und vom jeweiligen Forschungsschwerpunkt abhängig (s. FUCHS 1973, S. 43). Häufig wird dazu der Begriff der Interdependenz genutzt, um die gegenseitige Abhängigkeit von Elementen zu beschreiben. Eine weitere Möglichkeit zur Beschreibung von Beziehungen unter Elementen besteht mithilfe der Dynamik eines Systems. Die Dynamik beschreibt die Zustandsänderung innerhalb eines betrachteten Zeitraumes (s. BOSSEL 1992, S. 17). Der Aktivitätsgrad, also ob ein Element aktiv oder nicht aktiv ist, wird damit in den Fokus gerückt. Ist das Element aktiv, so kann von einer Beziehung zu anderen Elementen ausgegangen werden, auch wenn diese nicht direkt ersichtlich sein muss (s. ULRICH 1970, S. 109).

Ein Element kann allerdings auch als Subsystem fungieren, welches im aktuell betrachteten übergeordneten System nicht in dessen einzelnen Teilen betrachtet wird (s. ULRICH 1970, S. 107). Sofern alle Bereiche die allgemeinen Merkmale bzw. Definition eines Systems erfüllen, kann ein System sowohl Teil eines übergeordneten, größeren Supersystems sein als auch aus einzelnen untergeordneten, kleineren Subsystemen bestehen (s. ULRICH 1970, S. 107; s. BEER 1962, S. 25), wie in Abbildung 33 dargestellt ist. Es kann also eine Hierarchie zwischen einzelnen Systembestandteilen abgeleitet werden.

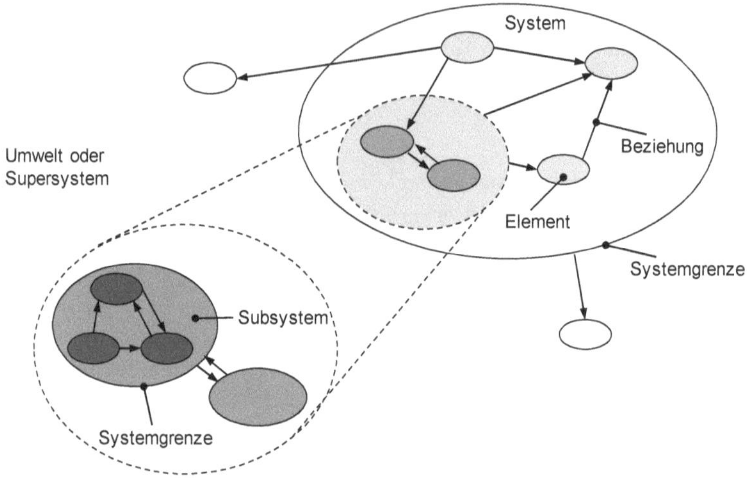

Abbildung 33: Systembestandteile in Relation zueinander (eigene Darstellung i. A. a. KURZ 2018, S. 43)

Entscheidend ist hierbei die Systemgrenze (s. BOSSEL 1992, S. 17). Innerhalb eines Systems lässt sich je nach Auflösung eine hohe Anzahl von Subsystemen definieren (s. BEER 1962, S. 25). Die Anzahl bzw. das Ausmaß der Beziehungen bzw. Interaktionen von Elementen dient dabei als geeigneter Indikator für die Grenzziehung (s. ULRICH 1970, S. 108). Elemente, welche im Vergleich zu anderen Elementen eine höhere Beziehungs- bzw. Interaktionsdichte aufweisen, liegen somit innerhalb einer Systemgrenze, stellen also ein eigenes Subsystem dar. BOSSEL ergänzt diesen Indikator für die Systemgrenze mit dem Kriterium der Funktionsrelevanz. So ist zur Definition der Systemgrenze nicht ausschließlich die Qualität der vorherrschenden Beziehungen relevant, sondern auch die Qualität und damit die Relevanz der enthaltenen Beziehungen. Die konkrete Definition der Systemgrenze ist auf Basis dieser Kriterien je nach System individuell festzulegen. (s. BOSSEL 1992, S. 18)

FUCHS und FLECHTNER geben die Differenzierung zwischen offenen und geschlossenen Systemen als wichtiges Unterscheidungsmerkmal an (s. FLECHTNER 1966, S. 230; s. FUCHS 1973, S. 43). Dagegen argumentieren Autoren wie ULRICH oder BOSSEL, dass ein geschlossenes System nicht konstruierbar sei, da ein vollständig geschlossenes System per definitionem keine Interaktion mit seiner Umwelt betreiben könne und dementsprechend nicht wahrnehmbar wäre (s. ULRICH 1970, S. 105f.; s. BOSSEL 1992, S. 17f.).

Gemäß diesen Ausführungen wird das im Rahmen dieser Arbeit betrachtete System der Subskriptionsmodelle als teiloffenes System betrachtet. Das von einem Unternehmen angebotene Subskriptionsmodell steht in Interaktion mit seiner Systemumwelt respektive den dazugehörigen Kunden und den vorherrschenden Marktbedingungen.

4.2 Methodische Grundlagen

Im Folgenden werden methodische Grundlagen erläutert, die für die Lösung der Problemstellung dieser Arbeit Anwendung finden. Als übergeordnete Methodik wird dabei die Methodik des vernetzten Denkens genutzt. Im Rahmen der dort durchzuführenden Modellierung der Problemsituation wird die Methodik der Case-Study-Research genutzt, um die Problemstellung unter Zuhilfenahme von Fallstudien zu präzisieren. Die ebenfalls erläuterte, morphologische Methode dient dann zur Darstellung der Lenkungs- bzw. Veränderungsmöglichkeiten. Das Vorgehen zur risikobasierten Gestaltung von Subskriptionsmodellen wird auf Basis der Referenzmodellierung entwickelt. Zusammenfassend sind die für die Entwicklung der einzelnen Modelle verwendeten Forschungsmethoden in Abbildung 34 dargestellt.

Modelle	**Forschungsmethoden**
Kapitel 5: Beschreibung von Gestaltungs- und Einflussmöglichkeiten von Subskriptionsmodellen	• Methode des vernetzten Denkens • Case-Study-Research • Morphologische Methode
Kapitel 6: Beschreibung von Risiken in Subskriptionsmodellen	• Methode des vernetzten Denkens • Case-Study-Research
Kapitel 7: Vorgehensmodell zur risikobasierten Gestaltung von Subskriptionsmodellen	• Methode des vernetzten Denkens • Referenzmodellierung

Abbildung 34: Verwendete Forschungsmodethoden zur Modellentwicklung

4.2.1 Methodik des vernetzten Denkens

Bei der Methode des vernetzten Denkens handelt es sich um ein umfassendes, generalistisch orientiertes Denken, welches große Zusammenhänge und Einflussfaktoren berücksichtigt. Unterscheidet man Problemstellungen in grundsätzlich einfache, kompliziertere und komplexe Situationen, so ist die Methode des vernetzten Denkens insbesondere für komplexe Situationen konzipiert und würde den notwendigen Umfang der Problemlösung für einfache oder komplizierte Situationen übersteigen. Komplexe Problemsituationen sind durch eine hohe Dynamik mit vielen verschiedenen Einflussfaktoren gekennzeichnet, wie sie beispielsweise bei strategischen Unternehmensentscheidungen vorzufinden sind. Mehrere Unternehmensziele stehen dabei gleichzeitig im Mittelpunkt und ein einfacher kausaler Zusammenhang zur Vorbereitung der Entscheidungsfindung ist nicht gegeben (s. PROBST U. GOMEZ 1991, S. 5). Die Methodik des vernetzten Denkens geht auf PROBST U. GOMEZ zurück und beinhaltet die in Abbildung 35 dargestellten Schritte. Die dargestellten Schritte werden zwar chronologisch durchlaufen, das Vorgehen ist allerdings in sich vernetzt und beschreibt entsprechend einen iterativen Prozess, der bei neuen Erkenntnissen (in Teilen) neu zu durchlaufen ist (s. PROBST U. GOMEZ 1991, S. 9).

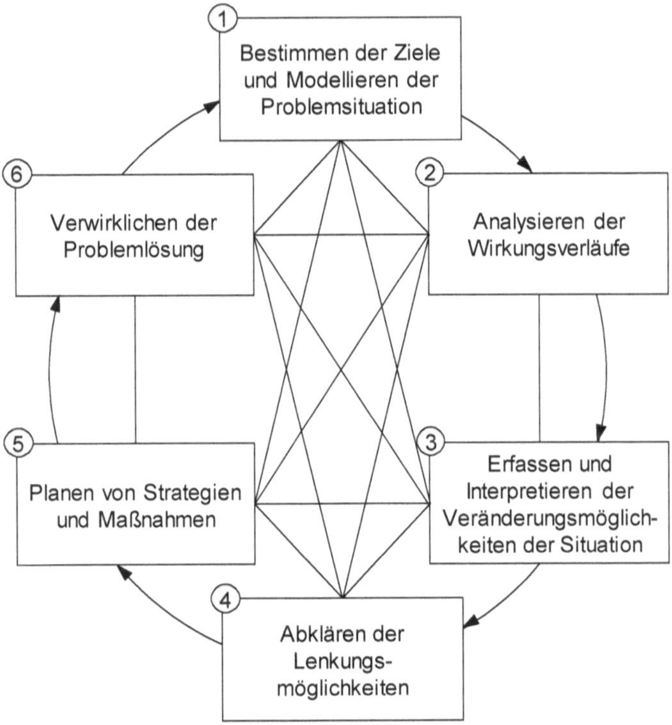

Abbildung 35: Schritte der Methodik des vernetzten Denkens (PROBST U. GOMEZ 1991, S. 8)

Im ersten Schritt ist die Ausgangssituation und damit die vorliegende Problemsituation zu analysieren (s. dazu Kap. 4.2.1 Case-Study-Research). Gleichzeitig sollte den korrespondierenden Zielen Beachtung geschenkt werden und die Wechselwirkungen und ggf. existente Konflikte berücksichtigt werden. Ergebnis dieses ersten Schrittes ist ein grober Überblick der vorherrschenden Grundzusammenhänge (s. PROBST U. GOMEZ 1991, S. 10f). Hierbei findet als Rahmenwerk die zuvor beschriebene Case-Study-Research-Methode Anwendung, um von Beginn an praktisch vorherrschende situative Gegebenheiten einzubeziehen. Im zweiten Schritt werden Wirkungszusammenhänge näher betrachtet. Positive Wirkungsbeziehungen werden in einer Darstellung der Ursache Wirkung mit einem Pluszeichen kenntlich gemacht, negative mit einem Minuszeichen. Ergänzend wird die zeitliche Komponente ebenfalls durch die entsprechende Pfeildarstellung visualisiert (s. Abbildung 36). Eine grundlegende Unterscheidung zwischen kurz-, mittel- und langfristigen Zusammenhängen ist dabei meist ausreichend, auch wenn der dahinter liegende Zeithorizont stark branchen-, unternehmens- oder situationsabhängig ist (s. PROBST U. GOMEZ 1991, S. 11ff). Als dritter Analysebestandteil ist die Wirkungsintensität, die zwischen keiner oder äußerst geringer Intensität bis hin zu sehr starker Intensität reicht. Mithilfe einer Einflussmatrix lässt sich letztlich unterscheiden, wie groß der Einfluss einzelner Elemente auf das Gesamtsystem ist.

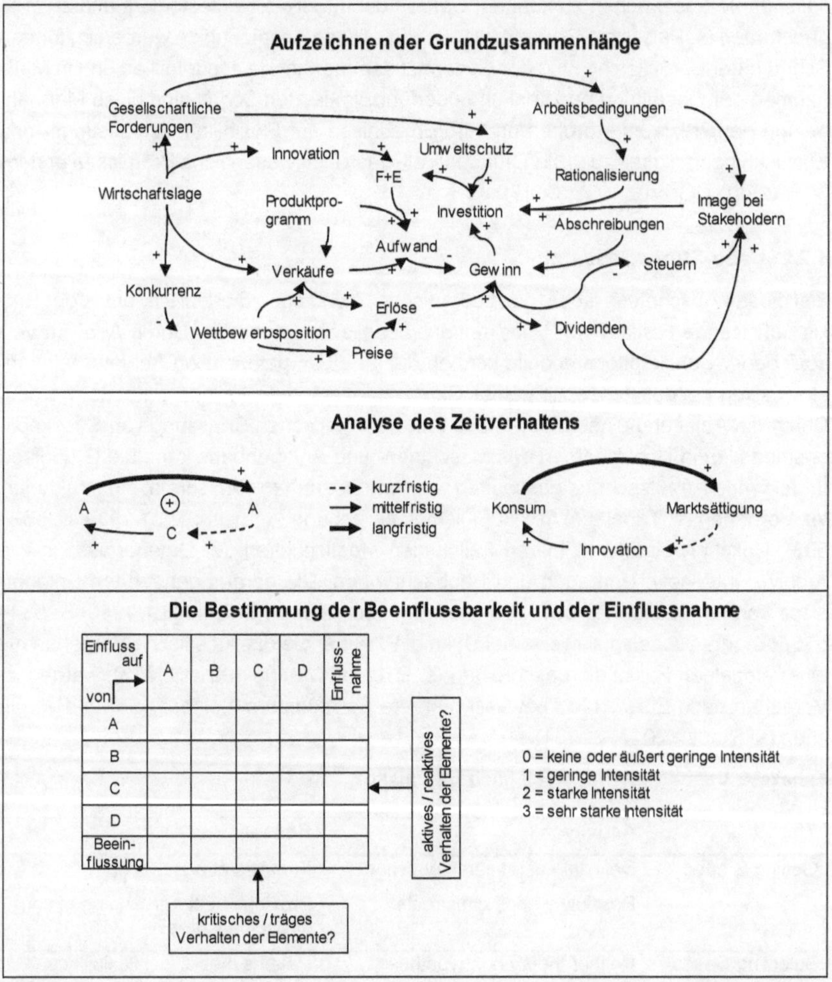

Abbildung 36: Analyse der Wirkungszusammenhänge (eigene Darstellung i. A. a. PROBST U. GOMEZ 1991, S. 11ff.)

Im dritten Schritt ist nach dem ausgearbeiteten Netzwerk an Wirkungsbeziehungen eine Analyse einzelner Kreisläufe im Detail durchzuführen mit speziellem Fokus auf beispielsweise selbstverstärkenden Prozessen (s. PROBST U. GOMEZ 1991, S. 14). Dabei findet auch die Betrachtung einzelner möglicher Szenarien zu einzelnen Größen Anwendung. Im vierten Schritt wird die Einflussnahme auf das System untersucht. Unterschieden wird hierbei zwischen lenkbaren und nicht lenkbaren Größen und den entsprechenden Treibern, die eine Lenkbarkeit ermöglichen. Um den Erfolg einer Einflussnahme überwachen zu können, werden dazu Indikatoren festgelegt und zu Hilfe genommen (s. PROBST U. GOMEZ 1991, S. 15ff). Diese Ansatzpunkte werden im fünften Schritt unter Berücksichtigung der Gesamtzusammenhänge ausdetailliert und in Maßnahmen der Gestaltung und Lenkung überführt. Im letzten Schritt sind diese Maßnahmen in der Praxis zu erproben und die Ergebnisse auf Flexibilität, Anpassungs- und Entwicklungsfähigkeit zu prüfen, für den Fall, dass sich wesentliche Prämissen ändern (s. PROBST U. GOMEZ 1991, S. 17f).

4.2.2 Case-Study-Research

Ziel dieses Abschnittes ist es, die methodische Grundlage zu erläutern, um in der Praxis auftretende Risiken von Subskriptionsmodellen zu erfassen. Durch Analyse verschiedener Subskriptionsmodelle können die für einen potenziellen Anbieter relevanten Risiken bei der Konzeption eines Subskriptionsmodells herausgearbeitet werden. Durch die Ableitung eines Modells aus der systematischen Erfassung von Subskriptionsmodellen in Unternehmen des Maschinen- und Anlagenbaus kann die Grundlage für folgende Arbeitsschritte geschaffen werden. EISENHARDT beschreibt ein strukturiertes Vorgehen (s. Tabelle 4) für die Fallstudienerhebung (s. EISENHARDT 1989, S. 532–533). Üblicherweise kombinieren Fallstudien Möglichkeiten der Datenerfassung wie Archive, Interview, Umfragen und Beobachtungen. Die daraus generierten Erkenntnisse können qualitativer oder quantitativer Natur sein (s. EISENHARDT 1989, S. 534–535). Anders als beispielsweise bei DYER U. WILKINS, die das klassische Vorgehen mit einer einzelnen Fallstudie beschreiben (s. DYER U. WILKINS 1991, S. 613), werden im Vorgehen nach EISENHARDT bewusst mehrere Fallstudien mit einbezogen und verglichen (s. RIDDER 2017, S. 284).

Tabelle 4: Case-Study-Research nach EISENHARDT

Step	Activity	Reason
Getting Started	Definition of research question	Focuses efforts
	Possibly a priori constructs	Provides better grounding of construct measures
Selecting Cases	Neither theory nor hypotheses	Retains theoretical flexibility
	Specified population	Constrains extraneous variation and sharpens external validity
	Theoretical, not random, sampling	

		Focuses efforts on theoretically useful cases-i.e., those that replicate or extend theory by filling conceptual categories
Crafting Instruments and Protocols	Multiple data collection methods	Strengthens grounding of theory by triangulation of evidence
	Qualitative and quantitative data combined	Synergistic view of evidence
	Multiple investigators	Fosters divergent perspectives and strengthens grounding
Entering the Field	Overlap data collection and analysis, including field notes	Speeds analyses and reveals helpful adjustments to data collection
	Flexible and opportunistic data collection methods	Allows investigators to take advantage of emergent themes and unique case features
Analyzing Data	Within-case analysis	Gains familiarity with data and preliminary theory generation
	Cross-case pattern search using divergent techniques	Forces investigators to look beyond initial impressions and see evidence thru multiple lenses
Shaping Hypotheses	Iterative tabulation of evidence for each construct	Sharpens construct definition, validity, and measurability
	Replication, not sampling, logic across cases	Confirms, extends, and sharpens theory
	Search evidence for "why" behind relationships	Builds internal validity
Enfolding Literature	Comparison with conflicting literature	Builds internal validity, raises theoretical level, and sharpens construct definitions
	Comparison with similar literature	Sharpens generalizability, improves construct definition, and raises theoretical level
Reaching Closure	Theoretical saturation when possible	Ends process when marginal improvement becomes small

Das Vorgehen der Case-Study-Research nach EISENHARDT beginnt mit einigen Vorarbeiten. Im Rahmen dieser sind eine vorläufige Forschungsfrage sowie mögliche Modellbestandteile zu definieren. Beide Tätigkeiten werden als hilfreich angesehen, um von Beginn an einen gewissen Fokus beizubehalten und diesen durch die Vielzahl der möglicherweise zu beantwortenden Fragestellungen nicht zu verlieren (s. EISENHARDT 1989, S. 536). Im folgenden Arbeitsschritt sind Fallstudien auszuwählen. Die Fallstudien sollten verschiedene Szenarien abbilden bzw. unterschiedlichen Kategorien zugehörig sein, um die aufgestellte Forschungsfrage unterstützen oder um neue Facetten erweitern zu können (s. EISENHARDT 1989, S. 537). Für das Erheben der Daten sind zunächst Werkzeuge und Vorgehen auszuwählen. Dazu wird vorgeschlagen, die Forschungsstrategie der Triangulation anzuwenden, bei welcher verschiedene Methoden oder Datensätze zur Ergründung einer Fragestellung angewandt werden. Es können dabei qualitative oder quantitative Daten bzw. eine Kombination aus beidem genutzt werden. Durch eine Kombination sind Synergien zu erwarten, da durch quantitative Daten der Fokus bewahrt wird und qualitative Daten Wirkungsbeziehungen aufzeigen können. Ein weiterer Vorteil kann durch das Einbinden mehrerer Wissenschaftler erzielt werden, die jeweils neue Perspektiven und unvoreingenommene Herangehensweisen einbringen. Falls größere personelle Ressourcen zur Verfügung stehen, können einzelne Aufgaben auch an Teams verteilt werden, um den oben genannten Effekt noch zu verstärken (s. EISENHARDT 1989, S. 538). Bereits während der Datenerhebung werden erste Datenanalysen durchgeführt. Dies erfüllt zwei Funktionen: Zum einen wird die Datenauswertung beschleunigt, zum anderen bieten die Ergebnisse der Auswertung die Möglichkeit, eine Justierung oder Anpassung der erhobenen Daten vorzunehmen. Dieser Effekt wird durch die Anfertigung und den Austausch fortlaufender, auch impressiver Forschungsnotizen unterstützt. Über die erhobenen Daten hinaus kann auch die Erhebungsmethodik selbst angepasst oder ersetzt werden, um für die Forschungsthematik (neue) relevante oder hinzukommende Daten zu generieren (s. EISENHARDT 1989, S. 539). Die Datenanalyse selbst bildet den wichtigsten und am wenigsten standardisierten Prozessschritt. Um die Datenmengen nutzenorientiert auswerten zu können, wird eine Within-Case-Datenanalyse vorgeschlagen. Die Rahmenbedingungen jeder Fallstudie sollten bekannt sein, um auf einzigartige Umstände eingehen zu können, diese zu vergleichen und mit Daten zu verknüpfen (s. EISENHARDT 1989, S. 539–540). Zudem wird eine fallstudienübergreifende Mustersuche empfohlen. Dabei werden verschiedene Fallkategorien oder -paare anhand gemeinsamer Merkmale gebildet und miteinander verglichen. Auf diese Weise werden die Eigenschaften der verschiedenen Fallstudien aus verschiedenen Perspektiven betrachtet und die Verzerrung der Ergebnisse wird reduziert (s. EISENHARDT 1989, S. 540–541). Im Folgenden wird die Arbeitshypothese in einem iterativen Verfahren mit den Ergebnissen der Fallstudien abgeglichen. Zunächst werden Modellbestandteile mithilfe der Fallstudienergebnisse definiert, validiert und messbar gemacht. Anschließend werden die während der Untersuchung aufgetretenen Beziehungen zwischen den Modellbestandteilen in allen Fallstudien (nicht nur stichprobenartig) verifiziert, verworfen oder erweitert, sodass auch hier ggfs. eine Anpassung stattfinden kann. An dieser Stelle bieten die qualitativen Daten die Möglichkeit, Wirkungszusammenhänge zu validieren (s. EISENHARDT 1989, S. 541–544). In Hinblick auf Literatur sollte sich sowohl mit übereinstimmenden als auch mit kritischen Darlegungen befasst werden. Bereits existierende Literatur, welche den sich ergebenden Resultaten widerspricht, bietet sowohl die Möglichkeit, Fehler oder Versäumnisse in der Untersuchung aufzudecken als auch die Ergebnisse präziser abzugrenzen. Umgekehrt erlaubt bestätigende Literatur eine tiefergehende Verifizierung der Ergebnisse, fundiert Wirkungszusammenhänge oder generalisiert diese (s. EISENHARDT 1989, S. 544–545). Der Prozess kann an zwei Punkten beendet werden: Entweder es werden keine neuen Fallstudien mehr untersucht oder es gibt keine Iteration zum Abgleich zwischen den erhobenen Daten und der aufgestellten Theorie mehr. In beiden Fällen tritt nach einiger Zeit eine Sättigung auf; der Einsatz weiterer Ressourcen bringt keine sich im Verhältnis lohnende Verbesserung mehr hervor (s. EISENHARDT 1989, S. 545). Die Stärke dieser Forschungsmethode liegt insbesondere in deren Flexibilität und im iterativen Vorgehen. Auf diese Weise werden neue Gedankengänge und Überlegungen angestoßen, welche wiederum die Grundlage für neue Theorien bilden. Da die Theorien auf der Auswertung von erhobenen Daten basieren, lassen sich alle Elemente sowohl quantifizieren als auch über den Forschungsprozess hinaus in der Praxis über weitere Messwerte verifizieren (s. EISENHARDT 1989, S. 546–547). Umgekehrt resultiert aus der Nutzung empirischer Instrumente z. T. auch ein hoher Komplexitätsgrad, welcher dann auch auf die aufgestellte Theorie überzugreifen droht. Da es sich bei diesem Forschungsansatz um ein Bottom-up-Verfahren handelt, ist das Ergebnis nicht zwangsläufig derart generalisierbar, als dass sich das Ergebnis als allgemein gültige Theorie verwerten lassen würde. Häufig sind die so entstandenen Theorien nur auf einen begrenzten Bereich anwendbar (s. EISENHARDT 1989, S. 547). Besonders auf Gebieten, welche bisher weitestgehend unerforscht sind, und in Bereichen, welche eine neue Perspektive für weitere Fortschritte benötigen, ist dieser Ansatz der *„Building Theories from Case-Study-Research"* vielversprechend (s. EISENHARDT 1989, S. 548).

4.2.3 Morphologische Methode

Die morphologische Methode dient der Beschreibung komplexer Strukturen durch Auswahl der relevanten Beschreibungsmerkmale und deren Ausprägungen. Diese werden in einer Matrix, die als Kernbestandteil der morphologischen Methode dient, dargestellt (s. WAGNER 2016, S. 87; s. SCHULTE-ZURHAUSEN 2014, S. 618f; alle zit. n. HONNÉ 2016, S. 76). Beispielhaft ist eine solche Matrix in Abbildung 37 dargestellt.

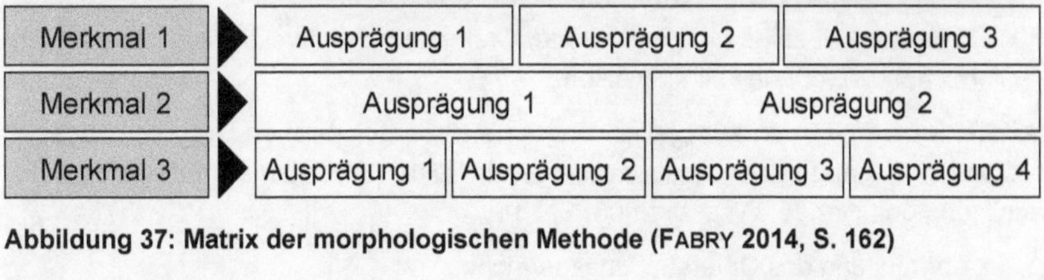

Abbildung 37: Matrix der morphologischen Methode (FABRY 2014, S. 162)

Häufig wird der Begriff der Morphologie synonym für den Begriff der Typologie verwendet (s. KNOBLICH 1969, S. 28). Im Rahmen dieser Arbeit werden die verschiedenen morphologischen Methoden deshalb in der in Abbildung 38 dargestellten Form abgegrenzt.

	Erforderliche Anzahl Merkmale	Logische Wahrheit der Lösungen?	Faktische Wahrheit der Lösungen?	primäre Anwendung
Typisierung	>1	ja	ja	Systematik, Entscheidungsunterstützung
Klassifikation	1	ja	ja	Systematik, Entscheidungsunterstützung
Morphologie	>1	ja	nicht zwingend	Systematik, Entscheidungsunterstützung und Aufdeckung neuer Lösungen

Abbildung 38: Abgrenzung verschiedener analytischer Forschungsmethoden in Anlehnung an WELTER (WELTER 2006, S. 114)

Die dargestellten analytischen Forschungsmethoden differenzieren sich nicht über das grundsätzliche Vorgehen, sondern über die Anforderungen an das Ergebnis. Aufgrund der noch geringen Verbreitung von Subskriptionsmodellen im Maschinen- und Anlagenbau wird davon abgesehen, im Rahmen dieser Arbeit eine Typisierung zu forcieren. Vielmehr liegt der Fokus dieser Arbeit auf der morphologischen Beschreibung möglicher Ausprägungen von Subskriptionsmodellen. Angelehnt an die von ANSORGE genannten Anforderungen an Typisierungen ergeben sich folgende Anforderungen an die morphologische Beschreibung von Subskriptionsmodellen im Rahmen dieser Arbeit (s. FÖRSTER 1988, S. 44f.; s. LEY 1984, S. 37f.; s. SCHOMBURG 1980, S. 35; s. GROSSE-OETRINGHAUS 1974, S. 50f.; alle zit. n. ANSORGE 2014, S. 71):

- Anzahl der Ausprägungen je Merkmal: Jedes Merkmal muss mindestens zwei Ausprägungen besitzen. Dabei ist eine Obergrenze allerdings nicht vorgeschrieben.
- Aussagefähigkeit eines Merkmals: Jedes Merkmal muss in dem Maße aussagefähig genug sein, dass ein ursächlicher und möglichst direkter Zusammenhang zwischen dem Untersuchungszweck und dem Merkmal besteht.
- Erfassbarkeit eines Merkmals: Jedes Merkmal muss objektiv sein und eine hinreichende Genauigkeit aufweisen.

Des Weiteren ergibt sich zur Entwicklung eines morphologischen Beschreibungsmodells das im folgenden beschriebene Vorgehen. Dabei wird sich am Prozess der Typenbildung orientiert (s. WELTER 2006, S. 115):

1. Abgrenzung des Untersuchungsbereiches
    - Gedankliche Durchdringung des Untersuchungsbereiches
    - Festlegung der Untersuchungsobjekte und deren Charakteristika

2. Auswahl geeigneter Merkmale
    - Auswahl von typenbildenden (konstitutiven) und typenbeschreibenden Merkmalen, sowie abstufbaren (kontinuierlich innerhalb eines Bereiches) und polaren (diskrete) Merkmalen der Untersuchungsobjekte
3. Festlegung sinnvoller Merkmalsausprägungen
    - Auswahl der sinnvollen Merkmalsausprägungen
    - Quantitative und qualitative Ausgestaltung der Merkmale

4.2.4 Referenzmodellierung

Die im Rahmen dieser Arbeit entwickelten Modelle sollen Unternehmen als Grundlage für die risikobasierte Gestaltung von Subskriptionsmodellen dienen. Die dazu entwickelte Methodik ist hierbei als Referenzmodell zu verstehen. Unter einem Referenzmodell wird ein Modell verstanden, welches allgemeingültige Empfehlungen auspricht, auf welche bei der Konstruktion von Informationsmodellen Bezug genommen werden kann. Sie unterstützen damit die Effektivität und Effizienz des Konstruktionsprozesses. Zurückzuführen ist dies auf die zwei speziellen Merkmale von Referenzmodellen: die Allgemeingültigkeit und den Empfehlungscharakter. Unter der Allgemeingültigkeit wird die Anwendbarkeit des Modells auf eine bestimmte Problemklasse verstanden. Der Empfehlungscharakter gibt vor, dass Referenzmodelle eine Vorbildfunktion einnehmen sollen und damit als Sollmodell dienen. In der Praxis wird allerdings oftmals auf die unterschiedliche Wahrnehmung des Entwicklers eines Referenzmodells und des Anwenders eines Referenzmodells hinsichtlich der beschriebenen Merkmale verwiesen. (s.VOM BROCKE 2003, S. 31f.; s. VOM BROCKE U. FETTKE 2021; s. SCHÜTTE 1998, S. 186)

Die Vorgehensweise zur Entwicklung eines Referenzmodells liefert SCHÜTTE. Das Vorgehen gliedert sich in die fünf Phasen „Problemdefinition“, „Konstruktion des Modellrahmens“, „Konstruktion der Referenzmodellstruktur“, „Komplettierung“ und „Anwendung“. Die Bearbeitung dieser Phasen erfolgt iterativ, um Feedback-Schleifen für die Korrektur des Modells verwenden zu können. Die Vorgehensweise ist in Abbildung 39 dargestellt.

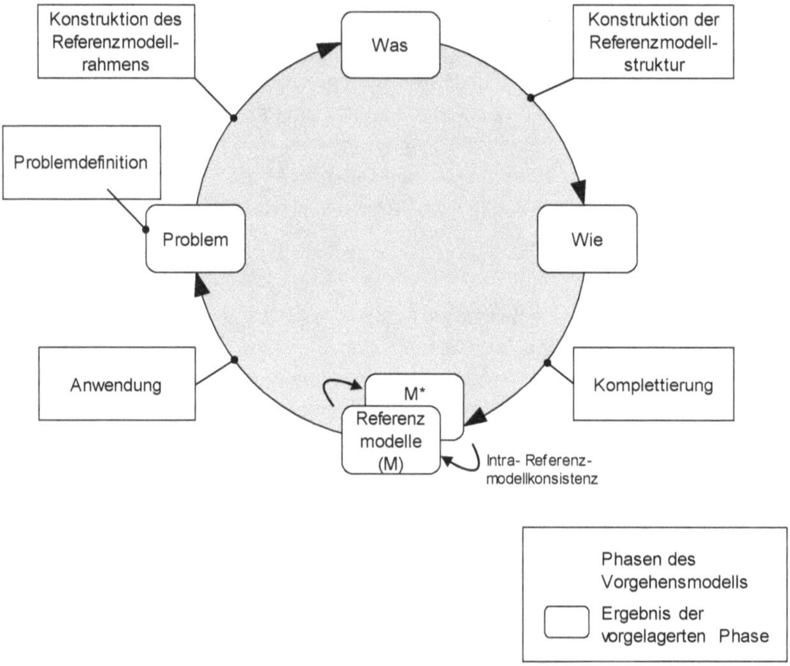

Abbildung 39: Vorgehen zur Referenzmodellierung (SCHÜTTE 1998, S. 185)

Bei der Problemdefinition werden Hypothesen hinsichtlich Probleme einer Organisation identifiziert, klassifiziert und analysiert. Die Analyse erfolgt top-down, um zunächst einen Rahmen zu schaffen, in welchen untergeordnete Problemstellungen im Rahmen des interativen Vorgehens eingebettet werden können. Hierbei ist das grundsätzliche Ziel der Modellkonstruktion und -anwendung stets im Blickfeld zu halten. (s. SCHÜTTE 1998, S. 184f.)

Die zweite Phase beschreibt die Konstruktion des Referenzmodellrahmens. Dabei werden die Problemklassen durch Merkmale und Merkmalsausprägungen operationalisiert. Dies ermöglicht, eine spätere Konfiguration der zur Problemlösung erforderlichen Lösungsmodule vornehmen zu können. (s. SCHÜTTE 1998, S. 187)

In der dritten Phase erfolgt die Konstruktion der Referenzmodellstruktur. Hierbei werden die genauen Modellbestandteile detailliert. Es empfiehlt sich zudem auch eine Validierung zur Qualitätskontrolle der entwickelten Inhalte. (s. SCHÜTTE 1998, S. 187f.)

Die Komplettierung des Modells findet in der vierten Phase statt. Dabei wird die Konsistenz des Modells sichergestellt, indem interne und externe Querverbindungen geschaffen werden. Zudem ist eine Anreicherung der Inhalte um quantitative Aussagen anzustreben. (s. SCHÜTTE 1998, S. 188)

Die Anwendung des Modells wird mittels der fünften und letzten Phase beschrieben. Abweichungen zwischen Modellinhalten und den zur Lösung der Problemstellung erforderlichen Inhalten führen zur Erweiterung des Referenzmodells. (s. SCHÜTTE 1998, S. 188)

5 Beschreibung von Gestaltungs- und Einflussmöglichkeiten von Subskriptionsmodellen

Basierend auf der Strategie der angewandten Forschung nach ULRICH ET AL. (1984) wird im folgenden Kapitel damit begonnen, den Anwendungszusammenhang zu erfassen und zu untersuchen. Dabei dient die Case-Studie-Research nach EISENHARDT (1989) der Erfassung von in der Praxis angewandten Subskriptionsmodellen und damit als Grundlage für die Ableitung von Einfluss- und Gestaltungsgrößen (s. Anhang). Bei Gestaltungsgrößen handelt es sich um Stellhebel zur Konfiguration eines Subskriptionsmodells wie beispielsweise den Fokus oder Standardisierungsgrad des Leistungsversprechens. Gestaltungsgrößen können vom Anbieter verändert werden. Einflussgrößen wiederum sind externe Parameter aus der Umwelt des Anbieters, die vom Anbieter eines Subskriptionsmodells nicht gesteuert werden können. Beispielhaft wären hier Markteintrittsbarrieren oder die Verhandlungsstärke von Lieferanten zu nennen. Sowohl Gestaltungsgrößen als auch Einflussgrößen werden im Folgenden morphologisch beschrieben. Die Struktur der Untersuchungen im folgenden Kapitel ist in Abbildung 40 dargestellt.

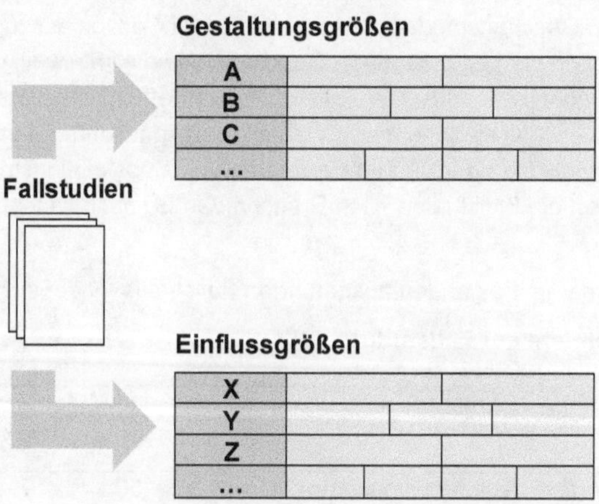

Abbildung 40: Struktur des Beschreibungsmodells für die Beschreibung von Gestaltungs- und Einflussgrößen bei Subskriptionsmodellen (eigene Darstellung)

Die Beschreibung der Einfluss- und Gestaltungsgrößen stellt die Grundlage zur Ableitung von Risiken in Subskriptionsmodellen im anschließenden Kapitel dar.

5.1 Fallstudien

Die für diese Arbeit verwendeten Fallstudien sind im Rahmen der 2019/2020 durchgeführten Benchmarkingstudie „Subscription Business“ entstanden. Neben einem ausführlichen Fragebogen (Beantwortungsdauer ca. 40 Min.) wurden die Fallstudien durch Interviews ausdetailliert. Dabei wurde festgestellt, dass in zahlreichen Unternehmen überwiegend nur eine rudimentäre Identifikation und Analyse von Risiken stattgefunden haben. Die in Kapitel 6 beschriebenen Risiken von Subskriptionsmodellen wurden folglich in Teilen implizit aus den Gesprächen abgeleitet und später validiert. Die Fallstudien 9 und 10 stammten zudem aus der wissenschaftlichen Literatur. Ein zentrales Ergebnis des Benchmarkings zeigt, dass Subskriptionsmodelle in vielen Bereichen noch nicht etabliert sind. So beschäftigt sich auch der Maschinen- und Anlagenbau erst seit einigen Jahren mit dieser Form von Geschäftsmodellen. Die im Folgenden beschriebenen Subskriptionsmodelle befinden sich somit stellenweise noch in der Erprobung und nehmen nicht bei jedem der in der Fallstudie geschilderten Unternehmen das dominierende Geschäftsmodell ein. Abgeleitet aus den hier beschriebenen Fallstudien werden anschließend Merkmale von Einflussgrößen und Gestaltungsgrößen beschrieben.

Die Fallstudien bilden den Status quo zum Zeitpunkt der Erfassung ab. Aufgrund der Geschwindigkeit, mit der derzeit in vielen Unternehmen an der (Weiter-)Entwicklung dieser Form von Geschäftsmodellen gearbeitet wird, ist davon auszugehen, dass eine genaue Replikation der beschriebenen Geschäftsmodelle im jeweiligen Unternehmen nicht mehr zu finden sein wird. Die Fallstudien wurden entlang verschiedener Merkmale ausgewählt. Entscheidend war zunächst, dass das Unternehmen sich mindestens in der Entwicklung oder bereits Erprobung von Subskriptionsmodellen befindet. Weiterhin wurden die Fallstudien nach Branche, Größe nach Umsatz und Mitarbeiter ausgewählt.

Eine Übersicht der im Folgenden ausgeführten Fallstudien findet sich in Tabelle 5.

Tabelle 5: Übersicht der Fallstudien

Nr.	Branche	Umsatz in Mrd. EUR (2019)	Mitarbeiter in Tsd. MA (2019)
1	Automobilindustrie	10 – 50	10 – 100
2	Holzbearbeitungs-maschinen	0 – 0,5	1 – 10
3	Kultur- und Kreativ-wirtschaft	0,5 – 1	1 – 10
4	Informationstechnik und Telekommunikation	10 – 50	10 – 100
5	Fluidtechnik	0 – 0,5	1 – 10

6	Papier- und Druckindustrie	1 – 5	10 – 100
7	Baubranche	1 – 5	10 – 100
8	Motoren und Systeme	5 – 10	10 – 100
9	Fluidtechnik	0,5 – 1	1 – 10
10	Kultur- und Kreativwirtschaft	10 – 50	1 – 10

Gemäß der Methodik der Case-Study-Research nach EISENHARDT kann die Aufnahme weiterer Fallstudien abgebrochen werden, wenn mit der Aufnahme einer weiteren Fallstudie nur noch ein minimaler Erkenntnisgewinn zu verzeichnen ist (s. EISENHARDT 1989, S. 545). In Abbildung 41 ist der Erkenntnisgewinn je neu aufgenommener Fallstudie hinsichtlich der neu identifizierten Einfluss- und Gestaltungsgrößen sowie der neu identifzierten Chancen und Gefahren dargestellt.

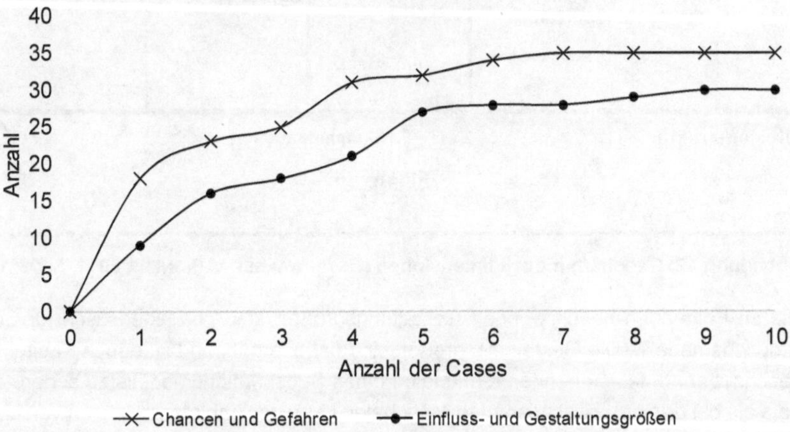

Abbildung 41: Erkenntnisgewinn über aufgenommene Fallstudien

Es wird deutlich, dass ab der siebten Fallstudie nur noch ein geringer Erkenntnisgewinn hinsichtlich der Chancen und Gefahren zu verzeichnen ist. Bei den Einfluss- und Gestaltungsgrößen tritt dieser Sättigungspunkt etwas später, bei der achten Fallstudie, ein. Aufgrund der Tatsache, dass auch bei der Analyse der vorherigen Fallstudien nur ein geringer Erkenntnisgewinn zu verzeichnen war, wird von einer hinreichenden Vollständigkeit der Erkenntnisse ausgegangen.

5.2 Gestaltungsgrößen von Subskriptionsmodellen

Bei Gestaltungsgrößen handelt es sich um Merkmale eines Subskriptionsmodells, deren Ausprägungen vom Anbieter definiert werden können. Um eine ganzheitliche Sicht auf ein Subskriptionsmodell einzunehmen, werden dabei die Dimensionen des Business-Model-Canvas von OSTERWALDER U. PIGNEUR verwendet. Neben der detaillierten Beschreibung eines Geschäftsmodells in den beschriebenen neun Dimensionen kann eine übergeordnete, konsolidierte Betrachtung in den Dimensionen *Angebot*, *Infrastruktur*, *Kunden* und *Finanzen* vorgenommen werden (s. OSTERWALDER U. PIGNEUR 2011, S. 15). Diese Dimensionen werden dazu genutzt, um Gestaltungsgrößen von Subskriptionsmodellen zu verorten.

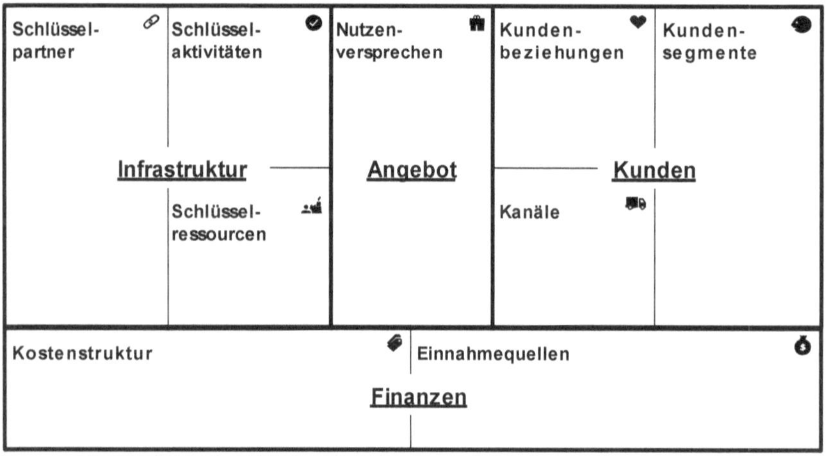

Abbildung 42: Geschäftsmodelldimensionen (OSTERWALDER U. PIGNEUR 2011, S. 18f.)

Die im Folgenden beschriebenen Gestaltungsgrößen sind charakteristisch für Subskriptionsmodelle. Die Gestaltungsgrößen sind dabei ergänzend zu den in Kapitel 2.3 beschriebenen, feststehenden Merkmalen eines Subskriptionsmodells zu sehen. Anders als bei den dort beschriebenen Merkmalen kann der Anbieter zwischen verschiedenen Ausprägungen der Gestaltungsgrößen wählen, ohne dass es sich nach der Definition dieser Arbeit nicht mehr um ein Subskriptionsmodell handelt. Die Gestaltungsgrößen sollten vom Anbieter entsprechend seiner Risikopräferenz konfiguriert werden, um ein attraktives und umsetzbares Subskriptionsmodell zu schaffen. Darüber hinaus dient die Beschreibung der Gestaltungsgrößen als Grundlage für die in Kapitel 6 vorgenommene Beschreibung der Risiken von Subskriptionsmodellen.

5.2.1 Gestaltungsgrößen in der Dimension *Angebot*

Die Gestaltungsgrößen in der Dimension *Angebot* konkretisieren das Leistungsangebot des Subskriptionsmodells. Bei der Gestaltung des Angebotes stehen die Lösung von Kundenproblemen und die Befriedigung von Kundenbedürfnissen im Vordergrund (s. OSTERWALDER U. PIGNEUR 2011, S. 22). Mithilfe von Subskriptionsmodellen kann dies auf verschiedene Weise erreicht werden, in der Regel durch unterschiedliche Konfiguration von Verantwortlichkeiten für die Wertschöpfung des Kunden. (s. ADRODEGARI ET AL. 2017, S. 1254). Dazu werden Leistungsbündel konfiguriert, auf Basis derer ein Leistungsversprechen entwickelt wird, welches für den Kunden einen individuellen Mehrwert darstellt. (s. ADRODEGARI U. SACCANI 2017, S. 65)

Fokus des Leistungsversprechens

Die Gestaltung des Leistungsversprechens stellt die Grundlage für die Attraktivität des Subskriptionsmodells dar. Innerhalb der Vertragslaufzeit steht der Kundenmehrwert im Fokus der Aktivitäten des Anbieters, der diesen durch das Adressieren wesentlicher Kundenprobleme bzw. -bedürfnisse erbringt (s. BELZ 1997, S. 43). Der Fokus der im Leistungsversprechen enthaltenen Dienstleistungen und immateriellen Objekte kann dabei auf die Verfügbarkeit, die Nutzung, das Ergebnis oder den wirtschaftlichen Erfolg abzielen (s. Abbildung 43) (s. STOPPEL 2016, S. 58; s. BARQUET ET AL. 2013, S. 695; s. SUPPATVECH ET AL. 2019, S. 75). In gleicher Folge steigen die vom Anbieter übernommenen Chancen und Gefahren (s. ROTH U. STOPPEL 2014, S. 193). Der daraus erzielte Kundennutzen kann über den gesamten Lebenszyklus des Leistungssystems durch Updates sichergestellt werden. Diese Updates können sowohl eine Anpassung der materiellen und immateriellen Objekt- als auch der Dienstleistungskomponenten des Leistungssystems betreffen. (s. KHAN U. WUEST 2019, S. 770). Entscheidend für diese Updates und das damit verbundene, ständig verbesserte Leistungssystem sind Nutzungsdaten des Kunden (s. SCHUH ET AL. 2020c, S. 603; s. PIALOT ET AL. 2017, S. 545; s. YANG U. EVANS 2019, S. 1161).

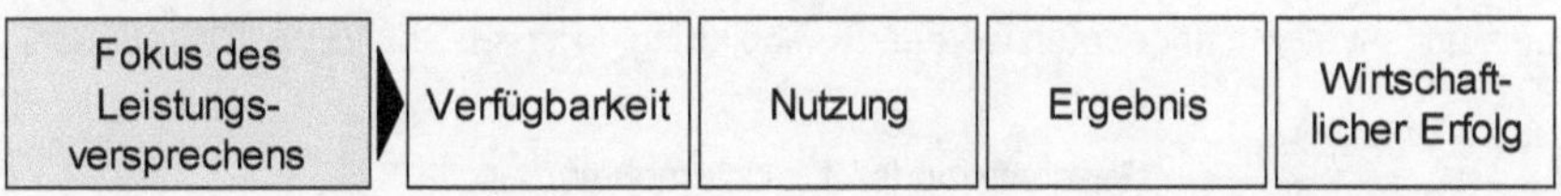

Abbildung 43: Ausprägungen der Gestaltungsgröße *‚Fokus des Leistungsversprechens‘*

Mit dem Fokus auf *Verfügbarkeit* wird durch das Subskriptionsmodell die Verfügbarkeit der Objekte des Leistungssystems garantiert. Die Dienstleistungen zielen hierbei darauf ab, die Produkte möglichst ausfallsicher zu betreiben. Bereits in der Konstruktion ist die Langlebigkeit der Produkte zu gestalten. (s. ROTH U. STOPPEL 2014, S. 194; s. YANG U. EVANS 2019, S. 1161; s. GRUBIC U. JENNIONS 2018, 210)

Wird mit dem Leistungsversprechen die Nutzung adressiert, so übernimmt der Anbieter zusätzlich Verantwortung für Prozesse des Kunden. Bei diesen Prozessen kann es sich einerseits um Planungsprozesse handeln, die dazu führen, dass die Objekte entweder unzureichend ausgelastet oder zu anderen Zeitpunkten überlastet sind. Andererseits sind auch vor- oder nachgelagerte Wertschöpfungsprozesse des Kunden für die Nutzung der Objekte ausschlaggebend.

Dient der mit den Objekten produzierte Output als Input für nachgelagerte Prozesse, so müssen diese störungsfrei funktionieren, um diesen Output auch abrufen zu können. Gleichermaßen können vorgelagerte Prozesse verantwortlich dafür sein, dass der Input für die Objekte nicht zur Verfügung steht und die Objekte damit nicht genutzt werden können. Auch Fragen zur Arbeitssicherheit können hier im Fokus stehen und einen Einfluss auf die Nutzung der Objekte haben. (s. ROTH U. STOPPEL 2014, S. 195; s. YANG U. EVANS 2019, S. 1161; s. NEMOTO ET AL. 2015, S. 1282; s. PAIOLA U. GEBAUER 2020, S. 256) Ein Leistungsversprechen mit dem Fokus Ergebnis bezieht sich auf das mit den Objekten erzielte Ergebnis. Zusätzlich zu den genannten Herausforderungen bei verfügbarkeits- und nutzungsorientierten Leistungsversprechen ist der Anbieter dafür verantwortlich, die Outputmenge der Objekte zu maximieren.

Leistungsversprechen mit dem Fokus auf dem ökonomischen Erfolg haben zudem zum Ziel, bei maximaler Outputmenge die Inputmenge unter Berücksichtigung von Qualität, Geschwindigkeit, Liefertreue und Flexibilität zu reduzieren (s. SCHUH ET AL. 2020c, S. 603). Hierzu kann ein möglichst geringer Energieverbrauch oder auch Kosten für Personal zählen. (s. ROTH U. STOPPEL 2014, S. 196f.; s. YANG U. EVANS 2019, S. 1161; s. NEMOTO ET AL. 2015, S. 1282; s. PAIOLA U. GEBAUER 2020, S. 256)

Arten betriebener Geschäftsmodelle

Der Anbieter kann das Subskriptionsmodell auf verschiedenen Ebenen im Unternehmen verankern. Bietet der Anbieter ausschließlich Subskriptionsmodelle an, so ist das Geschäftsmodell auf der Unternehmensebene verankert. Darüber hinaus können Subskriptionsmodelle allerdings auch für einzelne Geschäftseinheiten oder für einzelne Leistungssysteme angeboten werden (s. Abbildung 44). (vgl. SCHALLMO 2013, S. 31ff.)

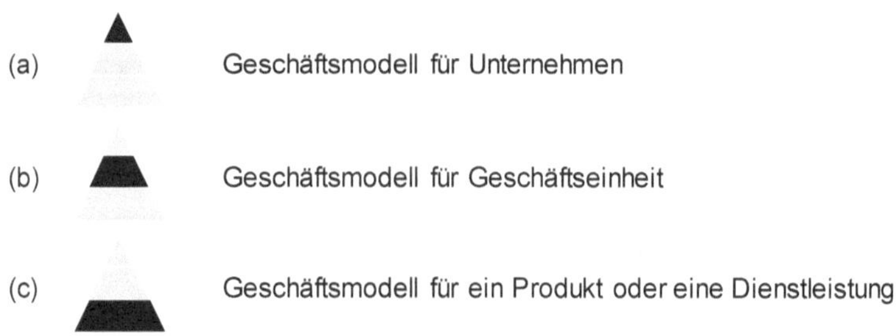

Abbildung 44: Ebenen von Geschäftsmodellen (eigene Darstellung i. A. a. SCHALLMO 2013, S. 32)

Bietet ein Unternehmen ausschließlich Subskriptionsmodelle an, so handelt es sich um den in Abbildung 44 dargestellten Typ (a). Oftmals ist dies zu beobachten, wenn Unternehmen neu gegründet werden und nur ein kleines Produktportfolio aufweisen. Die Leistungen des Streaminganbieters Netflix können beispielsweise ausschließlich im Rahmen eines Subskriptionsmodells bezogen werden. Anders verhält es sich mit der historisch gewachsenen Produktlandschaft bei Unternehmen des Maschinen- und Anlagenbaus. Wie hier in den meisten Fällen der analysierten Fallstudien zu beobachten war, handelt es sich dort um Typ (b) bzw. (c).

Unternehmen bieten bisweilen verschiedene Formen von Geschäftsmodellen parallel an, um damit einerseits bestehende Geschäftsfelder weiterhin zu bedienen und andererseits neue Geschäftsfelder zu erschließen. (s. Grgurevic 2017, S. 137; s. Schuh et al. 2017b, S. 63f.; s. Dombrowski et al. 2020, S. 293). Diese Geschäftsmodelle stehen im internen Wettbewerb in der Organisation des Anbieters (s. Zollenkopp u. Lässig 2017, S. 90). Organisationen, die eine solche Ambidextrie aufweisen, betreiben gleichzeitig eine Ausbeutung im Rahmen des bestehenden Geschäftsmodells wie auch eine Exploration im Rahmen des Subskriptionsmodells (s. BMWI 2020, S. 3). Durch die Exploration neuer Geschäftsmodelle, hier Subskriptionsmodelle, erfolgt bei erfolgreicher Einführung die Kannibalisierung des bestehenden Geschäftsmodells, falls gleichartige Leistungen im alten wie auch im neuen Geschäftsmodell enhalten sind und somit eine Konkurrenzsituation entsteht (s. Westphal et al. 2016 - 2016, S. 5). Kannibalisierung findet dann statt, wenn ein Unternehmen den eigenen Wert durch die Einführung eines neuen Produktes, Service oder Geschäftsmodells zunächst reduziert (s. Velu u. Stiles 2013, S. 2). Bei Subskriptionsmodellen betrifft die Kannibalisierung zudem mehrere Geschäftsfelder, die im Rahmen eines Leistungssystems gebündelt und zuvor in enger Abstimmung zueinander entwickelt werden müssen (s. Kindström 2010, S. 481). So führt eine Verbesserung der Qualität eines Produktes zu einem veränderten Bedarf an Dienstleistungen. Die Nachfrage nach Instandsetzungen könnten sich damit beispielsweise reduzieren. Gleichzeitig würde der Bedarf nach Fernüberwachungen oder Inspektionen steigen. Hinsichtlich der Produktnachfrage würde eine Verlängerung der Produktnutzungsdauer durch verbesserte Instandhaltungsdienstleistungen dazu führen, dass der Bedarf an neuen Produkten sinkt (s. Oliva u. Kallenberg 2003, S. 164). Insgesamt würde die Bedeutung der Serviceorganisation weiter zunehmen. Anbieter können folglich einerseits einen vollständigen Wandel hin zum ausschließlichen Anbieter von Subskriptionsmodellen durchlaufen, andererseits ist es möglich, Subskriptionsmodelle nur auf Kundenanfrage, für bestimmte Kunden oder Leistungssysteme anzubieten (s. Abbildung 45) (vgl. Suppatvech et al. 2019, S. 78).

Arten betriebener Geschäftsmodelle	ausschließlich Subskriptionsmodelle	Subskriptionsmodelle als Zusatz zu bestehenden Geschäftsmodellen

Abbildung 45: Ausprägungen der Gestaltungsgröße ‚*Arten betriebener Geschäftsmodelle*'

Standardisierungsgrad des Leistungssystems

Das Leistungssystem eines Subskriptionsmodells besteht aus materiellen und immateriellen Objekten sowie Dienstleistungen, welche die Leistungsbereitschaft der Objekte herstellen und erhalten (s. Schuh et al. 2020c, S. 601; s. Schönsleben 2019, S. 30). Bei den Objekten handelt es sich um Potenzialfaktoren, die dem Kunden zur Nutzung zur Verfügung gestellt werden. Objekte sind im Produktionsprozess wiederholt einsetzbar und weisen einen oft hohen monetären Wert auf. Bei den immateriellen

Objekten handelt es sich in diesem Kontext insbesondere um Software. Beispiele für materielle Objekte sind Betriebsmittel, Maschinen, Werkzeuge, Transportmittel, Lager- und Aufbewahrungseinrichtungen. Das ihnen innewohnende Leistungspotenzial wird lediglich durch den wiederholten Einsatz verringert. (s. BARDMANN 2019, S. 257)

Mit der Standardisierung des Leistungssystems wird beschrieben, wie auf konkrete Kundenbedürfnisse durch individuelle Lösungen eingegangen wird (s. SAKAO ET AL. 2017, S. 22). Dies betrifft sowohl die materiellen und immateriellen Objekte als auch Dienstleistungen im Leistungssystem. Für Subskriptionsmodelle ist es entscheidend, einerseits auf diese individuellen Kundenbedürfnisse eingehen zu können, um eine langfristige Kundenbeziehung aufzubauen und andererseits eine breite Masse zu adressieren (s. PAIOLA U. GEBAUER 2020, S. 258; s. BURTON ET AL. 2017, S. 19; vgl. ZHANG ET AL. 2015, S. 1275f.). Der Standardisierungsgrad des Leistungssystems kann in *niedrig*, *mittel* und *hoch* unterschieden werden (s.Abbildung 46).

Standardisierungsgrad des Leistungssystems	niedrig (individuelle Inhalte)	mittel (teilweise individuelle Inhalte)	hoch (keine individuellen Inhalte)

Abbildung 46: Ausprägungen der Gestaltungsgröße *‚Standardisierungsgrad des Leistungssystems‘*

Hinsichtlich der im Leistungssystem enthaltenen Dienstleistungen steht dies dafür, inwieweit die Abläufe des Menschen definiert sind und damit stets nach demselben Muster ausgeführt werden können. Tätigkeiten werden durch Standardisierung vereinfacht und vereinheitlicht (s. FABRY 2014, S. 90; s. KAMPKER ET AL. 2019a, S. 288). Gleichzeitig kann Standardisierung dazu führen, dass pauschale Lösungen angewandt werden, welche nicht zu einem optimalen Ergebnis für den Kunden führen (s. JACOB U. KLEINALTENKAMP 2004, S. 607). Materielle Objekte des Maschinen- und Anlagenbaus haben einen vergleichsweise niedrigen Standardisierungsgrad, da sie anders als die Produkte von Teilefertigern nicht in Massenfertigung hergestellt werden, sondern Anforderungen einzelner Kunden(-segmente) berücksichtigen. Hinsichtlich des gesamten Leistungssystems kann eine Individualisierung insbesondere auf Basis der immateriellen Objekte erfolgen. Dies hat sich auch im Rahmen der Fallstudienaufnahme gezeigt. Die dort im Subskriptionsmodell enthaltenen Maschinen sind im Aufbau zwar standardisiert, werden allerdings hinsichtlich der erforderlichen Leistung teilweise an den jeweiligen Anwendungsfall des Kunden angepasst. Den größeren Spielraum bietet die Individualisierung der immateriellen Objekte, wie einzelne Bedien-, Unterstützungs- und Analysefunktionen. Mithilfe der dort generierten Erkenntnisse über das Nutzungsverhalten des Kunden können Dienstleistungen zielgerichtet zur Lösung von Kundenproblemen eingesetzt werden.

Wandlungsfähigkeit der Objekte

Eng verknüpft mit dem Standardisierungsgrad des Leistungssystems ist der Einflussfaktor *Wandlungsfähigkeit der Objekte*. FECHTER U. DIETZ definieren Wandlungsfähigkeit als die technische Anpassbarkeit eines Objektes unter Berücksichtigung des Aufwandes zum Einfahren der Prozesse und der gesamten Produktion (s. FECHTER U. DIETZ 2020b, S. 156; vgl. JANORSCHKE U. PRITZEL 2009, S. 415). Anders als der zuvor beschriebene Standardisierungsgrad betrifft die Wandlungsfähigkeit einerseits ausschließlich Objekte und andererseits die Anpassbarkeit des Objektes nach dessen Herstellung und vor dessen Einsatz. Hingegen betrifft der Standardisierungsgrad von Objekten die Möglichkeit, das Objekt vor dessen Herstellung anzupassen. Da bei Dienstleistungen die Herstellung und der Verbrauch gleichzeitig stattfinden, ist eine gleichartige Differenzierung hier nicht möglich (s. BRUHN ET AL. 2019, S. 55). Die Wandlungsfähigkeit eines Objektes kann hoch, mittel oder niedrig sein (s. Abbildung 47).

Wandlungs-fähigkeit der Objekte	niedrig	mittel	hoch

Abbildung 47: Ausprägungen der Gestaltungsgröße *‚Wandlungsfähigkeit der Objekte‘*

Die Wandlungsfähigkeit eines Objektes kann anhand von sechs Kriterien näher beschrieben werden (s. FECHTER U. DIETZ 2020a, S. 14; vgl. JANORSCHKE U. PRITZEL 2009, S. 415). Bei einer hohen Wandlungsfähigkeit eines Objektes fallen die im Folgenden beschriebenen, konstituierenden Kriterien ebenfalls hoch aus.

- **Kompatibilität** beschreibt die Verträglichkeit mit Systemanforderungen.
- **Mobilität** beschreibt die räumliche Beweglichkeit von Objekten.
- **Modularität** beschreibt den Aufbau des Objektes und die Fähigkeit, Form und Funktion zu vereinen. Die einzelnen, unabhängigen Elemente interagieren über geeignete Schnittstellen.
- **Neutralität** beschreibt die Fähigkeit, andere an der Wertschöpfung beteiligte Güter nicht in ihren Eigenschaften zu beeinflussen.
- **Skalierbarkeit** beschreibt die Fähigkeit, durch Hinzufügen oder Hinwegnehmen von Ressourcen die Leistung eines Systems zu erweitern oder zu reduzieren.
- **Universalität** beschreibt, inwieweit das Objekt für verschiedene Aufgaben eingesetzt werden kann und dabei unempfindlich gegenüber Umgebungseinflüssen ist.

Ein Unternehmen, bei dem die Wandlungsfähigkeit sogar Grundlage für die Erfüllung des Leistungsversprechens ist, ist die Firma Boge. Durch Tausch des Impellers im Kompressor wird der Kompressor an die jeweiligen Kundenanforderungen angepasst und verringert dadurch beispielsweise den Energieverbrauch. Subskriptionsmodelle können nicht nur für Objekte angeboten werden, die eigens dafür entwickelt wurden. Auch ältere, bereits installierte Objekte, oder Objekte, die nicht vom Anbieter selbst entwickelt wurden, können mit einem Subskriptionsmodell adressiert werden (s. PAIOLA U. GEBAUER 2020, S. 258). Dazu muss der Anbieter sein Angebot auf die beim Kunden vorhandenen Objekte abstimmen. Praktisch erfolgt dies oftmals über die Individualisierung der immateriellen Komponenten des Leistungssystems und der damit verbundenen Dienstleistungen (s. KAMPKER ET AL. 2018a, S. 510). Durch Schaffung von Schnittstellen lassen sich Softwarekomponenten auch für herstellerfremde Objekte verwenden. Die daraus generierten Erkenntnisse können mithilfe von Dienstleistungen wie beispielsweise Schulungen zur Prozessoptimierung dem Kunden zugänglich gemacht werden. (s. KAMPKER ET AL. 2019b, S. 536)

Integrierbarkeit des Leistungssystems

Die *Integrierbarkeit des Leistungssystems* beschreibt, inwieweit die vom Kunden benötigten Bestandteile eines Leistungssystems mit bereits beim Kunden installierten Objekten, auch fremder Anbieter, durch das Subskriptionsmodell adressiert werden. Ist eine Integrierbarkeit gegeben, können beispielsweise IT-Systeme oder Dienstleistungen des Anbieters auch für bereits beim Kunden installierte Objekte eines anderen Anbieters angeboten werden. Ist keine Integrierbarkeit gegeben, werden die einzelnen Leistungsbestandteile eines Leistungssystems nicht losgelöst voneinander angeboten oder betrieben und funktionieren nur in Summe (s. Abbildung 48).

Integrierbarkeit des Leistungssystems	ja	nein

Abbildung 48: Ausprägungen der Gestaltungsgröße ‚*Integrierbarkeit des Leistungssystems*'

Verkettungsgrad der Objekte

Eng verknüpft mit der Integrierbarkeit des Leistungssystems ist der Verkettungsgrad der Objekte. Die Verkettung von Objekten beschreibt die Verbindung einzelner Objekte zu Linien mithilfe technischer Einrichtungen oder damit verknüpfter Steuerungen, bei IT-Systemen auch als Vernetzung bezeichnet (im Folgenden ebenfalls als Verkettung bezeichnet). Verkettung liegt somit sowohl bei physischen Objekten wie Maschinen als auch bei virtuellen Objekten wie IT-Systemen vor. Die Verkettung von Objekten dient dazu, den Werkstofffluss automatisierbar zu gestalten (s. HESSE 2000, S. 195). Der Verkettungsgrad des Objektes kann dabei gering oder hoch sein (s. MEIER U. SCHRAMM 2004, S. 9) (s. Abbildung 49).

Verkettungsgrad der Objekte	niedrig	hoch

Abbildung 49: Ausprägungen der Einflussgröße *‚Verkettungsgrad der Objekte‘*

Ist der Verkettungsgrad gering, bestehen zwischen einzelnen Objekten keine oder kaum Abhängigkeiten. Sind Objekte jedoch Teil einer Fertigungslinie und weisen somit einen mittleren oder hohen Verkettungsgrad auf, so sind sie in Bezug auf die Produktion direkt voneinander abhängig. Dies gilt auch für fest verbaute Maschinen(-teile) wie die Lager aus Fallstudie 1 oder Motoren aus Fallstudie 8. Dies bedeutet, dass es beispielsweise bei Instandhaltungsmaßnahmen nicht möglich ist, nur einzelne Objekte aus der Produktion zu nehmen, während der Betrieb weiterläuft (s. WEINRAUCH 2005, S. 96). Bei einem geringen Verkettungsgrad sind die Objekte nur geringfügig voneinander abhängig, sodass dies bei Abschaltung zu wenigen Verzögerungen in der Produktion kommt. Das Subskriptionsmodell ist hierbei von durch den Anbieter selbst nicht kontrollierbaren Teilen der Produktion unabhängig.

Repetierfaktoren im Leistungssystem

Neben den genannten Potenzialfaktoren kann der Anbieter auch Repetierfaktoren in das Leistungssystem eines Subskriptionsmodells integrieren (s. SUH 2019, S. 3). Zusammen mit Potenzialfaktoren bilden Repetierfaktoren in Summe die Produktionsfaktoren, aus deren Kombination der Kunde Produkte oder Dienstleistungen erbringen kann (s. CORSTEN 2007, S. 5f.; s. BARDMANN 2019, S. 257). Im Produktionsprozess werden Repetierfaktoren, wie Produktionsmaterialien oder Hilfs- und Betriebsstoffe, verbraucht und müssen somit ständig neu beschafft werden. Der Anbieter kann somit verschiedene Formen von Repetierfaktoren im Rahmen des Leistungssystems zur Verfügung stellen oder die Beschaffung von Repetierfaktoren dem Kunden überlassen (s. ZOLLENKOPP U. LÄSSIG 2017, S. 72) (s. Abbildung 50).

Repetierfaktoren im Leistungssystem	Produktionsmaterialien	Hilfsstoffe	Betriebsstoffe	keine

Abbildung 50: Ausprägungen der Gestaltungsgröße *‚Repetierfaktoren im Leistungssystem‘*

Produktionsmaterialien wie Rohstoffe, Halb- und Fertigerzeugnisse werden zu einem Hauptbestandteil des fertigen Produktes umgewandelt und durch Hilfsstoffe ergänzt. Produktionsmaterialien lassen sich anhand ihrer Spezifität in abnehmer-, anbieter-, beziehungs- und unspezifische Produktionsmaterialien unterteilen. Handelt es sich um ein abnehmerspezifisches Produktionsmaterial, so ist ein Einsatz nur bei demjenigen Abnehmer möglich, für dessen Endprodukte es individuell entwickelt und gefertigt wurde. Ein alternativer Einsatz ist nicht möglich. Anbieterspezifische Produktionsmaterialien können lediglich von einem Anbieter bezogen werden. Das Material enthält somit dessen Produktwissen und wurde von diesem Lieferanten gestaltet. Andere Lieferanten können das Produktionsmaterial lediglich in ähnlicher, aber abweichender Form liefern. Beispielhaft sind hier nicht standardisierte Produktionsmaterialien zu nennen, die nach bestimmten technischen Spezifikationen hergestellt und an verschiedene Kunden verkauft werden. Nicht mehr verfügbare, anbieterspezifische Produktionsmaterialien führen bei Kunden in der Regel zu erheblichem Aufwand, bis ein Substitutionsobjekt gefunden werden kann. Beziehungsspezifische Produktionsmaterialien werden von Anbieter und Kunden gemeinsam gestaltet und anschließend vom Anbieter produziert. Unspezifische Produktionsmaterialien werden in gleichartiger Beschaffenheit von zahlreichen Lieferanten angeboten und ebenso von zahlreichen Kunden nachgefragt. Häufig werden unspezifische Produktionsmaterialien nach nationalen oder internationalen Standards genormt. Während der Fallstudienaufnahme wurde von einem Unternehmen die Notwendigkeit, Produktionsmaterialien vorgeben zu müssen, als einer der ausschlaggebenden Gründe genannt, bislang noch keine Subskriptionsmodelle anzubieten. Die von ihnen gefertigten Maschinen werden mit oftmals minderwertigen Produktionsmaterialien versorgt. Die Kunden sehen aus Preissensitivität von einer Nutzung höherwertiger Produktionsmaterialien ab, sodass der Anbieter zum derzeitigen Zeitpunkt auch keine Garantien hinsichtlich Verfügbarkeit o. ä. anbieten möchte, sondern die Instandhaltung der Maschinen auf klassische Weise monetarisiert.

Anders als Produktionsmaterialien gehen Hilfsstoffe ebenfalls in ein Produkt ein, sind allerdings von wesentlich geringerem Wert und meist unspezifisch wie beispielsweise häufig verwendete Normteile. Betriebsstoffe sind essentiell für die Erbringung von wertschöpfenden Prozessen, gehen allerdings nicht in das Endprodukt ein. Beispielhaft wären hier Energieträger, Kühlstoffe, Verpackungsmaterialien, Materialien für die Instandhaltung usw. zu nennen. Eine Untergliederung ist wie bei Produktionsmaterialien möglich, auch wenn der Anteil von unspezifischen und anbieterspezifischen Objekten als höher anzusehen ist. (s. LARGE 2009, S. 10f.; s. BARDMANN 2019, S. 257f.).

Vertragslaufzeit

Durch die vertragliche Bindung eines Kunden an ein Subskriptionsmodell erhält der Anbieter Planungssicherheit. Die Bindung eines Kunden im Rahmen eines Subskriptionsmodells kann grundsätzlich auf zwei Arten erfolgen (s. MOSER 2015, S. 122f.). Die Bindung eines Kunden durch den Vertrag zählt zu den rationalen Formen der Kundenbindung. Diese liegt darüber hinaus vor, wenn der Kunde den Anbieter aufgrund situativer Faktoren wie räumlicher Nähe oder mangelnder Alternativen gewählt hat und den Anbieter neben den vertraglichen Regelungen beispielsweise aufgrund technologischer Abhängigkeit nicht wechseln kann (s. TÖPFER 2008, S. 91). Eine emotionale Form der Kundenbindung findet wiederum statt, wenn der Kunde mit der Geschäftsbeziehung zufrieden ist und Vertrauen zum Anbieter hat (vgl. BAUSBACK 2007, S. 16). Eine Übersicht verschiedener Treiber der rationalen und emotionalen Kundenbindung ist in Abbildung 51 dargestellt.

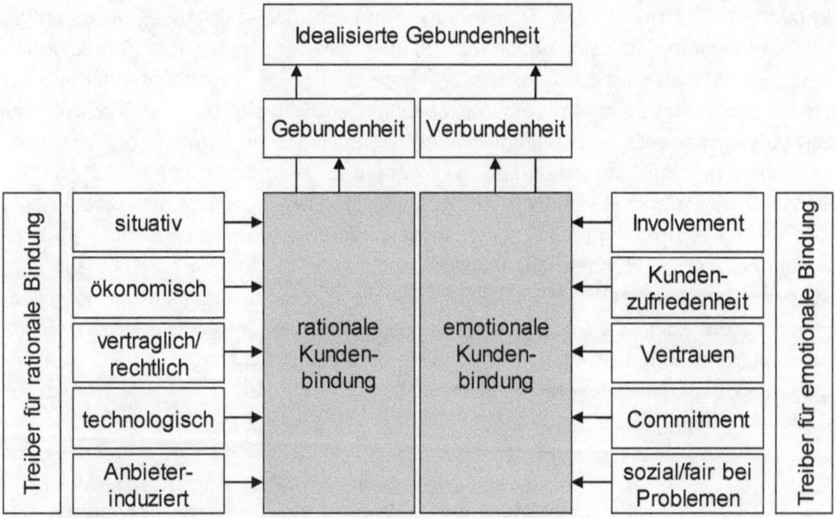

Abbildung 51: Treiber für Kundenbindung (TÖPFER 2008, S. 92)

Aus den Untersuchungen von ENDEMANN U. JÄGER hinsichtlich Verträgen von Betreibermodellen können Vertragsgegenstände definiert werden, die auch für Subskriptionsmodelle ihre Gültigkeit aufweisen. So sollten sich in Verträgen für Subskriptionsmodelle Vertragsinhalte zu den Bereichen Lieferumfang und Lieferumstellungsverpflichtung, Konditionen/Preise, Leistungszeiten und Verzug, Mängelhaftung, Produkthaftung, Kundenschutz/Exklusivität und Vertragsdauer/Kündigung wiederfinden. (s. ENDEMANN U. JÄGER 2009, S. 341) Für Subskriptionsmodelle ist zudem der Umgang mit vertraulichen Informationen und Daten vertraglich festzulegen[2] (s. MICHALIK ET AL. 2019, S. 2330). Die Risiken, die ein Anbieter solcher Garantien übernimmt, werden maßgeblich durch die Ausgestaltung dieser Vertragsbestandteile definiert. Die Gestaltung eines Vertrages orientiert sich dabei an den Dimensionen Dauer, Vollständigkeit, Komplexität und Flexibilität eines Vertrages. (s. ERKOYUNCU ET AL. 2019, S. 161). Die Dauer des Vertrages definiert die Laufzeit. Tendenziell beinhalten Verträge, die wie bei materiellen Objekten des Maschinen- und Anlagenbaus ein substanzielles Investment erfordern, häufig lange Vertragslaufzeiten ohne Möglichkeit einer Kündigung (s. FURLOTTI 2007, S. 69; s. HYPKO ET AL. 2010, S. 474). Für die Dauer des Vertrages bindet sich der Kunde somit an den Anbieter (s. BRUHN ET AL. 2019, S. 307). Während dieser Zeit erhält der Kunde den Zugang zu einer kontinuierlich verbesserten Leistung vertraglich zugesichert, kann damit Kosten planen und profitiert von der Leistungsverbesserung (s. LAN ET AL. 2017, S. 2f.). Während der Vertragslaufzeit sind die im Vertrag definierten Bedingungen für die im Vertrag bezeichneten Parteien verbindlich (s.

[2] Dem Autor liegt der Subskriptionsvertrag aus einer vertraulichen Fallstudie vor.

Krcmar et al. 2016, S. 104). Der Vertrag kann für verschieden lange Laufzeiten geschlossen werden. In Kombination mit den innerhalb der Laufzeit vom Kunden erhaltenen Einnahmen wird damit bestimmt, ob der Return-on-Investment innerhalb der Laufzeit oder erst zu einem späteren Zeitpunkt erreicht wird (s. Abbildung 52). Bei Subskriptionsmodellen muss aufgrund der unterschiedlichen Formen der Preisdefinition mit erwarteten Einnahmen kalkuliert werden (s. Stojkovski et al. 2021, S. 16). Bei der Vertragslaufzeit sind wettbewerbsrechtliche Gesetzgebungen zu berücksichtigen. Die Gesetzgebung betrifft derzeit insbesondere Bündel von Leistungen im Endkundenbereich. Im Rahmen der Fallstudienaufnahme stellte sich heraus, dass aber auch im Firmenkundenbereich beispielsweise die Laufzeit nicht unbegrenzt lang festgelegt werden sollte. Dies würde ansonsten Angriffsfläche für Rechtsstreitigkeiten hinsichtlich sogenannter „Knebelverträge" bieten, so die Einschätzung der Rechtsabteilung eines der Unternehmen der Fallstudien. (vgl. Tor 2019, S. 4ff. ; vgl. Council of European Energiy Regulators 2019, S. 2ff.)

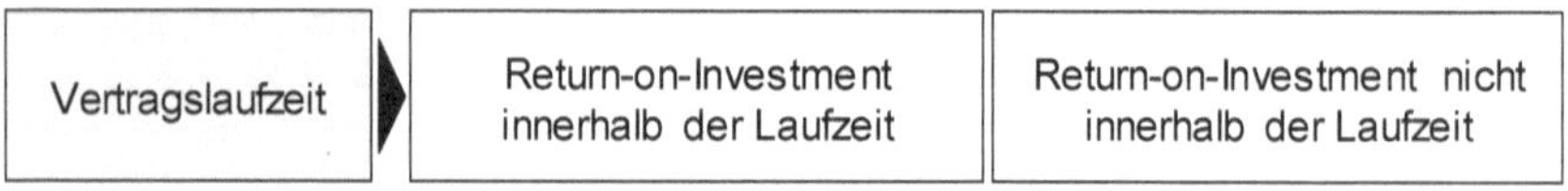

Abbildung 52: Ausprägungen der Gestaltungsgröße ‚*Vertragslaufzeit*'

Wird auf Basis der erwarteten Einnahmen mit einem Return-on-Investment innerhalb der Laufzeit gerechnet, ist eine Kündigung hierbei ausgeschlossen. Wenn ohnehin von einem Return-on-Investment außerhalb der Laufzeit ausgegangen wird, ist eine Kündigung hierbei zulässig.

Vertragsinhalte

Durch die Vertragsvollständigkeit ist das Ausmaß definiert, in welchem die Aufgaben und Pflichten einzelner Geschäftspartner in einem Vertrag aufgenommen bzw. spezifiziert sind (s. Boutkovva 2014, S. 14f.; s. Buriánek 2009, S. 89). In der Regel sind Verträge unvollständig. Dabei deutet die Unvollständigkeit darauf hin, dass bei der vertraglichen Ausgestaltung nicht alle Einflussgrößen bezüglich der Geschäftsbeziehung und der resultierenden Handlungsimplikationen berücksichtigt wurden bzw. bekannt waren. Entweder sind Verträge somit inhaltlich unvollständig oder hinterlassen einen Interpretationsspielraum, verursacht durch allgemeingültige und unspezifische Klauseln (vgl. Barthélemy u. Quelin 2006, S. 1777; vgl. De Jong u. Klein Woolthuis 2008, S. 285; zit. n. Buriánek 2009, S. 89). Der Grund für die Unvollständigkeit liegt in der mangelnden Transparenz über Kausalzusammenhänge und sowie Kosten für die Erstellung, die Überwachung und bedarfsgerechte Anpassung vollständiger Verträge (s. Buriánek 2009, S. 89). In engem Zusammenhang mit der Vollständigkeit steht die Komplexität eines Vertrages, die als Indikator für die Anzahl und Ausführlichkeit der Elemente angesehen werden kann (vgl. Barthélemy u. Quelin 2006, S. 1777; vgl. Furlotti 2007, S. 81; zit. n. Buriánek 2009, S. 92). Mit zunehmender Komplexität steigt das Vertrauen, die Vertragsrisiken besser kontrollieren zu können (vgl. Helm u. Kloyer 2004, S. 1120; zit. n. Buriánek 2009, S. 94). Die Flexibilität widerum räumt den Vertragsinhalten die Möglichkeit ein, zu einem späteren Zeitpunkt der Geschäftsbeziehung präzisiert werden zu können und enthält somit bewusst Anpassungsmöglichkeiten eines Vertrages zum Zeitpunkt des Vertragsabschlusses (s. BURIÁNEK 2009, S. 94f.). Die Vertragsinhalte können somit hinreichend detailliert und flexibel oder möglichst detailliert und unflexibel sein (s. Abbildung 53).

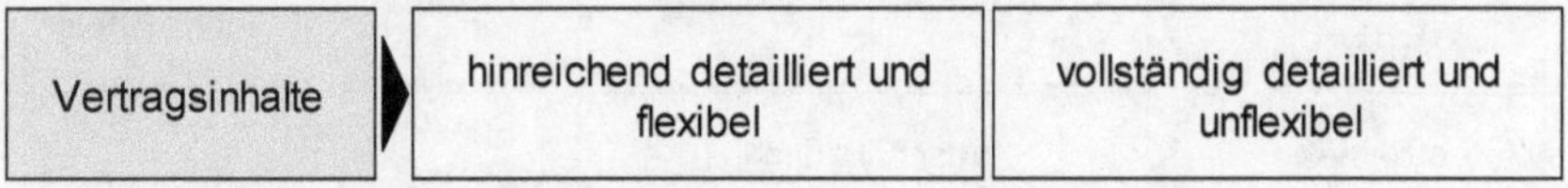

Abbildung 53: Ausprägungen der Gestaltungsgröße ‚*Vertragsinhalte*'

Hinreichend detaillierte Vertragsinhalte zielen anders als möglichst detaillierte Vertragsinhalte darauf ab, die Vollständigkeit der Verträge auf das erforderliche Maß zu reduzieren und die Komplexität dabei gering zu halten.

Zusammenfassung der Gestaltungsgrößen in der Dimension *Angebot*

Die Gestaltungsgrößen der Dimension *Angebot* und deren Ausprägungen sind in Abbildung 54 zusammenfassend dargestellt.

<table>
<tr><td>Fokus des Leistungsversprechens</td><td colspan="3">Verfügbarkeit</td><td colspan="3">Nutzung</td><td colspan="3">Ergebnis</td><td colspan="3">Wirtschaftlicher Erfolg</td></tr>
<tr><td>Arten betriebener Geschäftsmodelle</td><td colspan="6">ausschließlich Subskriptionsmodelle</td><td colspan="6">Subskriptionsmodelle als Zusatz zu bestehenden Geschäftsmodellen</td></tr>
<tr><td>Standardisierungsgrad des Leistungssystems</td><td colspan="4">niedrig (individuelle Inhalte)</td><td colspan="4">mittel (teilweise individuelle Inhalte)</td><td colspan="4">hoch (keine individuellen Inhalte)</td></tr>
<tr><td>Wandlungsfähigkeit der Objekte</td><td colspan="4">niedrig</td><td colspan="4">mittel</td><td colspan="4">hoch</td></tr>
<tr><td>Integrierbarkeit des Leistungssystems</td><td colspan="6">ja</td><td colspan="6">nein</td></tr>
<tr><td>Verkettungsgrad der Objekte</td><td colspan="6">niedrig</td><td colspan="6">hoch</td></tr>
<tr><td>Repetierfaktoren im Leistungssystem</td><td colspan="3">Produktionsmaterialien</td><td colspan="3">Hilfsstoffe</td><td colspan="3">Betriebsstoffe</td><td colspan="3">keine</td></tr>
<tr><td>Vertragslaufzeit</td><td colspan="6">Return-on-Investment innerhalb der Laufzeit</td><td colspan="6">Return-on-Investment nicht innerhalb der Laufzeit</td></tr>
<tr><td>Vertragsinhalte</td><td colspan="6">hinreichend detailliert und flexibel</td><td colspan="6">vollständig detailliert und flexibel</td></tr>
</table>

Abbildung 54: Gestaltungsgröße der Dimension *Angebot* und deren Ausprägungen (eigene Darstellung)

5.2.2 Gestaltungsgrößen in der Dimension *Kunden*

In der Gestaltungsdimension *Kunden* werden Gestaltungsgrößen konkretisiert, die kundenseitig einen Einfluss darauf haben, mit welchen Kunden eine Geschäftsbeziehung eingegangen wird. Eine erfolgreiche Geschäftsbeziehung findet statt, wenn dem richtigen Kunden das richtige Leistungsversprechen unterbreitet wird (s. ADRODEGARI ET AL. 2017, S. 1254). Damit stehen einerseits die Kundenbedürfnisse im Vordergrund, andererseits das Potenzial des Kunden, die eigenen Bedürfnisse im Rahmen einer kollaborativen Geschäftsbeziehung, gemeinsam mit dem Anbieter des Subskriptionsmodells, auch erfüllen zu können.

Reifegrad

Die Auswahl des richtigen Kunden durch den Anbieter erfolgt anhand der Möglichkeit des Anbieters, für den Kunden ein individuell mehrwertstiftendes Leistungsversprechen zu entwickeln (s. ADRODEGARI ET AL. 2017, S. 1256). Abhängig vom Fokus des Leistungsversprechens zielt der Anbieter darauf ab, eine Verbesserung im fokussierten Bereich der Wertschöpfung des Kunden zu erreichen (s. STOJKOVSKI ET AL. 2021, S. 21). Abhängig vom aktuellen Reifegrad des Kunden kann diese Verbesserung unterschiedlich groß ausfallen. Der Anbieter kann das Subskriptionsmodell so gestalten, dass es insbesondere auf Kunden mit einem niedrigen Reifegrad oder Kunden mit einem hohen Reifegrad abzielt (s.Abbildung 55).

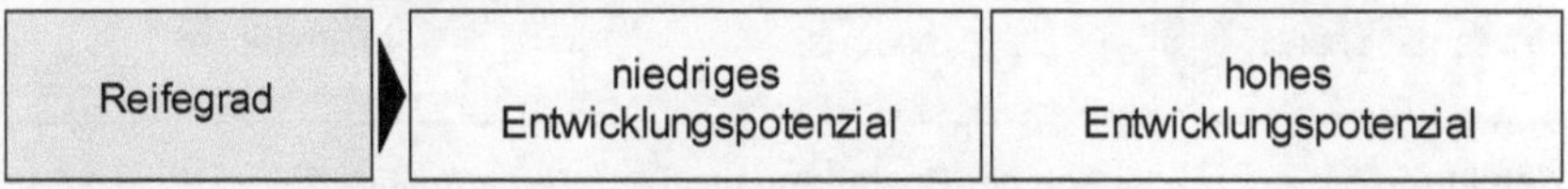

Abbildung 55: Ausprägungen der Gestaltungsgröße *‚Reifegrad'*

Bei Kunden mit einem niedrigen Reifegrad existiert das Potenzial, durch ein Subskriptionsmodell eine große Verbesserung der Wertschöpfung erzielen zu können. In der Folge kann der Anbieter seine Position als Partner des Kunden stärken und die Grundlage für eine langfristige Zusammenarbeit prägen. Dazu ist die Wertschöpfung des Kunden zunächst grundlegend zu analysieren und mithilfe von Kennzahlen Transparenz zu schaffen. Zudem sind größere Veränderungen in Prozessen des Kunden vorzunehmen, um eine Verbesserung auch erwirken zu können. Hat der Kunde beispielsweise bislang Verfügbarkeitsprobleme im Maschinenpark, so müssen zunächst messbare Gründe dafür identifiziert werden. Anschließend kann der Anbieter durch sein Leistungsspektrum bei der Lösung dieser Probleme unterstützen. Kunden mit einem hohen Reifegrad haben im Vergleich geringere Verbesserungspotenziale in ihrer Wertschöpfung. Die Verbesserungen finden dabei in einzelnen Bereichen der Wertschöpfung oder in unterstützenden Prozessen statt. Dabei sind dem Kunden bereits die problematischen Bereiche bekannt, für die Unterstützung erforderlich ist. (vgl. YANG U. EVANS 2019, S. 1163; s. BRAX 2005, S. 150; s. REIM ET AL. 2018, S. 154ff.) Ein Unternehmen aus der Fallstudienerhebung konzentrierte sich beim Anbieten von Subskriptionsmodellen zunächst auf Kunden mit einem hohen Reifegrad. Das Unternehmen sammelte bereits Jahre vor dem ersten Subskriptionsmodell Nutzungsdaten des Kunden und konnte seine Kunden entsprechend der realisierten Produktionsmenge und Gesamtanlageneffektivität bewerten. Mit der ersten Form des angebotenen Subskriptionsmodells adressierte das Unternehmen Kunden, die bereits eine hohe Gesamtanlageneffektivät und Ausbringungsmenge aufwiesen. Diese Kunden zeigten ein besonderes Maß an Veränderungsinteresse und -bereitschaft, um im Rahmen des Subskriptionsmodells ihre Leistung weiter zu steigern.

Internationalität

Sein Angebot kann der Anbieter dabei sowohl für Kunden in der Nähe (national) oder in größerer Entfernung (international) vom nächsten Kundendienstzentrum gestalten (s. Abbildung 56) (s. ZANETTI ET AL. 2016, S. 1574; s. ZOLLENKOPP U. LÄSSIG 2017, S. 72). Entsprechend notwendig kann es dafür sein, das Servicenetz durch Eröffnung neuer Standorte anzupassen, um Service-Level-Agreements einhalten zu können. (vgl. ZANETTI ET AL. 2016, S. 1574) Dabei ist auch maßgeblich entscheidend, wie der Markt geprägt ist, aus welcher Region die Nachfrage nach dem Angebot stammt und ob sich die Eröffnung eines neuen Kundendienstzentrums rechnet.

Internationalität	national	international

Abbildung 56: Ausprägungen der Gestaltungsgröße *‚Internationalität‘*

Abhängig davon, welches Kundensegment bedient wird, kann der Aufbau von multinationalen Projektteams bzw. Kundendienstzentren notwendig sein, die den Kunden in der jeweiligen Landessprache unterstützen bzw. die Problemlösung nicht durch interkulturelle Differenzen behindern. Entscheidend ist dabei, wie global der Marktfokus ist. (s. KRCMAR ET AL. 2016, S. 101; s. BAUM 2011, S. 75) Mit zunehmender Internationalisierung eines Marktes steigt auch das Erfordernis als Akteur auf diesem Markt, internationale Kunden bedienen zu können. So haben selbst Kunden mit nationalem Fokus oftmals internationale Standorte. Bei der Entscheidung für oder gegen einen Anbieter kann somit auch ausschlaggebend sein, ob dieser internationale Standorte betreuen kann. Im Rahmen der Fallstudien hat sich der Fachkräftemangel an internationalen Standorten als ein relevanter Faktor herausgestellt, weshalb Kunden speziell Interesse an Subskriptionsmodellen haben. Weiterhin wurden Geschäftsbeziehungen nicht eingegangen, wenn ein Kunde die regelmäßigen Zahlungen ausschließlich in der jeweiligen Landeswährung zu leisten beabsichtigte, diese allerdings starken Wertschwankungen ausgesetzt war.

Zusammenfassung der Gestaltungsgrößen in der Dimension Kunden

Die Gestaltungsgrößen der Dimension *Kunden* und deren Ausprägungen sind in Abbildung 57 zusammenfassend dargestellt:

Reifegrad	niedriges Entwicklungspotenzial	hohes Entwicklungspotenzial
Internationalität	national	international

Abbildung 57: Gestaltungsgrößen der Dimension *Kunden* und deren Ausprägungen (eigene Darstellung)

5.2.3 Gestaltungsgrößen in der Dimension *Infrastruktur*

Gestaltungsgrößen in der Dimension Infrastruktur beschreiben die wichtigsten Ressourcen, die sowohl intern als auch unter Einbezug von Partnern, für die Erfüllung des Leistungsversprechens erforderlich sind (s. WESTPHAL ET AL. 2016 - 2016, S. 2). Für Subskriptionsmodelle handelt es sich bei den relevantesten Ressourcen um die eigenen Mitarbeiter, die beim Kunden installierten Objekte und dagehörigen Daten sowie die Beziehungen des Anbieters zu weiteren, für die Leistungserbringung erforderlichen Parteien (s. ADRODEGARI U. SACCANI 2017, S. 67). Besondere Bedeutung haben bei Subskriptionsmodellen außerdem die humanen Ressourcen. Mitarbeiter des Kunden und Anbieter interagieren miteinander und greifen während der Dienstleistungserbringung auf technologische und physische Ressourcen zu. (s. ADRODEGARI ET AL. 2017, S. 1260)

Integrationsintensität

Die durch das Leistungsversprechen definierte und zuvor mit dem Leistungssystem konfigurierte Leistung, muss auf Basis der verfügbaren Ressourcen operationalisiert werden, indem die erforderlichen Aktivitäten und damit die Erbringung der Leistung konkretisiert werden. Die Objekte des Leistungssystems bilden in einem Subskriptionsmodell nur eine Kompontente der Geschäftsbeziehung. Auf Basis der während der Nutzung der Objekte gewonnenen Daten kann der Anbieter die im Leistungssystem enthaltenen Dienstleistungen effizienter gestalten, die eine weitere Komponente der Geschäftsbeziehung bilden. Dies setzt allerdings auch eine Umsetzung der aus den Daten gewonnenen Erkenntnisse voraus und bildet die Basis für die Erfüllung des Leistungsversprechens eines Subskriptionsmodells. (s. PAIOLA U. GEBAUER 2020, S. 249; s. ADRODEGARI ET AL. 2017, S. 1254)

Subskriptionsmodelle sind durch die zunehmende Ausrichtung von Anbietern auf ihre Kunden und damit durch eine Entwicklung der Anbieter hin zum Serviceanbieter entstanden (s. SCHUH ET AL. 2020c, S. 599). Die damit verbundenen Dienstleistungen lassen sich grundsätzlich in Pre-Sales-Dienstleistungen und After-Sales-Dienstleistungen unterteilen. So werden Pre-Sales-Dienstleistungen vor dem Produktkauf erbracht, After-Sales-Dienstleistungen wiederum erst danach (s. HALLER U. WISSING 2020, S. 45). Bei After-Sales-Dienstleistungen sind dabei vor allem die Instandhaltung, die Umrüstung sowie Stilllegung bzw. Demontage von Objekten zu nennen (s. BECKER U. NEUMANN 2003, S. 620). Grundsätzliche Arten von Dienstleistungen, die in einem Unternehmen erbracht werden, können in drei Gruppen unterteilt werden (s. Tabelle 6).

Tabelle 6: Arten von Dienstleistungen (i. A. a. SEEGY 2009, S. 38; s. KLEINALTENKAMP ET AL. 2004b, S. 633; s. BELZ ET AL. 1997b, S. 41ff. ; s. DOMBROWSKI ET AL. 2020, S. 296; s. BRAX U. VISINTIN 2017, S. 24; s. ZOLLENKOPP U. LÄSSIG 2017, S. 61)

Objekt- und Prozessunterstützung	Anwenderunterstützung	Geschäftsunterstützung
• Ersatzteildienst • Montage/Inbetriebnahme • Instandhaltung • Aufrüstung/Nachrüstung • Demontage/Rücknahme/Entsorgung • Fernüberwachung • Software- und IT-Konfiguration • Garantieleistungen • Prozessoptimierung	• Forschungs- und Entwicklungsunterstützung • Beratung • Schulung/Training • Hotline-Dienste • Infotainment •	• Leasing/Vermietung • Finanzierung • Vermittlung von Gebrauchtmaschinen • Projektmanagement • Projektierung • E-Commerce • Logistikunterstützung

Der Bedarf nach konkreten Dienstleistungen ist zudem abhängig von der Lebenszyklusphase des jeweiligen Objektes (s. ZANETTI ET AL. 2016, S. 1574). Bei der Gestaltung des Subskriptionsmodells kann der Anbieter verschiedene Parteien für Tätigkeiten vorsehen, die für den Betrieb der Objekte erforderlich sind. So können, neben dem Anbieter und dem Kunden, auch Fremddienstleister eingesetzt werden (s. BLOß 1995, S. 139; s. ZOLLENKOPP U. LÄSSIG 2017, S. 72). Je spezifischer, komplexer und höherwertiger ein Objekt ist, desto größer ist die Informationsasymmetrie zwischen Kunde und Anbieter einzuschätzen und der Kunde folglich auf Unterstützung angewiesen (s. BAUMEISTER 2008, S. 34). Im Rahmen eines Subskriptionsmodells findet die Erbringung von Dienstleistungen zumindest unter starker Beteiligung des Anbieters bzw. dessen Dienstleister statt, da ansonsten das Konzept eines Subskriptionsmodells nicht erfüllt wäre. (s. SONG U. SAKAO 2017, S. 1674f.) Integrationsintensität ist als derjenige Anteil definiert, zu dem der Anbieter oder ein Partner die in Tabelle 6 genannte Tätigkeiten für den Kunden übernimmt (vgl. GUO U. NG 2011, S. 165; s. BRAX U. VISINTIN 2017, S. 23). Die verschiedenen Ausprägungen der Gestaltungsgröße *Integrationsintensität* sind in Abbildung 58 dargestellt.

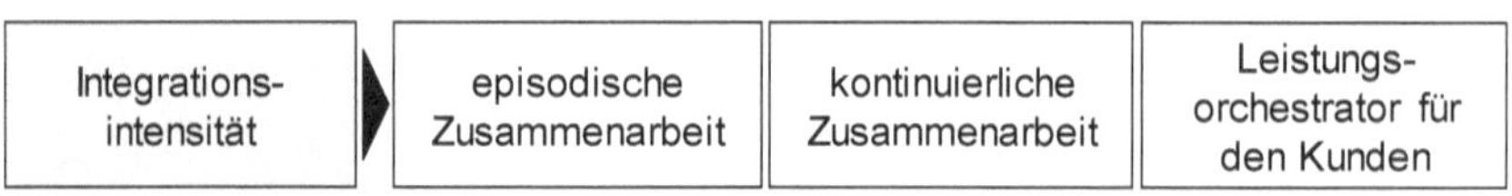

Abbildung 58: Ausprägungen der Gestaltungsgröße *‚Integrationsintensität'*

Bei einer episodischen Zusammenarbeit wird der Kunde bei bestimmten Tätigkeiten unterstützt, die episodisch zu verrichten sind (beispielsweise Inspektionen). Findet eine kontinuierliche Zusammenarbeit statt, so werden die Mitarbeiter des Kunden kontinuierlich bei der Wertschöpfung durch den Dienstleister unterstützt (s. KLEINALTENKAMP ET AL. 2004a, S. 632). Positioniert sich der Anbieter als Orchestrator des Ökosystems, agiert er als Stellvertreter für den Kunden, auch gegenüber anderen Parteien, die an der Leistungserstellung beteiligt sind (s. KAMPKER ET AL. 2018c, S. 1083). Verschiedene Unternehmen aus der Fallstudienerhebung streben diese Ausprägung an, da hierbei insbesondere auch der Bezug von für den Anbieter profitablen Verbrauchsmaterialien beeinflusst werden kann. Als Ökosystem wird hierbei die kooperative, aber auch die kompetitive Zusammenarbeit verschiedener Unternehmen verstanden (s. LÖBLER 2019, S. 160). Der Anbieter ist dafür zuständig, dass sämtliche Tätigkeiten, auch durch weitere Unternehmen, erbracht werden, die eine reibungslose Leistungsinanspruchnahme des Kunden ermöglichen (vgl. ZHANG ET AL. 2015, S. 1277). Werden Fremddienstleister eingesetzt, so können spiegelbildliche Verträge, welche die vertraglichen Bestimmungen des Hauptvertrages beinhalten, dabei helfen, die Interessen der involvierten Parteien in Einklang zu bringen (s. VAN WEELE U. EßIG 2017, S. 165). Fremddienstleister können darüber hinaus ergänzend zum bestehenden Servicepersonal genutzt werden, um Auftragsspitzen auszugleichen. Dies setzt allerdings eine ausreichend große Verfügbarkeit von Dienstleistern voraus, um geplante Dienstleistungsaktivitäten aufgrund mangelnder eigener Kapazitäten bzw. mangelnder Kapazitäten ohnehin beteiligter Dienstleister, nicht verschieben zu müssen (s. MARTIN 1997, S. 85). Vergibt der Anbieter Teile der im Leistungssystem enthaltenen Dienstleistungen vollständig an Fremdfirmen, besteht die Gefahr, Kernkompetenzen zu verlieren, weswegen eine Rückführung ausgelagerter Funktionen gegeben sein sollte. Darüber hinaus sind die wirtschaftliche Stabilität sowie die Rechtschaffenheit der Fremdfirma, die über vertraglich geregelte Aspekte hinausgeht, wesentliche Kriterien bei deren Auswahl. (s. BULLINGER ET AL. 2003, S. 114)

Ortsgebundenheit der Dienstleistungen

Anknüpfend an die Integrationsintensität muss der Anbieter die Ortsgebundenheit der Dienstleistung berücksichtigen. Aus der Ortsgebundenheit einer Dienstleistung lässt sich ableiten, inwieweit es erforderlich ist, eine Dienstleistung am Standort des Objektes zu erbringen. Abhängig von der Gebundenheit des Objektes an einen Ort kann die Erbringung der Dienstleistung unterschiedlich erfolgen (s. Abbildung 59). (s. KLEINALTENKAMP ET AL. 2004b, S. 631)

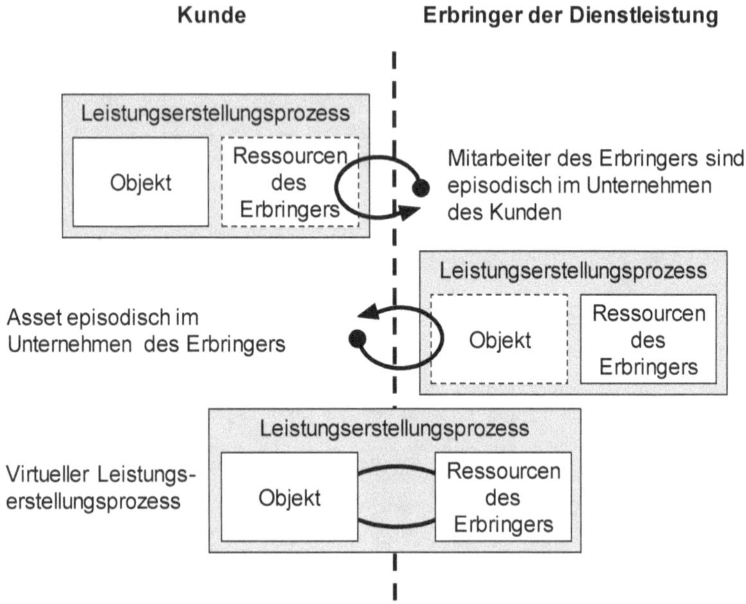

Abbildung 59: Ortsgebundenheit der Dienstleistungen (eigene Darstellung i. A. a. KLEINALTENKAMP ET AL. 2004a, S. 632)

Die Dienstleistungen im Rahmen des Subskriptionsmodells können folglich ortsgebunden, mobil oder ortsunabhängig sein (s. Abbildung 60). Die Ortsgebundenheit einer Dienstleistung kann ortsgebunden, mobil oder ortsunabhängig sein. Oftmals findet bei Subskriptionsmodellen eine Kombination von ortsgebundenen, mobilen und ortsunabhängigen Dienstleistungen statt. Durch den Einsatz weiterer, externer Dienstleistungen ist es aber möglich, dass der Anbieter selbst ausschließlich eine Form der Ortsgebundenheit der Dienstleistungen nutzt. Beispielhaft wären hier Ferndiagnosen hinsichtlich des Zustandes des Objektes zu nennen, bei denen entsprechend Dienstleister für Inspektionen oder Wartungen eingesetzt werden, die vor Ort oder beim Dienstleister durchgeführt werden.

Abbildung 60: Ausprägungen der Gestaltungsgröße *‚Ortsgebundenheit der Dienstleistungen‘*

Bei der ersten Form der Ortsgebundenheit ist es notwendig, dass die für die Dienstleistungserstellung erforderlichen Ressourcen episodisch beim Kunden erscheinen. Nach dem Abschluss der Dienstleistungserstellung werden diese wieder abberufen, wie es beispielsweise bei Beratungsdienstleistungen oder Instandhaltungsleistungen für Maschinen, aber auch IT-Systeme der Fall sein kann. Die zweite Form ist dadurch charakterisiert, dass der Kunde seine materiellen Objekte temporär zum Erbringer der Dienstleistung verlagert, damit dort der Leistungserstellungsprozess stattfinden kann. Dies ist nur bei mobilen Objekte möglich, wie beispielsweise bei Schiffen oder Flugzeugen, da deren Standort variiert werden kann (s. CORSTEN 1985, S. 115). Im dritten Fall werden die Ressourcen des Dienstleistungserbringers und des Kunden virtuell zusammengeführt, da das Objekt bzw. die daran erbrachte Leistung ortsunabhängig ist. Die physischen und humanen Ressourcen verbleiben jeweils beim Erbringer der Dienstleistung oder beim Kunden und die Dienstleistungserstellung findet durch Informations- und Kommunikationstechnologien statt, wie beispielsweise bei der Ferndiagnose und -wartung. (s. KLEINALTENKAMP ET AL. 2004a, S. 631ff.; s. SCHALLMO ET AL. 2017, S. 19f.)

Ziele der Datenauswertung

Die Sicherstellung des Leistungsversprechens eines Subskriptionsmodells erfordert verschiedene Daten (s. MICHALIK ET AL. 2018, S. 313; s. BERTONI U. LARSSON 2017, S. 310; s. LEIMEISTER 2020, XII). Die darin enthaltenen Informationen betreffen insbesondere Ressourcen, Prozesse und Ergebnisse, die für die Dienstleistungserbringung und -evaluierung erforderlich sind (s. HARLAND 2019, S. 103). Sind die Informationen in hinreichender Form vorliegend, wird dies als digitaler Schatten des Objektes bezeichnet. (vgl. HOFFMANN 2018, S. 157) Ein digitaler Schatten kann somit als „hinreichend genaues Abbild der Prozesse in der Produktion, der Entwicklung und angrenzenden Bereichen mit dem Zweck, eine echtzeitfähige Auswertungsbasis aller relevanten Daten zu schaffen“, beschrieben werden. Dabei sind die notwendigen Datenformate, die Datenauswahl und die Datengranularitätsstufe zu berücksichtigen. (s. BAUERNHANSL ET AL. 2016, S. 23; s. KAMPKER ET AL. 2017, S. 8)

Aus den Daten lassen sich statistische Modelle entwickeln, die beispielsweise eine Prognose der Zuverlässigkeit, des Reparaturverhaltens und der Lebenszykluskosten oder, ganz allgemein, ein besseres Verständnis der Prozesse beim Kunden ermöglichen (s. MOURTZIS ET AL. 2018, S. 93; s. THOBEN ET AL. 2017, S. 13; s. WAWERLA 2008, S. 88; s. ULAGA U. REINARTZ 2011, S. 18). Neben den, dem Anbieter meist bekannten, Stammdaten sind insbesondere aus der Nutzung durch den Kunden resultierende Ereignis-, Zustands- und Planungsdaten zur Erfüllung des Leistungsversprechens erforderlich, für welche die Frage zu beantworten ist, wer der Eigentümer dieser Daten ist und in welcher Form diese durch den Anbieter genutzt werden können (s. SKLYAR ET AL. 2021, S. 39; s. LÜTZENBERGER ET AL. 2016, S. 378). Diese Daten werden um Erfahrungen der Serviceorganisation, die in direktem Kundenkontakt steht, angereichert (s. THOBEN ET AL. 2017, S. 10). Entsprechend diesen Daten kann zum einen das bestehende Leistungsversprechen erfüllt, zum anderen das Leistungsversprechen mit den enthaltenen Objekten, Dienstleistungen und Garantien weiterentwickelt werden. Zielstellungen, die mit der Auswertung von Daten verbunden sind, sind in Abbildung 61 dargestellt.

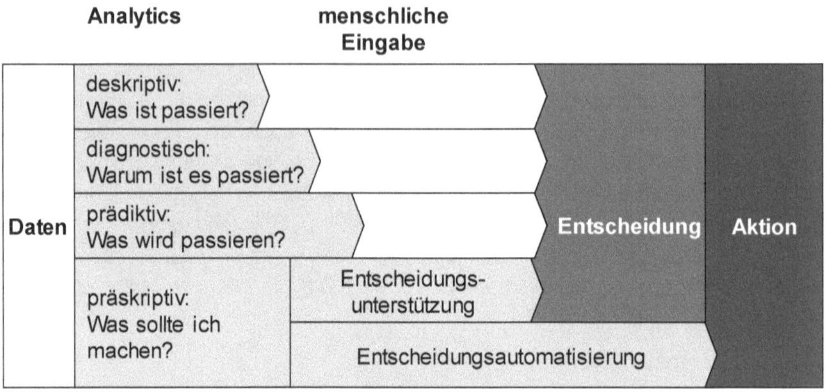

Abbildung 61: Ziele der Datenauswertung (Hoffmann 2018, S. 104)

Die Ziele, die mit der statistischen Auswertung von Daten einhergehen, manifestieren sich durch das Leistungsversprechen. Abhängig von der Gestaltung des Leistungsversprechens ergeben sich unterschiedliche Ziele bei der Datenauswertung. Das Leistungsversprechen kann eine Auswertung der Daten hinsichtlich einer Beschreibung, Diagnose, Vorhersage oder Empfehlung von Ereignissen und Maßnahmen erforderlich machen, um eine Verfügbarkeit, eine Nutzung, ein Ergebnis oder einen wirtschaftlichen Erfolg sicherstellen zu können (s. Abbildung 62)

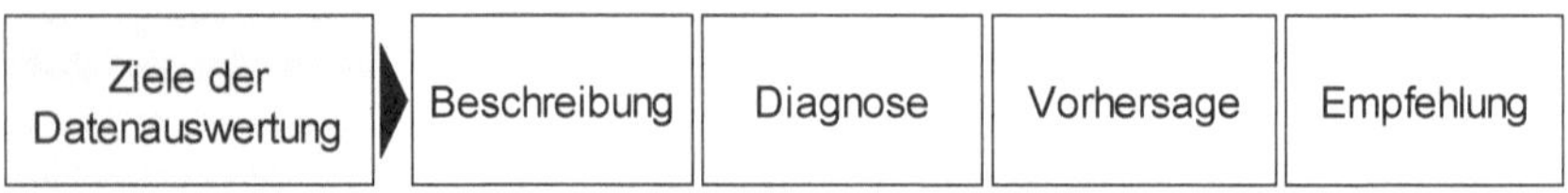

Abbildung 62: Ausprägungen der Gestaltungsgröße *‚Ziele der Datenauswertung‘*

Art der Informationsbereitstellung

Die Daten- bzw. Informationsbereitstellung kann über verschiedene Wege vorgenommen werden. Eine grundsätzliche Unterteilung kann zwischen synchroner und asynchroner Informationsbereitstellung erfolgen (s. Abbildung 63) (s. Krcmar et al. 2016, S. 101f.). Zu den synchronen Formen der Informationsbereitstellung zählen ein persönliches Gespräch oder ein Telefonanruf. Dahingegen erfolgt die Bereitstellung der für einen Auftrag notwendigen Informationen asynchron, wenn diese durch eine E-Mail oder ein IT-basiertes Planungs- und Steuerungssystem, wie beispielsweise ein IPS, SMS oder ERP-System, übermittelt werden (s. Lukas 2019, S. 75f.).

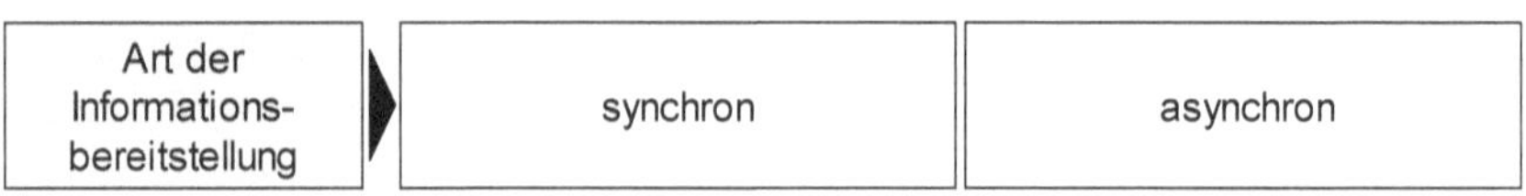

Abbildung 63: Ausprägungen der Gestaltungsgröße *‚Art der Informationsbereitstellung‘*

Die Basis für eine datenbasierte Verbesserung der Leistung, wie sie bei Subskriptionsmodellen vorgesehen ist, kann lediglich über eine asynchrone Informationsübermittlung gewährleistet werden. Nur so kann eine Fernüberwachung oder die Vorhersage von Instandhaltungszeitpunkten sichergestellt werden (s. ADRODEGARI ET AL. 2017, S. 1256). Während der Fallstudienerhebung hat sich gezeigt, dass sich Schnittstellen zu den IT-Systemen des Kunden bewährt haben. Eine gemeinsame Nutzung dedizierter IT-Systeme ist mit vergleichweise zu viel Aufwand verbunden. Gleichzeitig bietet sich dem Anbieter durch vollständig entkoppelte IT-Landschaften kein Zugriff auf die für die Leistungserbringung erforderlichen Informationen. Abhängig vom Anwendungsfall schließt sich eine asynchrone Informationsbereitstellung zumindest episodenweise aus, wie sich in den Fallstudien gezeigt hat. Kann beispielsweise keine Konnektivität bewegter Objekte an jedem aktuellen Standort gewährleistet werden, muss auf eine synchrone Informationsbereitstellung zurückgegriffen werden. Um Bedenklichkeiten von Kunden hinsichtlich Cybersicherheit insbesondere bei der asynchronen Informationsübermittlung ausräumen zu können, sollte die Cybersicherheit unbedingt sichergestellt sein.

Güte statistischer Modelle

Basierend auf den Daten bzw. Informationen aus der Nutzung des Objektes durch den Kunden, lassen sich durch analytische Verfahren Entscheidungsunterstützungen ableiten oder sogar Handlungsempfehlungen aussprechen (s. VAN DER AALST 2016, S. 10). Grundlage dafür ist der digitale Schatten. Die erforderliche Datenqualität lässt sich anhand von Vollständigkeit, Fehlerfreiheit, Konsistenz und Aktualität beurteilen (s. HEINRICH U. KLIER 2018, S. 52). Die Qualität der Daten hat einen maßgeblichen Einfluss auf die Qualität der daraus ableitbaren Entscheidungen (s. VAN DER AALST 2016, S. 11). Auf Basis des digitalen Schattens können Analysen mit statistischen Modellen durchgeführt werden (s. RIESENER ET AL. 2019, S. 730). Die Güte statistischer Modelle kann niedrig, mittel oder hoch sein (s. Abbildung 64). Eine niedrige Güte des statistischen Modells führt zu unzureichenden Ergebnissen und zu höheren Kosten als bisher. Eine mittlere Güte liefert abwechselnde Ergebnisse und ist stark davon abhängig, inwieweit sich die zur Modellentwicklung verwendeten Daten auf zukünftige Fälle übertragen lassen. Entscheidend ist hierbei unter anderem auch, ob der Betrieb des Objektes verändert wurde. Hohe Modellgüten weisen ein deutlich positives Ergebnis im Kostenvergleich auf, die Betriebskosten können also mithilfe des Modells gesenkt werden. Mit steigender Güte des Modells steigen in der Regel auch die damit verbundenen Entwicklungskosten. (vgl. SCHMARZO 2018; vgl. SPIEGEL ET AL. 2018, S. 7f.)

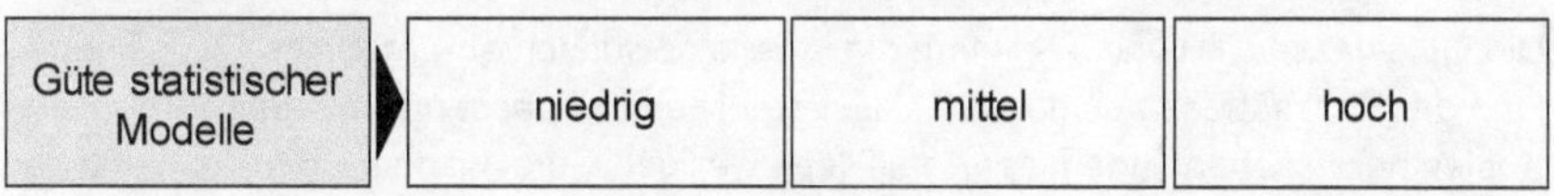

Abbildung 64: Ausprägungen der Gestaltungsgröße *‚Güte statistischer Modelle‘*

Die für die Entwicklung statistischer Modelle erforderlichen Daten können sowohl nach der Erhebung bereinigt werden als auch im Vorfeld durch die Optimierungen von Informationssystemen und Geschäftsprozessen oder durch Schulungen der Mitarbeiter auf ein höheres Qualitätsniveau gebracht werden. (s. WEIGEL 2018, S. 81f.) Vor der eigentlichen Analysephase müssen die Daten zunächst gesäubert werden. Anschließend erfolgt die Analysephase mit statistischen Methoden. In der anschließenden „Postprocessing"-Phase werden die Interpretation und Evaluation der Ergebnisse durchgeführt (s. RUNKLER 2016, S. 3). Die Qualität der generierten Ergebnisse kann anhand einer Konfusionsmatrix beurteilt werden (s. Abbildung 65) (s. VAN DER AALST 2016, S. 114).

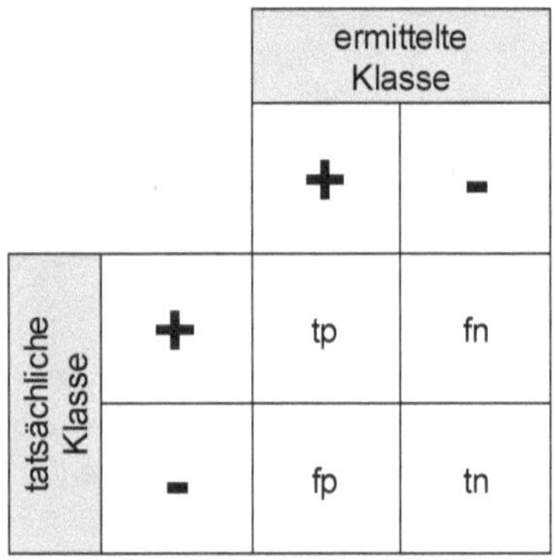

Abbildung 65: Konfusionsmatrix zur Beurteilung der Güteklasse statistischer Modelle (eigene Darstellung i. A. a. VAN DER AALST 2016, S. 114).

Entsprechend ergeben sich folgende Güteklassen:

TP (true-positive): Das Modell gibt eine positive Prognose und das Ergebnis ist tatsächlich positiv.

FN (false-negative): Das Modell gibt eine negative Prognose, obwohl das Ergebnis tatsächlich positiv ist.

FP (false-positive): Das Modell gibt eine positive Prognose, obwohl das Ergebnis tatsächlich negativ ist.

TN (true-negative): Das Modell gibt eine negative Prognose und das Ergebnis ist tatsächlich negativ.

Die Güteklassen TP und TN liefern die jeweils gewünschten Ergebnisse. Zur Beurteilung der Konsequenz aus den Güteklassen FN und FP lassen sich damit verbundene Kosten heranziehen. Indem der Anteil der jeweiligen Güte mit dem Status quo und den damit verbundenen Kosten verglichen wird, kann eine Abschätzung über den Nutzen eines Modells getroffen werden (s. SCHMARZO 2018). Wird beispielsweise ein statistisches Modell angewandt, um den idealen Instandhaltungszeitpunkt vorauszusehen, werden zusätzliche Kosten verursacht, wenn ein zu früher oder zu später Instandhaltungszeitpunkt bestimmt wird. Verglichen mit dem Status quo und unter Einbezug von möglichen Pönalen, die aus einer falschen Vorhersage resultieren, kann eine Abschätzung bezüglich der Modellgüte getroffen werden. (s. SPIEGEL ET AL. 2018, S. 5f.; s. SHAMAYLEH ET AL. 2020, S. 9f.). Unternehmen aus der Fallstudienerhebung nutzten die statistische Auswertung als Vehikel, um eigene Experten auf relevante Datenstrukturen aufmerksam zu machen. Durch die statistische Auswertung allein wurde somit nicht direkt eine Aktion hervorgerufen, sondern erst durch Validierung eines Experten.

Zusammenfassung der Gestaltungsgrößen in der Dimension *Infrastruktur*

Die Gestaltungsgrößen der Dimension *Infrastruktur* und deren Ausprägungen sind in Abbildung 66 zusammenfassend dargestellt:

Gestaltungsgröße	Ausprägungen			
Integrationsintensität	episodische Zusammenarbeit	kontinuierliche Zusammenarbeit	Leistungsorchestrator für den Kunden	
Ortsgebundenheit der Dienstleistungen	ortsgebunden	mobil	ortsunabhängig	
Fokus des Leistungsversprechens	Beschreibung	Diagnose	Vorhersage	Empfehlung
Art der Informationsbereitstellung	synchron	asynchron		
Güte statistischer Modelle	niedrig	mittel	hoch	

Abbildung 66: Gestaltungsgrößen der Dimension *Infrastruktur* und deren Ausprägungen (eigene Darstellung)

5.2.4 Gestaltungsgrößen in der Dimension *Finanzen*

Bei Gestaltungsgrößen in der Dimension *Finanzen* wird die finanzielle Ausgestaltung eines Subskriptionsmodells betrachtet. Wie in jedem Geschäftsmodell sind hierbei Einnahmen und Ausgaben von Bedeutung (s. OSTERWALDER U. PIGNEUR 2011, S. 17). Subskriptionsmodelle stehen hierbei auf der Einnahmenseite für wiederkehrende Umsätze, die anhand verschiedener Bezugsgrößen gebildet werden und meist eine erfolgsabhängige Komponente aufweisen (s. SCHUH ET AL. 2020c, S. 599). Ausgabenseitig kann sich die Jahresbilanz der am Geschäftsmodell teilnehmenden Parteien wesentlich verändern, abhängig davon, wer die Eigentümerschaft der im Leistungssystem enthaltenen Objekte übernimmt. Anders als in transaktionalen Geschäftsmodellen kann die Eigentümerschaft bei verschiedenen Entitäten liegen. (s. ADRODEGARI U. SACCANI 2017, S. 69)

Bezugsgröße zur Preisbildung

Bedingt durch die vom Anbieter verfolgte Preisstrategie ergeben sich Möglichkeiten zur Anwendung verschiedener Preissysteme, welche die Dynamik des Preises bestimmen. Ein Preissystem besteht dabei aus zwei wesentlichen Komponenten: der Bezugsgröße und dem Berechnungsmechanismus. Die Bezugsgröße bestimmt als Leistungskomponente die Einheit zur Berechnung eines Preises. Der Berechnungsmechanismus wiederum stellt die Beziehung zwischen der Bezugsgröße und dem monetären Gegenwert für einen bestimmten Kunden dar. (s. STOPPEL 2016, S. 52). Er erfasst die Höhe der jeweiligen Bezugsgröße und berechnet anhand derer das vom Kunden zu bezahlende Entgelt (s. STOPPEL 2016, S. 69). Auch eine Kombination aus Bezugsgrößen ist dabei möglich. Um die Attraktivität des Preises hoch zu halten, kann das Preissystem auch während der Laufzeit in Abstimmung mit den Kunden angepasst werden, um damit auf die aktuellen Anforderungen des Kunden einzugehen. Anbieterseitig sind die Kosten, die aus entgangenen Gewinnen resultieren, als nebensächlich zu sehen im Vergleich zu Kosten, die für die Neukundenakquise aufzuwenden sind (s. TÖPFER 2004, S. 224). Je wesentlicher für den Kunden die Kosten für das Leistungssystem sind, desto größer ist dessen Bestrebung, einen günstigen Preis dafür zu erzielen (s. PORTER 1999, S. 58ff.). Findet eine Bepreisung basierend auf den Kosten oder dem Wettbewerb des Anbieters statt, so sollten folglich die Kosten niedrig genug sein, um im Vergleich zum Wettbewerb bestehen zu können. Ansonsten würde der Preis aufgrund konservativer Annahmen bzgl. der zu erwartenden Lebenszykluskosten oder Vertragsstrafen als unattraktiv aufgefasst werden. Soll der Preis anhand des Kundenwertes festgelegt werden, muss der Anbieter zunächst den Kundenwert seines Angebotes verstehen, erfassen und quantifizieren können, beispielsweise anhand des Total-Cost-of-Ownerships-Ansatzes (s. STOPPEL 2016, S. 35; s. DAHMANI ET AL. 2014, S. 261; s. COHEN ET AL. 2006, S. 135; s. LEIMEISTER 2020, S. 47f.).

Bei der Gestaltung der Einnahmequellen eines Subskriptionsmodells kann der Anbieter den Preis auf Basis verschiedener Bezugsgrößen bilden und auch auf Basis verschiedener Komponenten kombinieren (s. SCHUH ET AL. 2020c, S. 599). So kann der Kunde beispielsweise anhand einer objektzentrierten Bezugsgröße eine einmalige Anzahlung leisten und anschließend einen fortlaufenden, monatlichen Fixbetrag für die Nutzungsberechtigung bezahlen. Zusätzlich kann der monatliche Gesamtpreis um eine variable Komponente erweitert werden, die sich nach der Nutzungsintensität richtet (s. HEIDELBERGER DRUCKMASCHINEN AG 2021). Bezugsgrößen zur Preisbildung können grundsätzlich objektzentriert oder servicezentriert sein (s. Abbildung 67).

Bezugsgröße zur Preisbildung	objektzentriert	servicezentriert

Abbildung 67: Ausprägungen der Gestaltungsgröße *'Bezugsgröße zur Preisbildung'*

Bei einer objektzentrierten Bezugsgröße erfolgt die Preisbildung ohne eine variable Komponente. Der Kunde wird dabei dazu berechtigt, eine Leistung für einen festen

Preis in Anspruch zu nehmen. (s. ROBBERT ET AL. 2019, S. 518; s. STOPPEL 2016, S. 55; s. GERL 2020, S. 10). Servicezentrierte Bezugsgrößen bringen eine Allokation des Risikos, eine Umstrukturierung der Ziele des Anbieters und eine Veränderung der Verantwortung für Kosten mit sich. Zudem werden dabei die vom Anbieter erzielten Erlöse in die Nutzungsphase verschoben. Die konzipierbaren Preissysteme führen dazu, dass der Anbieter, abhängig von der konkreten Ausgestaltung, keine zusätzlichen Erlöse aus Instandhaltungsarbeiten, Ersatzteil- und Neukäufen generieren kann (s. STOPPEL 2016, S. 57f.). Die Objekte werden deshalb möglichst instandhaltungsfrei konstruiert. Zwischen folgenden servicezentrierten Bezugsgrößen kann unterschieden werden (s. STOPPEL 2016, S. 57; s. ROBBERT ET AL. 2019, S. 518; s. GERL 2020, S. 10):

- Verfügbarkeit
- Nutzungsintensität
- Outcome
- Ökonomische Größen

Die Bezugsgröße der Verfügbarkeit bezieht sich auf die Verfügbarkeit einer Leistung zu einem vereinbarten Preis innerhalb einer zeitlich begrenzten Periode zu einem definierten Standard (s. STOPPEL 2016, S. 59f.; s. ROBBERT ET AL. 2019, S. 519). Bei Ausfällen der Leistung wird der Preis entsprechend gesenkt oder Pönalzahlungen werden fällig. Der Anbieter übernimmt hier das Verfügbarkeits- und Investitionsrisiko. Entsprechend kann der Kunde seine Kostenstruktur besser abschätzen (s. OLIVA U. KALLENBERG 2003, S. 169; s. FREILING 2004, S. 688; 2001, S. 465; zit. n. STOPPEL 2016, S. 62).

Wird die Nutzungsintensität als Bezugsgröße verwendet, so handelt es sich um nutzungsabhängige Preissysteme. Der Kunde bezahlt dabei die tatsächlich genutzte Leistung. Auch hier liegen Kosten für die Herstellung und Erhaltung der Leistungsbereitschaft, wie beispielsweise Instandhaltungskosten in der Verantwortung des Anbieters. Je intensiver die Leistung durch den Kunden genutzt wird, desto profitabler ist das Geschäft für den Anbieter. (s. STOPPEL 2016, S. 62ff.; s. FROHMANN 2018, S. 221).

Die Bezugsgröße aus ergebnisabhängigen Preissystemen ist das erfolgreiche Ergebnis aus der Nutzung eines Objektes, also beispielsweise die Anzahl der produzierten Gutteile (s. STOPPEL 2016, S. 64). Der Anbieter, welcher eine höhere Kompetenz hinsichtlich des Objektes hat, übernimmt hier die Verantwortung zur Steigerung der Produktivität. Die Bewertung dieser Bezugsgröße aus Kundensicht kann sich mit der Zeit verändern, beispielsweise aufgrund der Wettbewerbssituation des Kunden am Markt (s. GUMMERUS 2013, S. 31; zit. n. STOPPEL 2016, S. 65).

Die letzte Form der Bezugsgrößen servicezentrierter Preissysteme ist der ökonomische Erfolg, der sich aus der Kunden-Anbieter-Beziehung ergibt. Gemessen werden kann dieser beispielsweise anhand sinkender Kosten, höherer Deckungsbeiträge oder Gewinne (s. STOPPEL 2016, S. 66).

Art der Pönale

Neben verschiedenen Optionen zur Entlohnung des Anbieters durch den Preis sind auch Gegebenheiten zu berücksichtigen, im Falle derer das Leistungsversprechen durch den Anbieter nicht eingehalten werden kann. Durch vertraglich festgelegte Strafzahlungen, als Pönalen bezeichnet, die beispielsweise im Falle von Verfügbarkeitsrückgängen oder Qualitätsmängel fällig sein können, zahlt der Anbieter (Garant) dem Kunden (Garantieberechtigter) einen finanziellen Ausgleich für die Wirkungen des eingetretenen Schadens (s. PAIOLA U. GEBAUER 2020, S. 256; s. BAUMEISTER 2008, S. 19). Dazu ist neben der Erfassung der für die Bestimmung der Pönale erforderlichen Messgröße auch eine Zuordnung des Verursachers erforderlich (s. WILDEMANN 2004, S. 27f.). Der Anbieter kann bei der Gestaltung von Regelungen hinsichtlich Pönalen Vollerstattung oder Teilerstattung für den eingetretenen Schaden definieren (s. Abbildung 68).

Art der Pönale	Vollerstattung	Teilerstattung

Abbildung 68: Ausprägungen der Gestaltungsgröße *‚Art der Pönale‘*

Bei einer Vollerstattung gewährt der Anbieter dem Kunden eine vollständige Erstattung des verursachten Schadens. Bei Teilerstattungen wird über die Erstattungsquote der Anteil gesteuert, zu dem der Anbieter den Schaden ausgleicht. Ist ein Selbstbehalt vereinbart, so zahlt der Anbieter erst Schäden, die über die vereinbarte Summe des Selbstbehalts hinausgehen (Abbildung 69). (s. BAUMEISTER 2008, S. 20f.)

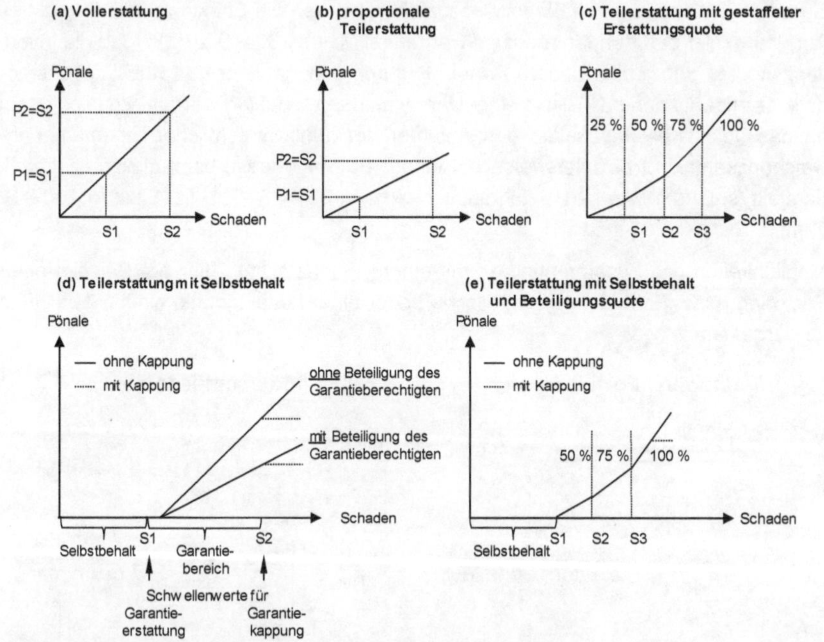

Abbildung 69: Formen der Pönalenzahlung (eigene Darstellung i. A. a. BAUMEISTER 2008, S. 20f.)

Eigentümer des Objektes

Da bei der Investition in die Objekte des Leistungssystems nicht immer eine Aufrechterhaltung des finanziellen Gleichgewichts des Anbieters sichergestellt werden kann, können verschiedene Formen der Finanzierung erfolgen (vgl. BECKER U. PEPPMEIER 2018, S. 3). Bei der Gestaltung des Angebotes kann der Anbieter verschiedene Entitäten einbinden, welche die Eigentümerschaft am Objekt übernehmen (s. Abbildung 70) (vgl. LEIMEISTER 2020, S. 130; s. WIRTZ U. EHRET 2019, S. 787f.). So kann der Anbieter als Hersteller des Objektes das Eigentum während der Vertragslaufzeit bzw. über die Vertragslaufzeit hinaus behalten oder zu Beginn bzw. nach Beendigung des Vertrages an den Kunden abgeben. Zwischen diesen Alternativen existiert zudem die Möglichkeit, bei der Finanzierung mit einem Finanzinstitut zusammenzuarbeiten, das über die reine Vergabe eines Kredites an den Anbieter oder den Kunden hinausgeht. (vgl. MEIER 2004, S. 8; vgl. GUTMANNSTHAL-KRIZANITS 1994, S. 135ff.)

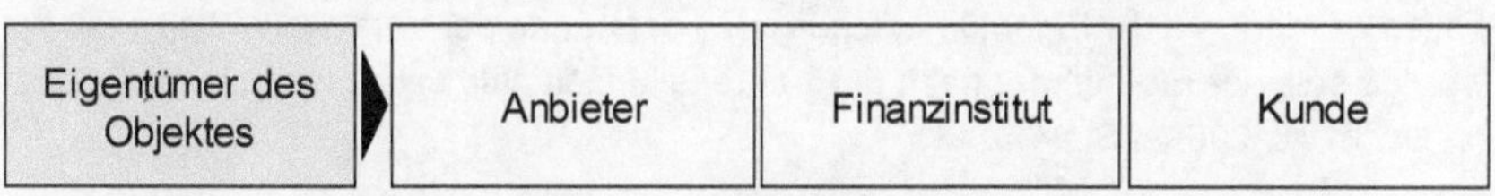

Abbildung 70: Ausprägungen der Gestaltungsgröße *‚Eigentümer des Objektes'*

Durch die Einbindung von Finanzdienstleistern können die Effekte auf die Bilanz des Anbieters oder des Kunden reduziert werden (s. MEIER 2004, S. 8). Werden die Investitionskosten durch eine andere Partei als durch den Anbieter des Subskriptionsmodells getragen, kann das Risiko einer Überschuldung reduziert werden. Zu bilanzieren hat das Objekt der wirtschaftliche Eigentümer, der vom zivilrechtlichen Eigentümer abweichen kann und beispielsweise bei einem Sale-and-lease-back die Leasingbank darstellt (s. GRUNDMANN 2019, 39, 95; s. NORMANN 2014, S. 326f.; s. SIEBERT 2009, S. 22ff.; s. SEIFERT 2004, S. 251).

Möglichkeiten der Zusammenarbeit mit einem Finanzinstitut, hier am Beispiel einer Factoring- bzw. Forfaitierungsgesellschaft oder einer Leasingbank, sind in Abbildung 71 dargestellt.

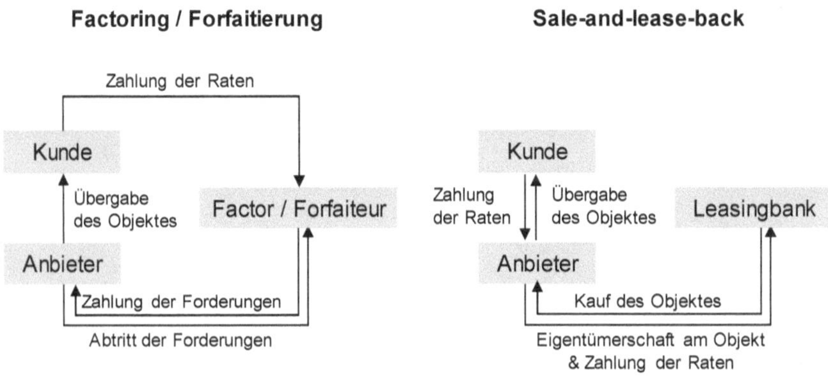

Abbildung 71: Zusammenarbeit mit Finanzinstituten (eigene Darstellung)

Im Rahmen des Factorings werden Forderungen an eine Drittpartei, üblicherweise Factoringgesellschaften, abgegeben (s. KEITEL 2008, S. 95). Anders als beim Factoring wird unter Forfaitierung die Abgabe einer mittel- bis langfristigen Forderung verstanden. Beim Anbieter verbleibt das Risiko, für Mängel am Objekt verantwortlich zu sein, weitere Risiken gehen auf das Finanzinstitut über. Zu beachten ist hierbei, dass der Schuldner (der Kunde) vertraglich ein Abtretungsverbot der Forderung verlangen kann. (s. GRUNDMANN 2019, S. 133ff.; s. KARSTEN 2001, S. 427ff.) Beim Sale-and-lease-back wird durch Umwandlung des Anlagevermögens (das Objekt) in flüssige Mittel Liquidität geschaffen. Das Anlagevermögen wird an eine Leasingbank verkauft, gleichzeitig wird ein Leasingvertrag geschlossen, der das Recht zur Nutzung definiert (s. GRUNDMANN 2019, S. 8; s. BECKER 2010, S. 220). Vertraglich kann zudem festgehalten werden, wie die Eigentümerschaft nach dem Ende der Vertragslaufzeit gestaltet werden soll, der Eigentümer nach der Vertragslaufzeit also sein Eigentum ggf. abgibt (s. LAY ET AL. 2009a, S. 447).

Der Großteil der Unternehmen aus der Fallstudienerhebung generiert derzeit nur einen geringen Teil seines Gesamtumsatzes durch Subskriptionsmodelle. Gerade zu Beginn, bei nur einer geringen Anzahl von Kunden, stellt die Finanzierung der Objekte damit oftmals keine Herausforderung dar. Durch eine eigenständige Finanzierung des Objektes bieten sich kürzere Entscheidungswege und die Möglichkeit, schneller Anpassungen am Geschäftsmodell vornehmen zu können. Mit einer wachsenden Anzahl von Kunden stellt sich allerdings zwangsläufig die Frage, wie die Finanzierung der Objekte erfolgen kann. Einzelne Unternehmen aus der Fallstudienerhebung evaluieren dazu bereits die beschriebenen Optionen hinsichtlich der Zusammenarbeit mit Finanzinstituten.

Einsatz von Versicherungen

Die Einbindung von Finanzinstituten kann auch im Rahmen von Versicherungen erfolgen und durchaus sinnvoll sein. Sind mögliche Situationen nicht vertraglich geregelt, trägt die damit einhergehende Gefahr der Eigentümer des Objektes (s. EHRET U. WIRTZ 2017, S. 117). Gegen Zahlung einer Versicherungsprämie können Risiken an Versicherungsunternehmen übergeben werden. Versicherer verpflichten sich im Falle eines Schadens, die vereinbarte Versicherungsleistung zu erbringen bzw. auszuzahlen. (s. KARTEN ET AL. 2018, S. 4) Im Rahmen von Projekten im Maschinen- und Anlagenbau haben sich folgende Versicherungen als Standardabsicherung etabliert (s. GUTMANNSTHAL-KRIZANITS 1994, S. 80):

- Sachversicherung (z. B. Objektversicherung, Transportversicherung, Feuerversicherung)
- Versicherungen gegen unvorhersehbare Forderungen (z. B. Haftpflichtversicherung)
- Versicherungen immaterieller Güter (z. B. Exportkreditversicherung)
- Versicherungen gegen Ertragsentgang (z. B. Betriebsunterbrechungsversicherung)

Üblicherweise nicht versicherbar sind schwer quantifizierbare Schäden aus Good-will-Verlusten, Störungen des Betriebsklimas, dem Verlust von Kunden usw. (s. BUSSMANN 1979, S. 1584). Aus Versicherungsperspektive wird ein Risiko nicht differenziert als Chance und Gefahr betrachtet, sondern als Gefahr, da diese für einen Versicherer entscheidend ist (s. KISZKA 2018, S. 5). Aus Sicht des Anbieters ergeben sich verschiedene Gründe, eine Gefahr zu versichern. Grundsätzlich wird zwischen Gefahren, bedingt durch Zufälle, Veränderungen, Irrtümer und asymmetrische Informationsverteilung unterschieden (s. NGUYEN 2007, S. 75f.). Ob die Versicherung einer Gefahr durch einen Versicherer möglich ist, hängt vom jeweiligen Versicherer und dessen Einstellung darüber ab, ob die Gefahr durch ihn adäquat beurteilt werden kann (s. NGUYEN 2007, S. 86). Neben der grundsätzlichen Versicherbarkeit einer Gefahr ist zudem die Frage zu beantworten, ob der Kunde oder Anbieter die Versicherung abschließt. Vertraglich kann einerseits gefordert werden, dass der Kunde die Versicherung vor Beginn der Geschäftsbeziehung abschließt, andererseits kann der Anbieter die Versicherung im Leistungssystem und dem zugehörigen Preis inkludieren. Der Anbieter kann bei der Gestaltung des Subskriptionsmodells Versicherungen einbinden oder diese insbesondere aus Kostengesichtspunkten vermeiden (s. Abbildung 72).

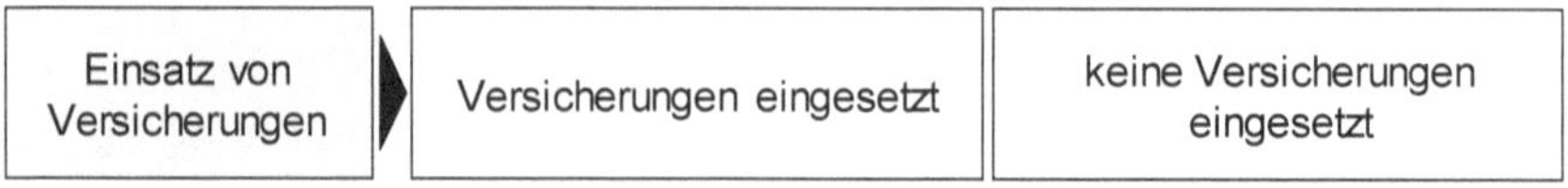

Abbildung 72: Ausprägungen der Gestaltungsgröße *‚Einsatz von Versicherungen‘*

Eine detaillierte Übersicht zu Kriterien, die neben den genannten Kriterien über die Versicherbarkeit einer Gefahr durch eine Versicherung entscheiden können, ist in Tabelle 7 dargestellt.

Tabelle 7: Kriterien der Versicherbarkeit (s. NGUYEN 2007, S. 87; s. HÖLSCHER ET AL. 1996, S. 13; s. JÄGER 2009, S. 68)

Kategorie	Kriterium	Anforderung
versicherungs-mathematisch	Gefahr	messbar
	Schadensereignis	unabhängig
	Höchstschaden	beherrschbar
	Durchschnittsschaden	moderat
	Schadenhäufigkeit	hoch
marktbedingt	Moral Hazard	nicht ausgeprägt
	Versicherungsprämie	angemessen
	Deckungsgrenzen	akzeptabel
	Branchenkapazität	ausreichend
gesellschaftlich	Moralische Werteordnung	versicherungszulässig
	Rechtssystem	

Insbesondere bei nicht bekannter oder nur ungefährer Einschätzbarkeit der Eintrittswahrscheinlichkeit einer Gefahr ist es eine individuelle Fallentscheidung, ob eine Versicherung möglich ist oder nicht. Eine Messbarkeit laut des ersten Kriteriums muss folglich nicht immer gegeben sein. Die Unabhängigkeit einer Gefahr erfordert wiederum, dass Gefahren nicht zu eng miteinander korrelieren dürfen, also ein Schadensereignis kein anderes Schadensereignis unmittelbar auslöst. Ob ein Schaden beherrschbar ist, hängt vom jeweiligen Versicherer ab. Üblicherweise wird dies aber durch die Höhe der im Schadensfall auszuzahlenden Prämie gedeckt. Aus den Kriterien „Durchschnittsschaden“ und „Schadenshäufigkeit“ lässt sich ableiten, dass insbesondere Schäden versicherbar sind, die häufig auftreten, allerdings ein geringes Schadensausmaß aufweisen, sodass nach dem Gesetz großer Zahlen die Einschätzung der Gefahr möglich ist. Als *Moral Hazard* wird der Fall bezeichnet, bei dem ein Versicherter sein Verhalten bzw. seine Gefahrenneigung aufgrund der Versicherung ändert. Um eine Versicherbarkeit zu gewährleisten, sollte dieser Effekt nicht ausgeprägt sein. Weitere marktbedingte Kriterien definieren zum einen eine Bezahlbarkeit des durch die Versicherung bestimmten Versicherungsbeitrages, andererseits die Bezahlbarkeit des Schadens durch die Versicherung bzw. Rückversicherer. Gesellschaftliche Kriterien definieren, ob eine Gefahr aus sowohl moralischer als auch juristischer Sicht zulässig ist. (s. NGUYEN 2007, S. 88) Steht die Versicherung durch eine externe Versicherung im Zweifel, besteht darüber hinaus die Option einer Selbstversicherung, bei welcher insbesondere größere, multinationale Unternehmen eine eigene Versicherungsgesellschaft gründen, um eigene Risiken an diese Versicherung auszugliedern (s. FASSE 1995, S. 90). Im Gespräch mit Unternehmensvertretern stellte sich heraus, dass ein Versicherungsunternehmen gemeinsam mit einem Unternehmen aus der Fallstudienerhebung derzeit daran arbeitet, auch Versicherungen für Produktionsausfälle anzubieten. Diese Versicherung würde nach heutigem Stand optional als Teil des Leistungsversprechens angeboten werden.

Zusammenfassung der Gestaltungsgrößen in der Dimension *Finanzen*

Die Gestaltungssgrößen der Dimension *Finanzen* und deren Ausprägungen sind in Abbildung 73 zusammenfassend dargestellt.

Gestaltungsgröße	Ausprägungen		
Bezugsgröße zur Preisbildung	objektzentriert	servicezentriert	
Art der Pönale	Vollerstattung	Teilerstattung	
Eigentümer des Objektes	Anbieter	Finanzinstitut	Kunde
Einsatz von Versicherungen	Versicherungen eingesetzt	keine Versicherungen eingesetzt	

Abbildung 73: Gestaltungsgrößen der Dimension *Finanzen* und deren Ausprägungen (eigene Darstellung)

5.3 Einflussgrößen von Subskriptionsmodellen

Bei Einflussgrößen handelt es sich um charakteristische Größen aus der Umwelt eines Subskriptionsmodells, deren Ausprägungen vom Anbieter nicht direkt beeinflusst werden können. Anders als eine Gestaltungsgröße, die direkt vom Anbieter beeinflusst werden kann, handelt es sich bei Einflussgrößen um gegebene Umstände im Umfeld des Anbieters (s. SAEBI ET AL. 2017, S. 567). Der Anbieter muss diese Einflussgrößen bei der Gestaltung des Subskriptionsmodells berücksichtigen und auf daraus entstehende Risiken reagieren. Risiken, die sich aus Einflussgrößen ergeben, können allerdings nur schwer in der Ursache verändert werden. Der Anbieter muss folglich auf die Wirkung reagieren können.

Angelehnt an die Dimensionen einer Branchenstrukturanalyse nach PORTER U. HEPPELMANN werden im Folgenden Einflussgrößen beschrieben, die einen Einfluss auf die Art des Subskriptionsmodells und die damit verbundenen Risiken aufweisen können. Mithilfe einer Branchenstrukturanalyse kann die Attraktivität eines Marktes auf Basis des dort stattfindenden Wettbewerbes evaluiert werden (s. PORTER U. HEPPELMANN 2014, S. 12). Die in diesem Zusammenhang analysierten Einflussgrößen operationalisieren die Dimensionen der Branchenstrukturanalyse und setzen sie mit der Gestaltung von Subskriptionsmodellen in Kontext. Die analysierten Einflussgrößen sind in Abbildung 74 dargestellt.

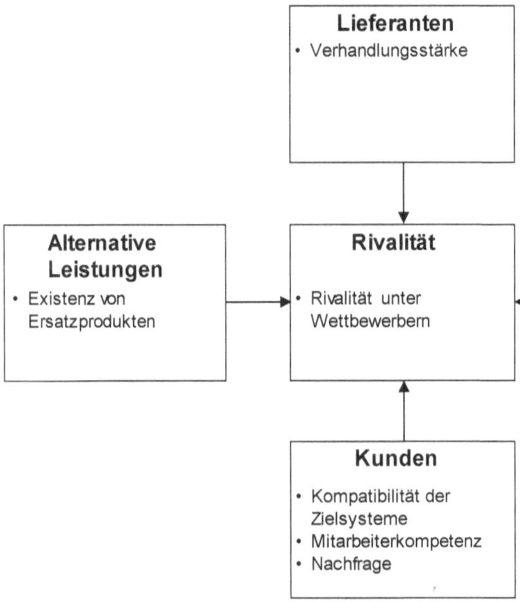

Abbildung 74: Einflussgrößen von Subskriptionsmodellen

Der Umgang mit Risiken stellt ein zentrales Merkmal von Subskriptionsmodellen dar. Anbieter sind verantwortlich für Gefahren beim Kunden; sie betrachten diese als Chance, die Geschäftsbeziehung auszubauen und zu intensivieren (s. REIM ET AL. 2016, S. 665; s. DOMBROWSKI ET AL. 2020, S. 302). Risiken stellen darüber hinaus allerdings auch ein charakteristisches Merkmal von Unternehmertum dar (s. JONEN 2007, S. 16). Somit versucht jedes Unternehmen, entlang der Wertschöpfungskette Chancen zu nutzen und Gefahren zu reduzieren. Der Eintritt von Gefahren entlang der Wertschöpfungskette kann dazu führen, dass in der Folge auch nicht direkt beteiligte Unternehmen mit der Wirkung eines Schadens umgehen müssen. Ist der Anbieter bei Subskriptionsmodellen für gewisse Gefahren des Kunden verantwortlich, kann dies dazu führen, dass auch Kunden des Kunden einen entscheidenden Einfluss auf die Entwicklung von antizipierten Risiken haben. (s. FAN U. STEVENSON 2018, S. 212; s. IVANOV 2018, S. 30). Die im Folgenden beschriebenen Einflussgrößen haben damit nicht nur eine Bedeutung für den Markt des Anbieters, sondern auch für weitere Kunden und Lieferanten entlang der Wertschöpfungskette.

Rivalität

Als Markt ist der physische oder virtuelle Ort definiert, bei dem ein Angebot von Wirtschaftsgütern mit der Nachfrage nach diesen zusammentrifft. Das Verhältnis aus Angebot und Nachfrage bestimmt die Rivalität auf dem Markt, beeinflusst den Preis und ist stark von der Lebenszyklusphase eines Produktes auf einem Markt abhängig. (s. HOMBURG 2017, S. 2; s. BARDMANN 2019, S. 215)

Die Lebensspanne von Produkten auf einem Markt kann in verschiedene Phasen unterteilt werden, die abhängig vom Autor unterschiedlich detailliert ausgeführt werden. Die klassische Darstellung eines Produktlebenszyklus stellt den Produktabsatz über die Zeit seit der Markteinführung dar (s. Abbildung 75). Die Lebenszyklusphase kann in die Einführungsphase, die Wachstumsphase, die Sättigungsphase und die rückläufige Phase untergliedert werden. (s. HERRMANN 2010, S. 70; s. KLEINALTENKAMP U. SAAB 2009, S. 56; s. LEVITT 1965, S. 82)

Die Einführungsphase ist durch geringe Verkaufszahlen und wenige Anbieter gekennzeichnet. (s. SCHUH U. BENDER 2012, S. 21; s. SPINDLER 2020, S. 188). In der anschließenden Wachstumsphase steigen die Verkaufszahlen signifikant; gleichzeitig nimmt die Anzahl von Wettbewerbern zu, was zu einem höheren Preisdruck führen kann (s. LEVITT 1965, S. 84; s. SCHUH U. BENDER 2012, S. 21; s. SPINDLER 2020, S. 189). In der Sättigungsphase nimmt der Preisdruck weiter zu und noch mehr Wettbewerber mit oftmals ähnlichen Produkten treten in den Markt ein. Die Nachfrage sinkt zudem. Um sich vom Wettbewerb zu differenzieren, werden verschiedene kleine Anpassungen am Produkt vorgenommen. Zudem wird intensives Marketing betrieben, um eine Markenbindung herzustellen (s. SCHUH U. BENDER 2012, S. 21; s. SPINDLER 2020, S. 190). Auch Serviceleistungen spielen hier eine zunehmend wichtigere Rolle (s. LEVITT 1965, S. 85). Unternehmen, die erwägen, Subskriptionsmodelle einzuführen, befinden sich oftmals in dieser Phase (HARLAND 2018). Die letzte Phase des klassischen Lebenszyklusmodells beschreibt einen rückläufigen Markt mit sinkender Nachfrage. Die sich bereits in der Sättigungsphase andeutenden Überkapazitäten werden hier offensichtlich. Zusammenschlüsse oder Käufe von Wettbewerbern finden statt. Der Markt konsolidiert sich zunehmend, da erste Wettbewerber zudem aufgrund sinkender Preise und Margen ausscheiden (s. LEVITT 1965, S. 85f.).

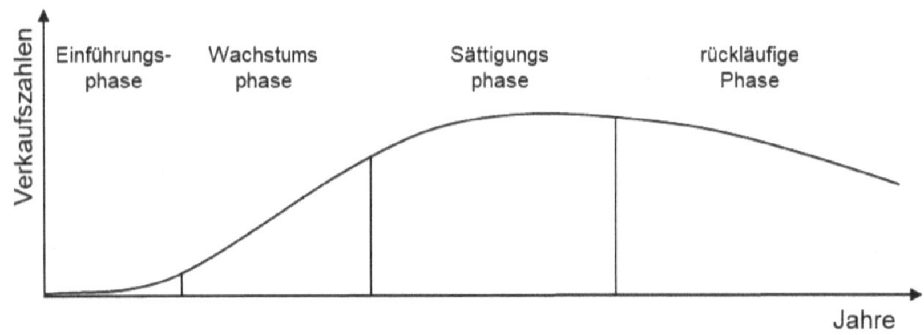

Abbildung 75: Lebenszyklusphasen eines Marktes (eigene Darstellung i. A. a. LEVITT 1965, S. 82)

Bei der Gestaltung von Subskriptionsmodellen hat der Anbieter die Lebenszyklusphase seines Marktes zu berücksichtigen, ohne selbst darauf Einfluss nehmen zu können. Ein Unternehmen, welches mit einem neuen Produkt einen neuen Markt erschließt, hat folglich gänzlich andere Parameter zu berücksichtigen als ein Unternehmen, welches die Einführung einer Produktverbesserung auf einem rückläufigen Markt im Rahmen eines Subskriptionsmodells erwägt. Im Rahmen der Fallstudienerhebung zeigte sich, dass Unternehmen in verschiedenen Lebenzyklusphasen die Einführung von Subskriptionsmodellen in Betracht ziehen. Neben bekannten Unternehmen aus dem Privatkundengeschäft wie u. a. Netflix oder Spotify verfolgen auch Unternehmen in gesättigten Märkten Subskriptionsmodelle (DMG MORI 2021; MÖLLER 2020; KIRCHHARTZ 2021). Insbesondere in der Sättigungsphase kann eine enge Kundenbindung wie durch ein Subskriptionsmodell einen entscheidenden Wettbewerbsvorteil darstellen, bis der Markt sich konsolidiert hat (s. YANG U. EVANS 2019, S. 1156).

Die Rivalität auf einem Markt kann anhand des Verhältnisses der Anzahl von Wettbewerbern zu Kunden beschrieben werden. (s. HUTZSCHENREUTER 2015, S. 21) Das Verhältnis aus Wettbewerbern zu Kunden kann niedrig oder hoch sein (s. Abbildung 76).

Rivalität unter Wettbewerbern	niedrig	hoch

Abbildung 76: Ausprägungen der Einflussgröße *‚Rivalität unter Wettbewerbern‘*

In Abbildung 77 sind Wettbewerbsformen im Überblick dargestellt. Bei Märkten, die stark von einem Unternehmen dominiert werden, also auf denen die von einem Unternehmen angebotenen Produkte nicht substituiert werden können und auf denen dieses Unternehmen zahlreiche Kunden aufweist, ist von einem Monopol die Rede. Beschränkte Monopole sind dadurch gekennzeichnet, dass das Angebot lediglich bestimmte Kundengruppen adressiert und das Angebot bilateraler Monopole sogar von nur jeweils einem Kunden nachgefragt wird (s. HUTZSCHENREUTER 2015, S. 22). Sind die Leistungen des Anbieters für die Prozesse des Kunden essentiell, so ist eine Kündigung des Subskriptionsmodells bei einer Monopolstellung quasi auszuschließen.

Kunden \ Wettbewerb	1	wenige	viele
1	bilaterales Monopol	beschränktes Monopson	Monopson
wenige	beschränktes Monopol	bilaterales Oligopol	Oligopson
viele	Monopol	Oligopol	Polypol

Abbildung 77: Überblick der Wettbewerbsformen (HUTZSCHENREUTER 2015, S. 23)

Mit zunehmender Anzahl von Wettbewerbern steigt die Anforderung für den Anbieter, eine mögliche Kündigung seiner Kunden bei einem Subskriptionsmodell durch beispielsweise Mindestlaufzeiten abzufedern. Entscheidend ist hierbei auch, ob Wettbewerber ebenfalls Subskriptionsmodelle anbieten und damit in direktem Wettbewerb stehen oder nur Teile des Leistungssystems anbieten. Erst durch die Kombination aus materiellen und immateriellen Komponenten des Leistungssystems über eine langfristige Geschäftsbeziehung wird der größte Mehrwert für den Kunden erbracht. Bieten Wettbewerber keine Subskriptionsmodelle an, so ergeben sich für den Anbieter durch die Transformation seines Geschäftsmodells auch in einem gesättigten Markt Wachstumschancen.

Märkte mit wenigen Anbietern und vielen Kunden kennzeichnen ein Oligopol. Die einzelnen Anbieter befinden sich hier in einer wechselseitigen Abhängigkeit. Die Aktivitäten eines Anbieters wirken sich dabei unmittelbar auf die Gewinne der anderen Anbieter aus. Senken einzelne Anbieter den Preis oder verbessern das Leistungsangebot ihres Subskriptionsmodells, so ist ein Wechsel von Kunden hin zum attraktiveren Anbieter zu erwarten, wenn dies vertraglich möglich ist.

Wenn wenigen Anbietern nur wenige Kunden gegenüberstehen, so spricht man hier von einem bilateralen Oligopol. Ein Markt mit vielen Anbietern sowie vielen Kunden wird als Polypol bezeichnet und weist eine verteilte Marktmacht auf.

Bei vielen Anbietern, die um genau einen Kunden konkurrieren, wird von einem Markt mit einem Monopson gesprochen bzw. beschränkten Monopson, falls nur wenige Anbieter auf dem Markt agieren. Hierbei liegt die Marktmacht insbesondere beim Kunden, der den vergleichsweise niedrigsten Preis einfordern kann. Durch Subskriptionsmodelle und die damit verbundenen Lock-in-Effekte kann hierbei versucht werden, den Kunden langfristig zu binden und ein Abwandern zum Wettbewerb zu verhindern. (s. HUTZSCHENREUTER 2015, S. 23)

Die Rivalität unter den Wettbewerbern eines Marktes kann durch verschiedene Faktoren beeinflusst werden. Langsam wachsende Märkte weisen einen deutlich intensiveren Wettbewerb auf, da das Wachstum einzelner Marktteilnehmer insbesondere über Verdrängung bestehender Marktteilnehmer erfolgen kann. Hohe Fix- oder Lagerkosten führen dazu, dass Unternehmen ihre Kapazitäten möglichst stark auszulasten versuchen. Verbunden mit vorhandenen Überschusskapazitäten hat dies einen preisfokussierten Wettbewerb zur Folge. (s. STEUERNAGEL 2017, S. 54; s. PORTER 1999, S. 54f.) Eine fehlende Differenzierung führt zu einer Erhöhung des Wettbewerbs, da eine Differenzierung hier insbesondere über den Preis und den Service eines Unternehmens erfolgen kann, sodass Subskriptionsmodelle eine Lösung darstellen können (s. YANG U. EVANS 2019, S. 1156; s. PORTER U. HEPPELMANN 2014, S. 47).

Kunden

Grundsätzlich kann eine erfolgreiche Zusammenarbeit zwischen Anbieter und Kunde nur erfolgen, wenn in einem kollektiven Zielsystem die Ziele beider Parteien kompatibel sind; entsprechend relevant ist diese Einflussgröße für die Gestaltung von Subskriptionsmodellen (s. SCHUH ET AL. 2020b, S. 283). Die Kompatibilität der Ziele kann nach BAUM anhand von fünf Vergleichsausprägungen differenziert werden, die aufgrund ihrer Allgemeingültigkeit auch für Subskriptionsmodelle genutzt werden (s. BAUM 2011, S. 67):

1. Identität: Das inhaltliche Ausmaß und die zeitliche Differenz zwischen Ist- und Sollzustand decken sich. Die Ziele gehören der gleichen Hierarchieebene an, sodass ihre Erfüllung gleichermaßen erfolgt.
2. Harmonie: Die Ziele können inhaltlich und zeitlich voneinander abweichen, auch wenn ein Ziel gleichzeitig die Verwirklichung eines anderen Zieles fördert.
3. Neutralität: Es besteht keine Korrelation der Ziele und die Einordnung der Ziele in der Hierarchieebene ist unbestimmt.
4. Beeinträchtigung: Die Erfüllung des Zieles eines Partners erfolgt nur zum Nachteil des anderen Partners, da sich die Ziele inhaltlich und zeitlich unterscheiden.
5. Widersprüchlichkeit: Das Ziel eines Partners steht im direkten Widerspruch zum Ziel des anderen Partners.

Die Fälle 1 und 5 können im Rahmen einer Kunden-Anbieter-Beziehung ausgeschlossen werden. Identische Ziele existieren in den wenigsten Fällen. Widersprüchliche, entgegengesetzte Ziele wiederum schließen eine erfolgreiche Geschäftsbeziehung aus. Beispielsweise liegt eine Widersprüchlichkeit im Sinne der Kompatibilität der Zielsysteme vor, wenn der Kunde an einer Output-Maximierung nicht interessiert ist, sondern einen Kostenfokus hat und die Gebühr für das Subskriptionsmodell zu minimieren versucht. Der 3. Fall wird zudem als Grenzfall zwischen dem 2. und 4. Fall angesehen. Hinsichtlich Subskriptionsmodellen ergeben sich somit harmonische und sich beeinträchtigende Zielsysteme (s. Abbildung 78). Dabei sind harmonische Ziele zu fördern und Konflikte durch beeinträchtigende Ziele aufzulösen. (s. SCHMIDT-SUDHOFF 1967, S. 120).

Kompatibilität der Zielsysteme	harmonisch	beeinträchtigend

Abbildung 78: Ausprägungen der Einflussgröße *‚Kompatibilität der Zielsysteme‘*

Die Umsetzung von Unternehmenszielen spiegelt sich auch in der Auswahl und Entwicklung von Mitarbeitern wider (s. MEFFERT ET AL. 2018, S. 150). Mitarbeiter des Kunden sind für den Erfolg eines Subskriptionsmodells von Bedeutung (s. LEE U. LEE 2020, S. 16). Die Kompetenz eines Mitarbeiters beschreibt „die bei Individuen verfügbaren oder durch sie erlernbaren kognitiven Fähigkeiten und Fertigkeiten, um bestimmte Probleme zu lösen sowie die damit verbundenen motivationalen, volitionalen und sozialen Bereitschaften, um die Problemlösungen in variablen Situationen erfolgreich und verantwortungsvoll nutzen zu können“ (s. ERPENBECK ET AL. 2017, XXI). Zur Beurteilung der Kompetenz eines Mitarbeiters können nach ERPENBECK ET AL. vier Dimensionen herangezogen werden:

- Personale Kompetenz: reflexiv-selbstorganisiertes Handeln einer Person
- Aktivitäts- und umsetzungsorientierte Kompetenz: aktives und gesamtheitlich-selbstorganisiertes Handeln
- Fachlich-methodische Kompetenz: geistig und physisch selbstorganisierte Lösung von sachlich-gegenständlichen Problemen
- Sozial-kommunikative Kompetenz: kommunikatives und kooperativ-selbstorganisiertes Handeln

Die Kompetenz eines Mitarbeiters ist folglich durch dessen Persönlichkeitseigenschaften, Erfahrungswissen, Qualifikation und Kommunikationsfähigkeiten bestimmt. (s. ERPENBECK ET AL. 2017, XXV). Grundsätzlich könnte diese Einflussgröße auch als eine Gestaltungsgröße aufgefasst werden. Eine Auswahl der auf Kundenseite am Subskriptionsmodell beteiligten Mitarbeiter durch Anbieter ist allerdings unwahrscheinlich, wenn der Kunde grunsätzlich für den Anbieter relevant ist und ggf. auch keine anderen Mitarbeiter zur Verfügung stehen. Die Kompetenz der Mitarbeiter des Kunden kann als hoch oder niedrig beurteilt werden (s. Abbildung 79).

Kompetenz der Kundenmitarbeiter	niedrig	hoch

Abbildung 79: Ausprägungen der Einflussgröße *‚Kompetenz der Kundenmitarbeiter‘*

Eine objektive Beurteilung der Kompetenz ist häufig schwierig (s. MALERI U. FRIETZSCHE 2008, S. 74). Eine objektive Einordnung der Qualifikationsniveaus kann allerdings entsprechend dem Deutschen Qualifikationsrahmen vorgenommen und als Indiz für die Kompetenz eines Mitarbeiters genutzt werden. Eine grobe Zuordnung kann in niedrige Qualifikationen (2-jährige Berufsausbildung oder weniger) und hohe Qualifikationen (3-jährige duale Berufsausbildung oder mehr) vorgenommen werden (s. BUNDESMINISTERIUM FÜR BILDUNG UND FORSCHUNG 2019, S. 3f.).

Weitere Einflussgrößen in der Dimension *Kunden* ergeben sich durch die Nachfrage. Die Nachfrage nach einer Leistung beschreibt, wie häufig Kunden eine Leistung je Periode benötigen. Mithilfe des Umfangs, der Dynamik, der Variabilität und der Fristigkeit der Nachfrage lässt sich das Nachfrageverhalten beschreiben (s. HONNÉ 2016, S. 89). Der Kunde benötigt die Leistungen des Anbieters, um seine eigene Nachfrage befriedigen zu können. Folglich muss der Anbieter seine Kapazitäten entsprechend der charakteristischen Nachfrage eines Kunden planen und sowohl die beim Kunden installierten Objekte als auch die eigenen personellen Ressourcen entsprechend dimensionieren. Die im Folgenden beschriebenen Merkmale, welche die Nachfrage im Kontext eines Subskriptionsmodells operationalisieren, bestimmen, inwieweit sich die Planung des Anbieters als korrekt herausgestellt hat.

Der Umfang der Nachfrage kann der Kapazität der in einem Unternehmen verfügbaren Ressourcen entsprechen, darüber oder darunter liegen und folglich als niedrig, mittel oder hoch bewertet werden (s. Abbildung 80) (s. FABRY 2014, S. 164f.). Mit dem Umfang der Nachfrage wird die jeweilige Höhe des marktseitigen Bedarfs beschrieben. Ist der Nachfrageumfang gering, so liegt die verfügbare Kapazität über der Nachfrage. Umgekehrt übersteigt die Nachfrage die verfügbare Kapazität bei einem hohen Nachfrageumfang, während sich bei einem mittleren Nachfrageumfang beide Größen etwa entsprechen. (s. HONNÉ 2016, S. 88)

Umfang der Nachfrage	niedrig (Nachfrage << Verfügbarkeit	mittel (Nachfrage ≈ Verfügbarkeit)	hoch (Nachfrage >> Verfügbarkeit)

Abbildung 80: Ausprägungen der Einflussgröße *,Umfang der Nachfrage'*

Die Kalkulation der erforderlichen Ressourcen erfolgt auf Basis der Dynamik sowie der Prognostizierbarkeit der Nachfrage. Schwankungen in der Nachfrage haben auf einen Dienstleister einen wesentlich größeren Einfluss als auf einen Produzenten physischer Güter. Während physische Güter produziert und gelagert werden können, ist dies bei Dienstleistungen nicht möglich. In Abbildung 81 sind idealisiert typische Verläufe der Nachfrage dargestellt.

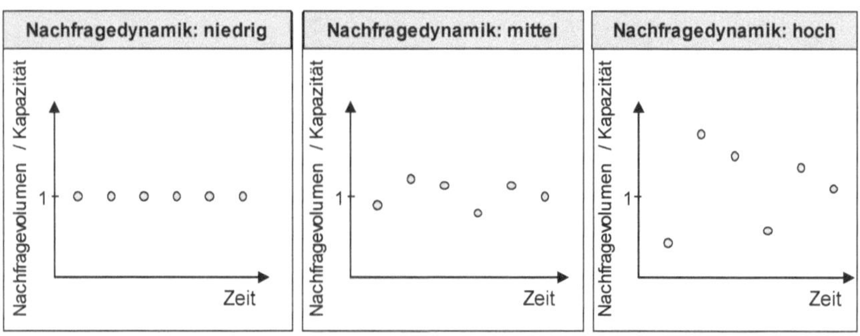

Abbildung 81: Verläufe der Nachfrage (eigene Darstellung i. A. a. FABRY 2014, S. 165)

Sind die Nachfrageschwankungen gering, so sind leichte Unregelmäßigkeiten des Zeitpunktes oder des kundenseitigen Kapazitätsbedarfs zu beobachten. Bei hohen Schwankungen lässt sich kein Muster in den Bedarfszeitpunkten und Umfängen erkennen. (s. Fabry 2014, S. 165) Mit der Dynamik der Nachfrage lässt sich die Varianz des Nachfrageumfangs beschreiben (s. Honné 2016, S. 89). Die Dynamik kann als niedrig, mittel oder hoch beschrieben werden (s. Abbildung 82)

Dynamik der Nachfrage	niedrig (gleichmäßig)	mittel (geringe Schwankungen)	hoch (starke Schwankungen)

Abbildung 82: Ausprägungen der Einflussgröße ‚Dynamik der Nachfrage'

Die Dynamik der Nachfrage wird nach Stöppler durch verschiedene Faktoren bestimmt. Dabei handelt es sich um konjunkturelle oder saisonale Schwankungen, durch Werbemaßnahmen oder Preisänderungen verursachte Sonderaktionen oder langfristige Trends, die von der Lebenszykluskurve des jeweiligen Marktes abhängen. Auch Zufallskomponenten mit unbekannter oder sehr komplexer Ursache können die Dynamik der Nachfrage bestimmen. Die verschiedenen Komponenten können sich auf additive oder multiplikative Weise überlagern. (s. Stöppler 1984, S. 18)

Anders als die Dynamik beschreibt die Variabilität nicht die Varianz im Umfang der Leistung, sondern auch die Varianz in der Art der nachgefragten Leistungen. Ist der Anteil der jeweils nachgefragten Leistungen stabil, so ist die Variabilität niedrig. Die Variabilität der Nachfrage kann als niedrig, mittel oder hoch beschrieben werden (s. Abbildung 83).

Variabilität der Nachfrage	niedrig	mittel	hoch

Abbildung 83: Ausprägungen der Einflussgröße *‚Variabilität der Nachfrage'*

Eine niedrige Variabilität der Nachfrage ist auf einen hohen Standardisierungsgrad des Leistungsportfolios zurückzuführen. Ist die Nachfrage sehr individuell, so ist die Variabilität der Nachfragte hoch. (s. Honné 2016, S. 91)

Ein weiteres Merkmal der Nachfrage ist die Fristigkeit. Die Fristigkeit wird als der Zeitraum definiert, der zwischen dem Nachfragezeitpunkt und dem geforderten Fertigstellungszeitpunkt entsteht. Es kann zwischen einer kurzen, mittleren und langen Fristigkeit unterschieden werden (s. Abbildung 84).

Fristigkeit der Aufträge	kurz (sofort) mit fixem Zieltermin	mittel (kurzes Zeitfenster)	lang (langes Zeitfenster)

Abbildung 84: Ausprägungen der Einflussgröße *‚Fristigkeit der Aufträge'*

Bei Verletzung des vorgegebenen Zieltermins kann dies zu einer negativen Wahrnehmung durch den Kunden bis hin zu ggf. damit verbundenen Pönalen führen. Die frühzeitige Erbringung der Leistung wird wiederum nicht immer wahrgenommen bzw. wertgeschätzt. Somit hängt der wahrgenommene Nutzen nicht von der Schnelligkeit der Bearbeitung ab, sondern von der Erfüllung der Leistung innerhalb des vorgegebenen Zeitfensters. (s. Fabry 2014, S. 167)

Lieferanten

Unter Lieferanten werden einerseits Unternehmen verstanden, die physische Vorprodukte oder Hilfs- und Betriebsstoffe herstellen. Andererseits zählen dazu auch Anbieter von Dienstleistungen. (s. Steuernagel 2017, S. 59) Letzeres ist insbesondere dann relevant, wenn der Anbieter für die Erbringung des Leistungsversprechens nicht alle Kompetenzen selbst aufweist und auf Unterstützung externer Unternehmen angewiesen ist (s. Porter u. Heppelmann 2014, S. 18).

Durch Preiserhöhungen oder Qualitätssenkungen drückt sich die Verhandlungsstärke eines Lieferanten aus. Je größer die Verhandlungsstärke eines Lieferanten ist, desto eher kann dieser die Rentabilität eines Subskriptionsmodell reduzieren (s. Porter 1999, S. 61f.). Die Verhandlungsstärke kann bei wenigen Lieferanten, aus denen gewählt werden kann, als groß bezeichnet werden und bei vielen Lieferanten als klein (s. Abbildung 85).

Verhandlungsstärke von Lieferanten	klein	groß

Abbildung 85: Ausprägungen der Einflussgröße *‚Verhandlungsstärke von Lieferanten'*

Bündelt der Anbieter verschiedene Leistungen im Subskriptionsmodell und definiert dafür eigenständig einen Preis, so wirkt sich eine Veränderung der Konditionen, zu denen Lieferanten beispielsweise Verbrauchsmaterialien an den Anbieter verkaufen, auf dessen Profitabilität aus, falls sich keine Alternativen zu diesem Lieferanten bieten. Auch eine veränderte Qualtität kann sich auf die Profitabilität auswirken, wenn die Erfüllung des Leistungsversprechens dadurch beeinträchtigt wird.

Neue Wettbewerber

Neue Anbieter steigen häufig mit signifikanten Ressourcen in einen Markt ein und ändern die auf dem Markt verfügbaren Kapazitäten. Die Profitabilität einzelner Aufträge wird durch Preiskämpfe gesenkt und die Kosten etablierter Unternehmen auf dem Markt steigen. Auch der Kauf eines Marktteilnehmers mit dem Ziel der Diversifizierung kann wie ein Einstieg eines neuen Anbieters auf den Markt angesehen werden, da damit Unruhe in den Markt eingebracht wird. (s. Porter 1999, S. 37; s. Steuernagel 2017, S. 52). In der Folge besteht die Möglichkeit, dass Kunden zu neuen Wettbewerbern wechseln. Erschwert wird dies durch Markteintrittsbarrieren, die den Einstieg in einen Markt behindern. Diese können *hoch* bzw. *mehrere wesentliche*, *mittel* bzw. *nur wenige wesentliche* oder *niedrig* bzw. *keine wesentlichen* sein, wenn nur wenige unwesentliche Barrieren vorliegen (s. Abbildung 86).

Markteintritts-barrieren	niedrig (keine wesentlichen)	mittel (wenige wesentliche)	hoch (mehrere wesentliche)

Abbildung 86: Ausprägungen der Einflussgröße *‚Markteintrittsbarrieren'*

Die Existenz von Markteintrittsbarrieren beeinflusst die Gestaltung des Subskriptionsmodells. Existieren beispielsweise mehrere wesentliche Markteintrittsbarrieren, bieten sich dem Kunden möglicherweise keine Alternativen zu den Leistungen des Anbieters. Entsprechend kurz könnte dieser die Vertragsbindung festlegen. Porter nennt verschiedene Formen von Markteintrittsbarrieren (s. Porter 1999, S. 37ff. ; s. Porter u. Heppelmann 2014, S. 15ff.; s. Steuernagel 2017, S. 53ff.)

- Durch Skaleneffekte sinken die Kosten je produzierter Einheit bzw. erbrachter Leistung. Neuanbieter sind somit gezwungen, entweder mit hohen Produktionsvolumen einzusteigen und damit ein direktes Zeichen an etablierte Marktteilnehmer zu senden oder niedrige Produktionsvolumina zu höheren Kosten zu akzeptieren. Skaleneffekte sind bei physischen und digitalen Gütern allerdings unterschiedlich zu bewerten (s. Leimeister 2020, S. 57).
- Aufgrund von Käuferloyalität bzw. der Bekanntheit der Marke müssen neue Marktteilnehmer Mittel aufwenden, um die bestehende Käuferloyalität zu überwinden. Dies ist mit zeitlichem Aufwand und Verlusten in der Einstiegsphase verbunden. Investitionen in den Markenaufbau führen zudem dazu, dass bei Fehlschlag kein Restwert des investierten Kapitals mehr vorhanden ist.
- Wenn zunächst Kapital investiert werden muss, um beispielsweise Produktionsanlagen aufzubauen, in Forschung und Entwicklung zu investieren oder verstärkt Werbemaßnahmen zu initiieren, so ist Kapitalbedarf eine entscheidende Markteintrittsbarriere.
- Bei Wechsel des Anbieters entstehen für den Kunden Umstellungskosten wie beispielsweise Schulungskosten für Mitarbeiter, Kosten für ggf. Zusatzgeräte usw. Im Fall von hohen Umstellungskosten müssen Neuanbieter über beispielsweise niedrigere Preise, verglichen mit dem Wettbewerb die Attraktivität eines Wechsels aufzeigen können. Zudem können etablierte Marktteilnehmer durch im Produktdesign integrierte IT-Systeme zahlreiche Daten über ihre Kunden sammeln und diese zur Erhöhung der Kundenbindung einsetzen.
- Da bestehende Vertriebskanäle in vielen Fällen bereits von etablierten Marktteilnehmern bedient werden, müssen neue Marktteilnehmer entweder gänzlich neue Vertriebskanäle schaffen oder mit kostenintensiven Maßnahmen bestehende Kanäle von sich überzeugen.
- Aufgrund branchenspezifischen Know-hows, des Zugangs zu Rohstoffen, günstiger Standorte oder des Besitzes von Produkttechnologien können neuen

Marktteilnehmern größenunabhängige Kostennachteile entstehen. Die Kostenvorteile sind somit nicht auf Mengenvorteile, sondern auf Erfahrungen auf dem entsprechenden Markt zurückzuführen.

- Die letzte zu nennende Eintrittsbarriere ist auf die Politik eines Staates zurückzuführen. Durch staatliche Reglementierungen, die beispielsweise den Zugang zu Rohstoffen begrenzen oder Umweltauflagen erhöhen, kann sich die Dynamik eines Marktes verschieben.

Alternative Leistungen

Der ursprünglich verwendete Begriff „Ersatzprodukte“ wird für den Zweck dieser Arbeit abstrahiert und als „alternative Leistungen“ bezeichnet, um deutlich zu machen, dass es sich hierbei um sämtliche im Leistungssystem enthaltenen materiellen wie auch immateriellen Objekte und Dienstleistungen handeln kann. Verglichen mit dem Leistungssystem des Anbieters können viele, wenige oder keine vergleichbaren Ersatzprodukte existieren (s. Abbildung 87).

Existenz von alternativen Leistungen	keine vergleichbaren	wenige vergleichbare	viele vergleichbare

Abbildung 87: Ausprägungen der Einflussgröße *‚Existenz von alternativen Leistungen‘*

Anders als in den 1980er Jahren, als die Branchenstrukturanalyse entwickelt wurde, existiert heute eine größere Überschneidung zwischen den Dimensionen *Neue Wettbewerber* und *Alternative Leistungen*, da oftmals neue Wettbewerber mit alternativen Leistungen in den Markt einsteigen und diesen durch einen Zugang zu Kundendaten, digitalem Know-how und Kapital zu ihren Gunsten beeinflussen (s. STEUERNAGEL 2017, S. 52f.). Entsprechend besitzen die bei der Dimension *Neue Wettbewerber* beschriebenen Eintrittsbarrieren auch Gültigkeit, um alternativen Leistungen einen Eintritt in den Markt zu erschweren. Alternative Leistungen limitieren die Obergrenze der Preise, die von Marktteilnehmern verlangt werden können, ohne ihr Gewinnpotenzial zu gefährden. Insbesondere Leistungen mit attraktivem Preis-Leistungs-Verhältnis können die Gewinne auf einem Markt schmälern. Dazu zählen heutzutage insbesondere Leistungen, die auf Basis von Intelligenten Produkten entwickelt werden. (s. PORTER U. HEPPELMANN 2014, S. 16f. ; s. PORTER U. HEPPELMANN 2015, S. 101)

5.4 Zusammenfassung

In Abbildung 88 bis Abbildung 90 sind die in Kapitel 5 beschriebenen Gestaltungs- und Einflussgrößen zusammengefasst.

Gestaltungsgröße				
Fokus des Leistungsversprechens	Verfügbarkeit	Nutzung	Ergebnis	Wirtschaftlicher Erfolg
Arten betriebener Geschäftsmodelle	ausschließlich Subskriptionsmodelle		Subskriptionsmodelle als Zusatz zu bestehenden Geschäftsmodellen	
Standardisierungsgrad des Leistungssystems	niedrig (individuelle Inhalte)	mittel (teilweise individuelle Inhalte)	hoch (keine individuellen Inhalte)	
Wandlungsfähigkeit der Objekte	niedrig	mittel	hoch	
Integrierbarkeit des Leistungssystems	ja		nein	
Verkettungsgrad der Objekte	niedrig		hoch	
Repetierfaktoren im Leistungssystem	Produktionsmaterialien	Hilfsstoffe	Betriebsstoffe	keine
Vertragslaufzeit	Return-on-Investment innerhalb der Laufzeit		Return-on-Investment nicht innerhalb der Laufzeit	
Vertragsinhalte	hinreichend detailliert und flexibel		vollständig detailliert und flexibel	
Reifegrad	niedriges Entwicklungspotenzial		hohes Entwicklungspotenzial	
Internationalität	national		international	

Abbildung 88: Zusammenfassung der Gestaltungsgrößen von Subskriptionsmodellen (Teil 1/2) (eigene Darstellung)

Gestaltungsgröße	Ausprägungen			
Integrationsintensität	episodische Zusammenarbeit	kontinuierliche Zusammenarbeit	Leistungsorchestrator für den Kunden	
Ortsgebundenheit der Dienstleistungen	ortsgebunden	mobil	ortsunabhängig	
Ziele der Datenauswertung	Beschreibung	Diagnose	Vorhersage	Empfehlung
Art der Informationsbereitstellung	synchron	asynchron		
Güte statistischer Modelle	niedrig	mittel	hoch	
Bezugsgröße zur Preisbildung	objektzentriert	servicezentriert		
Art der Pönale	Vollerstattung	Teilerstattung		
Eigentümer des Objektes	Anbieter	Finanzinstitut	Kunde	
Einsatz von Versicherungen	Versicherungen eingesetzt	keine Versicherungen eingesetzt		

Abbildung 89: Zusammenfassung der Gestaltungsgrößen von Subskriptionsmodellen (Teil 2/2) (eigene Darstellung)

Einflussgröße	Ausprägungen		
Rivalität unter Wettbewerbern	niedrig		hoch
Kompatibilität der Zielsysteme	harmonisch		beeinträchtigend
Kompetenz der Kundenmitarbeiter	niedrig		hoch
Umfang der Nachfrage	niedrig (Nachfrage << Verfügbarkeit	mittel (Nachfrage ≈ Verfügbarkeit)	hoch (Nachfrage >> Verfügbarkeit)
Dynamik der Nachfrage	niedrig (gleichmäßig)	mittel (geringe Schwankungen)	hoch (starke Schwankungen)
Variabilität der Nachfrage	niedrig	mittel	hoch
Fristigkeit der Aufträge	kurz (sofort) mit fixem Zieltermin	mittel (kurzes Zeitfenster)	lang (langes Zeitfenster)
Verhandlungs-stärke von Lieferanten	klein		groß
Markteintritts-barrieren	niedrig (keine wesentlichen)	mittel (wenige wesentliche)	hoch (mehrere wesentliche)
Existenz von alternativen Leistungen	keine vergleichbaren	wenige vergleichbare	viele vergleichbare

Abbildung 90: Zusammenfassung der Einflussgrößen von Subskriptionsmodelle (eigene Darstellung)

6 Beschreibung von Risiken in Subskriptionsmodellen

Der Strategie der angewandten Forschung nach ULRICH ET AL. folgend wird die Untersuchung des Anwendungsfalles mit der Beschreibung von Risiken in Subskriptionsmodellen in diesem Kapitel fortgesetzt. Durch die Übernahme von Risiken kann die Attraktivität des Geschäftsmodells erhöht und zunächst sichergestellt werden, dass Kunden überhaupt eine Geschäftsbeziehung im Rahmen eines Subskriptionsmodells in Betracht ziehen (s. REIM ET AL. 2016, S. 665; s. DOMBROWSKI ET AL. 2020, S. 302). Die Klassifizierung von Risiken erfolgt in diesem Kapitel entsprechend den in Kapitel 2.1 vorgestellten Klassifizierungsansätzen nach der Ursache von Risiken. Grund dafür ist die Latenz von Ursache und Eintritt eines Risikos. Um eine angemessene Reaktion auf die Wirkung eines Risikos zu ermöglichen, ist eine entsprechende Vorbereitung erforderlich. (s. SCHUH U. KAMPKER 2011, S. 450) Möglich ist dies nur, wenn bereits die Ursachen eines Risikos adressiert werden. Dieser Logik folgend werden die Risiken innerhalb der Geschäftsmodelldimensionen verortet, die auch zur Verortung der Gestaltungsgrößen verwendet wurden. Damit wird explizit das aktive Handeln des Anwenders hervorgehoben, um mit der Kenntnis der Ursache von Risiken diese aktiv zu beeinflussen.

Die Risiken ergeben sich aus den erhobenen Fallstudien, den in Kapitel 3.1 vorgestellten Ansätzen und Beiträgen von insbesondere BRAX (2005), ADRODEGARI ET AL. (2017), BURTON ET AL. (2017), HOU U. NEELY (2018), REIM ET AL. (2018), UUSKOSKI ET AL. (2018), ERKOYUNCU ET AL. (2019), GLAS ET AL. (2019), BRILLINGER ET AL. (2020), PAIOLA U. GEBAUER (2020), welche zudem auf Basis der Fallstudien detailliert und validiert wurden. Die Risiken werden den Empfehlungen BOUTELLIER ET AL. folgend als Szenarien beschrieben (s. BOUTELLIER ET AL. 2008, S. 45). Im Sinne einer Chance stellen diese Szenarien eine positive, im Sinne einer Gefahr eine negative Zielabweichung dar. Für die im Folgenden vorgenommene Beschreibung der Risiken von Subskriptionsmodellen dient somit die in Abbildung 91 dargestellte Struktur.

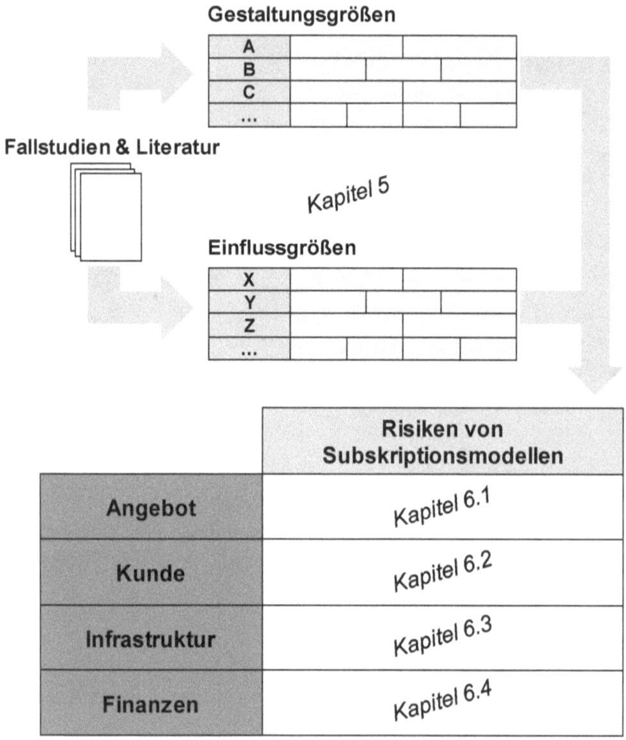

Abbildung 91: Struktur des Beschreibungsmodells zur Beschreibung von Risiken in Subskriptionsmodellen (eigene Darstellung)

Risiken von Subskriptionsmodellen sind abhängig von der Ausgestaltung des Subskriptionsmodells und der Umwelt des Unternehmens. Die in Kapitel 5 beschriebenen Merkmale der Gestaltungs- und Einflussgrößen bestimmen damit die Risiken, die sich mit einem Subskriptionsmodell für den Anbieter ergeben. Die grundsätzliche Wirkung von Einfluss- und Gestaltungsgrößen auf ein Risiko eines Subskriptionsmodells ist in Abbildung 92 als System dargestellt.

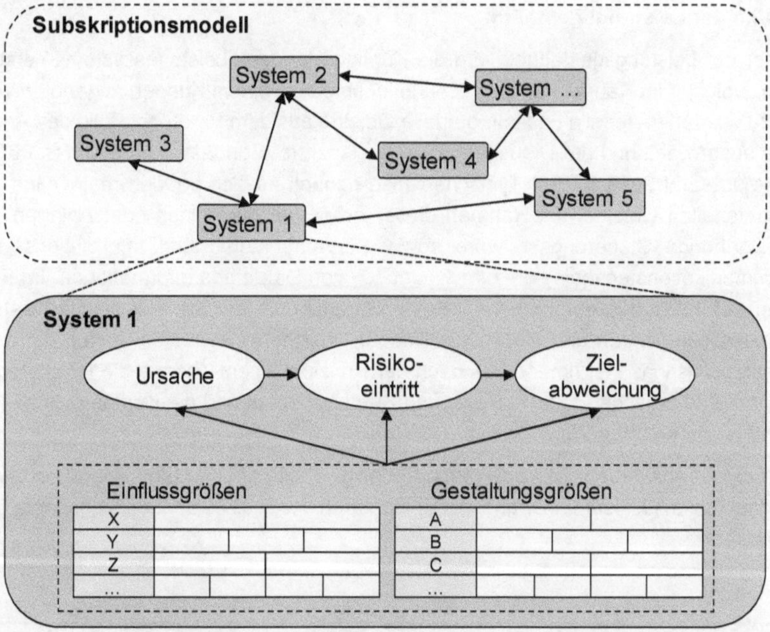

Abbildung 92: Interdependenzen in Subskriptionsmodellen (eigene Darstellung)

Das Eintreten einer Ursache eines Risikos kann mit einer bestimmten Wahrscheinlichkeit zum Eintreten eines Risikos führen. Der daraus resultierende Effekt wiederum führt zu einer Zielabweichung. Diese ist im Sinne einer Chance positiv, im Sinne einer Gefahr negativ. Die in Kapitel 6.5 beschriebenen Interdependenzen von Risiken können dazu führen, dass eine Verstärkung oder eine Verringerung des Risikos erfolgt (s. MERZ 2011, S. 55). Durch die Einfluss- und Gestaltungsgrößen werden sowohl Ursachen eines Risikos als auch die Eintrittswahrscheinlichkeit oder die Wirkung eines Risikos beeinflusst. (vgl. SCHRÖDER 2005, S. 59ff.).

Die im Folgenden fett markierten Wortpaare verweisen auf die jeweiligen Gestaltungs- und Einflussgrößen in Kapitel 5.2 und 5.3 (s. dazu die Übersicht in Kapitel 5.4).

6.1 Risiken in der Dimension *Angebot*

Risiken in der Dimension *Angebot* knüpfen an die Gestaltungs- und Einflussgrößen aus Kapitel 5 an. Die Risiken betreffen somit einerseits die Gestaltung der im Subskriptionsmodell angebotenen Leistungskomponenten, andererseits die daran geknüpften Vertragsmodalitäten. Darüber hinaus wird das Risiko in Bezug auf Katastrophen, bedingt durch äußere Einflüsse, beleuchtet, welche unerwarteterweise auftreten und eine große Wirkung auf das Subskriptionsmodell haben können.

Risiko der Leistungsgestaltung

Unter der Leistungsgestaltung wird die Konfiguration des Leistungssystems verstanden, welches im Rahmen eines Subskriptionsmodells einem Kunden angeboten wird. Dazu werden materielle und immaterielle Objekte aus dem Produktporfolio des Anbieters ausgewählt und um Dienstleistungen ergänzt. (s. SCHUH ET AL. 2020c, S. 601; s. SCHÖNSLEBEN 2019, S. 30) Typischerweise handelt es sich bei den materiellen und immateriellen Objekten im Rahmen dieser Arbeit um Maschinen oder Anlagen und dazugehörige Steuerungssoftware sowie Serverstrukturen und Informations- und Kommunikationstechnologien zum Austausch von Daten und Informationen. Im Rahmen des Leistungsversprechens werden Garantien vereinbart, welche die Leistung näher konkretisieren und diese dem Kunden zusichern. Garantien dienen dabei als absatzpolitisches Instrument, das nach der Prinzipal-Agent-Theorie die Informationsasymmetrie zwischen dem Anbieter und Kunden abbaut und die Kaufbereitschaft erhöht. (s. BAUMEISTER 2008, S. 39)

Im Folgenden werden die Auswirkungen der Gestaltungs- und Einflussgrößen (siehe Kapitel 5) als Auslöser für Chancen und Gefahren des Risikos der Leistungsgestaltung untersucht.

Chance:
Vielzahl neuer Kunden und Übernahme neuer Wertschöpfungsanteile beim Kunden

Im Rahmen der Leistungsgestaltung ergeben sich Chancen aus der Gewinnung neuer Kunden und auch aus der Gewinnung neuer Wertschöpfungsanteile bei vorhandenen Kunden (s. MÜLLER U. DÄSCHLE 2018, S. 6; s. BURTON ET AL. 2017, S. 2f.).

Neue Kunden können auf verschiedene Weisen gewonnen werden. Im Rahmen der Leistungsgestaltung ist dazu zunächst ein attraktives Leistungssystem zu konfigurieren und auf dieser Basis ein Leistungsversprechen zu entwickeln (s. KOLLOCH U. RECK 2019, S. 134). Die Kombination verschiedener Objekte und Services haben meist einen höheren Wert für den Kunden als die einzelnen Leistungen an sich (s. LEIMEISTER 2020, 59, 69; s. WEI ET AL. 2018, S. 1). Für die Entwicklung solcher Leistungssysteme ist die enge Einbindung der Serviceorganisation in die Entwicklung der Objekte erforderlich, um die Erfüllung des Leistungsversprechens in der Nutzungsphase sicherstellen zu können (s. SKLYAR ET AL. 2021, S. 46).

Die im Folgenden beschriebenen Auswirkungen verschiedener Gestaltungs- und Einflussgrößen sind Treiber dieser vom Kunden wahrgenommenen Attraktivität und damit maßgeblich entscheidend dafür, ob neue Kunden und Wertschöpfungsanteile mit dem Subskriptionsmodell gewonnen werden können.

Der **Fokus des Leistungsversprechens** kann dabei unterschiedlich ambitioniert und damit für den Kunden attraktiv sein. Wird beispielsweise eine bestimmte Verfügbarkeit garantiert oder auch nur ein ständiger Remote-Support, der die Verfügbarkeit von Ersatzteilen oder ähnlichem sicherstellt, ist die Attraktivität geringer, als wenn dem Kunden ein wirtschaftlicher Erfolg garantiert wird. Durch die Wahl der **Bezugsgröße zur Preisbildung** kann die Attraktrivität zusätzlich gesteigert werden. Der Kunde bezahlt insbesondere bei servicezentrierten Bezugsgrößen beispielsweise lediglich die tatsächlich erzielte Verfügbarkeit oder Nutzung (s. GRUBIC U. JENNIONS 2018, 212). Mit zunehmender Ambition steigt die Attraktivität der Leistung (s. THOBEN ET AL. 2017, S. 13; s. SONG U. SAKAO 2017, S. 1672). Die Attraktivität der Leistung beschreibt dabei grundsätzlich, inwieweit die individuellen Kundenprobleme gelöst und Kundenbedürfnisse mithilfe dieser Leistung erfüllt werden (s. HUTZSCHENREUTER 2015, S. 34; s. OSTERWALDER U. PIGNEUR 2011, S. 26; s. DOMBROWSKI ET AL. 2020, S. 298). Dies kann auch den **Standardisierungsgrad des Leistungssystems** betreffen. Sind die Objekte und Dienstleistungen standardisiert, kann sich das auf die Erfüllung der Kundenbedürfnisse auswirken. Gleichzeitig steigt der Bedarf nach Unterstützung und damit verbundenen Dienstleistungen, wenn die Objekte eine hohe Komplexität aufweisen. (s. BELZ ET AL. 1997b, S. 36) Da es sich bei Subskriptionsmodellen um ein kollaboratives Geschäftsmodell handelt, bei dem Anbieter und Kunde eng bei der Leistungserbringung zusammenarbeiten, ist der Anbieter auf die Mitwirkung des Kunden angewiesen (s. SCHUH ET AL. 2020c, S. 603). Ist der **Reifegrad** des Kunden gering, so ist der Kunde möglicherweise nicht in der Lage, bei einem ambitionierten Leistungsversprechen mitzuwirken. In diesem Fall kann der Anbieter durch eine hohe **Integrationsintensität** des Leistungssystems die Verantwortung für einzelne Wertschöpfungsanteile beim Kunden gewinnen und dadurch zum einen den Reifegrad des Kunden erhöhen und zum anderen das Leistungsversprechen sicherstellen. Durch Vorgabe der für die Nutzung der Maschine zu verwendenden **Repetierfaktoren** kann die Sicherstellung des Leistungsversprechens erhöht werden. Können Repetierfaktoren allerdings ausschließlich vom Anbieter bezogen werden, erhöht das die Abhängigkeit des Kunden vom Anbieter und von dessen Preisen und senkt die Attraktivität des Angebotes. Durch einen hohen **Verkettungsgrad der Objekte** kann die Leistung des Anbieters für die folgenden Prozessschritte erforderlich sein. Kunden würden in diesem Fall einen Wechsel des Anbieters aufgrund hoher Wechselkosten vermeiden und den Anbieter für den Einbezug in weitere Wertschöpfungsschritte in Betracht ziehen, um möglicherweise die Anzahl verschiedener, an der Wertschöpfung beteiligter Dienstleister gering zu halten. (s. BRUHN ET AL. 2019, S. 307)

Von Relevanz ist hierbei auch die **Kompatibilität der Zielsysteme.** Diese beschreibt, ob sowohl Anbieter als auch Kunde gemeinsame Interessen verfolgen, das Leistungsversprechen weiterentwickeln und die Beziehung intensivieren möchten (s. LINDHULT ET AL. 2018, S. 458). In Zeiten einer globalisierten Weltwirtschaft kann für einen Kunden dabei auch entscheidend sein, ob die Leistungen eines Anbieters auch im internationalen Umfeld angeboten werden. Durch den Export werden schließlich rund 60 % des Umsatzes im Maschinen- und Anlagenbau erwirtschaftet. (s. VDMA 2019, S. 4) Die **Internationalität** des Anbieters ermöglicht folglich einerseits, bestehende internationale Standorte des Kunden mit dem Subskriptionsmodell zu bedienen und andererseits, neue Standorte gemeinsam mit Kunden zu erschließen.

Bietet der Anbieter dem Kunden die Möglichkeit, nicht **Eigentümer der im Leistungssystem enthaltenen Objekte** sein zu müssen, so kann er mit seinem Angebot auch weniger finanzstarke Kunden adressieren. Dabei ergibt sich allerdings auch die Möglichkeit, dass Kunden das Angebot insbesondere aus finanzieller Sicht beurteilen und versuchen, ihre eigene finanziell instabile Position dadurch zu festigen.

Die Konfiguration des Leistungssystems und die Entwicklung von Leistungsversprechen sind in Verbindung mit der Situation auf dem Markt des Anbieters zu sehen. Sind die **Eintrittsbarrieren** auf diesem Markt hoch, ist der Druck, ein ambitioniertes Leistungsversprechen zu entwickeln, gering, wenn zusätzlich eine geringe **Rivalität der Wettbewerber** auf dem Markt herrscht (vgl. NEUMANN 1998, S. 6; s. LONG ET AL. 2016, S. 5337). Bei einer hohen Rivalität, sowohl auf dem Markt des Anbieters als auch auf dem Markt des Kunden, muss die Attraktivität des Angebotes entsprechend hoch sein, um bestehen zu können. (s. MOURTZIS ET AL. 2018, S. 93; s. LEIMEISTER 2020, S. 117) Der Markt des Kunden wird hier ebenfalls miteinbezogen, da es sich bei Subskriptionsmodellen um ein partizipatives, partnerschaftliches Geschäftsmodell handelt, und somit auch die Rivalität auf dem Markt des Kunden ein entscheidender Faktor bei der Gestaltung des Subskriptionsmodells ist (s. SCHUH ET AL. 2020b, S. 291).

Chance:

Positionierung als Orchestrator des Ökosystems rund um das Leistungssystem

Eine weitere Chance entsteht durch die Positionierung des Anbieters als Orchestrator des Ökosystems rund um dessen Leistungssystem (s. SKLYAR ET AL. 2019, S. 457; s. MANSARD U. CAGIN 2020, S. 11). In diesem Fall bündelt der Anbieter verschiedene Leistungen, die notwendig sind, damit der Kunde die vom Anbieter bereitgestellte Leistung nutzen kann. Dadurch kann der Anbieter seine Bedeutung für den jeweiligen Kunden steigern. Dazu kann es auch notwendig sein, Leistungsbestandteile fremder Anbieter in das Leistungssystem zu integrieren. Zu diesen Leistungen kann beispielsweise der Verkauf von **Repetierfaktoren** zählen, die der Anbieter nicht selbst produziert, aber für den Kunden einkauft und verwaltet. Dazu muss der Anbieter eine hohe **Integrierbarkeit des Leistungssystems** zulassen.

Auch die Finanzierung der im Leistungssystem enthaltenen Objekte kann einen Leistungsbestandteil darstellen. Dabei kann der Anbieter den Kunden an Finanzinstitute als Partner für die Finanzierung der im Leistungssystem enthaltenen Objekte verweisen. Abhängig von der Art der gewählten Finanzierung variiert damit der **Eigentümer der im Leistungssystem enthaltenen Objekte**. Gleiches gilt für Versicherungsunternehmen, die den Kunden durch den Anbieter Versicherungen für das Leistungssystem bieten können. Bietet der Anbieter von Subskriptionsmodellen **Versicherungen** für den Katastrophenfall als Bestandteil des Leistungsbündels an, kann die Versicherungsprämie für den Kunden im Vergleich gering ausfallen. Aufgrund von Skaleneffekten kann der Anbieter eine attraktivere Versicherungsprämie anbieten, als wenn der Kunde eigenständig eine Versicherung abschließen würde.

Gefahr:

Fähigkeiten für Erfüllung des Leistungsversprechens unzureichend

Anknüpfend an die Möglichkeit, viele neue Kunden durch attraktive Leistungsangebote gewinnen zu können, schließt sich die Gefahr an, dass der Anbieter nicht die erforderlichen Fähigkeiten besitzt, die daran geknüpften Leistungsversprechen erfüllen zu können (s. MEHTA ET AL. 2016, S. 81). Wesentlich ist hierbei, dass die Anforderungen, die sich aus dem Leistungsversprechen ergeben, erfüllt werden können. Dazu ist sicherzustellen, dass die Objekte in enger Abstimmung mit der Serviceabteilung des Anbieters entwickelt werden, damit diese einen fehlerfreien Betrieb in der Nutzungsphase sicherstellen kann (s. SKLYAR ET AL. 2021, S. 44).

Der **Fokus des Leistungsversprechens** muss im Kontext des **Reifegrades des Kunden** betrachtet werden. Der wirtschaftliche Erfolg des Kunden kann durch den Anbieter beispielsweise nur gewährleistet werden, wenn der Kunde überhaupt das Potenzial aufweist, erfolgreich sein zu können. Zu beurteilen ist dies auf Basis seiner derzeitigen Organisation, den zur Verfügung stehenden Ressourcen, verwendeten IT-Systemen und der vorherrschenden Unternehmenskultur. Das Leistungsversprechen muss entsprechend bezogen auf die Ist-Situation des Kunden abgestimmt und die **Kompetenzen der Mitarbeiter** und der Reifegrad des Kunden insgesamt berücksichtigt werden. Stellt sich heraus, dass das Leistungssystem das Leistungsversprechen nur ungenügend abbildet, kann das **Pönalen** verursachen. Gleichzeitig bieten Pönalen einen Anreiz, dem durch entsprechende Vorentscheidungen, beispielsweise hinsichtlich der Konstruktion der Objekte, vorzubeugen (s. BAUMEISTER 2008, S. 20f.).Die einwandfreie Funktion des Leistungssystems ist folglich eine Grundvoraussetzung für ein erfolgreiches Subskriptionsmodell. Zu prüfen ist dabei, ob die Fähigkeiten des Anbieters zur Erfüllung des Leistungsversprechens ausreichend vorhanden sind. (vgl. ADRODEGARI ET AL. 2017, S. 1254; s. LEE U. LEE 2020, S. 3; s. NAGL U. BOZEM 2018, S. 2).

Ebenfalls erforderlich für die Sicherstellung des Leistungsversprechens ist das datenbasierte Wissen über die Nutzung der im Leistungssystem enthaltenen Objekte. Mithilfe dieses Wissens lassen sich **statistische Modelle** entwickeln, welche die Grundlage für datenbasierte Dienstleistungen darstellen und damit die Sicherstellung der im Leistungsversprechen enthaltenen Garantien ermöglichen. Bei einer garantierten Verfügbarkeit ist beispielsweise sicherzustellen, dass die Verfügbarkeit einer Maschine grundsätzlich durch den Anbieter abgeschätzt werden kann und zufällig auftretende, ungeplante Stillstände gering sind.

Falls neben Subskriptionsmodellen weitere **Arten von Geschäftsmodellen** existieren, die den transaktionalen Verkauf von Produkten oder Dienstleistungen beinhalten, steigt das interne Konfliktpotenzial in der Anbieterorganisation hinsichtlich Verantwortlichkeiten und kann Verwirrungen des Kunden bezüglich des jeweils richtigen Ansprechpartners zur Folge haben (vgl. ESCH ET AL. 2019, S. 12). Eine enge Verzahnung der jeweils zuständigen Abteilungen kann dem vorbeugen. Ansonsten besteht zudem die Gefahr, dass die Fähigkeiten der verantwortlichen Mitarbeiter und Abteilungen falsch eingeschätzt werden oder das Verständnis über ihre Rolle gegenüber dem Kunden nicht vorhanden ist. (s. BURTON ET AL. 2017, S. 16) Dies kann sich zu Lasten der (wahrgenommenen) Qualität der Leistung bzw. des Einhaltens des Leistungsversprechens auswirken.

Gefahr:
Verständnis über Geschäftsmodell beim Kunden nicht vorhanden

Eine weitere Gefahr ergibt sich aus der höheren Komplexität von Subskriptionsmodellen für den Vertrieb. Hinzu kommt, dass Subskriptionsmodelle nicht dem Branchenstandard, der durch das transaktionale Geschäft geprägt ist, entsprechen und somit geringes Wissen und hohe Unsicherheit diesbezüglich vorhanden sind (s. STOJKOVSKI ET AL. 2021, S. 24; s. PAIOLA U. GEBAUER 2020, S. 254).

Folglich ist sicherzustellen, dass der Anbieter die Bündelung der verschiedenen Leistungsbestandteile und die damit verbundenen Garantien im Rahmen eines Subskriptionsmodells seinen Kunden gegenüber verständlich kommuniziert (s. MATHIEU 2001, S. 52; s. LONG ET AL. 2016, S. 5338). Dies fällt umso relevanter aus, je mehr Leistungsbestandteile im Leistungssystem integriert und je komplexer und ambitionierter zugehörige Garantien konzipiert sind. Da der Mehrwert des Subskriptionsmodells erst während der Nutzung für den Kunden deutlich wird, ist es vor Beginn der Geschäftsbeziehung umso dringlicher, Verständnis über den Mehrwert des Subskriptionsmodells beim Kunden zu schaffen (s. LINDHULT ET AL. 2018, S. 459). Das Verständnis für ein Subskriptionsmodell kann gesteigert werden, indem individuelle Leistungenssysteme für einzelne Kunden konfiguriert werden, einzelne Kundenprobleme somit individuell adressiert werden, der **Standardisierungsgrad des Leistungssystems** folglich niedrig ist (s. LONG ET AL. 2016, S. 5338). Gleichzeitig steigt die Komplexität während der Leistungserbringung, da einzelne Leistungen individueller am Kunden auszurichten sind. Eine dezidierte Beschreibung der zu erwartenden Leistung kann durch detaillierte **Vertragsinhalte** erzielt werden. Durch Einsatz detaillierter Lasten- und Pflichtenhefte kann dem Kunden transparant der Nutzen der Leistung aufgezeigt werden. Eine kurze **Vertragslaufzeit** bzw. die Möglichkeit einer Kündigung kann dabei das Angebot aus Marketingsicht attraktiver wirken lassen. Sie spiegelt das Selbstbewusstsein des Anbieters wider, eine Leistung für den Kunden zu bieten, die einen dauerhaften Mehrwert darstellt und daher keiner langen Vertragslaufzeit bedarf.

Gefahr:
Kannibalisierung bestehender Geschäftsbereiche

Werden verschiedene Leistungsbestandteile des Anbieters in einem Leistungssystem vereint, besteht die Gefahr, bestehende Geschäftsfelder zu kannibalisieren, wenn deren Leistungen parallel auch im Rahmen von Subskriptionsmodellen angeboten werden (s. BRILLINGER ET AL. 2020, S. 126). Damit steigt die interne Konkurrenz in den

Bereichen der Anbieterorganisation, die einzelne Leistungen davon anbieten. (s. WESTPHAL ET AL. 2016 - 2016, S. 1)

Wurde ein Unternehmen nicht als Anbieter von Subskriptionsmodellen gegründet und betreibt es verschiedene **Arten von Geschäftsmodellen**, ist die Organisationsstruktur oftmals klassisch nach Funktionen oder Bereichen untergliedert, die interne „Fürstentümer" fördern und eine End-to-end-Abbildung von Prozessen erschweren, wie es bei Leistungssystemen erforderlich ist (s. LEFKES ET AL. 2017, S. 566). Die Bündelung von Leistungen in einem Leistungssystem kann zudem aus strategischen Gründen ausgeschlossen sein, auch wenn diese eine sinnvolle Ergänzung zu den bereits im Leistungssystem enthaltenen Leistungen darstellen würde. Zu den strategischen Gründen kann beispielsweise die Preisdynamik zählen (s. STOPPEL 2016, S. 33). Dies hat zur Folge, dass sich die Konkurrenzsituation zugunsten des etablierten Geschäftsmodells verschiebt. Zu beachten ist hierbei der von CHRISTENSEN beschriebene Effekt des „Innovator's Dilemma". Demnach sind etablierte Unternehmen dazu gezwungen, auf Veränderungen in ihrem Geschäftsumfeld zu reagieren, selbst wenn sie dabei in Betracht ziehen müssen, ihr traditionelles Geschäft zu zerstören. Andernfalls würde dies durch neue Marktteilnehmer erfolgen. (s. CHRISTENSEN 1997, S. 11) Dies wird durch niedrige **Eintrittsbarrieren** begünstigt.

Risiko der Vertragsgestaltung

Die Ausgestaltung des Vertrages fixiert das Angebot für ein Subskriptionsmodell und die Beziehung zwischen dem Anbieter und dem Kunden. Dabei dient der Vertrag Kontroll- und Koordinationszwecken und präzisiert damit die vom Anbieter eingegangenen Risiken (s. BURIÁNEK 2009, S. 54f; s. ERKOYUNCU ET AL. 2019, S. 161; s. GLAS ET AL. 2019, S. 1078f.). Er detailliert die Verantwortlichkeiten des Anbieters und des Kunden und inzentiviert die Einhaltung des Vertrages durch die darin definierten Inhalte (s. REIM ET AL. 2016, S. 669). In Verträgen wird die Geschäftsbeziehung durch Definition des Wertschöpfungsbeitrages jedes Partners, der Verteilung des geschaffenen Wertes sowie des Vorgehens im Fall von Änderungsanforderungen bestimmt (s. BURIÁNEK 2009, S. 50).

Im Folgenden werden die Auswirkungen von den Gestaltungs- und Einflussgrößen (siehe Kapitel 5) als Auslöser für Chancen und Gefahren des Risikos der Leistungsgestaltung untersucht.

Chance:
Ausgestaltung des Vertrages steigert die Bereitschaft des Kunden für einen Vertragsabschluss für eine langfristige Geschäftsbeziehung

Der Anbieter bindet den Kunden in erster Instanz durch den Vertrag. Über die Laufzeit des Vertrages bilden sich neben der vertraglichen Bindung des Kunden weitere Parameter, welche die Bindung des Kunden erhöhen (s. BRUHN ET AL. 2019, S. 307). Insgesamt lassen sich diese unter der emotionalen Bindung zusammenfassen, die sich durch die intensive Zusammenarbeit im Rahmen eines Subskriptionsmodells ergibt. Die vertragliche Bindung zählt zur rationalen Bindung. Diese basiert einerseits auf Bindung durch Einhaltung des Vertrages. Andererseits wird die rationale Bindung auch durch eine kundenindividuell immer bessere Leistung bei gleichzeitig planbaren Kosten für den Kunden getrieben. In der Folge erscheint eine Beendigung der Geschäftsbeziehung für den Kunden objektiv nicht sinnvoll. (s. LAN ET AL. 2017, S. 2f.; s. TÖPFER 2008, S. 84). Für den Anbieter besteht somit die Chance, dass zunächst viele Kunden durch eine attraktive Ausgestaltung des Vertrages für das Subskriptionsmodell gewonnen werden können.

Grundsätzlich stellen lange Vertragslaufzeiten einen attraktiven Ausgangspunkt für eine Geschäftsbeziehung dar, wenn sowohl der Anbieter als auch der Kunde an einer langfristigen Partnerschaft Interesse haben. Dies manifestiert sich in einem einheitlichen Verständnis über die Ziele dieser Partnerschaft und damit in einer **Kompatibilität der Zielsysteme** beider Parteien. Wenn dieser Zustand über die Laufzeit des Vertrages beibehalten werden kann, kann der Anbieter davon augehen, dass der Kunde sowohl aufgrund emotionaler als auch rationaler Gründe kein Interesse an einer Kündigung hat (s. TÖPFER 2008, S. 84). Im Vorfeld kann der Anbieter seine Bereitschaft signalisieren, den Kunden aus der vertraglichen Bindung zu entlassen, falls das Subskriptionsmodell beim Kunden nicht das erwartete Ergebnis erzielen sollte. Durch eine nur kurze **Vertragslaufzeit** und die Möglichkeit, zu kündigen, kann der Anbieter somit Skepsis hinsichtlich des Subskriptionsmodells reduzieren. Durch teilweise flexibel gestaltete **Vertragsinhalte** kann der Anbieter zudem seine Intention unterstreichen, als Partner des Kunden auch Veränderungen in dessen Wertschöpfung und damit verbundene Anpassungen am Subskriptionsmodell mitzugestalten.

Hierbei ist allerdings auch das Marktumfeld zu berücksichtigen, auch wenn sich Veränderungen im Markt nur schwierig vertraglich berücksichtigen lassen (s. GUO U. NG 2011, S. 166; s. HUBERT 2019, S. 179). Sind die **Markteintrittsbarrieren** hoch, die **Rivalität unter Wettbewerbern** dabei niedrig und die **Existenz von alternativen Leistungen** nicht gegeben, begünstigt dies den Vertragsabschluss. Beabsichtigt der Anbieter insbesondere, Kunden für Subskriptionsmodelle zu gewinnen, wird dies begünstigt, wenn er zumindest für bestimmte Leistungen ausschließlich Subskriptionsmodelle anbietet und keine weiteren **Arten von Geschäftsmodellen betreibt**.

Gefahr:
Geringe vertragliche Absicherung des Anbieters ermöglicht opportunistisches Verhalten des Kunden

Die Gestaltung des Vertrages kann dazu führen, dass der Kunde die Vertragsdauer oder die Vertragsinhalte, die bewusst im Sinne des Kunden gestaltet wurden, dazu nutzt, um einen persönlichen Vorteil daraus zu ziehen, ohne dabei die Folgen für die Geschäftsbeziehung zu berücksichtigen. Somit haben auch Kunden ein Interesse an

Subskriptionsmodellen, die lediglich auf den eigenen, kurzfristigen Vorteil und nicht an einer langfristigen Partnerschaft Interesse haben. Opportunistisches Verhalten kann somit vor Beginn oder während der Geschäftsbeziehung in Form von unehrlichem und missverständlichem Verhalten auftreten (s. BURIÁNEK 2009, S. 88; s. PATHAK ET AL. 2020, S. 7). Ist die **Kompatibilität der Zielsysteme** nicht gegeben, kann dies als ein Indikator gewertet werden. Der Kunde enthält dem Anbieter somit bewusst Informationen vor, um einen Vorteil daraus ziehen zu können. Die **Internationalität** kann hierbei zu zusätzlichen Gefahren führen, da der Anbieter möglicherweise genau dann auf Informationen des Kunden angewiesen ist. Dies ist dann der Fall, wenn zwar der Kunde, aber nicht der Anbieter über Informationen hinsichtlich lokaler Gegebenheiten verfügt, die für die Erfüllung des Leistungsversprechens erforderlich sind.

Treiber dieses Verhaltens können unterschiedliche sein und in Problemen während des Betriebs oder gar frühzeitigen Kündigungen münden. Nimmt der Kunde die Möglichkeit einer frühzeitigen Kündigung wahr, so ergeben sich für den Anbieter erneute Kosten für die Auswahl und Koordination eines neuen Vertragspartners. Die kalkulierte Dauer bis zum Erreichen des Return-on-Investment, bei dem der Anbieter mit einem Subskriptionsmodell Gewinn erwirtschaftet, entspricht in der Regel der Dauer, in welcher der Kunde das Leistungssystem nutzen konnte, ohne den Betrag aufzubringen, der erforderlich gewesen wäre, um die gleiche Leistung in einem Transaktionsgeschäft zu kaufen. Je weiter dieser Punkt außerhalb der **Vertragslaufzeit** liegt, desto attraktiver ist die Vertragsbindung aus finanzieller Sicht für den Kunden. Ist der Kunde selbst nicht **Eigentümer des Objektes,** kann dies opportunistisches Verhalten fördern. Hat der Kunde bereits vor Beginn der Geschäftsbeziehung mit Liquiditätsproblemen zu kämpfen und ist lediglich aus Finanzierungssicht am Subskriptionsmodell interessiert, kann dies in einer Kündigung oder ausstehenden Zahlungen resultieren.

Durch einen hohen **Verkettungsgrad der Objekte** kann der Kunde zudem versuchen, Probleme nachgelagerter Prozessschritte auf die Leistungen des Anbieters zu beziehen, um dadurch Pönalen zu erhalten. Abhängig von der **Art der Pönale** wird dies begünstigt, wenn der Kunde keinen eigenen finanziellen Anteil trägt.

Die Geschäftsbeziehung kann für den Anbieter umso defizitiärer ausfallen, wenn eine Anschlussverwendung für die Objekte des Leistungssystems nicht sichergestellt ist (s. HOMBURG U. SCHMITT 2010, S. 524). Ob das Objekt nach Beendigung eines Subskriptionsmodells bei einem neuen Vertragspartner eingesetzt werden kann, wird durch die **Wandlungsfähigkeit des Objektes** bzw. der im Leistungssystem enthaltenen Objekte bestimmt.

Kommen für den Kunden auch alternative Leistungen zur Erfüllung seiner Bedürfnisse infrage, kann das opportunistisches Verhalten fördern. Der Kunde nutzt dabei die **Rivalität unter Wettbewerbern** auf dem Markt des Anbieters. Die **Existenz alternativer Leistungen** ist in engem Zusammenhang mit der Höhe der **Markteintrittsbarrieren** zu sehen. Ob das Leistungsversprechen für den Kunden attraktiv oder das gesamte

Leistungssystem noch erforderlich ist, kann sich durch alternative Leistungen maßgeblich ändern, insbesondere, wenn diese einen disruptiven Charakter aufweisen. (s. MOURTZIS ET AL. 2018, S. 93)

Gefahr:
Detaillierte vertragliche Absicherung des Anbieters senkt Bereitschaft des Kunden für einen Vertragsabschluss

Anknüpfend an die zuvor beschriebene Gefahr hinsichtlich opportunistischen Verhaltens des Kunden, kann auch ein gegenteiliges Szenario eintreten. Indem der Anbieter vertraglich detaillierte Regelungen für die Geschäftsbeziehung im Rahmen des Subskriptionsmodells trifft, kann er opportunistischem Verhalten des Kunden vorbeugen. Gleichzeitig kann der Anbieter damit die Chance reduzieren, durch die Ausgestaltung des Vertrages neue Kunden für eine langfristige Kooperation zu gewinnen (s. FREILING 2001, S. 467). Die Beziehung zum Kunden kann unter detaillierten Verträgen leiden, da in diesem Fall nicht eine für beide Vertragsparteien passende Lösung während möglicher Konflikte gesucht wird, sondern sich auf vertragliche Regelungen berufen wird (s. GUO U. NG 2011, 166, 171). Die Entscheidung über einen Vertragsabschluss entfernt sich somit von den an der Wertschöpfung beteiligten Personen und wird mit zunehmend komplexen Verträgen auf die Rechtsabteilungen der beteiligten Unternehmen übertragen.

Im Rahmen der Fallstudienerhebung hat sich gezeigt, dass einige Anbieter die Erfahrung gemacht haben, dass potenzielle Kunden aufgrund eines umfangreichen Vertragswerkes und detaillierter **Vertragsinhalte** von einem Vertragsabschluss abgehalten werden. Dies war insbesondere bei Kunden zu beobachten, bei denen es sich um kleinere Unternehmen handelt (vgl. PIALOT ET AL. 2017, S. 549). Ein gemeinsames Werteverständnis und eine **Kompatibilität der Zielsysteme** erhöhen die Leistungsfähigkeit einer Geschäftsbeziehung (vgl. CANNON ET AL. 2000, S. 191). Werden diese Zielsysteme allerdings in ein detailliertes Vertragswerk übersetzt, ohne zuvor ein gemeinsames Werteverständnis aufgebaut zu haben, kann dieser Effekt sich umkehren und einerseits den Beginn der Geschäftsbeziehung erschweren, andererseits der Geschäftsbeziehung langfristig schaden (s. GUO U. NG 2011, S. 166). Durch eine lange **Vertragslaufzeit** bzw. Zahlungen, die für den Anbieter sicherstellen, dass der Return-on-Investment noch während der Vertragslaufzeit erreicht wird, erhöht sich zwar die Planungssicherheit für den Anbieter, allerdings senkt dies ggf. die Attraktivität des Subskriptionsmodells aus Sicht des Kunden. Falls ein Return-on-Investment innerhalb der Vertragslaufzeit erreicht werden soll, muss entweder die zu zahlende Rate ausreichend hoch dimensioniert werden oder die Vertragslaufzeit entsprechend lang angesetzt werden. Dadurch kann die Attraktivität des Angebotes aus Kundensicht sinken.

Bei einem Markt mit einer hohen **Rivalität unter den Wettbewerbern** kann der Kunde zwischen vielen Anbietern wählen. Da die Laufzeit eines Vertrages ein entscheidender Faktor für oder gegen einen Anbieter sein kann, müssen Anbieter hier tendenziell kürzere Vertragslaufzeiten anbieten, um wettbewerbsfähig zu sein, als bei Märkten mit nur wenigen Wettbewerbern. (vgl. PORTER 1999, S. 58ff.) Auch hier ist die **Existenz alternativer Leistungen** zu sehen, in engem Zusammenhang mit der Höhe der **Markteintrittsbarrieren**.

Gefahr:
Langfristige Bindung von strategisch unwichtigen Kunden

Inwieweit einzelne Teile oder auch das gesamte Subskriptionsmodell zukünftig eine untergeordnete Rolle für den Anbieter darstellen werden, ist zum Zeitpunkt des Vertragsabschlusses nicht immer ersichtlich. Eine lange **Vertragslaufzeit** bedeutet für den Anbieter folglich auch eine Bindung an zukünftig möglicherweise unattraktive Kundensegmente oder Märkte, mit der Folge, beispielsweise Serviceleistungen oder Ersatzteile für die Dauer des Vertrages verfügbar zu haben (s. VAN WEELE U. EßIG 2017, S. 64; s. ERKOYUNCU ET AL. 2019, S. 167f.).

Risiko durch Katastrophen

Der Begriff „Katastrophe", oder auch „höhere Gewalt" (*force majeure*), ist nicht einheitlich definiert. Grundsätzlich eint alle Definitionen allerdings, dass es sich bei Katastrophen um Ereignisse handelt, die zum Zeitpunkt des Vertragsabschlusses nicht vorhersehbar waren und nicht zu verhindern sind sowie die Erfüllung des Vertrages zumindest temporär nicht ermöglichen (s. HANSEN 2020, S. 204; s. CASADY U. BAXTER 2020, S. 1078).

Die nur schwer antizipierbaren Ursachen, die zu einem wirtschaftlichen Schaden führen, stellen für alle an einem Subskriptionsmodell beteiligten Partner eine Gefahr dar (s. EHRET U. WIRTZ 2017, S. 122). Jedes Geschäftsmodell kann durch makroökonomische Ereignisse eingeschränkt oder verhindert werden. Aufgrund der Eigenschaften eines Subskriptionsmodells, insbesondere hinsichtlich des Bedarfs an Daten, der Langfristigkeit und Intensität der Partnerschaft sowie der Eigentümerschaft der im Leistungssystem enthaltenen Objekte, stellen diese Ereignisse eine wesentlich größere Gefahr für den Anbieter dar als bei herkömmlichen Geschäftsmodellen (s. GLAS ET AL. 2019, S. 1082; s. BRILLINGER ET AL. 2020, S. 127).

Anders als andere Risiken, die in dieser Arbeit beschrieben werden, können Katastrophen nicht ambivalent als Chance oder Gefahr aufgefasst werden, sondern stellen eine Gefahr für den Anbieter dar.

Im Folgenden werden demgemäß die Auswirkungen der Gestaltungs- und Einflussgrößen (siehe Kapitel 5) als Auslöser von Gefahren durch Katastrophen untersucht.

Gefahr:
Unklare Haftungsfrage für Schaden und Opportunitätskosten bei verhinderter Leistungserbringung

Versicherungsgesellschaften bieten für zahlreiche Formen von Katastrophen eine Versicherung an. Der **Einsatz von Versicherungen** deckt oftmals allerdings nur direkte Schäden ab, somit keine durch den Schaden verursachten Opportunitätskosten.

Opportunitätskosten entstehen sowohl dem Kunden als auch dem Anbieter, falls dieser eine servicezentrierte **Bezugsgröße zur Preisbildung** einsetzt. Bei dieser würde der vom Kunden zu zahlende Preis beispielsweise anhand der mit dem Objekt produzierten Menge ermittelt werden. Opportunitätskosten sind in einer gesonderten Versicherung abzusichern. Problematisch ist dabei die Ermittlung der erforderlichen Deckungssumme, die im Schadensfall zu Unstimmigkeiten zwischen Versicherer und Versicherungsnehmer führen kann (s. HÖLSCHER ET AL. 1996, S. 16). Um eine Versicherung nutzen zu können, muss die Schuldfrage geklärt werden können. Aufgrund eines hohen **Verkettungsgrades der Objekte**, bei denen teilweise der Anbieter, teilweise andere Parteien bestimmte Leistungen verantworten, kann die Klärung der Schuldfrage erschwert werden.

Katastrophen können in engem Zusammenhang mit der **Internationalität** des bedienten Kundensegmentes gesehen werden. Die sich daraus ergebenden Eigenheiten erfordern Erfahrungen, die nicht immer vorliegen (s. ZARPELON NETO ET AL. 2015, S. 464). So stellen Embargos eine Gefahr für die Einstellung der gesamten Anbieter-Kunden-Beziehung dar. Ein Embargo ist eine staatlich angeordnete Zwangsmaßnahme, mit der der Güterhandel mit einem bestimmten Staat unterbunden wird (s. WEERTH 2018; s. FASSE 1995, S. 111f.; s. HÖLSCHER ET AL. 1996, S. 21). Als sich in geringerem Ausmaß negativ auf die Geschäftstätigkeit auswirkende Faktoren sind zudem Zölle, Investitionsbeschränkungen oder Wechselkursschwankungen zu nennen. Währungsrisiken können an dieser Stelle durch Festlegung des im Vertrag gültigen Wechselkurses reduziert werden oder ebenfalls versichert werden (s. ISLER 2010, S. 15). Bei Außenhandelsgeschäften sind zudem zwei Rechtsordnungen anzuwenden: privatrechtliche und öffentlich-rechtliche Vorschriften (vgl. BRILLINGER ET AL. 2020, S. 127). Öffentlich-rechtliche Vorschriften können beispielsweise dazu führen, dass der Anbieter dazu verpflichtet ist, einen bestimmten Anteil Mitarbeiter vorzuweisen, die aus dem jeweiligen Land stammen. Gleiches kann für Hilfs- und Betriebsstoffe gelten und zu einem Trugschluss der damit verbundenen, versunkenen Kosten führen (vgl. ZARPELON NETO ET AL. 2015, S. 467).

Gefahr:

Kunde hat aufgrund von Katastrophe keinen Bedarf mehr bzgl. der Leistung des Anbieters

---

Voraussetzungen für diese Gefahr sind servicezentrierte **Bezugsgrößen im Hinblick auf Preisbildung** und die Möglichkeit, während der **Vertragslaufzeit** kündigen zu können. Bei globalen Katastrophen wie der COVID-19-Pandemie sind die langfristigen Effekte und damit verbundene Opportunitätskosten schwer abschätzbar. Ist beispielsweise keine vertragliche Mindestabnahmemenge vereinbart und der Bedarf des Kunden aufgrund der COVID-19-Pandemie wesentlich geringer, so muss der Anbieter mit geringeren Einnahmen oder sogar einer Kündigung rechnen. Die Bedeutung von Katastrophen nimmt mit zunehmender **Internationalität** des Marktes zu. Handelt es sich bei den Katastrophenszenarien um Embargos, kann dies die Bedienung eines Subskriptionsmodells unmöglich machen. Gleichzeitig kann aber auch der Bedarf des Kunden für die darin enthaltenen Leistungen entfallen, wenn die Kunden damit eigene Kunden in Embargostaaten bedient haben. Abhängig davon, wer der **Eigentümer des Objektes** ist, kann die **Wandlungsfähigkeit der Objekte** einen Wettbewerbsvorteil darstellen, wenn der Anbieter die Objekte mit geringem Aufwand einer neuen Verwendung zuführen kann.

6.2 Risiken in der Dimension *Kunden*

Risiken in der Dimension *Kunden* knüpfen an die Gestaltungs- und Einflussgrößen aus Kapitel 5 an. Die Risiken in der Dimension *Kunden* umfassen Bereiche aus der Zusammenarbeit mit dem Kunden, aus den Betriebsbedingungen beim Kunden sowie Bereiche aus der Verantwortung des Anbieters für den Arbeitsschutz beim Kunden.

Risiko der Zusammenarbeit

Subskriptionsgeschäftsmodelle sind durch eine enge Beziehung zwischen dem Anbieter und dessen Kunden gekennzeichnet (s. LEE U. LEE 2020, S. 2). Unter dem Risiko der Zusammenarbeit sind sämtliche Chancen und Gefahren summiert, die sich aus einer positiven oder negativen Zusammenarbeit im Rahmen eines Subskriptionsmodells ergeben (s. ERKOYUNCU ET AL. 2019, S. 166f.). Aufgrund des partizipativen Charakters eines Subskriptionsmodells und der damit verbundenen Gleichrichtung der Interessen ist es im Sinne sämtlicher Parteien, die Zusammenarbeit positiv zu gestalten (s. SUPPATVECH ET AL. 2019, S. 79).

Im Folgenden werden die Auswirkungen von den Gestaltungs- und Einflussgrößen (siehe Kapitel 5) als Auslöser für Chancen und Gefahren des Risikos der Zusammenarbeit untersucht.

Chance:
Steigerung der emotionalen Kundenbindung durch wertschöpfende Zusammenarbeit

Aufgrund der Eigenschaften (s. Kapitel 2.3) sind Subskriptionsmodelle darauf ausgelegt, eine starke Kundenbindung zu fördern (s. PAIOLA U. GEBAUER 2020, S. 250). Zurückzuführen ist dies auf die intensive Zusammenarbeit an gemeinsamen Zielen und der in diesem Zuge eng verzahnten Form der Wertschöpfung (s. SCHUH ET AL. 2020c, S. 603). Um eine emotionale Kundenbindung realisieren zu können, sind insbesondere drei Bedingungen durch den Anbieter zu erfüllen: Zunächst ist eine hohe Kundenzufriedenheit zu erreichen und Vertrauen hinsichtlich der Erfüllung zukünftiger Anforderungen zu schaffen. Darüber hinaus ist die aus Kundenperspektive faire Behandlung seitens des Anbieters in Problemsituationen entscheidend (s. Töpfer 2008, S. 93). Durch eine hohe Kundenbindung, sowohl auf rationaler als auch emotionaler Ebene, kann die Beziehung zum Kunden stabilisiert und ausgeweitet werden. Sie beeinflusst somit auch zukünftige Käufe und das Weiterempfehlungsverhalten des Kunden (s. Töpfer 2008, S. 82). Die durch die emotionale Kundenbindung manifestierten „weichen" Faktoren einer Geschäftsbeziehung nehmen somit eine essentielle Rolle für den langfristigen Erfolg eines Unternehmens ein (s. Schawalder et al. 2013, S. 13f.). Hierzu zählen sämtliche Faktoren, die aus der psychisch-emotionalen Perspektive eines Kunden für das Bestehen eines Subskriptionsmodells relevant sind (s. Moser 2015, S. 123). Die Basis für eine emotionale Kundenbindung wird während der Anbahnung eines Subskriptionsmodells gelegt und über die Laufzeit intensiviert (s. Schawalder et al. 2013, S. 14; s. Bruhn 2016, S. 238). Die Aufgabe eines jeden Mitarbeiters der Anbieterorganisation ist es, die Kundenbeziehung zu pflegen, eine Identität gemeinsam mit dem Kunden zu entwickeln und an den gemeinsam fixierten Zielen zu arbeiten (s. Guo u. Ng 2011, S. 163). Die beschriebenen Anforderungen gelten in gleichem Maße auch für Dienstleister, welche im Namen des Anbieters beim Kunden auftreten (vgl. Brax 2005, S. 151).

Besteht zwischen dem Anbieter und dem Kunden bereits eine lang andauernde Zusammenarbeit, so manifestieren sich eine gemeinsame Identität und eine **Kompatibilität der Zielsysteme** (s. Guo u. Ng 2011, S. 166; s. Schweiger 2009, S. 30). Hier hat die Kontinuität des für den Kunden empfundenen Mehrwertes einen Einfluss auf die Art der Kundenbindung. Wird der Mehrwert vom Kunden dauerhaft als hoch empfunden, geht die Kundenbindung über die rein vertragliche Bindung hinaus. Im Umkehrschluss stellt sich für den Kunden die Frage, ob eine Weiterführung der Partnerschaft gerechtfertigt ist, wenn der Kunde das Know-how des Anbieters zu großen Teilen bereits übernehmen konnte (vgl. Geissbauer et al. 2012, S. 167). In der Folge kann über eine Veränderung des **Fokus des Leistungsversprechens** ein neuer Mehrwert für den Kunden geschaffen werden. Stellt für den Kunden beispielsweise die Sicherstellung der Verfügbarkeit der Objekte keine Herausforderung mehr dar, kann das Leistungsversprechen hinsichtlich wirtschaftlicher Aspekte wie dem Energieverbrauch oder der Ausschussrate angepasst werden.

Einen weiteren Einfluss auf die Kundenbindung hat die Kommunikation und damit die **Ortsgebundenheit der Dienstleistung** (s. Töpfer 2008, S. 99). Entscheidend bei der Kommunikation sind neben verbalen Anteilen auch nonverbale Komponenten wie Gestik, Mimik und das gesamte Auftreten eines Mitarbeiters, die nur bei einer synchronen Informationsbereitstellung für den Kunden sichtbar sind (s. Argyle u. Michael 2013, S. 11f.). Erfolgt die Erbringung der Dienstleistung mit nur geringem persönlichen Kontakt zum Kunden vor Ort oder vollständig virtuell, fehlt diese Komponente.

Im Vorfeld kann der Anbieter gegenüber seinem Kunden einen Vertrauensvorschuss durch die **Vertragsinhalte** und die **Vertragslaufzeit** leisten. Durch detaillierte und unflexible Vertragsinhalte mit einer langen Laufzeit kann der Anbieter sich zwar absichern, signalisiert gleichzeitig allerdings mangelndes Vertrauen in die Substanz des Subskriptionsmodells bzw. in die Zusammenarbeit mit dem Kunden.

Bieten sich einem Kunden keine vergleichbaren, alternativen Leistungen, kann die Wahrscheinlichkeit der Kündigung als gering angesehen werden, solange das Leistungsversprechen durch den Anbieter selbst erfüllt wird und nicht durch Dritte. Je mehr Wissen über die Kundenbedürfnisse während der Vertragslaufzeit generiert wird, desto geringer kann der Einfluss von Ersatzprodukten auf eine Kündigung angesehen werden. Oftmals ist dieses Wissen entscheidender für die Kundenbindung als eine Technologieführerschaft (s. LONG ET AL. 2016, S. 5338).

Gefahr:
Unzureichendes Verständnis über partnerschaftliche Zusammenarbeit beim Kunden

Neben der Chance auf eine emotionale Kundenbindung durch eine wertschöpfende Zusammenarbeit kann auch das gegenteilige Szenario auftreten. Existiert auf Kundenseite kein Verständnis über die erforderliche Partnerschaft zwischen den Vertragspartnern, um das Leistungsversprechen zu erfüllen, sehen sich Mitarbeiter des Kunden schnell in die Rolle von „Aufsehern" gerückt, statt eines Partners, der an der Dienstleistungserbringung mitwirkt (s. SKLYAR ET AL. 2021, S. 39; s. GUO U. NG 2011, S. 171; s. NEELY 2008, S. 114; s. KOLLOCH U. RECK 2019, S. 125). Für die Mitarbeiter des Anbieters gilt es, dieses Verständnis beim Kunden zu schaffen und damit die Grundlage zu bilden, dass der Kunde sich im Rahmen des Leistungsversprechens verbessert. Neben der fachlichen Kompetenz sind damit soziale und persönliche Kompetenzen wie Freundlichkeit, Ruhe, Geduld, Gelassenheit usw. eine Voraussetzung für eine qualitativ hochwertige und kundenorientierte Leistungserstellung (s. ZINN ET AL. 2016, S. 172; s. STÜER 2015, S. 174; s. KOCH 2010, S. 141f.).

Das Verständnis über die Art und Weise der Zusammenarbeit sollte auf kultureller Ebene verankert sein und in einem gemeinsamen Werteverständnis von allen am Geschäftsmodell beteiligten Mitarbeitern auf Kunden- und Anbieterseite münden (s. BENEDETTINI ET AL. 2015, S. 952). Sichergestellt werden kann dies durch die **Kompatibilität der Zielsysteme** (vgl. ADRODEGARI ET AL. 2017, S. 1257). So würde es zu Problemen führen, wenn der Anbieter an einer Maximierung des Produktions-Outputs interessiert wäre, der Kunde hingegen versuchen würde, insbesondere den Produktions-Input zu optimieren. Ein harmonisches Zielsystem wäre in diesem Fall nicht gegeben.

Die **Ortsgebundenheit der Dienstleistung** und die **Integrationsintensität** entscheiden zudem über die Regelmäßigkeit der persönlichen Interaktion, die zwischen Anbieter und Kunde auftritt. Ist die Integrationsintensität niedrig, so findet nur eine episodische Zusammenarbeit statt. In diesem Fall wird die partnerschaftliche Beziehung aufgrund unregelmäßiger Interaktion geschwächt, wodurch beispielsweise Unklarheiten nicht direkt besprochen werden (s. LEE U. LEE 2020, S. 16). Hinsichtlich der Ortsgebundenheit der Dienstleistung ist trotz moderner Informations- und Kommunikationstechnologien bisweilen ein Zugang zum Objekt, beispielsweise zur Erbringung von Instandhaltungsdienstleistungen, notwendig. Bei einer nur episodischen Zusammenarbeit und geringer Interaktion mit dem Kunden vor Ort existieren nur gelegentlich angewandte, gemeinsame Prozesse. Aufgrund der mit der Dienstleistungserbringung verbundenen administrativen und logistischen Prozesse kann es in der Folge zu organisatorisch bedingten Wartezeiten kommen, bevor ein Zugang zum Objekt ermöglicht wird (vgl. WAWERLA 2008, S. 84; s. FABRY 2014, S. 144).

Die Gefahr ist auch hinsichtlich der **Internationalität** des bedienten Kundensegments zu prüfen. Gefahren hinsichtlich des gegenseitigen Verständnisses gehen dabei über die Sprache hinaus, sodass das Betreiben eines Geschäftsmodells mit zunehmender geographischer und kultureller Distanz zu größeren Problemen führen kann (s. RÖMISCH U. WEIß 2014, S. 396; s. ZARPELON NETO ET AL. 2015, S. 467; s. REIM ET AL. 2018, S. 154). Der interkulturellen Kompetenz von Mitarbeitern wird somit eine immer höhere Bedeutung beigemessen (s. ZINN ET AL. 2016, S. 172; vgl. GENKOVA U. SCHUBERT 2020, S. 104).

Gefahr:

Ungenügend qualifizierte Mitarbeiter des Kunden verursachen starken Verschleiß bis hin zu Schäden am Objekt

Technische Defekte an Objekten können auch durch Bedienfehler oder unsachgemäße Umbauten im Rahmen von Instandhaltungsdienstleistungen zustandekommen. Dies ist darauf zurückzuführen, dass einzelne Dienstleistungen eigenständig vom Kunden oder einem Dienstleister erbracht werden und sich das Objekt außerhalb des direkten Zugriffs des Anbieters befindet (s. WAWERLA 2008, S. 73; s. GLAS ET AL. 2019, S. 1082).

Die **Art der Pönale** entscheidet dabei, welcher Anteil der durch einen Schaden verursachten Kosten hinsichtlich der Störung des Leistungsversprechens durch den Anbieter getragen wird. Erfolgt eine Erstattung durch den Anbieter erst nach einem Selbstbehalt, so kann dies als Anreiz für den Kunden dienen, ein schadenvermeidendes Verhalten zu verfolgen. Den Kunden kann dies zudem inzentivieren, in die Kompetenz seiner Mitarbeiter zu investieren. (s. BAUMEISTER 2008, S. 21) Zur Vermeidung von Streitigkeiten kann zudem der **Einsatz von Versicherungen** dienen. Dadurch wird die Verantwortung für bestimmte Schäden externalisiert.

Abhängig von der **Integrationsintensität** verrichtet der Kunde bestimmte Dienstleistungen selbst. Dabei kann der Anbieter die Einhaltung von Prozessen, Qualitätsstandards und erforderlichen Kompetenzen für den Betrieb der im Leistungssystem enthaltenen Objekte nicht kontrollieren. Die Korrektur von Fehlern, verursacht durch den Kunden oder dessen Fremddienstleister, ist zudem aufgrund der fehlenden Weisungsbefugnis schwieriger als bei eigenen Mitarbeitern der Anbieterorganisation. Somit kann es einen Unterschied darstellen, ob der Fremddienstleister vom Kunden oder vom Anbieter ausgewählt wurde (vgl. SCHROEDER 2010, S. 145). Bei Mitarbeitern des Kunden ist eine entsprechende Kompetenz erforderlich bzw. muss diese **Kompetenz der Mitarbeiter** durch den Anbieter des Subskriptionsmodells hergestellt werden (s. BRUHN ET AL. 2019, 343, 368f.; s. ESSIG ET AL. 2016, S. 8). Werden Dienstleistungen durch einen Fremddienstleister erbracht, so muss zunächst ein geeigneter Dienstleister überhaupt verfügbar sein. Darüber hinaus muss dessen Personal über eine entsprechende Kompetenz verfügen (s. BLOß 1995, S. 142; s. REIM ET AL. 2018, S. 155). Auch der Einfluss eigener Mitarbeiter auf die Mitarbeiter des Kunden ist zu berücksichtigen (s. ZINN ET AL. 2016, S. 169). Die Rolle der eigenen Mitarbeiter kann sich dahingehend verändern, dass sie gegenüber den Mitarbeitern des Kunden eine Trainerrolle einnehmen (s. ERKOYUNCU ET AL. 2011, S. 134).

Da in die Beurteilung von Dienstleistungen immer eine subjektive Komponente einfließt, kann der Anbieter die Zufriedenheit des Kunden bei einem hohen **Standardisierungsgrad des Leistungssystems** besser beurteilen und darauf reagieren. Wird die Standardisierung allerdings genutzt, um bewusst niedrig qualifizierte Mitarbeiter in die Dienstleistungserbringung zu involvieren, kann das die Kundenzufriedenheit negativ beeinflussen. Dies ist der Fall, wenn die zu erbringende Tätigkeit ein Abweichen vom Standard erfordert, der Mitarbeiter aber nicht über eine entsprechende Kompetenz verfügt, um eigenständig eine geeignete Lösung zu erarbeiten. Standardisierung kann somit auch Bindungseffekte reduzieren (s. BAUMEISTER 2008, S. 36; s. JACOB U. KLEINALTENKAMP 2004, S. 607; s. MEIER 2004, S. 12; s. BRUHN 2013, S. 87).

Gefahr:

Betrug durch den Kunden

Betrug wird nach StGB als eine Vermögensschädigung mit Bereicherungsabsicht, herbeigeführt durch eine Irrtum erregende Täuschung, definiert (s. BERWANGER 2020). Es existiert eine Vielzahl von Möglichkeiten zum Betrug, denen nur durch die Kreativität des Verursachers Grenzen gesetzt sind. An dieser Stelle soll keine vollständige Übersicht möglicher Betrugsgegenstände im Rahmen von Subskriptionsmodellen vorgestellt werden. Im Rahmen der Fallstudienerhebung kamen allerdings einige Sachverhalte zur Sprache, welche eine Gefahr hinsichtlich Kunden mit betrügerischen Absichten darstellen. Diese sollen nun dargestellt werden.

Sind **Repetierfaktoren im Leistungssystem** enthalten, ist durch den Anbieter nicht immer abschätzbar, ob diese ausschließlich für die vertraglich definierten Prozesse genutzt werden. Handelt es sich bei der **Art der Informationsbereitstellung** um eine asynchrone Übermittlung von Informationen, die durch IT-Systeme an den Anbieter gemeldet werden, kann nicht die Fehlerfreiheit, allerdings die Wahrheit der Information gewährleistet werden. Unplausible Verbräuche oder Schadensmeldungen lassen sich dadurch leichter ermitteln. Wird beispielsweise die genaue Produktionsmenge erfasst, kann der Ressourcenverbrauch ermittelt und dadurch ein Entwenden von Produktionsmaterialien verhindert werden.

Darüber hinaus kann abhängig von der gewählten **Bezugsgröße zur Preisbildung** eine Manipulation stattfinden, mit dem Ziel, einen geringeren Preis für die in einer Periode erbrachte Leistung zu bezahlen. Weiterhin sind Szenarien denkbar, in denen der Kunde beispielsweise zu einem Zeitpunkt keinen Bedarf für die Leistung der im Leistungssystem enthaltenen Objekte hat und diese deshalb sabotiert, um für die Dauer des Defekts keine Zahlung leisten zu müssen oder sogar, um Strafzahlungen beziehen zu können. Ob der Kunde ein Anrecht auf Strafzahlungen hat, entscheidet die **Art der Pönale**, die vertraglich festgelegt wurde. Pönalen erfordern die klare Zuweisung von Verantwortlichkeiten. Insbesondere in strittigen Fällen können Betrugsfälle auftreten, bei denen Kunden als Garantieberechtigte strittige oder ungerechtfertigte Strafzahlungen zu beziehen versuchen. Nicht eindeutig definierte Verantwortlichkeiten und die damit einhergehende Unsicherheit bei einer Schuldzuweisung im Schadensfall bergen Konfliktpotenzial, das sich auf die Kundenzufriedenheit auswirken kann.

In Abhängigkeit von der **Integrationsintensität** ist der Anbieter in eine Vielzahl von Dienstleistungstätigkeiten involviert und ist je nach **Ortsgebundenheit der Dienstleistung** regelmäßig beim Kunden vor Ort. Die Gefahr des Betrugs kann dadurch gesenkt werden, da der Anbieter Kenntnis beispielsweise über Manipulationen am Objekt oder unplausible Verbräuche von Betriebsstoffen erhält.

Risiko der Betriebsbedingungen

Vor dem Vertragsabschluss werden Annahmen über die zu erwartenden Betriebsbedingungen und Anwendungsfälle für das Leistungssystem getroffen. Das diesbezügliche Grundverständnis wird dabei gemeinsam mit dem Kunden vereinbart und vertraglich fixiert (s. SCHUH ET AL. 2020b, S. 287). Dabei kann es über die Laufzeit des Vertrages zu Abweichungen zwischen den angenommenen und vertraglich vereinbarten sowie den tatsächlichen Betriebsbedingungen kommen.

Im Folgenden werden die Auswirkungen von den Gestaltungs- und Einflussgrößen (siehe Kapitel 5) als Auslöser für Chancen und Gefahren des Risikos der Betriebsbedinungen untersucht.

Chance:
Steigerung der Kundenbindung durch flexible Adaption des Leistungssystems auch auf nicht antizipierte Veränderungen der Betriebsbedingungen beim Kunden

Mit der Anpassung des Leistungssystems für die Lösung aktueller Kundenprobleme kann die emotionale Kundenbindung gesteigert werden. (s. TÖPFER 2008, S. 93). Neben der emotionalen Kundenbindung ist zudem die rationale Kundenbindung, auch als technisch-funktionale Gebundenheit bezeichnet, zu betrachten (s. BRUHN ET AL. 2019, S. 307). Diese beschreibt Lock-in-Effekte, die typischerweise aus Abhängigkeiten im Ersatzteilgeschäft, erforderlichen Updates für IT-Systeme oder auch hinsichtlich Erfahrungen im Umgang mit komplexen Produkten resultieren (s. ERKOYUNCU ET AL.

2019, S. 166; s. SUPPATVECH ET AL. 2019, S. 79). Verstärkt werden diese Effekte durch einen hohen **Verkettungsgrad der Objekte** in der Wertschöpfungskette des Kunden (s. BAUMEISTER 2008, S. 2; s. LEIMEISTER 2020, S. 56). Die Wahrscheinlichkeit einer Kündigung, die folglich eine Störung in der Wertschöpfungskette nach sich ziehen würde, wird somit reduziert.

Die Möglichkeit, ein Objekt entsprechend neuen Kundenanforderungen anzupassen, wird durch die **Wandlungsfähigkeit des Objektes** beschrieben. (s. FECHTER U. DIETZ 2020b, 156). Neben der Wandlungsfähigkeit des Objektes ist auch der Standardisierungsgrad der Dienstleistung, welcher durch die Gestaltungsgröße **Standardisierungsgrad des Leistungssystems** beschrieben wird, ausschlaggebend, um diese Chance nutzen zu können.

Gefahr:
Die realen Bedingungen und Anforderungen beim Kunden werden falsch abgeschätzt und die erwartete Leistung kann nicht oder nur mit Mehraufwand erbracht werden

Erst während der Nutzungsphase stellt sich wirklich heraus, ob das Leistungssystem mit den daran beteiligten Mitarbeitern das Leistungsversprechen beim Kunden erfüllen kann (s. PAIOLA U. GEBAUER 2020, S. 259). Falls die Rahmenbedingungen des Kunden im Vorfeld nur unzureichend analysiert wurden, kann es zu Diskrepanzen zwischen angenommenen und tatsächlichen Rahmenbedingungen beim Kunden kommen. Erfolgt dieser „Soll-ist-Abgleich“ erst während der Nutzungsphase, können sich zum einen die Objekte des Leistungssystems, zum anderen die am Geschäftsmodell beteiligten Mitarbeiter als nicht geeignet für die Erfüllung des Leistungsversprechens herausstellen (s. WESTPHAL ET AL. 2016 - 2016, S. 1). Weiterhin können sich über die Laufzeit des Subskriptionsmodells die Anforderungen des Kunden an das Leistungssystem verändern. In der Folge steht der Anbieter vor der Herausforderung, auf diese veränderten Anforderungen reagieren zu müssen. Geschieht dies nicht, so kann die Kundenzufriedenheit nicht sichergestellt werden. Dies kann Kündigungen zur Folge haben, falls vertraglich zulässig (s. KHAN U. WUEST 2018, S. 401).

Inwieweit die Objekte an neue Anforderungen angepasst werden können, hängt sowohl vom **Standardisierungsgrad des Leistungssystems** hinsichtlich der darin enthaltenen Dienstleistungen, als auch von der **Wandlungsfähigkeit der Objekte** ab. Es ist einerseits erforderlich, während der Nutzungsphase ausreichend individuell auf Wünsche des Kunden eingehen zu können, andererseits aber gleichzeitig die Komplexität durch beispielsweise Standardisierung beherrschbar zu halten (vgl. COHEN ET AL. 2006, S. 132).

Zudem ist sicherzustellen, dass die Objekte zukünftig durch Integration von bislang noch nicht ausgereiften Technologien und Services eine kontinuierliche Weiterentwicklung des Leistungsversprechens ermöglichen. (s. KHAN U. WUEST 2018, S. 401; s. MOURTZIS ET AL. 2018, S. 92) Dabei ist zu Beginn der Geschäftsbeziehung allerdings nur schwer antizipierbar, welche Anpassungen zukünftig notwendig sein werden (s. BRILLINGER ET AL. 2020, S. 126; s. PAIOLA U. GEBAUER 2020, S. 250). Ob ein Objekt die für ein Subskriptionsmodell benötigten Anforderungen erfüllt, richtet sich im Weiteren stark nach den Parametern, mit denen das Subskriptionsmodell aufgebaut ist. Parameter diesbezüglich sind u. a. der **Fokus des Leistungsversprechens**, das maßgeblich die Anforderungen an das Objekt bestimmt, sowie Kosten und Preisaspekte, welche letztlich die Finanzierbarkeit des Objektes abbilden.

Die Anpassung des Leistungssystems, insbesondere hinsichtlich der darin enthaltenen Objekte, an neue Kundenanforderungen ist mit Kosten verbunden (s. SONG U. SAKAO 2017, S. 1672; s. KINDSTRÖM 2010, S. 479) (Abbildung 93).

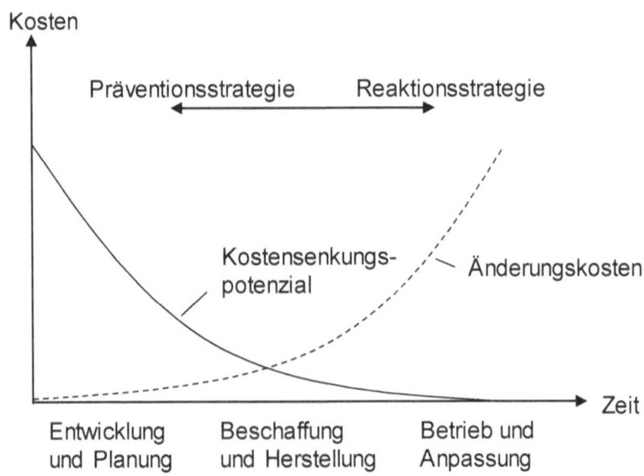

Abbildung 93: Kosten durch Anpassung der Objekte (eigene Darstellung i. A. a. SCHUMACHER 2016, S. 61)

Werden die Objekte des Leistungssystems bereits während der Konzeption bzw. Konstruktion auf mögliche Änderungen ausgelegt, senkt dies die Kosten für die Änderung, auch wenn sich die Kosten zu einem frühen Zeitpunkt erhöhen können (s. SONG U. SAKAO 2017, S. 1674). Daraus lässt sich eine Präventionsstrategie ableiten, bei der bereits früh auf Anpassungsbedarf eingegangen wird. Im Unterschied dazu ist eine Reaktionsstrategie zu nennen, bei welcher von nur marginalen Anpassungen zu einem späteren Zeitpunkt ausgegangen wird. (vgl. SCHUMACHER 2016, S. 60f.) Auch bei veränderten Rahmenbedingungen muss dabei die Möglichkeit der Weiterentwicklung des Leistungsversprechens sichergestellt sein.

Für die Erfüllung des Leistungsversprechens ist neben den eigenen Mitarbeitern auch die **Kompetenz der Kundenmitarbeiter** entscheidend dafür, ob das Leistungsversprechen eingehalten werden kann (s. GLAS ET AL. 2019, S. 1082). Zunehmende Komplexität kann die Erbringung durch **Internationalität** des Kunden erlangen, wenn neben fachlicher Kompetenz auch interkulturelle Fragestellungen relevant werden.

Weist der Kunde einen geringen **Reifegrad** mit großem Entwicklungspotenzial auf, kann für den Kunden die Absicherung von Objekten im Vordergrund stehen, bei denen er bereits häufig mit Problemen zu kämpfen hat. (s. REIM ET AL. 2018, S. 151) Gestaltet der Anbieter das Leistungsversprechen auf Basis einer hohen **Integrierbarkeit des Leistungssystems**, können herstellerfremde Objekte hierbei zu weiteren Herausforderungen für den Anbieter werden (s. REIM ET AL. 2018, S. 157). Wird ein Leistungsversprechen mit unvollständig vorliegendem Wissen hinsichtlich der tatsächlichen Leistung eines Objektes ausgesprochen, kann sich das negativ für den Anbieter auswirken. Die mit dem Leistungsversprechen verbundene Ambition, insbesondere bei herstellerfremden oder neuen Objekten, zu denen keine Erfahrungen vorliegen, ist somit möglicherweise zu hoch und entspricht nicht den Fähigkeiten des Anbieters (s. ERKOYUNCU ET AL. 2011, S. 133f.). Die Integrierbarkeit des Leistungssystems kann somit einerseits ein Differenzierungsmerkmal, andererseits eine Gefahr für den Anbieter darstellen. Mitarbeiter profitieren von ihrem durch Erfahrungen erlangten Wissen. Dieses erlaubt ihnen, Aufgaben effizienter und mit einer hohen Qualität zu erledigen. Liegt kein Erfahrungswissen bzgl. eines Objekttyps vor, müssen sich Erfahrungen erst wieder angeeignet werden. Trotz möglicherweise geeigneter Qualifikation eines Mitarbeiters wird die Aufgabe damit weniger effizient erledigt (s. KOCH 2010, S. 97ff.).

Eine weitere Gestaltungsgröße ist der **Verkettungsgrad der Objekte.** IT-Systeme, Maschinen und Prozesse sind in produzierenden Unternehmen historisch gewachsen und variieren durch Herkunft und Alter (s. FORSTNER U. DÜMMLER 2014, S. 200). Trotz möglicher Modernisierungen in der Prozesskette variieren somit auch die Verlässlichkeit und die Qualität einzelner Prozessschritte, abhängig von den dort verwendeten Maschinen und der IT (s. PAIOLA U. GEBAUER 2020, S. 250). Entscheidend ist dabei das Bottleneck der Produktion, das bestimmend ist für die Produktivität der gesamten Prozesskette (ZÄPFEL 1994, S. 733; zit. n. KOR 1996, S. 18f.). Beinhaltet das Leistungsversprechen Bestandteile der Prozesskette, für die nicht der Anbieter selbst verantwortlich ist, so ist damit nicht nur der vom Anbieter gewährleistete Prozessschritt ausschlaggebend für die Erreichung des Leistungsversprechens. In diesem Fall sind die in der Prozesskette existierenden Bottlenecks bestimmend, auf welche der Anbieter keinen Einfluss hat. Als Bottlenecks können in diesem Falls auch grundlegende IT-Systeme des Unternehmens angesehen werden. So kann beispielsweise ein unvollständig gepflegtes ERP-System mit falschen Informationen über Ersatzteilbevorratung dazu führen, dass ein Leistungsversprechen bzgl. der Verfügbarkeit einer Maschine oder Anlage nicht eingehalten werden kann. (s. BRUHN ET AL. 2019, S. 307).

Die Nutzung des Leistungssystems durch den Kunden zur Deckung seiner Nachfrage beeinflusst die Eignung der im Leistungssystem enthaltenen Objekte, welche diese Anforderung zu erfüllen haben. Bei einer hohen **Dynamik** oder **Variabilität der Nachfrage** müssen die Objekte des Leistungssystems Spitzen ausgleichen können. Die Häufigkeit und Dauer der Spitzen bestimmt, ob ein Objekt dafür geeignet ist, ohne

Leistungseinbußen hinsichtlich der Qualität des Ergebnisses oder langfristig hinsichtlich seines Zustandes, eingesetzt zu werden. Dies kann einerseits bei Maschinen zu verstärktem Verschleiß führen, da Instandhaltungsarbeiten verschoben werden, andererseits zu Opportunitätskosten, wenn die Kapazität der Maschine durch eine vorherige Überdimensionierung nicht genutzt wird. Bei IT-Systemen wiederum kann sich Anpassungsbedarf ergeben, wenn sich im Zuge der Ausrichtung auf einen veränderten Nachfrageumfang Prozesse verändert haben. Bei hohen Schwankungen in der Nachfrage des Kunden sind die Anforderungen an ein Objekt, mit dem ein Kunde variable Aufträge bearbeitet, andere als an ein Objekt, das immer wieder für gleichartige Aufträge eingesetzt wird.

Ändern sich die Anforderungen des Kunden an das Leistungssystem und ist das Leistungssystem nicht auf die Weiterentwicklung entsprechender neuer Kundenbedürfnisse ausgelegt, bieten sich dem Kunden auch Alternativen hinsichtlich bereits existierender, aber bisher nicht in Betracht gezogener Ersatzprodukte. Dazu muss natürlich die **Existenz von alternativen Leistungen** gegeben sein.

Risiko des Arbeitsschutzes

Aufgrund dessen, dass Anbieter von Subskriptionsmodellen teilweise oder vollständig die Verantwortung für den reibungslosen Betrieb der Objekte übernehmen, geht damit auch die Verantwortung für den Arbeitsschutz einher. Jedes Unternehmen ist durch Gesetze und Berufsgenossenschaften verpflichtet, für den Schutz der Arbeitnehmer zu sorgen (s. BUNDESMINISTERIUMS DER JUSTIZ UND FÜR VERBRAUCHERSCHUTZ 2013, S. 1). Es soll dafür Sorge tragen, dass Arbeitssicherheit bei der Planung, Ausführung und Unterhaltung von Betriebsanlagen, der Beschaffung von Arbeitsmitteln und der Einführung von Arbeitsverfahren und Arbeitsstoffen berücksichtigt wird (s. BUNDESMINISTERIUMS DER JUSTIZ UND FÜR VERBRAUCHERSCHUTZ 2013, S. 3).

Im Folgenden werden die Auswirkungen von den Gestaltungs- und Einflussgrößen (siehe Kapitel 5) als Auslöser für Chancen und Gefahren des Risikos des Arbeitsschutzes untersucht.

Chance:
Senkung der Arbeitsunfälle beim Kunden durch Prozesseinbindung

Neben der Verbesserung von betriebswirtschaftlichen Kennzahlen hinsichtlich der Effizienz und Effektivität der Wertschöpfung kann der Anbieter eines Subskriptionsmodells auch zur Reduktion von Arbeitsunfällen und zur Verbesserung der Arbeitssicherheit beitragen. Hierbei ist insbesondere die **Integrationsintensität** ausschlaggebend. Wenn der Anbieter als Leistungsorchestrator für den Kunden auftritt, kann er sicherstellen, dass sämtliche Tätigkeiten im Sinne des Arbeitsschutzes erfolgen. In der Folge besteht die Chance, die Arbeitssicherheit zu erhöhen und Arbeitsunfälle zu reduzieren. Ausschlaggebend dafür, ob eine Verbesserung erzielt werden kann, ist zudem die

Kompetenz der Kundenmitarbeiter. Da diese direkt mit den Objekten des Leistungssystems arbeiten, stellt deren Kompetenz einen Hebel zur Senkung der Arbeitsunfälle dar.

Gefahr:
Arbeitsschutz und Objektschäden liegen in der Verantwortung des Anbieters, sind aber nicht vollständig durch den Anbieter kontrollierbar

Im Rahmen eines Subskriptionsmodells können verschiedene Parteien an der Wertschöpfung beteiligt sein. Abhängig vom **Fokus des Leistungsversprechens** garantiert der Anbieter beispielsweise eine bestimmte Verfügbarkeit der im Leistungssystem enthaltenen Objekte. Wird das Objekt durch eine der an der Wertschöpfung mitwirkenden Parteien beschädigt oder kommen sogar Mitarbeiter dadurch zu Schaden, kann der Anbieter möglicherweise dafür haftbar gemacht werden. Der Arbeitsschutz insgesamt umfasst nach einer Auslegung des Arbeitssicherheitsgesetzes u. a. auch die Vermeidung von Verschleißschäden (s. PISCHON 1999, S. 40). Ist der Anbieter von Subskriptionsmodellen folglich für Instandhaltungstätigkeiten verantwortlich, können auch Fragestellungen zum Arbeitsschutz in seinen Aufgabenbereich fallen. Nach dem Produkthaftungsgesetz hat der Hersteller des Objektes dem Geschädigten den Schaden zu ersetzen, wenn dessen „Körper oder seine Gesundheit verletzt oder eine Sache beschädigt" wurde (BUNDEMINISTERIUM DER JUSTIZ UND FÜR VERBRAUCHERSCHUTZ 2017, § 1). Es muss dabei nur für Schäden gehaftet werden, die nach dem aktuellen Stand von Wissenschaft und Technik während der Entwicklung nicht erkannt wurden und demnach als Fehler gelten (s. HÖLSCHER ET AL. 1996, S. 25).

Da sich die Mitarbeiter des Kunden oder durch den Kunden engagierte Fremddienstleister seinem direkten Kontrollbereich entziehen, kann die **Kompetenz der Kundenmitarbeiter** über Fehlverhalten mit Unfallfolge entscheiden. Ist die **Integrationsintensität** hoch und sicherheitsrelevante Dienstleistungen rund um den Betrieb und der Instandhaltung obliegen dem Anbieter, lässt sich die Gefahr durch den Anbieter leichter kontrollieren. Durch den **Einsatz von Versicherungen** kann zumindest der finanzielle Schaden für den Anbieter aufgefangen werden.

6.3 Risiken in der Dimension *Infrastruktur*

Das für ein Subskriptionsmodell erforderliche Leistungspotenzial, im Folgenden als Infrastruktur bezeichnet, setzt sich aus Produktionsfaktoren, wie beispielsweise Mitarbeitern, Maschinen, Anlagen, Hilfs- und Betriebsstoffen, sowie erforderlichem Know-how und leistungsbezogenen Informationen zusammen (s. KLEINALTENKAMP U. SAAB 2009, S. 10). Darüber hinaus sind auch Hardwarekomponenten für IT-Systeme und Software erforderlich (s. SCHUH ET AL. 2020c, S. 601). Außerdem sind Partner zu akquirieren, welche für die Leistungserbringung notwendig sind. Risiken betreffen in dieser Dimension die Sicherstellung des Leistungsversprechens auf Basis der Objekte des Leistungssystems und der damit erzeugten Daten. Weiterhin existiert ein Risiko hinsichtlich der Weiterverwendung der Objekte in einer anschließenden Nutzung, nach Beendigung des Vertragsverhältnisses.

Risiko des Datenflusses

Während der Leistungsinanspruchnahme durch den Kunden werden Daten generiert, die einen zentralen Bestandteil des Leistungsversprechens eines Subskriptionsmodells ausmachen (s. SKLYAR ET AL. 2021, 38, 45; s. LINDHULT ET AL. 2018, S. 463). Mithilfe dieser Daten kann der Anbieter Leistungsverbesserungen erwirken und damit positiven Einfluss auf die Wertschöpfung des Kunden nehmen (s. YANG U. EVANS 2019, S. 1161). Gleichzeitig dienen diese Daten dazu, die Organisation des Anbieters hinsichtlich des zu erwartenden Arbeitsaufwandes entsprechend dimensionieren zu können. Datensicherheit ist dabei zu jedem Zeitpunkt sicherzustellen.

Im Folgenden werden die Auswirkungen von den Gestaltungs- und Einflussgrößen (siehe Kapitel 5) als Auslöser für Chancen und Gefahren des Risikos des Informationsflusses untersucht.

Chance:
Datenbasierte Verbesserung der Prozesse und Produkte sowohl anbieter- als auch kundenseitig

Im Rahmen von Subskriptionsmodellen ist es erforderlich, dass die Objekte des Leistungssystems Smarte bzw. Intelligente Objekte sind (s. STOLZ 2017, S. 241; s. LÜTZENBERGER ET AL. 2016, S. 378). Der Definition „smarter" bzw. „intelligenter" Produkte folgend weisen Objekte, die als „smart" oder „intelligent" bezeichnet werden, die Fähigkeit auf, Daten über sich selbst sammeln und speichern zu können. Mithilfe dieser Daten unterstützen sie den Entscheidungsprozess durch Kommunikation mit dem Nutzer oder führen Entscheidungsprozess selbst durch. Außerdem sind Smarte Objekte eindeutig identifizierbar und können über Benutzeroberflächen effektiv mit ihrer Umwelt kommunizieren und diese mithilfe von Aktoren manipulieren (s. WEI ET AL. 2018, S. 2; s. PÖPPELBUß U. SONTOWSKI LISA 2020, S. 334f.). Aus Anbieterperspektive dienen Objekte in einem Subskriptionsmodell lediglich als Mittel zum Zweck. Mithilfe der im Leistungssystem enthaltenen Objekte bleibt der Anbieter in Kontakt mit dem Kunden und kann diesen durch die generierten Nutzungsdaten besser verstehen (s. HERMANN 2019, S. 39). Daten dienen außerdem als Instrument, um den beim Kunden erzielten Mehrwert nachvollziehbar aufzuzeigen (s. PORTER U. HEPPELMANN 2014, S. 13).

Die Verbesserung von Prozessen und Produkten des Kunden hängt stark vom **Verkettungsgrad der Objekte** und damit von den vor- und nachgelagerten Prozessen ab. Der Datenbedarf steigt mit zunehmender Anzahl von Abhängigkeiten, die eine Auswirkung auf den betrachteten Prozess oder das analysierte Produkt haben. In der

Folge steigt auch die Komplexität der statistischen Modelle. Um das Leistungsversprechen erfüllen zu können, ist eine hohe **Güte statistischer Modelle** erforderlich, welche beispielsweise eine Verfügbarkeit sicherstellen, indem Restlebensdauerabschätzungen getroffen werden. Abhängig vom **Fokus des Leistungsversprechens** übernimmt der Anbieter Verantwortung für bestimmte Teile der Wertschöpfung des Kunden. Wird ein wirtschaftlicher Erfolg garantiert, so sind zwangsläufig auch Garantien hinsichtlich der Verfügbarkeit, des Nutzens und des Ergebnisses im Leistungsversprechen enthalten. Damit steigt der Aufwand, dieses Leistungsversprechen erfüllen zu können (s. GRUBIC U. JENNIONS 2018, 215).

Gefahr:
Quantität und Qualität der Daten sind nicht ausreichend für die Erfüllung des Leistungsversprechens und der Dimensionierung der Serviceorganisation des Anbieters

Die Auswertung von Daten kann mit Problemen verbunden sein: Daten können aufgrund technischer oder organisatorischer Sachverhalte in verschiedenen Systemen vorliegen. Häufig sind Daten zudem unstrukturiert und unvollständig (s. VAN DER AALST 2016, S. 127; s. BRILLINGER ET AL. 2020, S. 126). Aus rein praktischer Perspektive fehlt es zudem oftmals an Experten, die eine Datenauswertung im erforderlichen Maß durchführen können und eine kontinuierliche Qualität und Aktualität der Modelle sicherstellen (s. SCHÜRITZ ET AL. 2017, S. 11). Sind diese Experten vorhanden, so weist jedes Modell zudem eine individuelle Prognoseungenauigkeit auf (vgl. WAWERLA 2008, S. 73). Die **Güte statistischer Modelle** kann durch die Qualität der Daten zwar verbessert werden, üblicherweise stellt die Datenqualität allerdings eine Herausforderung dar (s. MOURTZIS ET AL. 2018, S. 93). Eine detaillierte Übersicht zur Qualität der Daten hat VAN DER AALST erarbeitet: So werden Daten gar nicht erhoben, in ungeeigneter Form erhoben oder werden zwar erhoben, gehen dann aber verloren und stehen für eine weitere Verwendung nicht zur Verfügung (s. VAN DER AALST 2016, S. 148ff.). Befindet sich das Objekt zudem aufgrund der **Internationalität** des Kunden in einer entlegenen geographischen Gegend, kann sich auch die Übertragung der Daten als Problem herausstellen (s. REIM ET AL. 2018, S. 156). Da Länder existieren, die nicht nach der europäischen Datenschutzgrundverordnung (DS-GVO) arbeiten, kann dies den Zugang zu Daten für den Anbieter im internationalen Umfeld erschweren. Zwar ist die Anwendung der DS-GVO einerseits mit einem gewissen Aufwand verbunden. Andererseits stellt sie eine einheitliche Grundlage dar, an der sich die Eigentümer von Daten orientieren zu können. (vgl. BALLESTREM ET AL. 2020, S. 21ff.)

Ein weiterer Einfluss auf die Auswertung von Daten ist der sogenannte „Fluch der Dimensionalität". Demzufolge steigt der Bedarf an Daten mit der Anzahl an zu berücksichtigenden Einflussfaktoren exponentiell (s. VAN DER AALST 2016, S. 119). Der Fall wäre dies, wenn aufgrund der **Verkettung der Objekte** auch vor- oder nachgelagerte Prozessschritte zu berücksichtigen sind.

Statistische Modelle können allerdings auch ohne vollständig vorliegende Datengrundlage entwickelt werden. Dabei steigt allerdings das Risiko, dass die Modellergebnisse und damit die Prognosegüte nicht zufriedenstellend sind und damit einhergehende Kosten auftreten (vgl. EPPLER U. HELFERT 2004, S. 314f.). Ebenso können die Kosten für statistische Modelle wesentlich steigen, wenn zunächst eine ausreichende Datenmenge in geeigneter Qualität gesammelt werden muss (vgl. MCNAUGHT U. ZAGORECKI 2011, S. 289). Somit hängt die erforderliche Datenmenge auch von den **Zielen der Datenauswertung** ab. Um Ziele hinsichtlich Vorhersagen und Empfehlungen zu erreichen, sind größere Datenmengen notwendig als beispielsweise für die Fehlerdiagnose oder Beschreibung von Fehlerzuständen.

Letztlich bestimmt der **Umfang der Nachfrage** des Kunden die Nutzung des Leistungssystems und damit die Menge der Daten, die dem Anbieter durch die Nutzung zur Verfügung gestellt wird. Nur wenn ausreichend Nutzungsdaten vorliegen, können das Leistungsversprechen und das Leistungssystem an die Anforderungen des Kunden angepasst und verbessert werden.

Neben der Entwicklung von datenbasierten Leistungsversprechen werden auch für die interne Dimensionierung der Anbieterorganisation Daten benötigt (vgl. DOMBROWSKI ET AL. 2020, S. 303). Der Dienstleister schätzt bei jedem Auftrag den ungefähren Umfang und gleicht diesen mit den verfügbaren Ressourcen ab. Die genaue Kenntnis der Auftragsinhalte mithilfe von Daten zum Zeitpunkt der Angebotsentwicklung erleichtert somit diese Abschätzung (s. Abbildung 94).

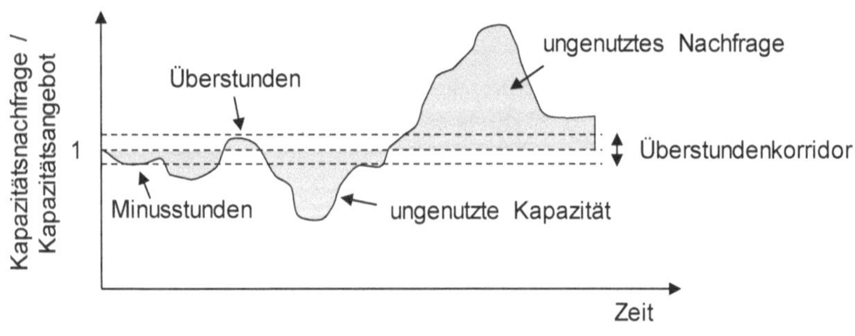

Abbildung 94: Kapazitätsdimensionierung der Anbieterorganisation (eigene Darstellung i. A. a. HONNÉ 2016, S. 67)

Ist die Organisation überdimensioniert, entstehen Leerkosten. Ist die Organisation unterdimensioniert, können Kunden in Spitzenzeiten wiederum nicht bedient werden (s. MÖLLER U. CASSACK 2008, S. 165). Diese Aufträge müssen verschoben werden, was sich auf die Zufriedenheit des Kunden auswirken kann. Abhängig von der im Vertrag festgeschriebenen **Art der Pönalen,** kann dies auch finanzielle Konsequenzen nach sich ziehen.

Im Idealfall sind sämtliche Inhalte des Auftrages bereits zum Zeitpunkt der Nachfrage bekannt. Mit zunehmendem Informationsdefizit gestaltet sich die korrekte Abschätzung des tatsächlichen Auftragsumfanges schwieriger. Hierbei können erhebliche Abweichungen vom ursprünglich geschätzten Auftragsumfang entstehen (s. FABRY 2014, S. 166). Maßgeblich ist hierbei der **Standardisierungsgrad des Leistungssystems**. Werden Dienstleistungen anhand eines definierten Standards für standardisierte Objekte erbracht, lässt sich die Dauer der Dienstleistungerstellung wesentlich leichter abschätzen als bei individuell erbrachten Dienstleistungen.

Sind die Schwankungen beim Anbieter hinsichtlich **Dynamik und Variabilität der Nachfrage** hoch, erschwert das eine Dimensionierung der Anbieterorganisation, da die Zeitpunkte für Instandhaltungstätigkeiten abhängig von der Intensität der Nutzung eines Objektes stärker variieren (s. ZHANG 1990, S. 36). Außerdem müssen Mitarbeiter mit der entsprechenden Kompetenz vorgehalten werden, um den Auftrag bedienen zu können (vgl. BUSCH U. VON DER OELSNITZ 2008, S. 55).

Gefahr:
Datensicherheit kann nicht gewährleistet werden

Ist der Zugriff auf eine für die Auswertung ausreichende Datenmenge in der benötigten Qualität gesichert, so sind des Weiteren die Sicherheit der Datenübertragung wie auch der Speicherung zu gewährleisten (s. BRILLINGER ET AL. 2020, S. 126; s. SUPPATVECH ET AL. 2019, S. 79). PALUCH U. BLUT zufolge bestehen seitens der Kunden bezüglich Datensicherheit im Zusammenhang mit den verwendeten Technologien im Rahmen des Leistungsversprechens oftmals Bedenken (s. PALUCH U. BLUT 2013, S. 418). Besteht nur ungenügendes Vertrauen zur Anbieterorganisation, kann dies dazu führen, dass Kunden vertrauliche Daten überhaupt nicht mit der Anbieterorganisation teilen möchten (s. MICHALIK ET AL. 2019, S. 2330; s. KOLLOCH U. RECK 2019, S. 133; s. EHRET U. WIRTZ 2017, S. 114). Diese Vorsicht ist aus Kundenperspektive nachvollziehbar, da sie aufgrund der Vielzahl der für die Auswertung gespeicherten unternehmensrelevanten Daten ein hochpotentes Angriffsziel darstellen (s. HOFFMANN 2018, S. 104; s. BUNDESAMT FÜR SICHERHEIT IN DER INFORMATIONSTECHNIK 2018, S. 2).

Neben der Kompetenz der Mitarbeiter des Anbieters ist auch die **Kompetenz der Kundenmitarbeiter** entscheidend dafür, dass mit Daten sorgsam umgegangen wird, Datenmissbrauch verhindert wird und die Datensicherheit so gewährleistet werden kann (s. SKLYAR ET AL. 2021, S. 46; s. THOBEN ET AL. 2017, S. 13; s. LEE U. LEE 2020, S. 3). Subskriptionsmodelle stellen Anforderungen an Mitarbeiter, mit komplexen Produktionssystemen und den darin enthaltenen Informations- und Kommunikationstechnologien umgehen zu können (s. KELLNER ET AL. 2018, S. 31; s. WESTKÄMPER 2013, S. 9; s. DOMBROWSKI ET AL. 2020, S. 310). Die Veränderungen in der Arbeits- und Betriebsorganisation sowie den Arbeitsinhalten selbst führen zu deutlich diverseren und flexibleren Arbeitsabläufen als bisher (s. GRONAU U. ULLRICH 2019, S. 473).

Handelt es sich bei der **Art der Informationsbereistellung** um eine asynchrone Übermittlung von Informationen und Daten durch gesicherte IT-Systeme, kann die Gefahr reduziert werden, die durch unachtsames Verhalten einzelner Mitarbeiter und von genutzten IT-Anwendungen entsteht (s. FREIER 2019, S. 9).

Risiko des Objektzustandes

Mit zunehmendem Alter eines Objektes nimmt dessen Leistungsfähigkeit ohne Intensivierung der Instandhaltung ab, insbesondere, wenn es sich dabei um ein physisches Objekt, wie eine Maschine oder Anlage, handelt. Zurückzuführen ist dies auf eine in Summe größer werdende Wahrscheinlichkeit für einen abnutzungsbedingten oder alterungsbedingten Ausfall der einzelnen Komponenten einer Maschine oder Anlage. Im Falle von Software sind die Integration in die IT-Systemlandschaft und die Pflege der Software, beispielweise hinsichtlich moderner IT-Sicherheitsstandards, mit größer werdendem Aufwand verbunden (vgl. KAPPENBERG U. DREWS 2014, S. 1555). Das Leistungsversprechen muss somit zu den technischen Möglichkeiten des Objektes passen. (vgl. SCHMITZ ET AL. 2016, S. 128) Nicht jede Maschine ist über dessen Lebenszyklus für jede Anwendung und damit jedes Leistungsversprechen geeignet. Bleiben die Anforderungen des Kunden an das Leistungsversprechen gleich, ist möglicherweise ein Wechsel des Objektes aufgrund dessen Verschleißes oder Alters vorzunehmen. Bei Softwareprodukten ist ein Wechsel verglichen mit Maschinen und Anlagen mit geringerem logistischem Aufwand durchführbar.

Im Folgenden werden die Auswirkungen von den Gestaltungs- und Einflussgrößen (siehe Kapitel 5) als Auslöser für Chancen und Gefahren des Risikos des Objektzustandes untersucht.

Chance:

Die Objekte können aufgrund ordnungsgemäßer Nutzung und Instandhaltung entsprechend der technischen Lebensdauer eingesetzt werden.

Der Zustand eines Objektes über dessen Lebenszyklus hängt zum einen von der Nutzung, zum anderen von der Instandhaltung ab (s. KURZ 2018, S. 3). Objekte bzw. darin verbaute Komponenten werden für bestimmte Lebensdauern dimensioniert. Neben der Lebensdauer einzelner Komponenten, welche aufgrund geplanter oder ungeplanter Stillstandszeiten die Gesamtanlageneffizienz bestimmen, ist die Nutzungsdauer technischer Anlagen insgesamt zunehmend weniger durch Verschleiß als durch Überalterung definiert (vgl. BULLINGER ET AL. 2009, S. 224). Der Maßstab dazu kann branchenspezifisch variieren. Die Nutzungsdauer kann „als Zeitraum der geplanten Nutzung bei gleichbleibenden Ansprüchen und Wirtschaftlichkeit“ definiert werden und kann durch regelmäßige Instandhaltung bis hin zur technischen Lebensdauer verlängert werden (RITTER 2011, S. 34). Angelehnt an die AfA-Tabellen des Bundesministeriums der Finanzen kann die Nutzungsdauer physischer Objekte bei über 15 Jahren als lang, bei unter 10 Jahren als kurz betrachtet werden (vgl. BUNDESMINISTERIUM DER

FINANZEN 2000). Ist die Kompetenz des Betriebs- bzw. Instandhaltungsmitarbeiters unzureichend, wirkt sich das negativ auf dessen Zustand aus (s. LEIMEISTER 2020, S. 61). Abhängig ist dies von der **Integrationsintensität**. Je mehr der Anbieter als Orchestrator verschiedener, am Leistungsversprechen beteiligter Unternehmen auftritt, desto eher verfügt er über die Kontrolle, den Zustand des Objektes positiv zu beeinflussen (s. PAIOLA U. GEBAUER 2020, S. 258). Positiv wird der Zustand zudem durch die Vorgabe von **Repetierfaktoren im Leistungssystem** beeinflusst. Durch eine hohe **Güte statistischer Modelle** können weiterhin Schäden am Objekt frühzeitig durch beispielsweise eine Restlebensdauerabschätzungen abgewendet werden (s. PAGITSCH ET AL. 2020, S. 1f.).

Gefahr:

Kürzerer Einsatz der Objekte als kalkuliert aufgrund falscher Nutzung, mangelhafter Instandhaltung oder technologischer Veralterung

---

Technische Aggregate werden beispielsweise durch FEM-Simulationen hinsichtlich ihrer Verwendung und Belastung optimiert (s. FELDHUSEN U. GROTE 2013, S. 437). Für die Auslegung sind weiterhin definierte Lastzustände nach Größe, Art und Häufigkeit erforderlich (s. FELDHUSEN U. GROTE 2013, S. 497). Lastzustände wiederum sind stark von den eingebrachten Repetierfaktoren abhängig. Werden andere als bei der Konstruktion vorgesehene Repetierfaktoren und damit Belastungen auf das technische Aggregat appliziert, kann dies zu einer Verschlechterung des Zustandes sowohl des technischen Aggregates als auch des Produktionsergebnisses führen. Dies kann in der Folge die Erfüllung des Leistungsversprechens verhindern (s. JACOBS ET AL. 2009, S. 1260). Gründe dafür können Produktionsanforderungen oder Kosteneinsparungen sein. Das technische Aggregat kann dadurch langfristige Schäden erfahren oder zumindest eine häufigere Instandhaltung erfordern, welche anbieterseitig so nicht kalkuliert wurde.

Ist die Qualität der Repetierfaktoren ungenügend oder für den Produktionsprozess nicht geeignet, ist beispielsweise auch eine Prozess- oder Qualitätsverbesserung im Rahmen des Leistungsversprechens schwieriger zu erzielen. Verhindert werden kann dies durch Vorgabe von **Repetierfaktoren im Leistungssystem**. Neben dem Fall, dass diese trotz besseren Wissens eingesetzt werden, um beispielsweise Kosten zu sparen, kann der Fall angenommen werden, dass solche Repetierfaktoren aufgrund einer mangelhaften **Kompetenz der Kundenmitarbeiter** eingesetzt wurden. Die mangelhafte Kompetenz führt somit zur falschen Auswahl und zum falschen Einsatz von Repetierfaktoren und damit zu erhöhtem Verschleiß oder der Schädigung der Maschine (s. REIM ET AL. 2018, S. 157).

Produktionsaufträge unterliegen unmittelbarem Druck im Tagesgeschäft. Dieser ist dadurch geprägt, Kundenbedürfnisse auch kurzfristig zu befriedigen. In der Folge werden Produktionsaufträge in den meisten Fällen noch immer höher priorisiert als Instandhaltungsaufträge (s. KURZ 2018, S. 3). Wenn die **Fristigkeit der Aufträge**, welche der Kunde bearbeitet, gering ist, werden Instandhaltungsarbeiten zugunsten von

Produktionsaufträgen verschoben. Jede Unterbrechung der Produktion führt schließlich zu Opportunitätskosten aufgrund entgangener Aufträge. Bei dieser Überlegung werden jedoch langfristige Opportunitätskosten durch ungeplante Stillstände nicht berücksichtigt. (s. LASCH 2018, S. 349)

Mithilfe statistischer Modelle lassen sich Effekte aufzeigen, die eine Verzögerung von Instandhaltungstätigkeiten verursachen und Instandhaltungsmaßnahmen zum erforderlichen Zeitpunkt rechtfertigen. Dies wirkt sich auf den langfristigen Zustand des Objektes und damit auf die Erfüllung des Leistungsversprechens aus (s. GRUBIC U. JENNIONS 2018, 212; vgl. GLAS ET AL. 2019, S. 1082; s. BRILLINGER ET AL. 2020, S. 126). Bei einer hohen **Güte statistischer Modelle**, basierend auf einer vollständigen, datenbasierten Beschreibung eines Objektes, können Maßnahmen zur Verzögerung des Abbaus des Abnutzungsvorrates kostenoptimal terminiert werden (s. BAUERNHANSL ET AL. 2016, S. 23).

Risiko der Weiterverwendbarkeit

Unter der Weiterverwendung wird die Nutzung der im Leistungssystem enthaltenen Objekte nach Beendigung eines Subskriptionsmodells aufgrund der Kündigung des Anbieters oder des Kunden verstanden. Dabei ist zwischen den einzelnen Bestandteilen eines Leistungssystems zu differenzieren, welche in eine erneute Weiterverwendung als Leistungssystem oder in eine für jedes Objekt individuell gewählte Form der Weiterverwendung überführt werden können. In Anlehnung an OTT können hierbei vier verschiedene Formen der Weiterverwendung eines Objektes definiert werden (s. OTT 2010, S. 23f.):

- Komplette Weiterverwendung für den gleichen Verwendungszweck mit geringfügiger Veränderung des Objektes im Rahmen eines Subskriptionsmodells oder anderen Geschäftsmodells
- Weiterverwendung nach Modernisierung im Rahmen eines Subskriptionsmodells oder anderen Geschäftsmodells
- Weiterverwendung von einzelnen Teilen des Objektes
- Verwertung durch Entsorgung und Recycling

Eine starke Markenkraft wirkt sich beim Wiederverkauf eines Objektes oder der Wiederverwendung im Rahmen eines Subskriptionsmodells auf die Kaufentscheidung von Kunden aus. Sie erhöht zudem die Wertstabilität bzw. den Restwert (s. MEYER 2010, S. 157; s. GEISSBAUER ET AL. 2012, S. 26).

Im Folgenden werden die Auswirkungen von den Gestaltungs- und Einflussgrößen (siehe Kapitel 5) als Auslöser für Chancen und Gefahren des Risikos der Weiterverwendbarkeit untersucht.

Chance:

Erneuter Einsatz der Objekte im Rahmen eines Subskriptionsmodells oder Verkauf auf einem Gebrauchtmarkt oder unproblematische Entsorgung und Recycling der Objekte

Die Kündigung eines Subskriptionsmodells durch einen Kunden kann weniger gravierend für den Anbieter ausfallen, wenn der Anbieter die im Leistungssystem enthaltenen Objekte in eine anschließende Nutzung überführen kann. Dadurch sind auch **Vertragslaufzeiten** mit Return-on-Investment erst nach der Laufzeit für den Anbieter unproblematisch. Ein Differenzierungsmerkmal zum Wettbewerb kann so geschaffen werden. Diese Chance existiert insbesondere, wenn es sich bei dem Anbieter auch um den **Eigentümer des Objektes** handelt. Liegt die Eigentümerschaft am Objekt bei einer anderen Partei, so kann der Anbieter die Bedenken dieser Partei bei der Übernahme der Eigentümerschaft reduzieren, wenn eine Weiterverwendung sichergestellt ist. Auch aus Umweltgesichtspunkten kann der Anbieter sich vom Wettbewerb durch eine Weiterverwendung der Objekte differenzieren. Schließlich kann der Eigentümer die Auswirkung seines wirtschaftlichen Handelns reduzieren, wenn die Entsorgung oder sogar das Recycling ohne Bedenken erfolgen kann (s. GERL 2020, S. 11).

Bei einer hohen **Wandlungsfähigkeit des Objektes** ist dieses auch nach Ende des Vertrages mit geringem Aufwand für eine Überarbeitung in eine neue Nutzung überführbar (vgl. ADRODEGARI ET AL. 2017, S. 1257). Zu beachten sind hierbei beispielsweise die Komplexität der Demontage und die Anpassung an neue Kundenanforderungen. Darüber hinaus begünstigt eine **Integrierbarkeit des Leistungssystems** einen erneuten Einsatz, da hierbei die Option existiert, einzelne Objekte zusammen mit bereits beim Kunden installierten Objekten im Rahmen eines Subskriptionsmodells zusammenzufassen.

Begünstigend für eine Weiterverwendung des Objektes ist, wenn keine **alternativen Leistungen** existieren, die dem Leistungssystem technologisch und finanziell überlegen sind. Ansonsten könnte der Fall eintreten, dass eine Weiterverwendung des Leistungssystems vor dem Ende dessen technisch möglicher Lebensdauer nicht mehr möglich ist (s. SPATH U. DEMUß 2001, S. 38f.). Sollen einzelne Module weiterverkauft werden, muss allerdings ein passender Markt vorhanden sein (s. SPATH U. DEMUß 2001, S. 38f.).

Gefahr:

Kein erneuter Einsatz im Rahmen eines Subskriptionsmodells möglich, keine Existenz eines Gebrauchtmarktes und problematische Entsorgung oder Recycling der Objekte

Die hier genannte Gefahr schließt direkt an die zuvor beschriebene Chance an. Die Gefahr ist im Kontext zur ursprünglichen Planung zu sehen. Problematisch ist dieser Bereich, wenn Abweichungen von der ursprünglichen, finanziellen Planung auftreten.

Dies wäre der Fall, wenn beispielsweise die Geschäftsbeziehung beendet wird und die Objekte des Leistungssystems kalkulatorisch weiterverwendet werden müssen. Ist dies aus verschiedenen Gründen aber nicht möglich, ist ein finanzieller Verlust die Folge. Direkt relevant ist dies aus Sicht des Anbieters lediglich, wenn dieser auch **Eigentümer des Objektes** ist. Indirekt hat dies allerdings einen Einfluss darauf, ob ein Finanzinstitut überhaupt davon überzeugen werden kann, die Eigentümerschaft zu übernehmen. Diese Gestaltungsgröße steht in engem Zusammenhang mit der **Vertragslaufzeit.** Diese bestimmt, zu welchem Zeitpunkt der Return-on-Investment erzielt werden kann und ob eine Kündigung des Vertrages zulässig ist. Darüber hinaus ist der Eigentümer auch für die Entsorgung und das Recycling verantwortlich. Dies kann zu Mehrkosten führen, falls im Objekt nur schwer zu entsorgende Inhaltsstoffe enthalten sind. Wie in der zuvor beschriebenen Chance erläutert, hängt eine Wiederverwendbarkeit auch von der **Wandlungsfähigkeit der Objekte** ab. Ist die Wandlungsfähigkeit niedrig, wird eine Wiederverwendbarkeit erschwert, da in diesem Fall bei einer anschließenden Nutzung der gleiche Anwendungsfall mit gleichen Randbedingungen gegeben sein muss. Falls es sich bei den vom Anbieter betriebenen **Arten von Geschäftsmodellen** ausschließlich um Subskriptionsmodelle handelt, kann es alternative Formen der Nutzung, wie beispielsweise den Verkauf, erschweren, wenn die Anbieterorganisation nicht darauf ausgelegt ist. Erschwert wird eine anschließende Nutzung der Objekte zudem, wenn viele vergleichbare, **alternative Leistungen** existieren und die **Integrierbarkeit des Leistungssystems** nicht gegeben ist.

6.4 Risiken in der Dimension *Finanzen*

Die Rentabilität eines Subskriptionsmodells ergibt sich über den erwirtschafteten Umsatz während der Vertragslaufzeit sowie das eingesetzte Kapital, welches durch die initialen Kosten sowie durch während der Laufzeit auftretende Kosten bestimmt wird. Um vor Vertragsbeginn eine Abschätzung über die Rentabilität treffen zu können, müssen Annahmen hinsichtlich des zu erwartenden Umsatzes und der entsprechenden Kosten getroffen werden. In klassischen Verkaufsgeschäften erfolgt die Deckung der für die Herstellung der Objekte verursachten Kosten durch den Verkaufserlös. Bei Subskriptionsmodellen werden diese Kosten über zukünftige Perioden verteilt gedeckt.

Bei den Kosten handelt es sich zunächst um initiale Kosten für die Herstellung der Leistungsbereitschaft der im Leistungssystem enthaltenen Objekte. Zusätzlich entstehen in jeder Periode Kosten für beispielsweise Instandhaltungsaktivitäten oder Repetierfaktoren. Gleichzeitig werden in jeder Periode Umsätze generiert, die abhängig von der Art der Preisbildung fix oder variabel sein können. Dargestellt ist dies in Abbildung 95.

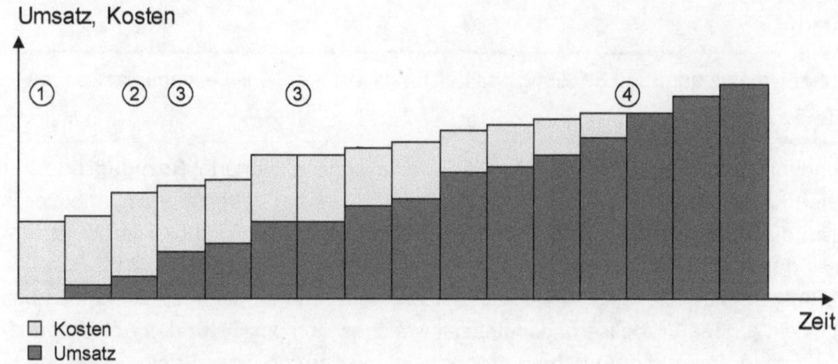

<u>Beispielhafte Szenarien</u>

① Dem Anbieter entstehen initiale Kosten für die Herstellung und Inbetriebnahme der Objekte.

② Eine kostenintensive Instandsetzung führt zu hohen Kosten.

③ Der Umsatz ist hoch, da der Kunde einen erhöhten Leistungsbedarf aufweist und je abgerufener Leistungseinheit bezahlt.

④ Der Break-even-Punkt wird erreicht: die kumulierten Kosten entsprechen den kumulierten Einnahmen.

Abbildung 95: Kumulierte Kosten-Umsatz-Entwicklung eines Subskriptionsmodells mit servicezentrierter Bezugsgröße zur Preisbildung (eigene Darstellung i. A. a. LAH U. WOOD 2016, S. 13)

Damit das Subskriptionsmodell rentabel ist, müssen die kumulierten Umsätze die kumulierten Kosten vor dem Ende der Lebensdauer der im Leistungssystem enthaltenen Objekte übersteigen. Der Zeitpunkt, zu dem dies geschieht, wird neben der technischen Beschaffenheit der Objekte durch Kosten, Umsätze und die Möglichkeit einer Kündigung bestimmt. Aus diesen Sachverhalten ergeben sich Risiken für den Anbieter, die im Folgenden näher beschrieben werden.

Risiko der Leistungserfüllung

Das Risiko der Leistungserfüllung ist maßgeblich auf Handlungen des Anbieters hinsichtlich der Kosten und des Umsatzes eines Subskriptionsmodells zurückzuführen. Dies betrifft einerseits die über den Lebenszyklus bzw. über die Vertragslaufzeit auftretenden Kosten für die im Leistungssystem enthaltenen Objekte. Andererseits zählen dazu die Umsätze, welche in Abhängigkeit von der Erfüllung des Leistungsversprechens stehen können und über die Laufzeit generiert werden.

Im Folgenden werden die Auswirkungen von den Gestaltungs- und Einflussgrößen (siehe Kapitel 5) als Auslöser für Chancen und Gefahren des Risikos der Leistungserfüllung untersucht.

Chance:

Hoher Umsatz aufgrund Erfüllung des Leistungsversprechens bei variabler Bezugsgröße

Grundvoraussetzung für diese Chance ist eine servicezentrierte **Bezugsgröße zur Preisbildung** (s. GRUBIC U. JENNIONS 2018, 212). Hierbei übernimmt der Anbieter in Teilen die Verantwortung für die Wertschöpfung des Kunden und profitiert beispielsweise durch eine Erfolgsbeteiligung davon auch finanziell (s. STOPPEL 2016, S. 65ff.; s. EHRET U. WIRTZ 2018, S. 47). Weist der Kunde nur einen geringen **Reifegrad** auf, hat er ein großes Verbesserungspotenzial, welches sich positiv für den Anbieter auswirken kann. Steigt die Vergütung proportional mit dem erzielten Erfolg, so ist das finanzielle Potenzial bei einem Kunden mit geringem Reifegrad entsprechend größer. Entscheidend ist hierbei allerdings auch die **Integrationsintensität**, welche den Grad der Verantwortung beschreibt, die der Anbieter tatsächlich für die Wertschöpfung des Kunden übernimmt. Nur wenn der Anbieter einen ausreichend großen Einfluss auf die Wertschöpfung des Kunden nehmen kann, sind durch den Anbieter induzierte, weitreichende Verbesserungen möglich. Ebenso relevant ist allerdings auch die **Kompetenz der Kundenmitarbeiter.** Diese sind schließlich bei der Umsetzung der Verbesserung mitverantwortlich. Eine entsprechend hohe Kompetenz kann somit erforderlich sein.

Chance:

Reale Lebenszykluskosten sind geringer als geplante Lebenszykluskosten

Lebenszykluskosten umfassen sämtliche von der Entwicklung bis zur Deinstallation und ggf. Verschrottung bzw. Recycling eines Objektes anfallende Kosten. Grundsätzlich lassen sich Lebenszykluskosten in Kosten für Pönalen, Opportunitätskosten, Personal-, Material- sowie Servicekosten untergliedern (s. WAGNER 2016, S. 122; s. BÜNTING 2009, S. 39; s. WAWERLA 2008, 60, 73; s. ERKOYUNCU ET AL. 2019, S. 166). Aus zeitlicher Perspektive untergliedern sich Lebenszykluskosten eines Objektes in Anschaffungskosten inkl. Transport, Installation und Inbetriebnahme, Kosten für die Deinstallation, Entsorgung oder Recycling, Kosten für den Betrieb inkl. Kosten für Betriebsstoffe, deren Entsorgung sowie die Instandhaltungskosten. Darüber hinaus sind auch Kosten für objektspezifische Versicherungen oder Objektausfälle den genannten Kosten hinzuzufügen (s. BAUMEISTER 2008, S. 41f.; s. LAY ET AL. 2009b, S. 156).

Der Anbieter zahlt die Lebenszykluskosten, die sich aus der Erfüllung des Leistungsversprechens eines Subskriptionsmodells ergeben (s. KRÜGLER U. SCHMITT 2013, S. 44; s. ADRODEGARI ET AL. 2017, S. 1257; s. SCHROEDER 2010, S. 230ff.).

Basiert die initiale Schätzung der Lebenszykluskosten auf konservativen Annahmen, welche auch bei der Preisfindung Anwendung finden, kann der Gewinn im Verhältnis höher ausfallen. Dies kann jedoch zu Lasten des Preises sein, wenn dieser maßgeblich die Kostenschätzung berücksichtigt (s. FROHMANN 2018, S. 75).

Somit handelt es sich bei niedrigeren Lebenszykluskosten als erwartet um keine tatsächliche Chance. Jene basieren lediglich auf der Hoffnung, dass der Kunde einem Preis zustimmt, der bei einer weniger konservativen Kostenschätzung im Rahmen einer kostenbasierten Preisdefinition geringer für ihn hätte ausfallen können. Vergleichsweise zu hohe Kosten würden somit über einen höheren Preis kompensiert werden. Dies stellt insbesondere bei einer hohen Rivalität unter Wettbewerbern keine gute Ausgangslage für eine Geschäftsbeziehung dar.

Gestaltungsgrößen von Subskriptionsmodellen können somit lediglich dafür Sorge tragen, dass die realen Lebenszykluskosten in etwa den angenommenen Lebenszykluskosten entsprechen. Abweichungen hin zu höheren Lebenszykluskosten und die dafür verantwortlichen Gestaltungsgrößen werden gesondert in der entsprechenden Gefahr beschrieben.

Gefahr:

Niedriger Umsatz aufgrund ungenügender Erfüllung des Leistungsversprechens bei variabler Bezugsgröße

Diese Gefahr knüpft an die zuvor beschriebene Chance an, einen höheren Umsatz als erwartet zu erzielen. Auch hier ist die Voraussetzung eine servicezentrierte **Bezugsgröße zur Preisbildung** (s. GRUBIC U. JENNIONS 2018, 212). Folglich bezeichnet diese Gefahr den Fall, dass die beim Kunden erzielbare Verbesserung geringer als erwartet ausfällt (s. GLAS ET AL. 2019, S. 1082).

Ist der Anbieter **Eigentümer des Objektes** und auf den Umsatz für die Deckung von Krediten angewiesen, kann es zu einer Überschuldung führen, wenn nicht alle Gläubigeransprüche durch die Liquidationserlöse gedeckt werden können (s. BUNDEMINISTERIUM DER JUSTIZ UND FÜR VERBRAUCHERSCHUTZ 2008). Inwieweit ein Unternehmen seine Gläubigeransprüche erfüllen kann, lässt sich anhand der Liquidität beschreiben. Dabei kann die aktuelle Liquidität oder die zukünftige Liquidität als Maßgröße herangezogen werden. Kann ein Unternehmen zu einem bestimmten Zeitpunkt seiner Auszahlungsverpflichtung nicht nachkommen, wirkt sich dies auf die sogenannte aktuelle Liquidität aus. Bei der sogenannten zukünftigen Liquidität wird darüber hinaus noch das Geschäftsmodell mit einbezogen, welches basierend auf dem Jahresabschluss beurteilt wird (s. KESTEN 2020, S. 6). Die Auswirkungen von Subskriptionsmodellen auf die Bilanz sind geringer zu bewerten, wenn Anbieter, insbesondere bei der Einführung von Subskriptionsmodellen, noch Einnahmen aus anderen Geschäftsmodellen haben. Bei den **Arten betriebener Geschäftsmodelle** würden Subskriptionsmodelle folglich als Zusatz zum bestehenden Geschäft betrachtet werden. Die Wirkung des „Swallowing the Fish"-Effektes wird dadurch verringert. Der Effekt beschreibt die Periode der Transformation zum Subskriptionsanbieter, während der zunächst sinkende Umsätze und steigende Kosten zu beobachten sind, bevor sich dieser Effekt umkehrt (s. TZUO U. WEISERT 2018, S. 68).

Gefahr:

Reale Lebenszykluskosten sind höher als angenommen

Voraussetzungen für eine Berechnung der Lebenszykluskosten sind eine klare Definition des Einsatzzweckes, eine Spezifikation der Einsatzbedingungen und ein Objekt, bei dem eine Vergleichbarkeit zu Objekten mit bekannten Lebenszykluskosten gegeben ist (s. BÜNTING 2009, S. 36). Je länger die Lebensdauer eines Objektes dimensioniert ist, desto schwerer sind die während der Lebensdauer entstehenden Kosten abschätzbar. Für eine Abschätzung der Kosten sind Annahmen bzgl. der Entwicklung von beispielsweise Material- und Personalkosten zu treffen, die eine größer werdende Unschärfe aufweisen, je weiter eine Prognose in der Zukunft liegt (s. WAWERLA 2008, 60, 73; s. BRILLINGER ET AL. 2020, S. 127; s. ERKOYUNCU ET AL. 2019, S. 166). Der größte über die Lebensdauer eines Objektes verteilte Kostenblock liegt in der Betriebsphase (s. WAWERLA 2008, S. 88). Über die Vertragslaufzeit stellt sich somit heraus, ob die Schätzung der Kosten zu optimistisch erfolgt ist (s. ERKOYUNCU ET AL. 2011, S. 131; s. ERKOYUNCU ET AL. 2019, S. 166). Im Rahmen einer effizienten Erbringung von Subskriptionsmodellen ist somit das Ziel, mit minimalen oder gegebenen Kosten das Ergebnis zu maximieren (s. FLIEß 2006, S. 28).

Wird das Potenzial, das Leistungsversprechen mit den angenommenen Kosten erfüllen zu können, falsch eingeschätzt, bindet sich der Anbieter über die **Vertragslaufzeit** an ein für ihn defizitäres Geschäft (s. WINDAHL ET AL. 2004, S. 225). Die Möglichkeit, den Vertrag kündigen zu können, kann also auch im Sinne des Anbieters im Vertrag vermerkt werden.

Bei einer hohen **Integrierbarkeit des Leistungssystems** können im Leistungssystem auch Bestandteile fremder Anbieter enthalten sein. Handelt es sich um ein herstellerfremdes Objekt, liegen für eine Abschätzung der Lebenszykluskosten in der Regel weniger Informationen vor als bei Abschätzungen von eigenen Objekten (s. ROOS 2015, S. 409). Durch die Bevorratung von Ersatzteilen für verschiedene, herstellerfremde Maschinen entsteht zudem eine hohe Kapitalbindung (s. GEISSBAUER ET AL. 2012, S. 167). Eine Integrierbarkeit des Leistungssystems kann diese Gefahr somit begünstigen, da damit die Wahrscheinlichkeit falsch angenommener Lebenszykluskosten steigt. Subskriptionsmodelle können zudem nicht nur für etablierte Objekte und Leistungen angeboten werden, sondern für Neuheiten im Anbieterportfolio, oder für bereits beim Kunden installierte Objekte. Auch neue Objekte weisen dabei eine höhere Unsicherheit auf, da Erfahrungswerte fehlen und nicht extrapoliert werden können (s. ERKOYUNCU ET AL. 2011, S. 133f.).

Eine wesentliche Bedeutung hat die Schätzung der Lebenszykluskosten für die Erbringung der im Leistungssystem enthaltenen Dienstleistungen, die während des Betriebs eines Objektes den dominierenden Kostenanteil ausmachen (s. WEISMANN 2008, S. 2f.). Hierbei ist folglich der **Standardisierungsgrad des Leistungssystems** entscheidend. Sind die Tätigkeiten einer Dienstleistung standardisiert, erleichtert das die Abschätzung der Lebenszykluskosten. Werden die Bestandteile des Leistungssystems individuell konfiguriert, kann das die Abschätzung der Lebenszykluskosten des jeweiligen Leistungssystems erschweren. Kunden, die nur einen geringen **Reifegrad** aufweisen, bieten ein hohes Verbesserungspotenzial. Gleichzeitig ist aber eine verglichen individuelle Unterstützung durch die jeweils erforderlichen Dienstleistungen notwendig. Folglich können aufgrund diversem Unterstützungsbedarf die zu erwartenden Kosten schwerer abgeschätzt werden.

Im Rahmen einer Kostenkalkulation ist auch eine Abschätzung zu den erwarteten Pönalen erforderlich, welche abhängig von der **Art der Pönale** ist. Durch den **Einsatz von Versicherungen** können Kosten durch größere Schäden an den Objekten externalisiert werden. Abhängig vom **Verkettungsgrad der Objekte** in die Wertschöpfung des Kunden kann eine Zuweisung der Verantwortlichkeit für Störungen oder Schäden aufgrund nicht trennscharfer Verantwortlichkeiten für einzelne Prozessbestandteile erschwert werden.

Lebenszykluskosten variieren abhängig von der **Wandlungsfähigkeit der Objekte**. So kann der Tausch eines Modules zwar zeitlich schneller sein, verursacht allerdings höhere Kosten als bei einem Einzelteil. Ein Objekt mit einer hohen Wandlungsfähigkeit führt somit nicht automatisch zu geringeren Lebenszykluskosten (s. COHEN ET AL. 2006, S. 135).

Werden für den Betrieb der Maschine geeignete **Repetierfaktoren** durch Vorgabe **im Leistungssystem** eingesetzt, sinkt das Risiko, dass sich der Objektzustand aufgrund der Art der eingesetzten Repetierfaktoren unplanmäßig verschlechtert oder das Leistungsversprechen nicht eingehalten werden kann. Zugleich lässt sich durch einheitliche Repetierfaktoren die **Güte statistischer Modelle,** welche zur Vorhersage passender Instandhaltungszeitpunkte genutzt werden können, steigern. Restlebensdauerabschätzungen werden somit erleichtert, da von einer gleichbleibenden Belastung der eingesetzten Repetierfaktoren ausgegangen werden kann.

Die Lebenszykluskosten lassen sich bei einer hohen **Dynamik der Nachfrage** schwieriger planen und durch beispielsweise Vorhalten von Mitarbeitern für Serviceeinsätze oder Ersatzteile dimensionieren (vgl. LOVELOCK 1984, S. 13). Darüberhinaus sind die Lebenszykluskosten proportional zum **Umfang der Nachfrage** und fallen abhängig vom Einsatz der Objekte unterschiedlich aus. Begründet liegt dies darin, dass der Verschleiß abhängig vom Auftrag höher oder niedriger sein kann und damit die Häufigkeit und Intensität von Instandhaltungsmaßnahmen beeinflusst wird. Somit ist auch die **Variabilität der Nachfrage** eine relevante Einflussgröße.

Verändern sich Kosten beim Lieferanten und können diese Kosten in Form von Preisänderungen weitergegeben werden, beeinflusst das die geschätzten Lebenszykluskosten des Anbieters. Inwieweit Kosten an den Anbieter weitergegeben werden können, hängt von der **Verhandlungsstärke der Lieferanten** ab. Der Anbieter kann diese Preisänderungen entweder zu Lasten der Kundenzufriedenheit an Kunden weitergeben oder zu Lasten der eigenen Profitabilität selbst tragen.

Risiko des Leistungsbedarfs

Das Risiko des Leistungsbedarfs beschreibt maßgeblich Chancen und Gefahren, die auf Handlungen des Kunden zurückgehen. Grundsätzlich handelt es sich dabei um Veränderungen im Leistungsbedarf des Kunden. Einerseits können diese im Sinne einer Chance zu einer Erhöhung des Umsatzes oder einer Verlängerung des Vertrages führen. Andererseits kann ein geringer Bedarf zu einem geringeren Umsatz oder einer Kündigung führen.

Im Folgenden werden die Auswirkungen von den Gestaltungs- und Einflussgrößen (siehe Kapitel 5) als Auslöser für Chancen und Gefahren des Risikos des Leistungsbedarfs untersucht.

Chance:
Höhere Leistungsinanspruchnahme als kalkuliert bei nutzungsabhängigem Preismodell

Für diese Chance ist eine servicezentrierte **Bezugsgröße zur Preisbildung** eine Grundvoraussetzung (s. GRUBIC U. JENNIONS 2018, 212; vgl. ERKOYUNCU ET AL. 2019, S. 166). Nur dann steigt der Umsatz auch proportional zur Leistungsinanspruchnahme des Kunden. Getrieben ist diese Chance durch das Marktumfeld des Kunden und daraus ableitbaren Einflussgrößen. Durch eine niedrige **Rivalität unter Wettbewerbern** und gemäß dem Falle, dass die **Existenz von alternativen Leistungen** nicht gegeben ist, wirkt sich das positiv auf den Preis aus, den der Kunden mit seinen Produkten erzielen kann. Durch hohe **Markteinstrittsbarrieren** kann sich dieser Status manifestieren und das Auftreten neuer, alternativer Leistungen verhindern. In der Folge ist mit einem hohen **Umfang der Nachfrage** zu rechnen.

Chance:
Kündigungen vom Kunden nicht in Anspruch genommen / Verlängerungen des Vertrages

Diese Chance zielt auf die Möglichkeit des Kunden ab, das Subskriptionsmodell zu kündigen bzw. nach Ende der vertraglich definierten Laufzeit endgültig zu beenden und nicht zu verlängern. Wie aus Abbildung 95 hervorgeht, ist der Anbieter bei positiver Entwicklung von Kosten und Umsätzen an einer möglichst langfristigen Geschäftsbeziehung interessiert. Kundenseitig ausschlaggebend ist hierbei, ob der Anbieter sicherstellen kann, dass ein kontinuierlicher Mehrwert für den Kunden gegeben ist (s. KAMPKER ET AL. 2018b, S. 5). Entscheidend hierzu kann der **Fokus des Leistungsversprechens** sein, der während der Laufzeit kontinuierlich entsprechend dem **Reifegrad** des Kunden hinsichtlich der aktuellen Kundenanforderungen für den Kunden relevant sein muss. Aus rationalen Gründen kann es aufgrund der **Integrationsintensität** und einem hohen **Verkettungsgrad der Objekte** für den Kunden nicht sinnvoll sein, den Anbieter zu kündigen.

Darüber hinaus ist der Wettbewerb des Anbieters ein entscheidender Faktor. Durch die **Existenz von alternativen Leistungen,** bieten sich dem Kunden ggf. attraktive Alternativen zur Leistung des Anbieters. Bei einer hohen **Rivalität unter Wettbewerbern** können zudem Wettbewerber versuchen, durch attraktivere Preise Kunden des Anbieters für sich zu gewinnen. Ob ein Zugang zum Markt des Anbieters durch neue Wettbewerber überhaupt möglich ist, wird durch **Markteintrittsbarrieren** bestimmt.

Gefahr:
Niedriger Leistungsbedarf aufgrund strategischer oder marktbedingter Veränderung der Nachfrage des Kunden

Diese Gefahr ist in Abhängigkeit von der Nutzungsintensität zu betrachten, mit welcher der Kunde die Objekte des Leistungssystems in Anspruch nimmt (s. ERKOYUNCU ET AL. 2019, S. 166). Nur bei einer servicezentrierten **Bezugsgröße zur Preisbildung,** bei welcher der Kunde lediglich die tatsächliche Nutzung der Objekte bezahlt, kann diese Gefahr auftreten (vgl. STOPPEL 2016, S. 68; s. GRUBIC U. JENNIONS 2018, 212; s. BRILLINGER ET AL. 2020, S. 126). Je nachdem, wie die Preisgestaltung aufgebaut ist, übernimmt der Anbieter solcher Modelle das Marktrisiko des Kunden (s. STOPPEL 2016, S. 63; s. GLAS ET AL. 2019, S. 1082). Ändert sich der **Umfang der Nachfrage** beim Kunden aufgrund von Veränderungen auf dessen Markt, so wird diese Schwankung an den Anbieter weitergereicht (s. WESTKÄMPER ET AL. 2004, S. 463; s. BRILLINGER ET AL. 2020, S. 126). Dies kann dazu führen, dass die Leistung nur im Rahmen einer vertraglich vereinbarten Mindestnutzung durch den Kunden eingesetzt und dem Anbieter vergütet wird (s. ERKOYUNCU ET AL. 2011, S. 134). Bleibt diese Situation über einen längeren Zeitraum bestehen, so ist der Anbieter vertraglich an eine für ihn unrentable Geschäftsbeziehung gebunden (s. STOPPEL 2016, S. 66f). Verändert sich das Marktumfeld des Kunden und dessen Positionierung auf diesem Markt beispielsweise durch eine Rezession und lässt die **Vertragslaufzeit** eine Kündigung zu, muss der Anbieter bzw. Eigentümer die Objekte deinstallieren und in eine Weiterverwendung überführen können. Dies ist auch der Fall, wenn der Kunde Zahlungen aufgrund beispielsweise einer Insolvenz nicht mehr begleichen kann. Die Abschätzung kann, abhängig von der **Internationalität** der bedienten Kunden, verglichen schwieriger sein, wenn der Anbieter keine Erfahrungen für den Markt in bestimmten Regionen und damit über die Bonität des Kunden hat. (s. GLASER 2018, S. 18)

Damit erschwert ist auch eine Abschätzung hinsichtlich der **Rivalität unter Wettbewerbern** und der **Existenz von alternativen Leistungen**, die durch niedrige **Markteinstrittsbarrieren** begünstig werden können. Ökonomische Veränderungen der Märkte sind für Anbieter von Subskriptionsmodellen deutlich gravierender als für Unternehmen, die produktzentrierte Geschäftsmodelle verfolgen (s. BENEDETTINI ET AL. 2015, S. 963). Zusätzlich kann sich auch die strategische Ausrichtung des Kunden verändern und die abgerufene Leistung auf das vertraglich vereinbarte und für den Anbieter ggf. nicht rentable Minimum verringern.

Gefahr:
Kündigung

Diese Gefahr knüpft an die zuvor beschriebenen Gefahrenszenarien an, bei welchen die Leistung des Anbieters ungenügend ist oder der Kunde aufgrund strategischer bzw. marktbedingter Veränderungen keinen Bedarf mehr für die Leistungen des Anbieters hat.

Kündigungen können zur Folge haben, dass Kosten für die Herstellung, (De-)Installation und eventuelle Weiterverwendung der Objekte die Einnahmen bis dato übersteigen. Zusätzlich ergeben sich noch Opportunitätskosten, durch die nicht resultierten Gewinne, die umso gravierender ausfallen, je stärker davon ausgegangen wird, dass ein Kunde noch entwickelt und damit für den Anbieter noch rentabler hätte werden können (s. TÖPFER U. MANN 2008, S. 74; s. KHAN U. WUEST 2018, S. 401).

Kündigungen sind insbesondere in Kontext mit den initialen Kosten für die Herstellung der Objekte zu sehen und stehen damit in Abhängigkeit vom **Eigentümer des Objektes**. Handelt es sich bei dem Anbieter auch um den Eigentümer der im Leistungssystem enthaltenen Objekte, ist dieser darauf angewiesen, bestimmte Umsätze zu generieren. Nur so kann die Finanzierung bedient werden und möglich Zahlungsengpässe verhindert werden oder die Rentabilität der Investition gesichert werden (s. BENEDETTINI ET AL. 2017, S. 122; s. BECKER U. PEPPMEIER 2018, S. 3). Darüber hinaus steht diese Gefahr in Zusammenhang mit der **Vertragslaufzeit** und ist davon abhängig, wie weit diese bereits fortgeschritten ist. Neben der vertraglichen Bindung hat auch die emotionale Kundenbindung einen Einfluss auf Kündigungen und damit auf die über die Laufzeit entwickelte Kundenzufriedenheit (s. TÖPFER 2008, S. 92). Eine Kündigung durch den Kunden wird begünstigt, wenn der Anbieter nur in geringem Maße in die Wertschöpfung des Kunden integriert ist. Durch eine hohe **Integrationsintensität** und einen hohen **Verkettungsgrad der Objekte** kann verhindert werden, dass der Kunde die Prozesse, für welche die Leistung des Anbieters bezogen wird, weiter externalisiert und an einen Zulieferer abgibt. Dazu muss die **Rivalität unter Wettbewerbern** auf dem Markt des Anbieters allerdings ausreichend hoch sein oder aufgrund niedriger **Markteintrittsbarrieren** müssen **alternative Leistungen** verfügbar sein (s. HUTZSCHENREUTER 2015, S. 21). Dies ist nur dann aus Kundensicht sinnvoll, wenn der Anbieter durch Know-how-Abfluss obsolet geworden ist (s. CORSTEN U. GÖSSINGER 2007, S. 396). Mit einer einmaligen Verbesserung, beispielsweise der Verfügbarkeit oder des Energieverbrauches, ist eine Rechtfertigung der beim Kunden kontinuierlich auftretenden Kosten für die Nutzung des Objektes und der damit verbundenen Leistungen somit nicht gegeben.

Ebenfalls relevant zur Beschreibung dieser Gefahr sind die Einflussfaktoren, welche bereits in der zuvor beschriebenen Gefahr hinsichtlich strategischer oder marktbedingter Veränderungen beim Kunden ausgeführt wurden und hier nicht wiederholt werden sollen.

Die beschriebene Gefahr knüpft zudem an eine weitere Gefahr an, die an dieser Stelle genannt werden soll. Durch das Anbieten von Subskriptionsmodellen wird der Anbieter während der Umstellung seines Geschäftsmodells, vom Verkauf seiner Produkte hin zu Subskriptionsmodellen, bilanziell negativ abgebildet, bis zu dem Zeitpunkt, an dem die positiven Effekte eines Subskriptionsmodells einsetzen (s. LAH U. WOOD 2016, S. 13; vgl. BRILLINGER ET AL. 2020, S. 127). Dies kann eine schlechte Bewertung des Unternehmens an den Kapitalmärkten mit sich führen, wenn es sich bei den **Arten betriebener Geschäftsmodelle** ausschließlich um Subskriptionsmodelle handelt. Zurückzuführen ist dies auf den Jahresabschluss des Unternehmens, bestehend aus Gewinn- und Verlustrechnung und der Bilanz (s. MUMM 2012, S. 4). Die Struktur der Bilanz ist nach dem Handelsgesetzbuch (HGB) vorgegeben (s. MUMM 2012, S. 15). Umsätze, die erst zukünftig generiert werden und aufgrund der Vertragslaufzeit als erwartete Umsätze einbezogen werden können, finden bei einer Bilanz nach HGB Standard keine Berücksichtigung. Dahingegen werden allerdings die Kosten in der Bilanz des Eigentümers vermerkt. Dies führt dazu, dass die jeweilige Bilanz entsprechend negativer dargestellt wird, als wenn die erwarteten Umsätze zukünftiger Perioden bilanziell berücksichtigt werden würden. Entgegengewirkt werden kann dem durch Nutzung des IFRS-Standards. Der IFRS-Standard, der u. a. bei Unternehmen, die Leasingverträge nutzen, Anwendung findet, zeigt auch Umsätze zukünftiger Perioden auf (s. BORNHOFEN U. BORNHOFEN 2019, S. 327f.). Somit stehen den Verbindlichkeiten zur Finanzierung des Objektes auch Einnahmen gegenüber, die abhängig von der Art der Preisbildung allerdings schwanken können (s. HANS-BÖCKLER-STIFTUNG 2014, S. 45ff.).

Gefahr:

Höhere Leistungsinanspruchnahme als kalkuliert bei nicht nutzungsabhängigem Preismodell

---

Lebenszykluskosten weisen eine gewisse Proportionalität zur Nutzungsintensität auf. Je intensiver ein Objekt genutzt wird, desto früher wird der Zeitpunkt erreicht, bei welchem aufgrund von Verschleiß Instandhaltungstätigkeiten durchgeführt werden müssen (vgl. LASCH 2018, S. 21). Wird bei der **Bezugsgröße zur Preisbildung** lediglich ein fixer Betrag je Periode bestimmt, fällt der Gewinn je Periode aufgrund gestiegener Kosten bei gleichen Umsätzen verglichen geringer aus, wenn die Nutzungsintensität hoch ist. Vor Vertragsbeginn sind somit realistische Annahmen hinsichtlich der **Dynamik der Nachfrage** zu treffen, um die erwartete Rentabilität erfüllen zu können.

6.5 Wirkungszusammenhänge zwischen Risiken

Das folgende Kapitel handelt von Wirkungszusammenhängen zwischen Risiken. Theoretischer Bezugspunkt ist hierbei die Systemtheorie, welche ein System als eine „Anzahl von in Wechselwirkung stehenden Elementen“ beschreibt (ROMEIKE U. FINKE 2003, S. 46). Wirkungszusammenhänge sind uni- oder bidirektionale Abhängigkeiten, welche zudem mit einer zeitlichen Verzögerung wirken können (s. ROMEIKE 2018, S.

189). Diese Abhängigkeiten bestehen auch bei Risiken und führen dazu, dass eine isolierte Analyse von Risiken, wie in den Kapiteln 6.1 bis 6.4, an vielen Stellen nicht ausreichend ist. Häufig erhalten Risiken erst in Konstellation mit anderen Risiken eine nicht vernachlässigbare Relevanz (s. SCHUH U. KAMPKER 2011, S. 450; s. BRAUWEILER 2019, S. 12). Somit ist eine ganzheitliche Betrachtung der Risiken als System notwendig. Im Folgenden werden theoretische Grundlagen vorgestellt, welche die Analyse von Risiken als System unter der Berücksichtigung der darin auftretenden Wechselwirkungen ermöglichen.

Risiken von Subskriptionsmodellen können anhand der Dimensionen eines Geschäftsmodells verortet werden, wie in den vorherigen Unterkapiteln gezeigt wurde. Wie die Dimensionen eines Geschäftsmodells auch, können die darin verorteten Risiken nicht unabhängig voneinander betrachtet werden, da sie aufeinander aufbauen und einander bedingen. Risiken einer Dimension lassen sich teilweise durch Ursachen in anderen Dimensionen erklären. Zusätzliche Komplexität erlangt die Betrachtung dadurch, dass bei der Gestaltung der einzelnen Dimensionen sowie über die Laufzeit eines Subskriptionsmodells unterschiedliche Akteure beteiligt sind. Die Risiken werden somit insbesondere von den aktuell an der Geschäftsbeziehung beteiligten Personen adressiert. Grundsätzliche Abhängigkeiten einzelner Risiken sind in Abbildung 96 dargestellt.

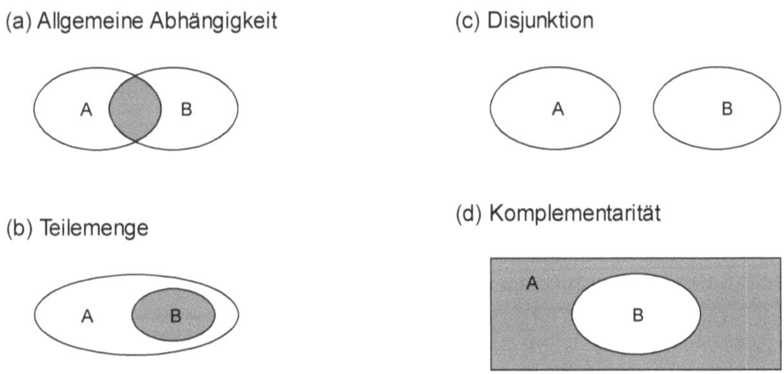

Abbildung 96: Abhängigkeiten von Risiken (eigene Darstellung i. A. a. SCHRÖDER 2005, S. 58)

Die allgemeine Abhängigkeit und die Teilmenge von Risiken sind in der Praxis nicht immer zu unterscheiden. Bei der allgemeinen Abhängigkeit können beispielsweise zwei Chancen durch eine gleiche Ursache in Kraft treten, dabei allerdings verschiedene Wirkungen hervorrufen. Bei der Teilmenge ist ein Eintreten von A automatisch auch mit einem Eintreten von B verbunden, auch wenn ein Eintreten von B kein Eintreten von A bedeuten würde. Selbiges gilt für die Wirkung dieser Risiken. Bei der Disjunktion sind die Risiken A und B gänzlich unabhängig von einander, d. h., weder die Wirkung noch die Ursache einer Chance oder Gefahr von B weisen Gemeinsamkeiten auf. Die Komplementarität beschreibt die Gegensätzlichkeit von A und B. Würde

A eintreten, so wäre ein Eintreten von B nicht möglich. Eine Kündigung des Kunden bei gleichzeitiger Verlängerung des Vertrages wäre nicht möglich und folglich der Form (d) zuzuordnen.

Darüber hinaus kann zwischen Interdependenz (Abhängigkeit) und Dependenz (Wirkung) unterschieden werden. Eine Dependenz zwischen zwei Risiken bedeutet, dass das Eintreten eines Risikos das Eintreten eines anderen Risikos verursachen kann. Weiterhin kann das Nicht-Eintreten eines Risikos bzw. mögliche daran gebundene Maßnahmen auch die Auswirkung oder die Eintrittswahrscheinlichkeit eines anderen Risikos erhöhen. Bei einer Interdependenz erfolgt diese Wirkung in beide Richtungen. Der Eintritt eines Risikos kann eine Kaskade weiterer Risiken bedingen und auslösen. Tritt beispielsweise eine Gefahr ein, so kann dies ein Unternehmen dazu veranlassen, bestimmte Risiken einzugehen, die es sonst nicht akzeptieren würde (s. SAEBI ET AL. 2017, S. 567). Dies ist darauf zurückzuführen, dass bestimmte Unternehmen aufgrund der durch eine Gefahr veränderten Umstände „wenig zu verlieren" haben und folglich dazu gezwungen sind, zu reagieren (s. SAEBI ET AL. 2017, S. 571).

Im Rahmen dieser Arbeit werden zwar Folgerisiken berücksichtigt, allerdings nur solche, die bereits als Primärrisiko analysiert wurden. Eine Analyse neuer, sich aus den ursprünglich analysierten Risiken ergebender Risiken findet nicht statt, um die Komplexität nicht weiter zu erhöhen (s. Abbildung 97).

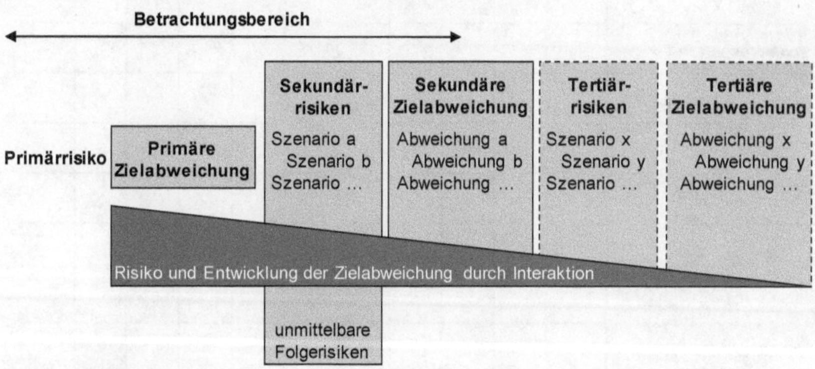

Abbildung 97: Schematische Darstellung einer Risikokaskade (eigene Darstellung i. A. a. KÖNIG 2008, S. 73)

Die Erklärung von Abhängigkeiten zwischen Risiken kann hinsichtlich ursachen- und wirkungsbezogener Abhängigkeiten erfolgen. In der Praxis bedeutsamer ist die wirkungsbezogene Abhängigkeit, bei welcher die Auswirkung eines Risikos ein anderes Risiko beeinflusst (s. URSCHEL 2010, S. 164).

Die Beurteilung eines Risikos und damit auch der existenten Wechselwirkungen ist stark von der Gestaltung des Subskriptionsmodells abhängig. Erst anhand konkreter Ausprägungen der in Kapitel 5 beschriebenen Merkmale lassen sich die in Kapitel 6 beschriebenen Risiken soweit konkretisieren, dass Wechselwirkungen diskutiert werden können. Es ist somit das Einbeziehen firmenindividueller Rahmenbedingungen erforderlich. Die daran geknüpfte Vorgehensweise wird im Rahmen des Vorgehensmodells in Kapitel 7 vorgestellt.

Grundlage für die Anwendung des Vorgehensmodells ist die Transparenz über Wirkungszusammenhänge zwischen den in den vorherigen Unterkapiteln beschriebenen Risiken. Diesbezügliche Transparenz kann unter Nutzung der in Abbildung 98 dargestellten Logik erfolgen.

Abhängigkeiten:

CP: Chancenpotenzial
GP: Gefahrenpotenzial
X: Abhängigkeit des Chancen- und Gefahrenpotenzials

	Leistungsgestaltung	Vertragsgestaltung	Katastrophen	Zusammenarbeit	Betriebsbedingungen	Arbeitsschutz	Datenfluss	Objektzustand	Weiterverwendbarkeit	Leistungserfüllung	Leistungsbedarf
Leistungsgestaltung		X	GP					GP	CP	X	X
Vertragsgestaltung			GP		X				X	CP	X
Katastrophen					GP		X		GP		
Zusammenarbeit					X	X		X		GP	
Betriebsbedingungen		GP						X	X	X	
Arbeitsschutz			GP					X			
Datenfluss						CP		CP	GP	X	
Objektzustand			GP	X		X				GP	
Weiterverwendbarkeit						X					
Leistungserfüllung				CP							X
Leistungsbedarf						GP					

beispielhaft

Abbildung 98: Abhängigkeiten von Risiken in Subskriptionsmodellen

Durch die Vorgabe von Wechselwirkungen ohne Einbezug der jeweils firmenindividuellen Rahmenbedingungen würde das Vorgehen an Allgemeingültigkeit verlieren, sodass an dieser Stelle angemerkt sei, dass es sich in Abbildung 98 lediglich um beispielhafte Wechselwirkungen handelt (vgl. BLEICHER U. ABEGGLEN 2017, S. 50).

Für das in Kapitel 7 beschriebene Vorgehensmodell ist es zielführend, wenn bei der Analyse der Wechselwirkungen von Risiken zwischen drei Formen von Abhängigkeiten unterschieden wird. Im Rahmen dieser Arbeit wird ein Risiko hinsichtlich seines

Chancen- und Gefahrenpotenzials differenziert. Folglich können Abhängigkeiten zwischen den Chancen (CP) oder Gefahren (GP) von zwei Risiken auftreten. Zudem kann eine Abhängigkeit zwischen den Chancen und Gefahren von zwei Risiken (X) vorliegen.

6.6 Zusammenfassung

Eine Übersicht der vorgestellten Risiken in den jeweiligen Dimensionen eines Subskriptionsmodells ist in Abbildung 99 bis Abbildung 102 dargestellt.

Gestaltungsgrößen	Angebot											Kunden							
	Leistungsgestaltung					Vertragsgestaltung				Katastrophen		Zusammenarbeit				Betriebsbedingungen		Arbeitsschutz	
	Vielzahl neuer Kunden und Übernahme neuer Wertschöpfungsanteile beim Kunden	Positionierung als Orchestrator des Ökosystems rund um das Leistungssystem	Fähigkeiten für Erfüllung des Leistungsversprechens unzureichend	Verständnis über Geschäftsmodell beim Kunden nicht vorhanden	Kannibalisierung bestehender Geschäftsbereiche	Ausgestaltung des Vertrages steigert die Bereitschaft des Kunden für einen Vertragsabschluss für eine langfristige Geschäftsbeziehung	Geringe vertragliche Absicherung des Anbieters ermöglicht opportunistisches Verhalten des Kunden	Detaillierte vertragliche Absicherung des Anbieters senkt Bereitschaft des Kunden für einen Vertragsabschluss	Langfristige Bindung von strategisch unwichtigen Kunden	Unklare Haftungsfrage für Schaden und Opportunitätskosten bei verhinderter Leistungserbringung	Kunde hat aufgrund von Katastrophe keinen Bedarf mehr nach der Leistung des Anbieters	Steigerung der emotionalen Kundenbindung durch wertschöpfende Zusammenarbeit	Unzureichendes Verständnis über partnerschaftliche Zusammenarbeit beim Kunden	Ungenügend qualifizierte Mitarbeiter des Kunden verursachen starken Verschleiß bis hin zu Schäden an der Maschine	Betrug durch den Kunden	Steigerung der Kundenbindung durch flexible Adaption des Leistungssystems auch auf nicht antizipierte Veränderungen der Betriebsbedingungen beim Kunden	Die realen Bedingungen und Anforderungen beim Kunden werden falsch abgeschätzt und die erwartete Leistung kann nicht oder nur mit Mehraufwand erbracht werden	Senkung der Arbeitsunfälle beim Kunden durch Prozesseinbindung	Arbeitsschutz und Objektschäden liegen in der Verantwortung des Anbieters, sind aber nicht vollständig durch den Anbieter kontrollierbar
Fokus des Leistungsversprechens	x		x									x					x		x
Arten betriebener Geschäftsmodelle			x		x	x													
Wandungsfähigkeit der Objekte							x				x					x	x		
Standardisierungsgrad des Leistungssystems	x			x										x		x	x		
Integrierbarkeit des Leistungssystems		x															x		
Verkettungsgrad der Objekte	x						x			x						x	x		
Repetierfaktoren im Leistungssystem	x	x													x				
Vertragslaufzeit				x		x	x	x	x		x	x							
Vertragsinhalte				x		x		x				x							
Reifegrad	x		x														x		
Internationalität	x						x			x	x		x				x		
Integrationsintensität	x												x	x	x			x	x
Ortsgebundenheit der Dienstleistung												x	x		x				
Ziele der Datenauswertung																			
Art der Informationsbereitstellung															x				
Güte statistischer Modelle			x																
Bezugsgröße zur Preisbildung	x									x	x				x				
Art der Pönale			x				x							x	x				
Eigentümer des Objektes	x	x					x				x								
Einsatz von Versicherungen		x								x				x					x

Abbildung 99: Wirkung von Gestaltungsgrößen auf Risiken von Subskriptionsmodellen in den Dimensionen *Angebot* und *Kunden*

Einflussgrößen	Vielzahl neuer Kunden und Übernahme neuer Wertschöpfungsanteile beim Kunden	Positionierung als Orchestrator des Ökosystems rund um das Leistungssystem	Fähigkeiten für Erfüllung des Leistungsversprechens unzureichend	Verständnis über Geschäftsmodell beim Kunden nicht vorhanden	Kannibalisierung bestehender Geschäftsbereiche	Ausgestaltung des Vertrages steigert die Bereitschaft des Kunden für einen Vertragsabschluss für eine langfristige Geschäftsbeziehung	Geringe vertragliche Absicherung des Anbieters ermöglicht opportunistisches Verhalten des Kunden	Detaillierte vertragliche Absicherung des Anbieters senkt Bereitschaft des Kunden für einen Vertragsabschluss	Langfristige Bindung von strategisch unwichtigen Kunden	Unklare Haftungsfrage für Schaden und Opportunitätskosten bei verhinderter Leistungserbringung	Kunde hat aufgrund von Katastrophe keinen Bedarf mehr nach der Leistung des Anbieters	Steigerung der emotionalen Kundenbindung durch wertschöpfende Zusammenarbeit	Unzureichendes Verständnis über partnerschaftliche Zusammenarbeit beim Kunden	Ungenügend qualifizierte Mitarbeiter des Kunden verursachen starken Verschleiß bis hin zu Schäden an der Maschine	Betrug durch den Kunden	Steigerung der Kundenbindung durch flexible Adaption des Leistungssystems auch auf nicht antizipierte Veränderungen der Betriebsbedingungen beim Kunden	Die realen Bedingungen und Anforderungen beim Kunden werden falsch abgeschätzt und die erwartete Leistung kann nicht oder nur mit Mehraufwand er-bracht werden	Senkung der Arbeitsunfälle beim Kunden durch Prozesseinbindung	Arbeitsschutz und Objektschäden liegen in der Verantwortung des Anbieters, sind aber nicht vollständig durch den Anbieter kontrollierbar
Rivalität unter Wettbewerbern						X	X	X											
Kompatibilität der Zielsysteme	X					X	X	X				X	X						
Kompetenz der Kundenmitarbeiter			X											X			X	X	X
Umfang der Nachfrage																			
Dynamik der Nachfrage																	X		
Variabilität der Nachfrage																	X		
Fristigkeit der Aufträge																			
Verhandlungsstärke von Lieferanten																			
Markteintrittsbarrieren	X				X	X	X	X											
Existenz alternativer Leistungen						X	X	X									X		
	Leistungsgestaltung					Vertragsgestaltung				Katastrophen		Zusammenarbeit				Betriebsbedingungen		Arbeitsschutz	
	Angebot											Kunden							

Abbildung 100: Wirkung von Einflussgrößen von Risiken von Subskriptionsmodellen in den Dimensionen *Angebot* und *Kunden*

Gestaltungsgrößen	Datenbasierte Verbesserung der Prozesse und Produkte sowohl anbieter- als auch kundenseitig	Quantität und Qualität der Daten nicht ausreichend für die Erfüllung des Leistungsversprechens und der Dimensionierung der Serviceorganisation des Anbieters	Datensicherheit kann nicht gewährleistet werden	Die Objekte können aufgrund ordnungsgemäßer Nutzung und Instandhaltung entsprechend der technischen Lebensdauer eingesetzt werden.	Kürzerer Einsatz der Objekte als kalkuliert aufgrund falscher Nutzung, mangelhafter Instandhaltung oder technologischer Veralterung	Erneuter Einsatz der Objekte im Rahmen eines Subskriptionsmodells oder Verkauf auf einem Gebrauchtmarkt oder unproblematische Entsorgung und Recycling der Objekte	Kein erneuter Einsatz im Rahmen eines Subskriptionsmodells möglich, keine Existenz eines Gebrauchtmarktes und problematische Entsorgung oder Recycling der Objekte	Hoher Umsatz aufgrund Erfüllung des Leistungsversprechens bei variabler Bezugsgröße	Reale Lebenszykluskosten sind geringer als geplante Lebenszykluskosten	Niedriger Umsatz aufgrund ungenügender Erfüllung des Leistungsversprechens bei variabler Bezugsgröße	Reale Lebenszykluskosten sind höher als angenommen	Höhere Leistungsinanspruchnahme als kalkuliert bei nutzungsabhängigem Preismodell	Kündigungen vom Kunden nicht in Anspruch genommen / Verlängerungen des Vertrages	Niedriger Leistungsbedarf aufgrund strategischer oder marktbedingter Veränderung der Nachfrage des Kunden	Kündigung	Höhere Leistungsinanspruchnahme als kalkuliert bei nicht nutzungsabhängigem Preismodell
	Datenfluss			Objektzustand		Weiterverwendbarkeit		Leistungserfüllung				Leistungsbedarf				
	Infrastruktur							Finanzen								
Fokus des Leistungsversprechens	x												x			
Arten betriebener Geschäftsmodelle							x			x					x	
Wandungsfähigkeit der Objekte						x	x				x					
Standardisierungsgrad des Leistungssystems		x									x					
Integrierbarkeit des Leistungssystems						x	x				x					
Verkettungsgrad der Objekte	x	x									x		x		x	
Repetierfaktoren im Leistungssystem				x	x						x					
Vertragslaufzeit						x	x				x			x	x	
Vertragsinhalte																
Reifegrad								x			x		x			
Internationalität		x												x		
Integrationsintensität				x				x					x		x	
Ortsgebundenheit der Dienstleistung																
Ziele der Datenauswertung		x														
Art der Informationsbereitstellung			x													
Güte statistischer Modelle	x	x		x	x						x					
Bezugsgröße zur Preisbildung								x		x		x		x		x
Art der Pönale		x									x					
Eigentümer des Objektes						x	x			x					x	
Einsatz von Versicherungen											x					

Abbildung 101: Wirkung von Gestaltungsgrößen auf Risiken von Subskriptionsmodellen in den Dimensionen *Infrastruktur* und *Finanzen*

Dimension	Kategorie	Chance/Gefahr	Rivalität unter Wettbewerbern	Kompatibilität der Zielsysteme	Kompetenz der Kundenmitarbeiter	Umfang der Nachfrage	Dynamik der Nachfrage	Variabilität der Nachfrage	Fristigkeit der Aufträge	Verhandlungsstärke von Lieferanten	Markteintrittsbarrieren	Existenz alternativer Leistungen
Infrastruktur	Datenfluss	Datenbasierte Verbesserung der Prozesse und Produkte sowohl anbieter- als auch kundenseitig										
		Quantität und Qualität der Daten nicht ausreichend für die Erfüllung des Leistungsversprechens und der Dimensionierung der Serviceorganisation des Anbieters				X	X	X				
		Datensicherheit kann nicht gewährleistet werden			X							
	Objektzustand	Die Objekte können aufgrund ordnungsgemäßer Nutzung und Instandhaltung entsprechend der technischen Lebensdauer eingesetzt werden.										
		Kürzerer Einsatz der Objekte als kalkuliert aufgrund falscher Nutzung, mangelhafter Instandhaltung oder technologischer Veralterung			X				X			
	Weiterverwendbarkeit	Erneuter Einsatz der Objekte im Rahmen eines Subskriptionsmodells oder Verkauf auf einem Gebrauchtmarkt oder unproblematische Entsorgung und Recycling der Objekte										X
		Kein erneuter Einsatz im Rahmen eines Subskriptionsmodells möglich, keine Existenz eines Gebrauchtmarktes und problematische Entsorgung oder Recycling der Objekte										X
Finanzen	Leistungserfüllung	Hoher Umsatz aufgrund Erfüllung des Leistungsversprechens bei variabler Bezugsgröße			X							
		Reale Lebenszykluskosten sind geringer als geplante Lebenszykluskosten										
		Niedriger Umsatz aufgrund ungenügender Erfüllung des Leistungsversprechens bei variabler Bezugsgröße										
		Reale Lebenszykluskosten sind höher als angenommen					X	X		X		
	Leistungsbedarf	Höhere Leistungsinanspruchnahme als kalkuliert bei nutzungsabhängigem Preismodell	X			X					X	X
		Kündigungen vom Kunden nicht in Anspruch genommen / Verlängerungen des Vertrages	X								X	X
		Niedriger Leistungsbedarf aufgrund strategischer oder marktbedingter Veränderung der Nachfrage des Kunden	X			X					X	X
		Kündigung	X								X	X
		Höhere Leistungsinanspruchnahme als kalkuliert bei nicht nutzungsabhängigem Preismodell					X					

(Einflussgrößen)

Abbildung 102: Wirkung von Einflussgrößen von Risiken von Subskriptionsmodellen in den Dimensionen *Infrastruktur* und *Finanzen*

Insgesamt konnten 180 Einflüsse der 10 Einflussgrößen und 20 Gestaltungsgrößen auf die 13 Chancen und 22 Gefahren von Subskriptionsmodellen identifiziert werden.

Auf der Chancenseite ist insbesondere die Integrationsintensität als relevante Gestaltungsgröße zu nennen. Die Chancen von Subskriptionsmodellen sind vielfach von der Hoffnung auf eine langfristige, enge und erfolgreiche Zusammenarbeit geprägt. Zielt das Subskriptionsmodell auf eine hohe hohe Integrationsintensität ab, kann die Basis für diese Chancen gelegt werden. Zahlreiche Chancen sind zudem dadurch geprägt, dass dem Kunden Flexibilität gegeben wird, um das Subskriptionsmodell nicht als einen langfristigen Knebelvertrag aufzufassen. Dahingehende Chancen sind stark von der Marktsituation abhängig. Falls der Markt durch eine intensive Rivalität zahlreicher

Anbieter und regelmäßig neuen Wettbewerbern und Leistungen geprägt ist, wirkt sich das auf die beschriebenen Chancen aus.

Auf der Gefahrenseite wirkt sich die Gestaltungsgröße *Vertragslaufzeit* auf zahlreiche Gefahren aus. Die Gefahren von Subskriptionsmodellen basieren oftmals genau auf den gegensätzlichen Erwartungen der beschriebenen Chancen. Die Geschäftsbeziehung würde demnach nur kurzfristig und nicht erfolgreich sowie hinsichtlich der Zusammenarbeit der involvierten Parteien weitestgehend unabhängig voneinander stattfinden. Inwieweit der dadurch zu erwartende finanzielle Schaden relevant für den Anbieter ausfällt, wird durch die Vertragslaufzeit bestimmt. Eine weitere Gestaltungsgröße ist zudem die Internationalität. Auch wenn diese Gestaltungsgröße den Kreis potenzieller Kunden vergrößert, gehen mit einem international betriebenen Subskriptionsmodell nicht immer vorhersehbare Gefahren einher. Nicht zu unterschätzen sind auch hier die Rahmenbedingungen des Marktes. Wenn der Anbieter weitestgehend allein auf dem Markt agiert, sind verschiedene Gefahren als geringer zu bewerten, da sich dem Kunden ohnehin nur wenige Alternativen bieten.

7 Vorgehensmodell zur risikobasierten Gestaltung von Subskriptionsmodellen

Im folgenden Kapitel wird ein Vorgehen zur risikobasierten Gestaltung von Subskriptionsmodellen vorgestellt. In dieses Vorgehen wurden entsprechend der Strategie angewandter Forschung nach ULRICH ET AL. die Ergebnisse der vorherigen Kapitel integriert. Vorgehensweisen dienen dazu, praktische und allgemeingültige Problemstellungen zu lösen (s. BLEICHER U. ABEGGLEN 2017, S. 50).

Zur Lösung der vorliegenden Problemstellung stellen sich verschiedene Anforderungen an das zu entwickelnde Vorgehensmodell für die risikobasierte Gestaltung von Subskriptionsmodellen. Diese gliedern sich in formal-konzeptionelle und inhaltliche Anforderungen an das Modell. Ein gutes Modell sollte laut BECKER ET AL. folgende formal-konzeptionelle Anforderungen erfüllen (s. BECKER ET AL. 2012, 32ff.):

- **Richtigkeit**
  Die Richtigkeit eines Modells gliedert sich in die syntaktische und die semantische Richtigkeit. Bei Einhaltung sämtlicher Regeln der Modellierungssprache, die beispielsweise in einem Metamodell festgehalten sind, spricht man von syntaktischer Richtigkeit. Hier wird sichergestellt, dass das Modell formal korrekt ist.
  Mit der Prüfung, ob ein Modell qualitativ hochwertig das repräsentiert, wofür es erstellt wurde, kann die semantische Richtigkeit bestätigt werden. Dabei kann die semantische Richtigkeit nur in Diskussion und unter Einigung der darüber Diskutierenden bestätigt werden. (s. BECKER ET AL. 2012, S. 32f.)
- **Relevanz**
  Dem Grundsatz der Relevanz folgend, ist der Inhalt eines Modells nicht auf dessen Vollständigkeit abzielend, sondern auf den Zweck des Modells gerichtet. Dazu ist der Zweck zunächst zu konkretisieren und Modellierungsziele sind zu formulieren, anhand derer entschieden werden kann, ob das Abstraktionsniveau des Modells bzw. der Modellbestandteile für den Zweck ausreichend ist. (s. BECKER ET AL. 2012, S. 33)
- **Wirtschaftlichkeit**
  Die Wirtschaftlichkeit eines Modells kann auf zwei Arten beurteilt werden: Zunächst kann ein Modell als wirtschaftlich erachtet werden, wenn es mit vorgegebenem Aufwand dem entsprechenden Zweck am nächsten kommt. Andererseits ist ein Modell ebenso als wirtschaftlich zu bezeichnen, wenn es ein vorgegebenes Modellierungsziel mit minimalem Aufwand erreicht. Auf den Detaillierungsgrad eines Modells bezogen soll ein Modell so lange weiter verfeinert werden, bis die zusätzlichen Kosten der Verfeinerung „gerade dem zusätzlichen Nutzen, der aus der Verfeinerung resultiert, gleich kommen." (BECKER ET AL. 2012, s.33). Die Wirtschaftlichkeit kann beispielsweise durch die Modellierungssprache oder auch durch den Einsatz von Referenzmodellen beeinflusst wer-

den. Durch die Nutzung von Referenzmodellen kann der Aufwand für die Modellierung reduziert werden, da Referenzmodelle bzw. deren Bestandteile eine gewisse Allgemeingültigkeit aufweisen und somit für die Entwicklung weiterer Modelle dienlich sein können (s. MERTENS ET AL. 1997, S. 271).

- **Klarheit**
  Durch leichte Lesbarkeit, Anschaulichkeit und Verständlichkeit wird der Grundsatz der Klarheit bzw. Verständlichkeit eines Modells erfüllt. Als zu beurteilende Teilaspekte der Klarheit gelten eine adressatengerechte Hierarchisierung, Layoutgestaltung und Filterung. Die Hierarchisierung von Modellen kommt insbesondere bei umfangreichen Modellen zum Tragen, wo beispielsweise durch einen Ordnungsrahmen auf oberster Hierarchieebene ein besserer Überblick hergestellt werden kann. Das Layout schafft Klarheit durch die grafische Anordnung der Modellbestandteile zur Ausgestaltung jeder Hierarchieebene. Die Filterung ermöglicht jedem Modellnutzer, die lediglich für ihn relevanten Modellbestandteile auszuwählen und für ihn irrelevante Modellbestandteile auszublenden (s. BECKER ET AL. 2012, S. 35).
- **Vergleichbarkeit**
  Die Vergleichbarkeit eines Modells basiert auf zwei Grundsätzen: Zum einen ist eine Vergleichbarkeit gegeben, wenn Abläufe, die in der realen Welt gleich sind, auch im Modell gleich sind. Der zweite Grundsatz berücksichtigt die Existenz verschiedener Modellierungssprachen. Eine Vergleichbarkeit ist gegeben, wenn Modelle unterschiedlicher Modellierungssprachen auf ähnlichen Konstrukten aufbauen und darauf basierend verglichen werden können (s. BECKER ET AL. 2012, S. 36).
- **Systematischer Aufbau**
  Der systematische Aufbau eines Modells wahrt dessen Konsistenz. Modellbestandteile sollten über das gesamte Modell hinweg konsistent verwendet werden (s. BECKER ET AL. 2012, S. 36).

Das im Folgenden vorgestellte Vorgehen soll den Anwender dazu befähigen, Subskriptionsmodelle unter Beachtung der dort auftretenden Risiken im Sinne von Gefahren und Chancen selbstständig zu entwickeln. Anwender des Vorgehens sind Mitarbeiter von Unternehmen des Maschinen- und Anlagenbaus, die sich mit der Entwicklung und Umsetzung neuer Geschäftsmodelle befassen. Zum Zeitpunkt der Anwendung betreibt das Unternehmen des Anwenders noch keine Subskriptionsmodelle. Zur Entwicklung einer Vorgehensweise hat sich in der wissenschaftlichen Forschung die Nutzung von Ordnungsrahmen als sinnvoll herausgestellt (s. MEISE 2001, S. 59ff.; s. HEESCHEN 2015, S. 89).

Als Ordnungsrahmen für das im Folgenden vorgestellte Vorgehen hat sich der Prozess des Risikomanagements als zweckdienlich erwiesen. Für den Prozess des Risikomanagements existieren verschiedene Phasenschemata, die allerdings in ihrer grundsätzlichen Struktur gleich sind (s. MIKUS 2001a, S. 13). Bei diesen Phasen handelt es sich um die vier Kernbereiche des Risikomanagements: die Risikoidentifikation, die Risikobewertung, die Risikosteuerung und die Risikokontrolle (s. SCHUH U. KAMPKER

2011, S. 455f.; s. GLASER 2018, S. 15; s. BRAUWEILER 2019, S. 8). Der Umgang mit Risiken wirkt sich auf alle Entscheidungsbereiche eines Unternehmens aus. Beim Management eines Unternehmens handelt es sich somit immer auch um Chancen- und Gefahrenmanagement. Damit nimmt Risikomanagement in Teilen die Rolle der Planung und Kontrolle wie auch der Informationsversorgung in einem Unternehmen ein (s. HORVÁTH ET AL. 2015, S. 512). Abhängig vom konkreten Anwendungsbezug sind die Phasen des Risikomanagements oftmals für konkrete Rollen, aber auch Branchen ausgearbeitet und konkretisiert. Eine verallgemeinerte Form des Prozesses wurde in der ISO 31000 allgemeingültig zusammengefasst und durch Einbezug von Praktikern hinsichtlich seiner Praxistauglichkeit validiert (s. ROMEIKE 2018, S. 36). Der darin beschriebene Prozess dient dem im Folgenden beschriebenen Vorgehen als Ordnungsrahmen und gliedert sich in die Schritte „Vorarbeit leisten", „Risikobeurteilung" und „Risikobehandlung" (s. DIN ISO 31000, S. 16).

Unter dem Schritt „Vorarbeit leisten" werden die Definition des Anwendungsbereiches, die Herstellung des Kontextes und die Definition von Kriterien zum Umgang mit Risiken verstanden. Im Anschluss erfolgt die Beurteilung von Risiken. Unter dem Begriff der Beurteilung wird zunächst die Identifikation von Risiken verstanden, an welche sich die Analyse und Bewertung der identifizierten Risiken anschließen. Im letzten Schritt des Prozesses sind Optionen zur Risikobehandlung abzuwägen und auszuwählen.

Der Prozess des Risikomanagements kann sowohl strategische als auch operative Problemstellungen adressieren (s. ELLER ET AL. 2010, S. 32). Entsprechend der Einordnung dieser Arbeit in die Managementlehre (s. Kapitel 2.4.1.) wird im Rahmen des hier entwickelten Vorgehensmodells die strategische Problemstellung hinsichtlich der risikobasierten Gestaltung von Subskriptionsmodellen fokussiert. Das dazu entwickelte Vorgehensmodell gliedert sich in die Schritte *Identifikation, Analyse und Bewertung* sowie *Ableitung von Maßnahmen.* Im Ergebnis liefert dieses Vorgehensmodell ein Konzept für ein Subskriptionsmodell, welches entsprechend der Risikoneigung des Anwenders optimiert wurde, sowie einen Maßnahmenkatalog zur Umsetzung des Konzeptes. Dargestellt ist das Vorgehensmodell in Abbildung 103. Auf die einzelnen Schritte des Vorgehensmodells wird in den folgenden Unterkapiteln ausführlich eingegangen.

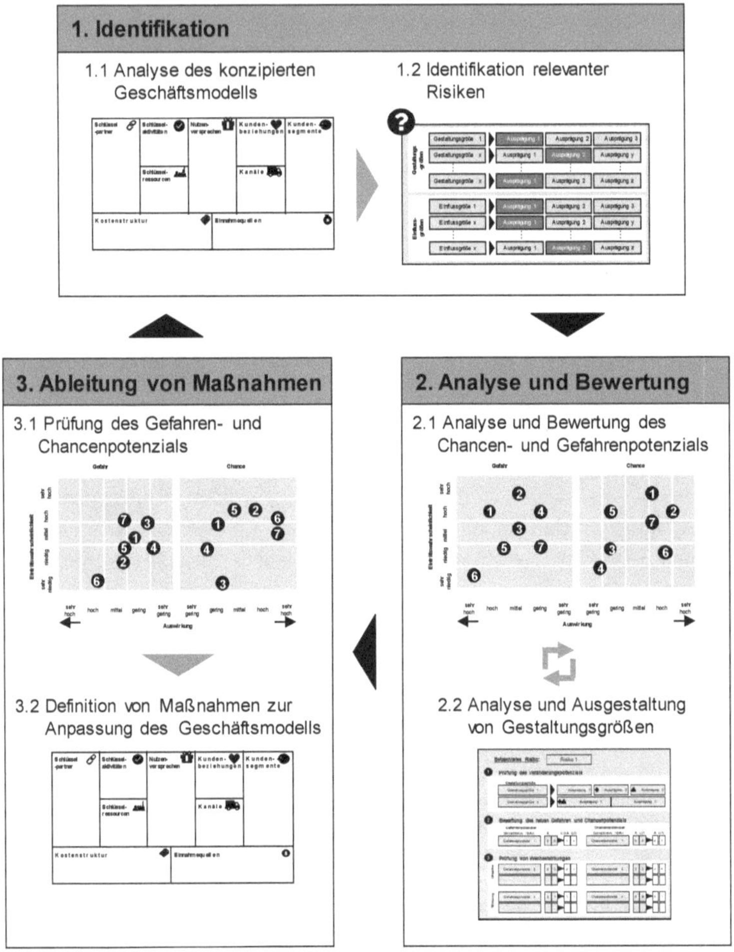

Abbildung 103: Vorgehensmodell zur risikobasierten Gestaltung von Subskriptionsmodellen (eigene Darstellung)

7.1 Schritt 1: Identifikation

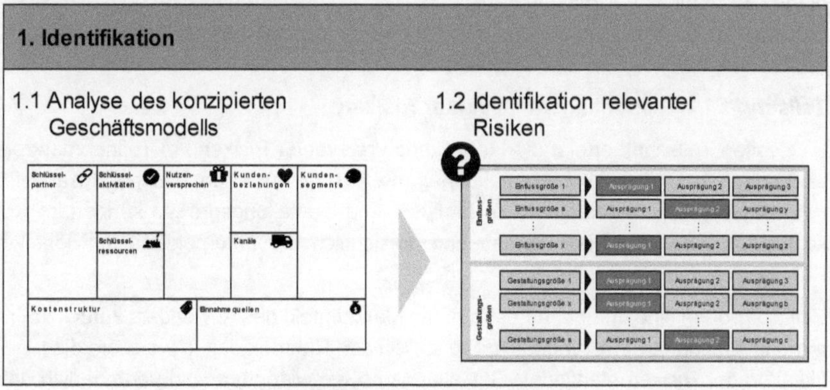

Abbildung 104: Schritt 1: Identifikation (eigene Darstellung)

Der erste Schritt im Vorgehensmodell ist die Identifikation von Risiken. Dieser Schritt untergliedert sich in zwei Teilschritte: Im ersten Teilschritt erfolgt die Analyse des konzipierten Geschäftsmodells. Im zweiten Teilschritt erfolgt die Identifikation relevanter Risiken.

Die Identifikation relevanter Risiken sollte als Workshop unter Einbezug der am Subskriptionsmodell beteiligten Abteilungen sowie Partner und Kunden durchgeführt werden. Dies gewährleistet einen heterogenen Teilnehmerkreis mit dem Ziel, eine ganzheitliche Sicht auf das Geschäftsmodell zu schaffen. Darüber hinaus kann so sichergestellt werden, dass aus Perspektive der Kunden das Potenzial und der Mehrwert des Subskriptionsmodells bestätigt wird (s. BOUTELLIER ET AL. 2008, S. 48). Der Anwender nimmt dabei die Rolle des Moderators ein.

***Teilschritt 1.1:* Analyse des konzipierten Geschäftsmodells**

Der erste Teilschritt dient der Analyse des konzipierten Geschäftsmodells. Der Anwender stellt dem Teilnehmerkreis hierzu das Konzept des Subskriptionsmodells vor. Dieser Teilschritt dient dazu, den Informationsstand der Teilnehmer anzugleichen.

Um diesen Schritt ausführen zu können, benötigt der Anwender des Vorgehensmodells ein ausgearbeitetes Grobkonzept seines Subskriptionsmodells. Dieses stellt die Basis für die Identifikation von Risiken dar. Da in der Praxis für die Konzeption von Geschäftsmodellen verschiedene Rahmenwerke zum Einsatz kommen, wird hier exemplarisch von einem der gängigsten Rahmenwerke, dem Business-Model-Canvas, ausgegangen. Dieses von OSTERWALDER U. PIGNEUR entwickelte Modell wurde bereits in Kapitel 5.2. vorgestellt (s. SCHALLMO 2013, S. 113). Das damit konzipierte Geschäftsmodell muss an dieser Stelle nicht vollständig entwickelt sein, die grundsätzliche Funktionsweise und Machbarkeit sollten allerdings gegeben sein, um als Diskussionsgrundlage dienen zu können.

Anhand des Business-Model-Canvas sollen die Teilnehmer nun prüfen, ob das konzipierte Geschäftsmodell mit den Fähigkeiten der eigenen Organisation abgebildet werden kann. Zudem ist zu prüfen, ob mit dem Nutzenversprechen tatsächliche Kundenbedürfnisse befriedigt werden (*Schritt 1.1*).

***Teilschritt 1.2:* Identifikation relevanter Risiken**

Im zweiten Teilschritt erfolgt die Identifikation relevanter Risiken. Im Teilnehmerkreis sind dazu die Einfluss- und Gestaltungsgrößen zu untersuchen, welche in Kapitel 5 hergeleitet wurden. Anhand dieser Einfluss- und Gestaltungsgrößen können im Anschluss Risiken abgeleitet werden und hinsichtlich der unternehmensindividuellen Rahmenbedingungen diskutiert werden.

Einflussgrößen sind unter anderem auf das Marktumfeld des Anwenders zurückzuführen und sind daher unveränderlich. Sie stellen den Rahmen dar, in welchem die Identifikation der Risiken stattfindet. Gestaltungsgrößen wiederum sind veränderlich und stellen eine Möglichkeit dar, die Risiken zu beeinflussen. Mithilfe der im Rahmen dieser Arbeit entwickelten Morphologie für die Gestaltungsgrößen lässt sich das Konzept des Subskriptionsmodells systematisieren. Für jede Gestaltungsgröße, deren Ausprägung definiert wurde, sind dabei die daraus resultierenden Risiken zu diskutieren. Die Diskussion ist anhand der in Abbidlung 99 bis Abbildung 102 dargestellten Zusammenhänge zwischen den Einfluss- sowie Gestaltungsgrößen und Risiken von Subskriptionsmodellen zu führen.

Jede Einflussgröße und Gestaltungsgröße ist dabei im Teilnehmerkreis durchzugehen und die Wirkung auf eine konkrete Chance oder Gefahr ist zu diskutieren. Hierzu können Kreativtechniken wie das Brainstorming oder die Szenarioanalyse angewandt werden (s. AERSSEN U. BUCHHOLZ 2018, 170, 481ff.; s. GESCHKA 2006, S. 362ff. ; s. HORVÁTH ET AL. 2015, S. 203). Der Anwender stellt dazu die jeweilige Chance oder Gefahr kurz vor, die durch die jeweilige Einfluss- oder Gestaltungsgröße bestimmt wird. Hierbei sind auch die Einflussgrößen nicht zu vernachlässigen, da diese den Rahmen bestimmen, in welchem das Subskriptionsmodell eingeführt werden würde. An dieser Stelle sollte keine der in Kapitel 6 beschriebenen Chancen oder Gefahren übergangen werden, auch wenn ggf. einzelne Chancen oder Gefahren vom Teilnehmerkreis als nebensächlich abgetan werden. Aufgrund der Tatsache, dass die Ausprägungen der Gestaltungsgrößen zu einem späteren Punkt des Vorgehens ggf. noch angepasst werden, kann sich damit auch eine Chance oder Gefahr als plötzlich relevant herausstellen.

Das Ergebnis des ersten Schrittes ist ein hinsichtlich der Durchführbarkeit und Akzeptanz validiertes Konzept für ein Subskriptionsmodell. Dieses wurde durch die am Subskriptionsmodell beteiligten Fachabteilungen, Partner und Kunden als einerseits machbar wie andererseits wertstiftend bestätigt. Ein weiteres Ergebnis ist eine systematische Beschreibung des Konzeptes anhand von Einfluss- und Gestaltungsgrößen, welche die Existenz einer Chance oder Gefahr bestimmen.

7.2 Schritt 2: Analyse und Bewertung

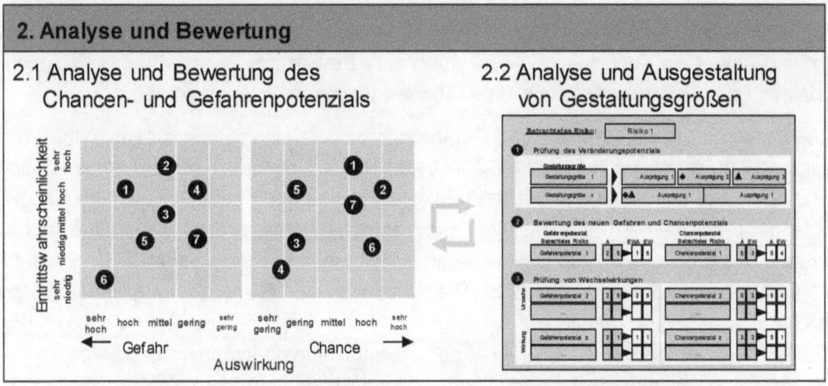

Abbildung 105: Schritt 2: Analyse und Bewertung (eigene Darstellung)

Im Rahmen der Fallstudienaufnahme hat sich gezeigt, dass Unternehmen des Maschinen- und Anlagenbaus ähnliche Risiken bei der Entwicklung und Einführung von Subskriptionsmodellen identifizieren. Wie diese Risiken wiederum bewertet werden, ist unternehmensindividuell. Bei der Analyse der Risiken ist zu beachten, dass Risiken unternehmensindividuell gleichermaßen als Chance (bei einer positiven Zielabweichung) wie auch als Gefahr (bei einer negativen Zielabweichung) aufgefasst werden können. Im Sinne unternehmerischen Handelns kommt der Chancenbetrachtung eine ebenso wichtige Rolle zu (s. GASSMANN 2006, S. 13; s. MIKUS 2001a, S. 10f. ; s. OEHMEN 2015, S. 59).

Im zweiten Schritt des Vorgehens erfolgen die Analyse und Bewertung der Risiken und die Analyse und Ausgestaltung zugehöriger Gestaltungsgrößen. Bei der Ausgestaltung der Gestaltungsgrößen handelt es sich dabei nicht um eine Erfassung des Status quo, sondern eine Prüfung von möglichen Veränderungen der Gestaltungsgrößen zur Beeinflussung des Chancen- und Gefahrenpotenzials. Dieser Schritt untergliedert sich wieder in zwei Teilschritte: Im ersten Teilschritt wird das Chancen- und Gefahrenpotenzial jedes Risikos analysiert und bewertet. Anschließend werden im zweiten Teilschritt eine Analyse und Ausgestaltung von Gestaltungsgrößen durchgeführt. Auch bei diesem Schritt ist auf einen heterogenen Teilnehmerkreis zu achten, der insbesondere Teilnehmer aus den für das Subskriptionsmodell zuständigen Fachabteilungen umfassen sollte. Da für die Bewertung von Risiken die eigene Risikoneigung entscheidend ist, sollte die Bewertung im Rahmen eines Workshops durchgeführt werden (s. GLOBOCNIK U. SALOMO 2014, S. 64). Dadurch kann eine Bewertung aufgrund isolierter, individueller Erfahrungen oder Einschätzungen vermieden werden (vgl. ANTON 2018, S. 59; vgl. NOTTMEYER 2008, S. 22).

***Teilschritt 2.1:* Analyse und Bewertung des Chancen- und Gefahrenpotenzials**

Im Teilschritt 1.2 wurden zunächst Chancen und Gefahren identifiziert, die beim initial entwickelten Konzept für das Subskriptionsmodell vorliegen. Im folgenden Teilschritt vertieft der Teilnehmerkreis nun die Analyse des Chancen- und Gefahrenpotenzials. Das Ergebnis der Analyse stellt die Bewertung eines jeden Risikos anhand des jeweiligen Chancen- und Gefahrenpotenzials dar. Dazu ist sowohl für die Eintrittswahrscheinlichkeit als auch für die Auswirkung eine Bewertung für sowohl das Chancen- als auch das Gefahrenpotenzial eines Risikos insgesamt zu bestimmen.

Die Bewertung des Chancen- und Gefahrenpotenzials eines Risikos kann mithilfe der Likert-Skala durchgeführt werden. Die Likert-Skala ist eine fünf- oder siebenstufige Rating-Skala, welche die gefühlsmäßige, gedankliche und handlungsgemäße Einstellung gegenüber einem Umweltaspekt abbildet (s. GREVING 2009, S. 73). In diesem Fall wurde eine fünfstufige Rating-Skala aufgrund der einfacheren Handhabbarkeit gewählt (1 = sehr gering bis 5 = sehr hoch). Die Bewertung von Risiken ermöglicht eine Darstellung von Risiken mithilfe einer Risikomatrix und damit den direkten Vergleich von Risiken untereinander. Da Risiken in der Literatur oftmals synonym mit Gefahren behandelt werden, dienen Risikomatrizen üblicherweise dem Vergleich von Gefahren. Dieser Darstellung wird deshalb eine Chancenmatrix gegenübergestellt, um gleichermaßen ein Risiko bezogen auf dessen Chancencharakter darstellen zu können (Abbildung 106).

Für die Darstellung von Risiken innerhalb einer Risikomatrix ist zunächst eine Bewertung des Risikos hinsichtlich seines Gefahren- und Chancenpotenzials anhand der jeweiligen Eintrittswahrscheinlichkeit sowie der jeweiligen Auswirkung durchzuführen. Zur Erhöhung des Informationsgehaltes kann die in Abbildung 106 dargestellte Likert-Skala in eine aussagekräftigere, numerische Matrix überführt werden. Diese ermöglicht eine Einschätzung der beispielsweise finanziellen Auswirkung und der Eintrittswahrscheinlichkeit in Prozent oder Zeitabständen. Neben der finanziellen Auswirkung sind weitere Möglichkeiten für eine Beurteilung der Auswirkung anhand der Kategorien Qualität, Zeit, Image, Gesundheit und Umwelt möglich (s. SCHUMACHER 2016, S. 146) Dabei ist zu beachten, dass für die Bewertung der Auswirkung eines Risikos hinsichtlich Chance und Gefahr gleiche Kriterien verwendet werden müssen, da nur so eine Vergleichbarkeit und damit eine Abwägung möglich ist. Es ist somit sowohl jeweils die Wahrscheinlichkeit als auch die Auswirkung einer negativen als auch positiven Zielabweichung zu bewerten.

Bei der Bewertung sind Risiken von einer Stärke bzw. Schwäche eines Unternehmens abzugrenzen. Eine sehr hohe bzw. niedrige Eintrittswahrscheinlichkeit ist somit nicht gleichzusetzen mit einem sicheren bzw. vollständig unwahrscheinlichen Eintritt, da es sich hierbei um eine Stärke oder Schwäche des Unternehmens handeln würde und diese aufgrund der ggf. daraus resultierenden Dringlichkeit gesondert zu betrachten sind (s. BOUTELLIER ET AL. 2008, S. 48).

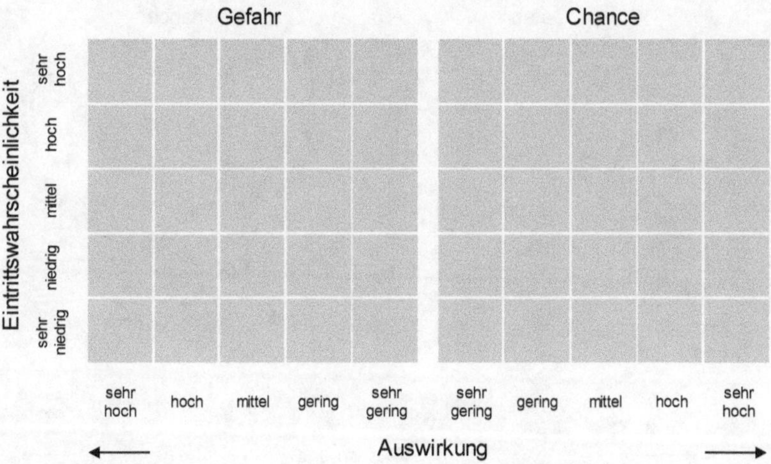

Abbildung 106: Risikomatrix für die Chancen- und Gefahrenanalyse (eigene Darstellung)

Die Bewertung der Risiken wird durch die Priorisierung von Risiken abgeschlossen. Eine Priorisierung kann anhand der Strategien „Gefahren vermeiden“ oder „Chancen fördern“ erfolgen. Dazu wird zunächst das Produkt aus der Bewertung der Auswirkung und Eintrittswahrscheinlichkeit gebildet. Wenn keine numerische Skala vom Anwender bestimmt wurde, so ist sowohl für die Auswirkung als auch für die Eintrittswahrscheinlichkeit ein Wert von 1 (sehr gering / sehr niedrig) bis 5 (sehr hoch) zu verwenden. Es ergibt sich somit als niedrigste mögliche Bewertung einer Chance bzw. einer Gefahr das Produkt eins und als höchstmögliche Bewertung das Produkt 25. Bei der Strategie „Gefahren vermeiden“ ist das so entstehende Produkt aus Auswirkung und Eintrittswahrscheinlichkeit der jeweiligen Gefahren entscheidend für die Priorisierung. Dahingehend ist bei der Strategie „Chancen fördern“ entsprechend das Produkt aus Eintrittswahrscheinlichkeit und Auswirkung der jeweiligen Chance relevant. Werden zwei Risiken entsprechend der gewählten Strategie und auf Basis des bestimmten Produktes gleich bewertet, ist das Produkt aus der jeweils anderen Matrix entscheidend. Beispielhaft ist dies in Abbildung 107 dargestellt. Die dort dargestellten Risiken wurden jeweils unter Nutzung der Likert-Skala hinsichtlich ihres Chancen- und Gefahrenpotenzials bewertet und in einer Risikomatrix abgebildet. Die Risiken 1 und 2 sind entsprechend ihrem Gefahrenpotenzial zwar gleich bewertet, hinsichtlich seiner Chance ist Risiko 1 allerdings höher bewertet. Das Risiko 3 wird trotz hohem Chancenpotenzial am niedrigsten priorisiert, da es das geringste Gefahrenpotenzial aufweist und in diesem Fall die Strategie „Gefahren vermeiden“ gewählt wurde.

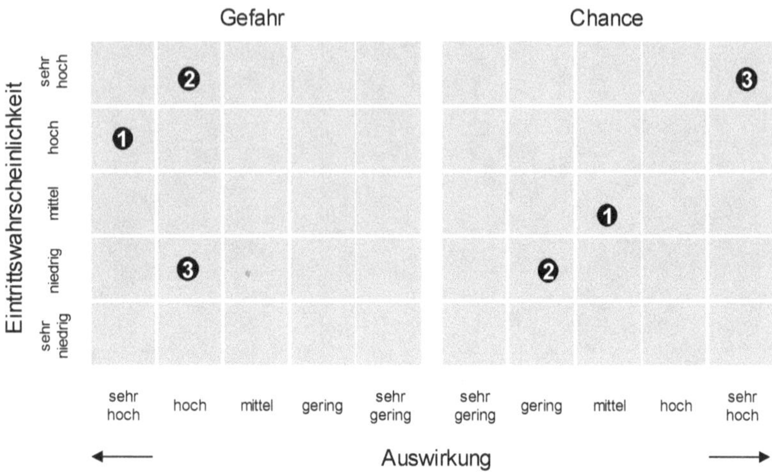

Abbildung 107: Priorisierung der Risiken mit der Strategie „Risiken vermeiden"

Teilschritt 2.2: Analyse und Ausgestaltung von Gestaltungsgrößen

Der folgende Teilschritt baut auf der bis zu diesem Punkt geschaffenen Transparenz hinsichtlich der Risiken des Subskriptionsmodells auf. Der Teilnehmerkreis ist nun dazu angehalten, sämtliche Risiken hinsichtlich ihrer Veränderlichkeit zu prüfen. Dazu analysiert der Teilnehmerkreis alle Gestaltungsgrößen, die einen Einfluss auf das Chancen- und Gefahrenpotenzial eines Risikos haben, und evaluiert, ob durch eine Veränderung dieser Gestaltungsgrößen das Chancen- oder Gefahrenpotenzial im Sinne des Teilnehmerkreises verändert werden kann. Durch makroökonomische Trends kann außerdem auch ein Wandel in der Ausprägung von Einflussgrößen eintreten. Auch diesbezügliche Effekte sollten im Teilnehmerkreis diskutiert werden, wenn ein solcher Wandel, wie beispielsweise eine Konsolidierung unter den Wettbewerbern, absehbar ist.

Die Schritte der Analyse sind in Abbildung 108 dargestellt.

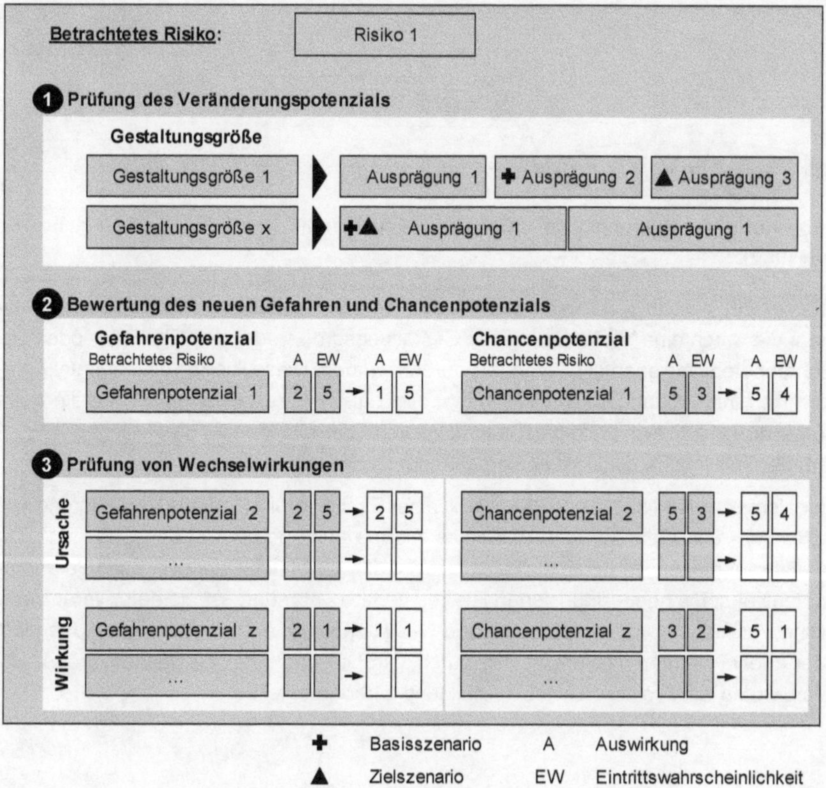

Abbildung 108: Analyse und Ausgestaltung von Gestaltungsgrößen

Begonnen wird mit dem nach Teilschritt 2.1 am höchsten priorisierten Risiko. Es sind diejenigen Gestaltungsgrößen zu analysieren, die laut den Ausführungen in Kapitel 6.6 einen Einfluss auf das betrachtete Risiko ausüben. Wie beschrieben, sollten dabei auch die Veränderungen von Einflussgrößen aufgrund makroökonomischer Trends geprüft werden (s. MIKUS 2001b, S. 78). Zunächst ist das Basisszenario der jeweiligen Ausprägung abzubilden, welches bereits in Schritt 1.1 anhand des Konzeptes des Subskriptionsmodells definiert wurde. Anschließend ist zu prüfen, ob die Wirkung im Sinne des Anwenders verändert werden könnte, wenn die Ausprägung einer Gestaltungsgröße verändert werden würde. Ist eine Veränderung der Gestaltungsgröße für den Anwender sinnvoll, so ist die veränderte Ausprägung zu vermerken. Falls die gewünschte Wirkung nicht durch Anpassung der Gestaltungsgröße erzielt werden kann, so bleibt die zuvor gewählte Ausprägung der Gestaltungsgröße gleich. Anschließend ist jedes Risiko hinsichtlich seines Chancen- und Gefahrenpotenzials neu zu bewerten.

Darüber hinaus kann sich die Veränderung einer Gestaltungsgröße oder ein verändertes Gefahren- und Chancenpotenzial des betrachteten Risikos auch auf die Bewertung weiterer Risiken auswirken. In Abbildung 109 ist diese Wirkungskette dargestellt.

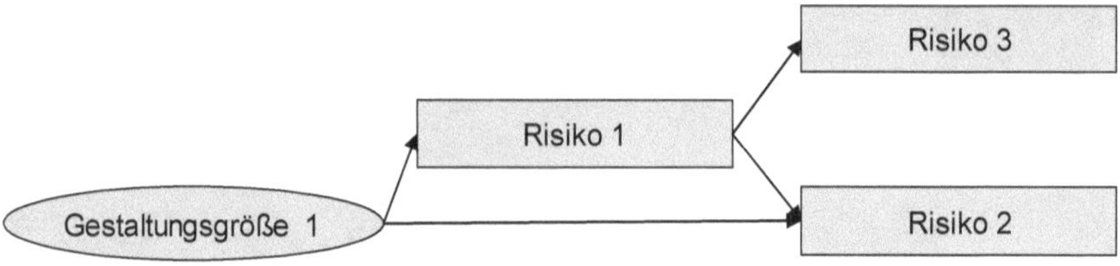

Abbildung 109: Wirkungskette durch Veränderung einer Gestaltungsgröße (eigene Darstellung)

Dieser Effekt ist zu berücksichtigen. Folglich sind auch diejenigen Risiken zu analysieren, die durch eine Veränderung der Gestaltungsgröße oder des Chancen- oder Gefahrenpotenzials ebenfalls verändert werden würden. Diese Risiken sind ebenfalls hinsichtlich ihres Chancen- und Gefahrenpotenzials neu zu bewerten. Durch die neue Bewertung kann sich auch die Reihenfolge verändern, in welcher die Risiken priorisiert wurden. Die Reihenfolge ist entsprechend anzupassen.

Idealerweise wirkt sich die Veränderung einer Einflussgröße oder die Veränderung des Chancen- und Gefahrenpotenzial eines Risikos auch positiv auf das Chancen- und Gefahrenpotenzial anderer Risiken aus. Wird allerdings das Chancen- oder Gefahrenpotenzial eines höher priorisierten Risikos negativ verändert, ist die dafür verantwortliche Veränderung der entsprechenden Gestaltungsgröße unzulässig. Eine Übersicht der unerwünschten Wirkungen, die durch Veränderung einer Gestaltungsgröße hervorgerufen werden können, ist in Abbildung 110 dargestellt.

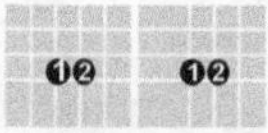

Basisszenario

(a) 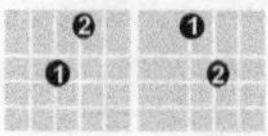 Die Wahrscheinlichkeit einer Chance wird erhöht, allerdings wird die Wahrscheinlichkeit einer Gefahr eines anderen Risikos auch erhöht.

(b)  Die Auswirkung einer Chance wird erhöht, allerdings wird die Auswirkung einer Gefahr eines anderen Risikos erhöht.

(c) 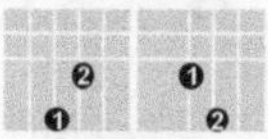 Die Wahrscheinlichkeit einer Gefahr wird verringert, allerdings wird die Wahrscheinlichkeit einer Chance eines anderen Risikos auch verringert.

(d)  Die Auswirkung einer Gefahr wird verringert, allerdings wird die Auswirkung einer Chance eines anderen Risikos auch verringert.

(e)  Die Auswirkung einer Gefahr wird verringert, allerdings wird die Auswirkung einer Gefahr eines anderen Risikos erhöht.

(f) 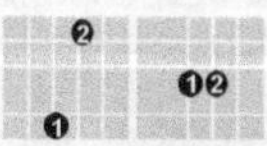 Die Wahrscheinlichkeit einer Gefahr wird verringert, allerdings wird die Wahrscheinlichkeit einer Gefahr eines anderen Risikos erhöht.

(g) 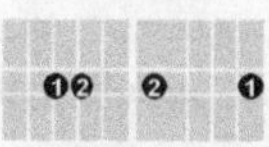 Die Auswirkung einer Chance wird erhöht, allerdings wird die Auswirkung einer Chance eines anderen Risikos verringert.

(h) 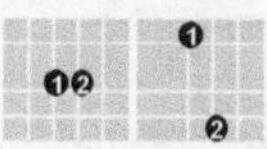 Die Wahrscheinlichkeit einer Chance wird erhöht, allerdings wird die Wahrscheinlichkeit einer Chance eines anderen Risikos verringert.

(i) 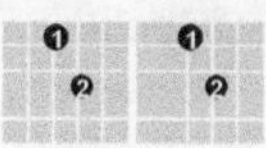 Die Wahrscheinlichkeit einer Chance wird erhöht, allerdings wird die Wahrscheinlichkeit einer Gefahr auch erhöht.

(j) 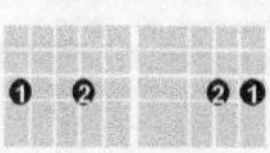 Die Auswirkung einer Chance wird erhöht, allerdings wird die Auswirkung einer Gefahr auch erhöht.

(k) 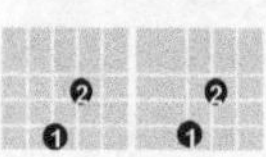 Die Wahrscheinlichkeit einer Gefahr wird verringert, allerdings wird die Wahrscheinlichkeit einer Chance auch verringert.

(l)  Die Auswirkung einer Gefahr wird verringert, allerdings wird die Auswirkung einer Chance auch verringert.

Abbildung 110: Unerwünschte Wirkungen auf Risiken

Bei dem Ergebnis des zweiten Schrittes des Vorgehens handelt es sich um ein entsprechend der Risikoneigung des Anwenders optimiertes Konzept für ein Subskriptionsmodell.

7.3 Schritt 3: Ableitung von Maßnahmen

3. Ableitung von Maßnahmen

3.1 Prüfung des Gefahren- und Chancenpotenzials

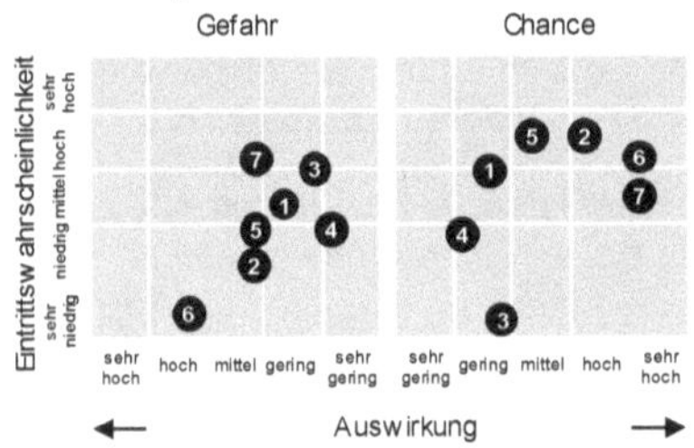

3.2 Definition von Maßnahmen zur Anpassung des Geschäftsmodells

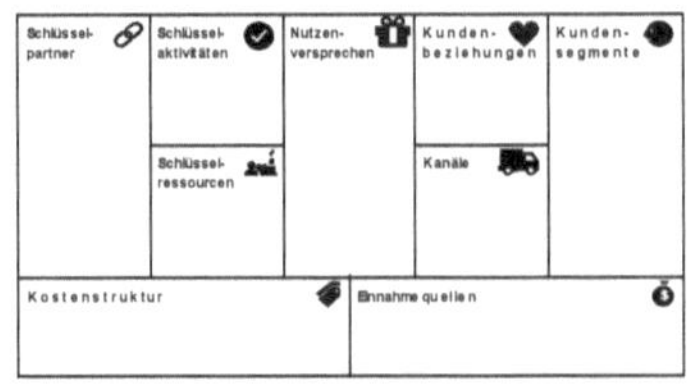

Im dritten und damit letzten Schritt des Vorgehens erfolgt die Ableitung von Maßnahmen. Im ersten Unterschritt wird das Gefahren- und Chancenpotenzial des angepassten Konzeptes des Subskriptionsmodells final geprüft. Anschließend werden Maßnahmen zur Anpassung des Geschäftsmodells abgeleitet.

Auch der letzte Schritt des Vorgehens sollte im Rahmen eines Workshops durchgeführt werden. Hierbei ist auch die Einbindung von Partnern und Kunden erneut sinnvoll, da es sich hierbei um das finale Konzept des Subskriptionsmodells handelt, welches von den beteiligten Parteien umzusetzen oder zu nutzen wäre.

***Teilschritt 3.2:* Prüfung des Gefahren- und Chancenpotenzials**

Im Teilschritt 3.2 werden die vorgenommenen Änderungen des Konzeptes hinsichtlich des Chancen- und Gefahrenpotenzials der betrachteten Risiken final geprüft. Die Prüfung kann graphisch anhand der Risikomatrix erfolgen. Entsprechend der gewählten Strategie „Gefahren vermeiden" oder „Chancen fördern" sollte jeweils eine Verbesserung des Gefahren- oder Chancenpotenzials zu verzeichnen sein. Die Verbesserung sollte in Summe die dafür erforderlichen Maßnahmen rechtfertigen, die im folgenden Schritt zu formulieren sind. Gleichzeitig sollte im Teilnehmerkreis Konsenz erzielt werden hinsichtlich der Machbarkeit und des mit dem Subskriptionsmodell erzielten Mehrwertes für die beteiligten Organisationen.

***Teilschritt 3.2:* Definition von Maßnahmen zur Anpassung des Geschäftsmodells**

Im letzten Teilschritt des Vorgehens erfolgt die Definition von Maßnahmen, die erforderlich sind, um das Geschäftsmodell umsetzen zu können. Aufgrund der in Teilen veränderten Gestalstungsgrößen kann es erforderlich sein, neue Kompetenzen aufzubauen oder Partnerschaften einzugehen. Die Maßnahmen sollen dazu dienen, die Funktionsfähigkeit des konzipierten Subskriptionsmodells vollständig sicherzustellen und damit eine Umsetzung zu ermöglichen. Für die Formulierung der Maßnahmen sollten die SMART-Kriterien genutzt werden. Demnach sollten die Maßnahmen, die zur Erreichung des Zielzustandes formuliert werden, spezifisch, messbar, anspruchsvoll, realistisch und terminiert sein. Mit Beachtung der SMART-Kriterien kann sichergestellt werden, dass Klarheit über eine Maßnahme für die jeweils umzusetzende Einheit der Organisation hergestellt wird (s. LIPPMANN ET AL. 2019, S. 62). Darüber hinaus empfiehlt sich auch eine inhaltliche Prüfung der Maßnahmen. Kriterien, die für die inhaltliche Prüfung der Maßnahmen verwendet werden können, sind in Abbildung 111 dargestellt.

Bewertungskriterien

- **Machbarkeit**
  Prüfung aus organisatorischer Sicht und auf Basis gegebener Ressourcen
- **Strategiekonformität**
  Vereinbarkeit mit bestehendem Portfolio
- **Marktpotenzial**
  Abschätzung der Marktgröße und -entwicklung
- **Vermarktbarkeit**
  Vertriebsstrukturen und Kenntnisse über den erwarteten Mehrwertes beim Kunden
- **Wirtschaftlichkeit**
  Abschätzung von Kosten und Einnahmen
- **Wettbewerbsfähigkeit**
  Vergleich mit Wettbewerbern hinsichtlich Preis, Standort, Ressourcen, Qualität, Zuverlässigkeit, Reputation, zur Erreichung eines Wettbewerbsvorteils
- **Mitarbeiterzufriedenheit**
  Abschätzung der Auswirkungen auf die Zufriedenheit der Mitarbeiter als Stellhebel zur Beeinflussung der Außenwirkung beim Kunden

Abbildung 111: Kritierien zur Prüfung eines Geschäftsmodells (eigene Darstellung i. A. a. SCHUMACHER 2016, 108f.)

Ergebnisse des letzten Schrittes sind ein geprüftes Konzept für ein Subskriptionsmodell und ein Maßnahmenkatalog, welcher die Umsetzung des Subskriptionsmodells vorbereitet.

8 Validierung

Im letzten Schritt der Strategie der angewandten Forschung nach ULRICH ET AL. (1984) erfolgt die Beratung der Praxis. Diese wird einerseits durch die Diskussion und Validierung der identifizierten Gestaltungs- und Einflussgrößen und Risiken erreicht, andererseits durch die Anwendung des entwickelten Vorgehensmodells in zwei ausgewählten Unternehmen.

8.1 Validierung der Eingangsgrößen für das Vorgehensmodell

Bei den Eingangsgrößen des Vorgehensmodells handelt es sich um die im Rahmen dieser Arbeit identifizierten Einfluss- und Gestaltungsgrößen sowie die daraus ableitbaren Risiken von Subskriptionsmodellen im Maschinen- und Anlagenbau. Die Eingangsgrößen stellen die Grundlage für die Anwendung des Vorgehensmodells dar. Da die Ermittlung dieser Größen anhand von Fallstudien durchgeführt wurde, können die daraus abgeleiteten Modellbestandteile bereits als validiert angesehen werden. Dennoch wurden die daraus abgeleiteten Modelle im Rahmen von einstündigen Experteninterviews in ihrer Gänze validiert. Die Validierungsgespräche zur Validierung der Einfluss- und Gestaltungsgrößen sowie der Risiken wurden mit vier Unternehmen durchgeführt: Unternehmen A (09.04.2020), Unternehmen B (08.04.2020), Unternehmen C (22.05.2020) und Unternehmen D (25.06.2020). Eine weitere Diskussion der Modellbestandteile wurde zudem im Rahmen des vom FIR e. V. an der RWTH Aachen ausgerichteten Arbeitskreises Subscription-Business-Management am 14.05.2020 durchgeführt.

Die Validierungsgespräche wurden entlang der gleichen Logik geführt. Zunächst wurde den jeweiligen Experten der Kontext des Dissertationsvorhabens geschildert und das jeweilige Verständnis hinsichtlich der Inhalte und des Aufbaus eines Subskriptionsmodells diskutiert. Da alle Experten an der Entwicklung von Subskriptionsmodellen im eigenen Unternehmen oder in einem Partnerunternehmen beteiligt waren, wurden anschließend die Risiken von Subskriptionsmodellen anhand eines konkreten Beispiels diskutiert. Dabei dienten die Einfluss- und Gestaltungsgrößen der Konkretisierung der jeweiligen Risiken. Die Übersicht der Risiken sowie die morphologische Beschreibung der Einfluss- und Gestaltungsgrößen wurden von den Experten als vollständig angesehen. Es wurde angemerkt, dass aus Sicht der Experten eine Verallgemeinerung von Risiken schwierig ist, da diese in direktem Zusammenhang mit der Ausgestaltung des Subskriptionsmodells sowie den Rahmenbedingungen des Unternehmens zu sehen sind. Folglich wurde die morphologische Beschreibung der Einfluss- und Gestaltungsgrößen begrüßt. Diese stellt eine praxistaugliche Möglichkeit dar, verschiedene Szenarien diskutieren zu können.

8.2 Anwendung des Vorgehensmodells

Im Folgenden werden die formulierten Anforderungen an das Vorgehensmodell hinsichtlich der dort beschriebenen Eigenschaften überprüft. Dazu wurden zwei ca. zweistündige Gespräche mit Vertretern von Anbietern eines Subskriptionsmodells geführt und das Vorgehensmodell diskutiert. Durch die Anwendung des Vorgehens erfolgt einerseits die Validierung der Vorgehensinhalte. Andererseits wird dadurch eine Vergleichbarkeit der Validierungsergebnisse sichergestellt. Bei dem Vertreter der Fallstudie handelt es sich um ein Unternehmen, welches seit ca. 4 Jahren Subskriptionsmodelle anbietet und fortlaufend Anpassungen zur Verbesserung vornimmt. Das Gespräch fand am 07.12.2021 statt.

8.2.1 Fallstudie

Fallbeispiel

Interviewpartner aus dem Bereich Sales & Customer-Success-Management

Das betrachtete Unternehmen ist ein deutscher Maschinen- und Anlagenbauer in der Druck- und Verpackungsindustrie. Das Unternehmen beschäftigt weltweit über 10 000 Mitarbeiter und bietet seit einigen Jahren auch zunehmend Subskriptionsmodelle an.

Schritt 1.1: Analyse des konzipierten Geschäftsmodells

Im ersten Schritt des Vorgehensmodells wird gemeinsam mit dem Interviewpartner das bereits im Betrieb befindliche Subskriptionsmodell mithilfe des Business-Model-Canvas beschrieben (s. Abbildung 112)

Abbildung 112: Subskriptionsmodell Fallbeispiel A

Die einzelnen Ausprägungen werden detaillierter im Schritt 1.2 ausgeführt.

Schritt 1.2: Identifikation relevanter Risiken

Im Folgenden werden die Ergebnisse aus der morphologischen Beschreibung der Gestaltungs- und Einflussgrößen dargestellt, welche das aktuell betriebene Subskriptionsmodell und das Umfeld des Unternehmens beschreiben.

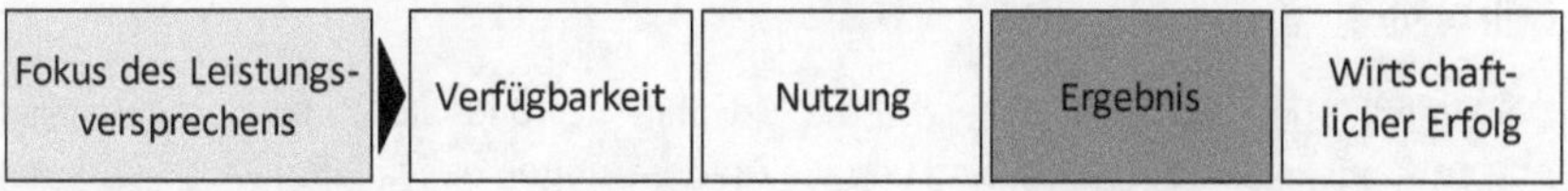

Abbildung 113: Bewertung der Gestaltungsgröße ‚*Fokus des Leistungsversprechens*' bei Fallstudie A

Das Unternehmen garantiert seinem Kunden seine vertraglich zugesicherte Anzahl von produzierten Einheiten.

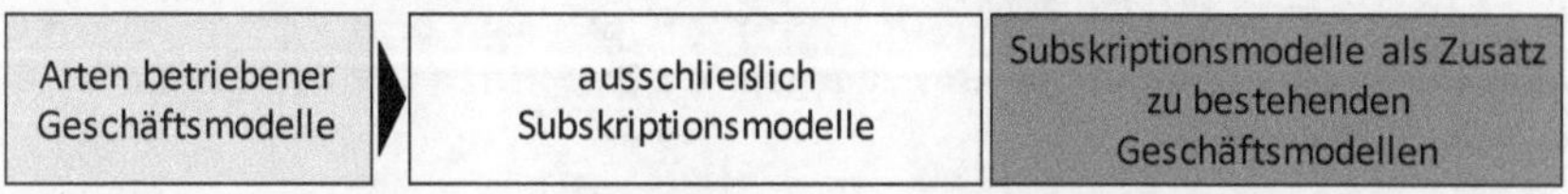

Abbildung 114: Bewertung der Gestaltungsgröße ‚*Arten betriebener Geschäftsmodelle*' bei Fallstudie A

Kunden können gleiche Maschinen sowohl kaufen als auch im Rahmen eines Subskriptionsmodells nutzen.

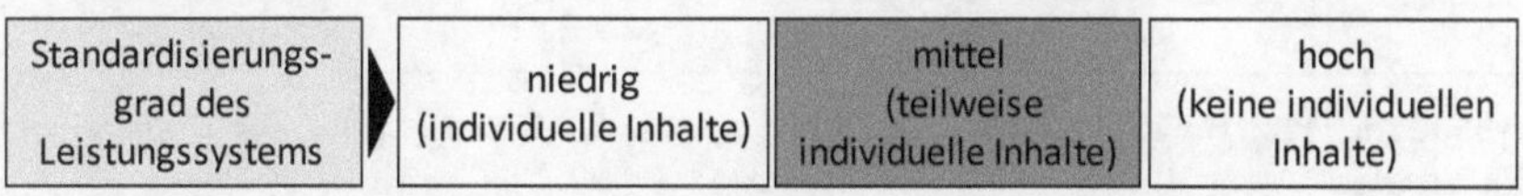

Abbildung 115: Bewertung der Gestaltungsgröße ‚*Standardisierungsgrad des Leistungssystems*' bei Fallstudie A

Die grundsätzliche Konfiguration der Inhalte eines Subskriptionsmodells ist vorgegeben und unveränderlich. Die genaue Ausprägung der Inhalte ist allerdings unterschiedlich und ist auf die Anforderungen des Kunden zurückzuführen. So können beispielsweise die Art und der Umfang der erforderlichen Beratung oder Verbrauchsmaterialien stark variieren. Auch die Maschine selbst wird nach individuellen Kundenanforderungen gefertigt und ist frei konfigurierbar. Grundsätzlich sind die Anforderungen der Kunden an die Maschine sehr ähnlich und variieren insbesondere bei der erforderlichen Kapazität. Derzeit wird an einem weiteren Subskriptionsmodell gearbeitet, welches Kunden adressiert, die nur einen geringen Produktionsumfang benötigen. Dieses Subskriptionsmodell ist hochgradig standardisiert und wird keine individuellen Inhalte aufweisen.

Abbildung 116: Bewertung der Gestaltungsgröße ‚*Wandlungsfähigkeit der Objekte*' bei Fallstudie A

Die Wandlungsfähigkeit ist mittel, da die Maschinen grundsätzlich für den jeweiligen Anwendungszweck ausgelegt sind und die Anforderungen der Kunden kaum variieren. Es werden keine Sondermaschinen mit niedriger Wandlungsfähigkeit im Rahmen von Subskriptionsmodellen vertrieben.

Abbildung 117: Bewertung der Gestaltungsgröße ‚*Integrierbarkeit des Leistungssystems*' bei Fallstudie A

Die Prozesskette der Produktion ist kurz. Eine Integrierbarkeit des Leistungssystems ist somit in dieser Industrie ohne weiteres möglich. Das Subskriptionsmodell wird jedoch nicht für herstellerfremde Maschinen angeboten.

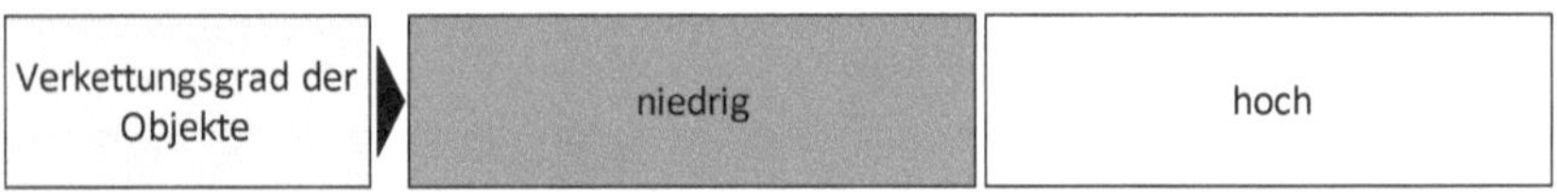

Abbildung 118: Bewertung der Gestaltungsgröße ‚*Verkettungsgrad der Objekte*' bei Fallstudie A

Der Kunde bezieht aufgrund der kurzen Prozesskette entweder die Maschine des Anbeiters oder nicht. Vor- oder nachgelagerte Produktionsschritte existieren im Grunde nicht. Somit ist eine Verkettung grundsätzlich nicht möglich.

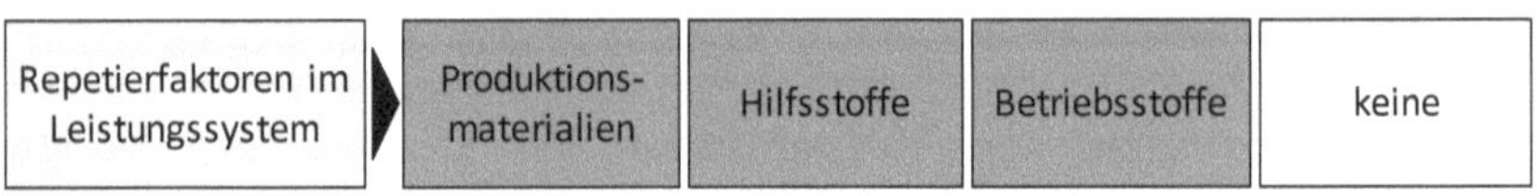

Abbildung 119: Bewertung der Gestaltungsgröße ‚*Repetierfaktoren im Leistungssystem*' bei Fallstudie A

Im Subskriptionsmodell sind fast alle Materialien enthalten, die zur Produktion erforderlich sind. Lediglich bei den Produktionsmaterialien muss der Kunde selbst ein für die Produktion erforderliches Material beschaffen.

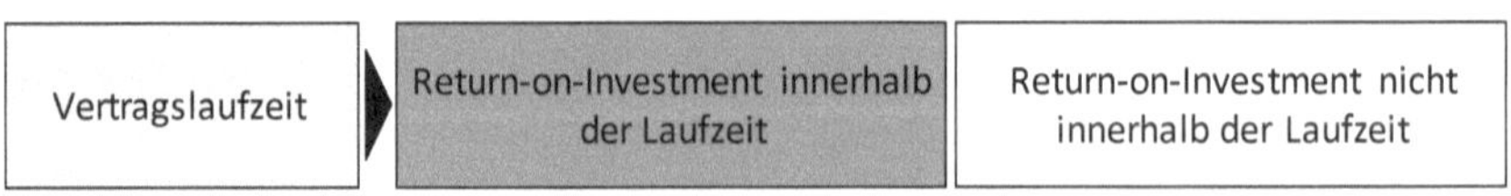

Abbildung 120: Bewertung der Gestaltungsgröße ‚*Vertragslaufzeit*' bei Fallstudie A

Die Maschinen werden über eine Dauer von 8 Jahren abgeschrieben. Eine Abschreibung erfolgt somit nicht über die Vertragslaufzeit von 5 Jahren, allerdings sind die Herstellungskosten und die Marge innerhalb der Vertragslaufzeit gedeckt. Die Maschinen können ohne großen Mehraufwand in einer neuen Geschäftsbeziehung erneut verwendet werden. Es existiert zudem ein Gebrauchtmaschinenmarkt, auf dem die Maschine zu einem attraktiven Preis verkauft werden kann. Der Restwert übersteigt die über die verbleibenden 3 Jahre möglichen Abschreibungen. Da das Eigentum an der Maschine mittlerweile auch mit der Übergabe an ein Finanzinstitut externalisiert wird, kann die Investition quasi mit der eines Verkaufes gleichgesetzt werden.

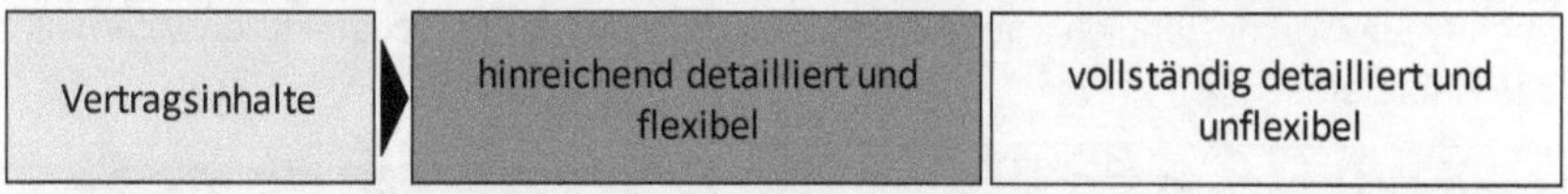

Abbildung 121: Bewertung der Gestaltungsgröße ‚*Vertragsinhalte*' bei Fallstudie A

Die Vertragsinhalte sind bewusst nur hinreichend detailliert und flexibel gestaltet. Vor Abschluss des ersten Vertrages für ein Subskriptionsmodell wurde zwar ein vollständig detaillierter Vertrag ausgearbeitet, dieser aber bewusst vom Geschäftsführer um etwa die Häfte gekürzt. Der Vertrag für ein Subskriptionsmodell ist untypisch kurz für den Anbieter.

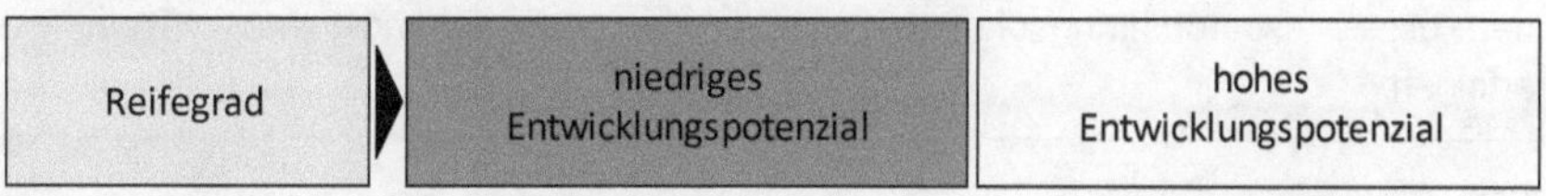

Abbildung 122: Bewertung der Gestaltungsgröße ‚*Reifegrad*' bei Fallstudie A

Das Subskriptionsmodell adressierte in erster Linie Kunden mit einem niedrigen Entwicklungspotenzial, da diese das größte Interesse und die entsprechende Bereitschaft für Veränderungen gezeigt hätten. Durch das aktuell in Entwicklung befindliche Subskriptionsmodell für Kunden mit einem hohen Entwicklungspotenzial werden zukünftig auch diese Kunden mit allerdings deutlich standardisierteren Inhalten adressiert.

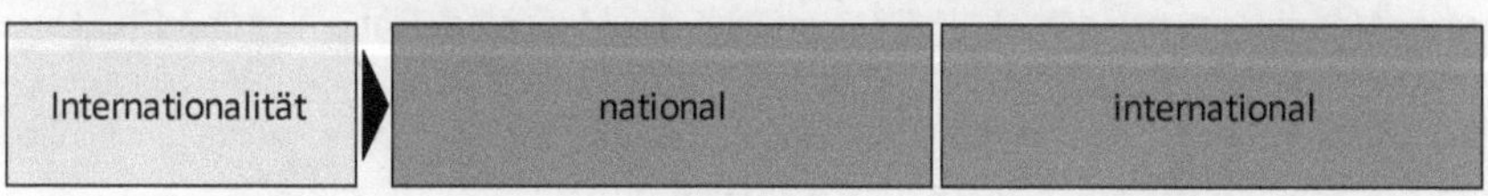

Abbildung 123: Bewertung der Gestaltungsgröße ‚*Internationalität*' bei Fallstudie A

Das Subskriptionsmodell wird weltweit angeboten. Probleme existieren allerdings bei Ländern mit volatilen Währungen bzw. bei Kunden, die lediglich diese Währung als Zahlungsoption haben. Folglich wird dieses Kriterium zur Auswahl von Kunden angewandt.

Integrationsintensität	episodische Zusammenarbeit	kontinuierliche Zusammenarbeit	Leistungsorchestrator für den Kunden

Abbildung 124: Bewertung der Gestaltungsgröße ‚*Integrationsintensität*' bei Fallstudie A

Es erfolgen monatliche Gespräche zwischen dem Kunden und einem Customer-Success-Managers. Dieses Gespräch ist Vertragsbestandteil und dient dem Monitoring der vereinbarten KPI. In der Folge werden Maßnahmen hinsichtlich Beratungsumfang abgeleitet. Zweimal jährlich erfolgt eine Instandhaltung der Maschine durch Mitarbeiter des Anbieters.

Ortsgebundenheit der Dienstleistungen	ortsgebunden	mobil	ortsunabhängig

Abbildung 125: Bewertung der Gestaltungsgröße ‚*Ortsgebundenheit der Dienstleistung*' bei Fallstudie A

Die Ortsgebundenheit der Dienstleistungen variiert mit der Art der Dienstleistung. Da eine große Bandbreite von Dienstleistungen angeboten wird, können diese ortsgebunden (bspw. Instandhaltungsdienstleistungen) oder ortsunabhängig (bspw. Trainings) erfolgen.

Ziele der Datenauswertung	Beschreibung	Diagnose	Vorhersage	Empfehlung

Abbildung 126: Bewertung der Gestaltungsgröße ‚*Ziele der Datenauswertung*' bei Fallstudie A

Ein Algorithmus analysiert die Betriebsdaten der Maschine und spricht Empfehlungen für die Instandhaltung aus, um ungeplanten Ausfällen vorbeugen zu können. Ein weiterer Algorithmus betrachtet die Performance der Maschine. Dabei werden Probleme im aktuellen Betrieb identifiziert und dazugehörige Ursachen analysiert. Auf dieser Basis werden Empfehlungen zur Leistungssteigerung der Maschine, auch hinsichtlich einzusparender Prozessschritte, ausgearbeitet.

Art der Informationsbereitstellung	synchron	asynchron

Abbildung 127: Bewertung der Gestaltungsgröße ‚*Art der Informationsbereitstellung*' bei Fallstudie A

Die Informationsbereitstellung erfolgt asynchron über eine kontinuierliche Übermittlung der Betriebsdaten an den Anbieter.

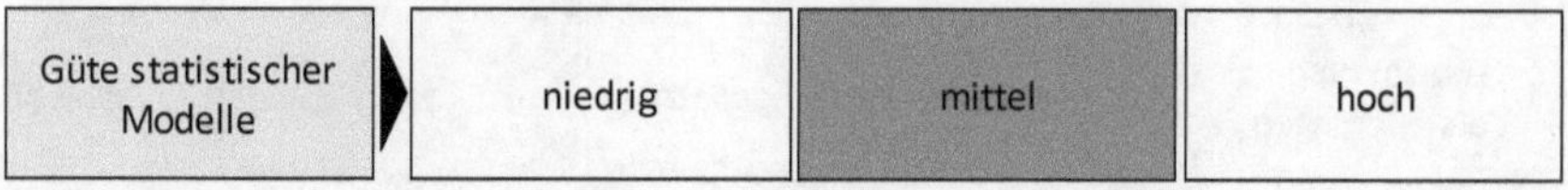

Abbildung 128: Bewertung der Gestaltungsgröße ‚*Güte statistischer Modelle*' bei Fallstudie A

Die Richtigkeit der algorithmisch identifizierten Probleme und Empfehlungen wird durch Mitarbeiter des Anbieters geprüft, bevor diese an den Kunden übermittelt werden. Durch den Algorithmus werden zudem mögliche Ursachen vorgeschlagen. Durch Rückmeldung des Kunden über die tatsächliche Fehlerursache lernt der Algorithmus und entwickelt sich kontinuierlich weiter.

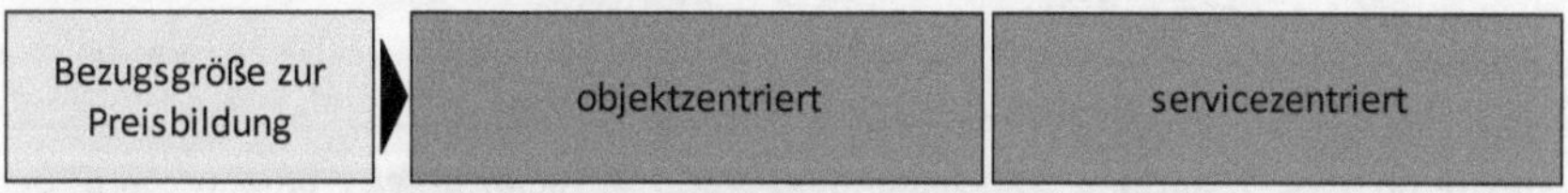

Abbildung 129: Bewertung der Gestaltungsgröße ‚*Bezugsgröße zur Preisbildung*' bei Fallstudie A

Der Anbieter bezieht vom Kunden eine Installationsgebühr, die vor Beginn des Subskriptionsmodells zu entrichten ist und die Maschine betrifft. Darüber hinaus zahlt der Kunde je produzierter Einheit, wobei eine Mindestproduktionsmenge festgelegt wird. Bei Überschreitung der Mindestproduktionsmenge sinkt der Preis je produzierter Einheit. Für Serviceleistungen wird unabhängig von der Inanspruchnahme ein Festpreis definiert.

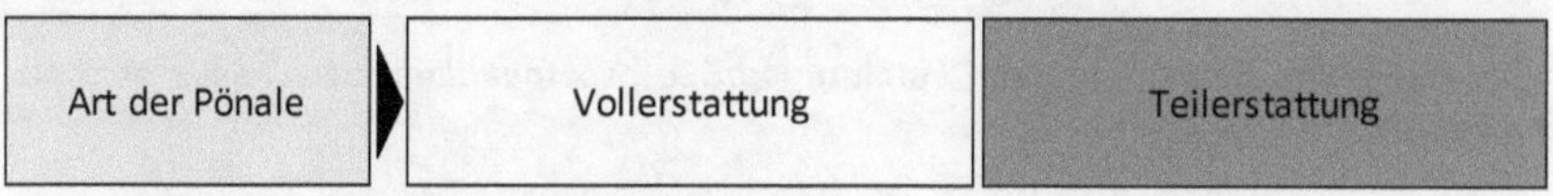

Abbildung 130: Bewertung der Gestaltungsgröße ‚*Art der Pönale*' bei Fallstudie A

In den Verträgen wird das Erreichen bestimmter Kennzahlenwerte definiert. Werden diese Werte nicht erreicht, muss der Anbieter Strafzahlungen entrichten. Im Rahmen der monatlichen Fixtermine werden Einflüsse diskutiert, die sich auf die Kennzahlen auswirken könnten. Ist vertraglich beispielsweise das Erreichen einer Mindestproduktionsmenge festgelegt, der Bedarf des Kunden aber nicht gegeben, so ist auch keine Strafzahlung für den Anbieter fällig.

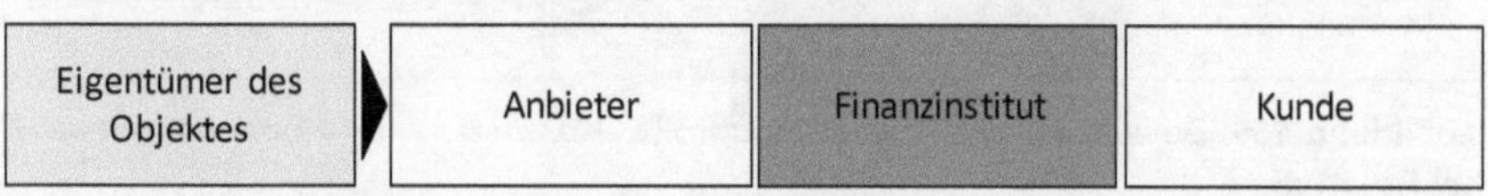

Abbildung 131: Bewertung der Gestaltungsgröße ‚*Eigentümer des Objektes*' bei Fallstudie A

Das Eigentum an der Maschine wird mittlerweile an ein Finanzinstitut übergeben.

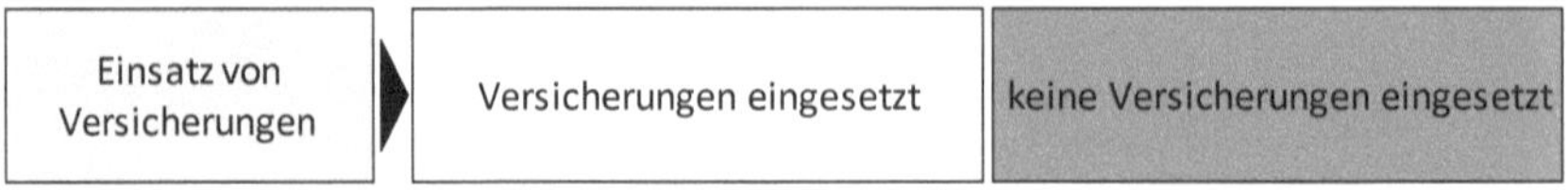

Abbildung 132: Bewertung der Gestaltungsgröße ‚*Einsatz von Versicherungen*' bei Fallstudie A

Aktuell werden lediglich rudimentäre Versicherungen hinsichtlich Brandschutz und Haftpflicht usw. eingesetzt. Durch Kooperation mit einem Versicherungsunternehmen werden aktuell Lösungen entwickelt, um beispielsweise Produktionsausfälle abzusichern.

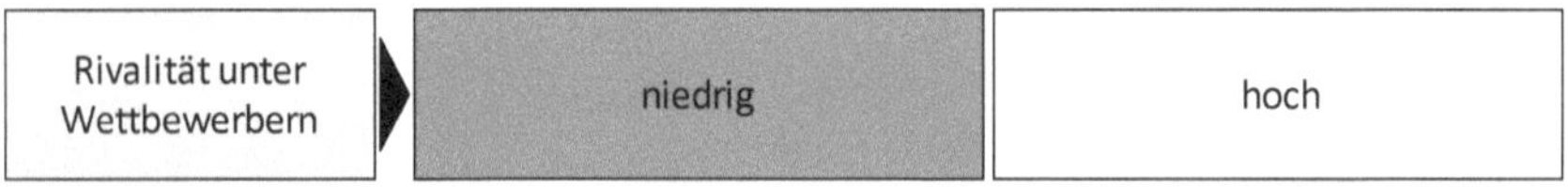

Abbildung 133: Bewertung der Gestaltungsgröße ‚*Rivalität unter Wettbewerbern*' bei Fallstudie A

Die Rivalität unter Wettbewerbern ist gering auf dem Markt des Anbieters. Der Anbieter hat etwa 40 Prozent Marktanteil weltweit und ist der einzige Anbieter von Subskriptionsmodellen in seiner Branche. Keiner der Wettbewerber kann außer der Maschine auch weitere Repetierfaktoren anbieten.

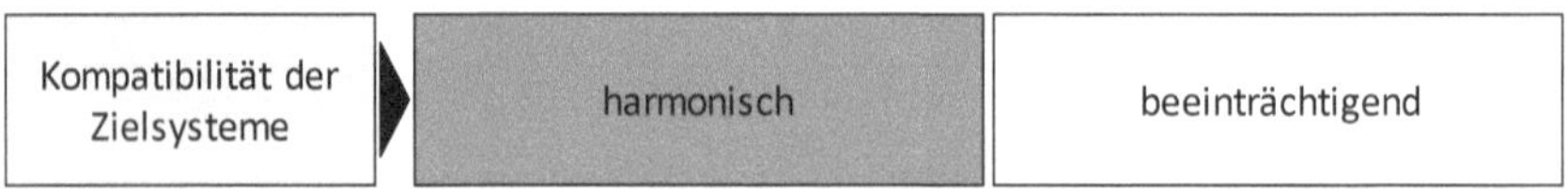

Abbildung 134: Bewertung der Gestaltungsgröße ‚*Kompatibilität der Zielsysteme*' bei Fallstudie A

Subskriptionsmodelle lohnen sich für Kunden, die insgesamt an Wachstum interessiert sind. Dies wird vor Vertragsabschluss auch detailliert mit dem Kunden diskutiert. Für Kunden, die den Fokus insbesondere auf Kosteneinsparungen und nicht auf Wachstum legen, ist das Subskriptionsmodell somit nicht geeignet. Geschäftsbeziehungen, bei denen der Kunde versucht, über das Subskriptionsmodell die Maschine zu finanzieren, werden nicht eingegangen.

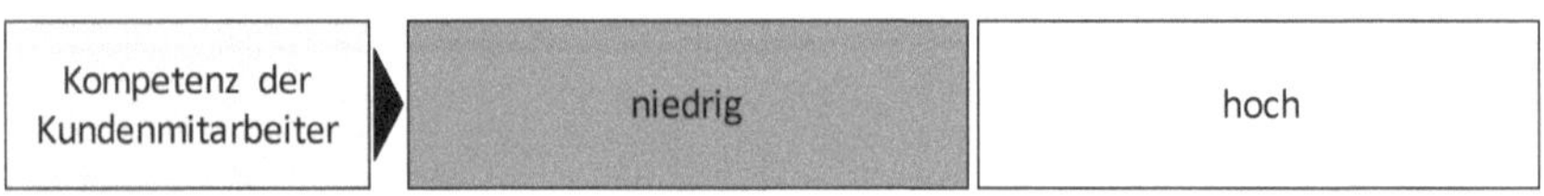

Abbildung 135: Bewertung der Gestaltungsgröße ‚*Kompetenz der Kundenmitarbeiter*' bei Fallstudie A

Die Kompetenz der Kundenmitarbeiter ist nicht entscheidend für den Zustand der Maschine. Sämtliche Mitarbeiter, die für die Bedienung eingesetzt werden, werden so lange geschult, bis sie die erforderliche Leistung liefern können.

Umfang der Nachfrage	niedrig (Nachfrage << Verfügbarkeit	mittel (Nachfrage ≈ Verfügbarkeit)	hoch (Nachfrage >> Verfügbarkeit)

Abbildung 136: Bewertung der Gestaltungsgröße ‚*Umfang der Nachfrage*' bei Fallstudie A

Die Maschine wird dem Kunden erst nach Analyse des Umfangs zur Verfügung gestellt. Entsprechend wird die Maschine der Größe der zu erwartenden Nachfrage entsprechend dimensioniert.

Dynamik der Nachfrage	niedrig (gleichmäßig)	mittel (geringe Schwankungen)	hoch (starke Schwankungen)

Abbildung 137: Bewertung der Gestaltungsgröße ‚*Dynamik der Nachfrage*' bei Fallstudie A

Die Dynamik der Nachfrage ist abhängig von der Industrie des Kunden. Es werden auch Kunden mit Subskriptionsmodellen bedient, die eine stark saisonale Nachfrage haben. Dies stellt allerdings keine Probleme dar. Die Instandhaltung wird entsprechend in der Nebensaison durchgeführt.

Variabilität der Nachfrage	niedrig	mittel	hoch

Abbildung 138: Bewertung der Gestaltungsgröße ‚*Variabilität der Nachfrage*' bei Fallstudie A

Die Maschinen des Anbieters werden für klar definierte und wiederkehrende Aufträge eingesetzt. Die Variabilität der Nachfrage ist somit niedrig.

Fristigkeit der Aufträge	kurz (sofort) mit fixem Zieltermin	mittel (kurzes Zeitfenster)	lang (langes Zeitfenster)

Abbildung 139: Bewertung der Gestaltungsgröße ‚*Fristigkeit der Aufträge*' bei Fallstudie A

Aufgrund umfangreicher Datenauswertungen können Instandhaltungseinsätze langfristig geplant werden und sie unterliegen somit einer langen Fristigkeit.

Verhandlungsstärke von Lieferanten	klein	groß

Abbildung 140: Bewertung der Gestaltungsgröße ‚*Verhandlungsstärke von Lieferanten*' bei Fallstudie A

Der Preis für das Subskriptionsmodell wird jährlich angepasst. Aufgrund der engen Partnerschaft mit den Kunden können eventuelle Preiserhöhungen frühzeitig kommuniziert werden und stellten bislang kein Problem dar. Das Unternehmen hat eigene Stahlgießereien und ist somit stark entlang der Wertschöpfungskette integriert. Lediglich Rohstoffpreise können zu Preissteigerungen führen. In den letzten Monaten war dies insbesondere beim Aluminiumpreis zu beobachten.

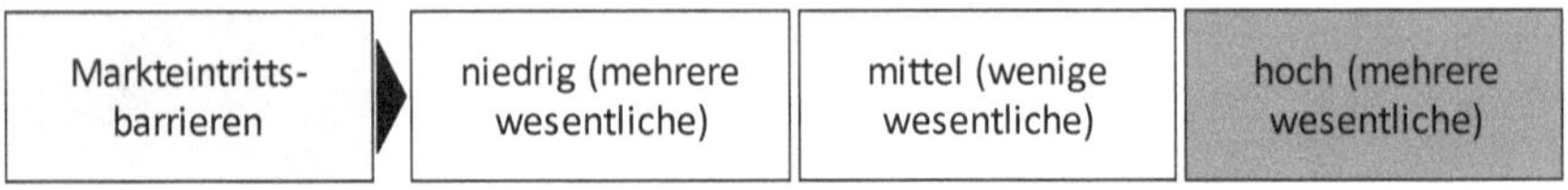

Abbildung 141: Bewertung der Gestaltungsgröße *‚Markteintrittsbarrieren‘* bei Fallstudie A

Aufgrund des umfangreichen technologischen Wissens und der großen Menge historischer Daten zur kontinuierlichen Verbesserung der Maschine können die Markteinstrittsbarrieren als hoch angesehen werden.

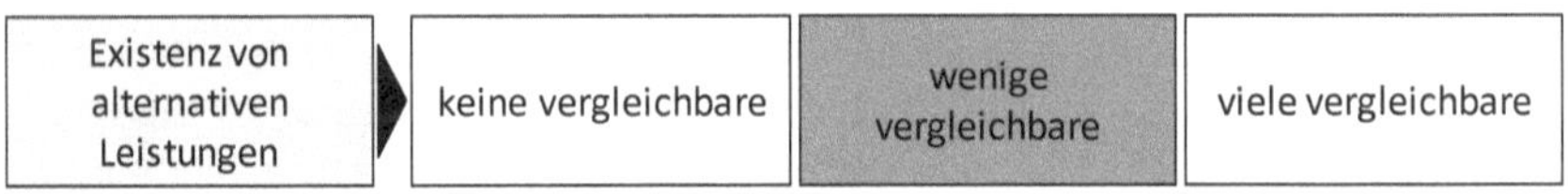

Abbildung 142: Bewertung der Gestaltungsgröße *‚Existenz von alternativen Leistungen‘* bei Fallstudie A

Es existieren alternative Leistungen, die sich bislang auf dem Markt allerdings nicht durchgesetzt haben und bislang nicht das gleiche Ergebnis liefern können wie die im Fokus des Subskriptionsmodells stehenden Maschinen. Zu beobachten ist allerdings ein genereller Branchentrend, wonach zu erwarten ist, dass die Nachfrage nach den Maschinen des Anbieters insgesamt langfristig sinkt.

Schritt 2.1: Analyse und Bewertung de Chancen- und Gefahrenpotenzials

Im folgenden Schritt werden die Risiken von Subskriptionsmodellen analysiert und bewertet. Dazu wird eine in diesem Fall generische Likert-Skala verwendet, welche die Eintrittswahrscheinlichkeit und die Auswirkung von Chancen und Gefahren nach „sehr gering“, „gering“, „mittel“, „hoch“ und „sehr hoch“ bewerten lässt.

Bereich	Nr.	Kategorie	Risiko
Angebot	1	Leistungsgestaltung	Vielzahl neuer Kunden und Übernahme neuer Wertschöpfungsanteile beim Kunden
			Positionierung als Orchestrator des Ökosystems rund um das Leistungssystem
			Fähigkeiten für Erfüllung des Leistungsversprechens unzureichend
			Verständnis über Geschäftsmodell beim Kunden nicht vorhanden
			Kannibalisierung bestehender Geschäftsbereiche
	2	Vertragsgestaltung	Ausgestaltung des Vertrages steigert die Bereitschaft des Kunden für einen Vertragsabschluss und eine langfristige Geschäftsbeziehung
			Geringe vertragliche Absicherung des Anbieters ermöglicht opportunistisches Verhalten des Kunden
			Detaillierte vertragliche Absicherung des Anbieters senkt Bereitschaft des Kunden für einen Vertragsabschluss
			Langfristige Bindung von strategisch unwichtigen Kunden
	3	Katastrophen	Unklare Haftungsfrage für Schaden und Opportunitätskosten bei verhinderter Leistungserbringung
			Kunde hat aufgrund von Katastrophe keinen Bedarf mehr an der Leistung des Anbieters
Kunden	4	Zusammenarbeit	Steigerung der emotionalen Kundenbindung durch wertschöpfende Zusammenarbeit
			Unzureichendes Verständnis über partnerschaftliche Zusammenarbeit beim Kunden
			Ungenügend qualifizierte Mitarbeiter des Kunden verursachen starken Verschleiß bis hin zu Schäden an der Maschine
			Betrug durch den Kunden
	5	Betriebs-bedingungen	Steigerung der Kundenbindung durch flexible Adaption des Leistungssystems auch auf nicht antizipierte Veränderungen der Betriebsbedingungen beim Kunden
			Die realen Bedingungen und Anforderungen beim Kunden werden falsch abgeschätzt und die erwartete Leistung kann nicht oder nur mit Mehraufwand erbracht werden
	6	Arbeitsschutz	Senkung der Arbeitsunfälle beim Kunden durch Prozesseinbindung
			Arbeitsschutz und Objektschäden liegen in der Verantwortung des Anbieters, sind aber nicht vollständig durch den Anbieter kontrollierbar
Infrastruktur	7	Datenfluss	Datenbasierte Verbesserung der Prozesse und Produkte sowohl anbieter- als auch kundenseitig
			Quantität und Qualität der Daten nicht ausreichend für die Erfüllung des Leistungsversprechens und der Dimensionierung der Serviceorganisation des Anbieters
			Datensicherheit kann nicht gewährleistet werden
	8	Objektzustand	Die Objekte können aufgrund ordnungsgemäßer Nutzung und Instandhaltung entsprechend der technischen Lebensdauer eingesetzt werden.
			Kürzerer Einsatz der Objekte als kalkuliert aufgrund falscher Nutzung, mangelhafter Instandhaltung oder technologischer Veralterung
	9	Weiter-verwendbarkeit	Erneuter Einsatz der Objekte im Rahmen eines Subskriptionsmodells oder Verkauf auf einem Gebrauchtmarkt oder unproblematische Entsorgung und Recycling der Objekte
			Kein erneuter Einsatz im Rahmen eines Subskriptionsmodells möglich, keine Existenz eines Gebrauchtmarktes und problematische Entsorgung oder Recycling der Objekte
Finanzen	10	Leistungserfüllung	Hoher Umsatz aufgrund Erfüllung des Leistungsversprechens bei variabler Bezugsgröße
			Reale Lebenszykluskosten sind geringer als geplante Lebenszykluskosten
			Niedriger Umsatz aufgrund ungenügender Erfüllung des Leistungsversprechens bei variabler Bezugsgröße
			Reale Lebenszykluskosten sind höher als angenommen
	11	Leistungsbedarf	Höhere Leistungsinanspruchnahme als kalkuliert bei nutzungsabhängigem Preismodell
			Kündigungen vom Kunden nicht in Anspruch genommen / Verlängerungen des Vertrages
			Niedriger Leistungsbedarf aufgrund strategischer oder marktbedingter Veränderung der Nachfrage des Kunden
			Kündigung
			Höhere Leistungsinanspruchnahme als kalkuliert bei nicht nutzungsabhängigem Preismodell

Abbildung 143: Übersicht der bewerteten Risiken von Fallstudie A

Risiko 1: Leistungsgestaltung

Ein Ziel des Subskriptionsmodells ist es, den Anteil an verkauften Verbrauchsmaterialien zu erhöhen. Die durch das Subskritptionsmodell geschaffene Kanibalisierung anderer Geschäftsfelder ist somit durchaus gewünscht. Auch bestehende Kunden werden dazu ermutigt, ein Subskriptionsmodell abzuschließen. Das Verständnis hinsichtlich Subskriptionsmodellen ist allerdings oftmals immer noch gering ausgeprägt bei Kunden.

Risiko 2: Vertragsgestaltung

Die Preise können jährlich angepasst werden. Wird die Preiserhöhung nicht akzeptiert, kann die Geschäftsbeziehung beendet werden. Eine flexible und teilweise unverbindliche Vertragsbeziehung wird explizit als Chance angesehen.

Risiko 3: Katastrophen

Solange der Kunde solvent ist, ist er auf die Maschine des Anbieters oder eines Wettbewerbers angewiesen. Bislang sind keine Katastrophenszenarien absehbar, bei denen Kunden keinen Bedarf mehr an der Leistung des Anbieters hätten. Auch durch die Corona-Pandemie gab es keinen Rückgang in der Nachfrage. Durch die vom Kunden geleistete Anzahlung für die Maschine sind eine Deinstallation und Weiterverwendung der Maschine ohne einen direkten finanziellen Nachteil möglich.

Risiko 4: Zusammenarbeit

Der Effekt einer intensiven Zusammenarbeit mit dem Kunden wird als sehr positiv bewertet. Eigens dafür wurde die Rolle des Customer-Success-Managers etabliert, der in enger Abstimmung mit dem Kunden steht und dadurch die emotionale Kundenbindung erhöht. Die Gefahren dieses Risikos werden wiederum als gering angesehen. Betrug durch beispielsweise einen zu hohen Bezug von Verbrauchsmaterialien ist nicht möglich, da eine Maximalmenge definiert ist, welche der Kunde für zusätzliche Verbrauchsmaterialien bezahlen müsste. Mitarbeiter des Kunden, die nur eine geringe Kompetenz beim Betrieb der Maschine aufweisen, werden so lange geschult, bis keine negativen Effekte mehr durch diese zu erwarten sind.

Risiko 5: Betriebsbedingungen

In der Vergangenheit wurde sich beispielsweise in der Menge der kalkulierten Verbrauchsmaterialien verrechnet. Fehler diesbezüglich sind auch zukünftig schwer vermeidbar. Der Effekt kann durch eine jährliche Preisanpassung ausgeglichen werden. Der Bedarf nach baulichen Veränderungen an der Maschine ist sehr unwahrscheinlich.

Risiko 6: Arbeitsschutz

Der Anbieter übernimmt keine Verantwortung für den Arbeitsschutz und sieht darin auch keine Chance. Arbeitsunfälle sind bei der Bedienung der Maschine quasi ausgeschlossen.

Risiko 7: Datenfluss

Die Chance für datenbasierte Verbesserungen beim Kunden und der eigenen Maschinen wird als sehr hoch angesehen. Teilweise stellt die Konnektivität der Maschinen ein Problem dar. Die dadurch enstehenden Phasen, in denen die Maschinen nicht angebunden sind, wirken sich negativ auf die Einhaltung des Leistungsversprechens aus. Diese Fälle sind in der Vergangenheit nur sehr selten aufgetreten. Dennoch wird aktuell intensiv daran gearbeitet, die Eintrittswahrscheinlichkeit noch weiter zu reduzieren.

Risiko 8: Objektzustand

Man bemüht sich, die Maschine durch intensive Zusammenarbeit mit dem Kunden in einem ordnungsgemäßen Zustand zu halten, da sich das neben der Performance während der Vertragslaufzeit auch auf den Restwert aufwirkt. Eine technologische Veralterung ist nicht wahrscheinlich, da Innovationssprünge in dieser Industrie in der Regel nicht in weniger als fünf Jahresabständen zu erwarten sind.

Risiko 9: Weiterverwendbarkeit

Ein erneuter Einsatz ist theoretisch ohne aufwändige Anpassung möglich. Meist wird die Maschine allerdings auf dem Gebrauchtmaschinenmarkt zu einem attraktiven Restpreis verkauft. Die Nachfrage nach diesen Maschinen ist hoch, da der Zustand meist als sehr gut einzuschätzen ist.

Risiko 10: Leistungserfüllung

Der Umsatz ist an jede einzelne produzierte Einheit geknüpft und damit nicht insgesamt an die Erfüllung einer bestimmten Produktionsmenge. Lediglich Strafzahlungen werden fällig, wenn diese geplante Produktionsmenge nicht erreicht wird. Hinsichtlich der Lebenszykluskosten übersteigen diese selten die geschätzten Lebenszykluskosten. Falls dem so ist, kann dies theoretisch durch eine Preisanpassung korrigiert werden.

Risiko 11: Leistungsbedarf

Bislang ist noch kein Vertrag für ein Subskriptionsmodell ausgelaufen. Dies steht erst im kommenden Jahr an. Auch wenn die Auswirkung nicht zu vernachlässigen wäre, wird eher davon ausgegangen, dass die Kunden den Vertrag verlängern. Die vom Anbieter definierte Mindestproduktionsmenge ist so kalkuliert, dass der Anbieter bereits seine geplante Marge erzielen kann. Falls diese Produktionsmenge überschritten wird, ist der Effekt sehr positiv.

In der folgenden Abbildung sind die bewerteten Risiken zusammenfassend in einer Chancen- und Gefahrenmatrix dargestellt.

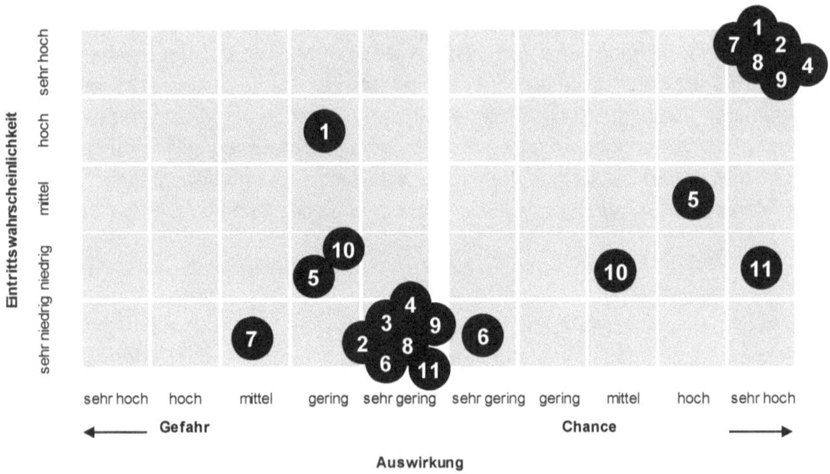

Abbildung 144: Ergebnis der Risikobewertung aus Fallstudie A

Schritt 2.2: Analyse und Augestaltung von Gestaltungsgrößen

Aus Abbildung 144 wird ersichtlich, dass der Anbieter bereits den überwiegenden Anteil der Gefahren hinsichtlich deren Eintrittswahrscheinlichkeit und Auswirkung minimiert sowie den überwiegenden Anteil der Changen hinsichtlich Eintrittswahrscheinlichkeit und Auswirkung maximiert hat. In der nachfolgenden Diskussion wurden keine Bereiche identifiziert, bei denen der Gesprächspartner aktuell Handlungsbedarf sieht. Man verbessert derzeit kontinuierlich die Einhaltung des Leistungsversprechens und ist bereits mit den erzielten Effekten des Subskriptionsmodells sehr zufrieden. Die daran geknüpften Maßnahmen sind sehr personengebunden sowie anbieterspezifisch und werden damit nicht durch die beschriebenen Gestaltungsgrößen erfasst. Grundsätzlich verfolgt der Anbieter allerdings die Strategie, insbesondere die Chancen weiter auszubauen.

Schritt 3.1: Prüfung des Gefahren- und Chancenpotenzials

Der Gesprächspartner ist mit der in Abbildung 144 dargestellten Einschätzung hinsichtlich Chancen und Gefahren sehr zufrieden. Es existiert kein akuter Handlungsbedarf zur Verbesserung der dargestellten Chancen und Gefahren. Allerdings wird daran gearbeitet, die dargestellte Position auch hinsichtlich möglicher Veränderungen am Markt weiter auszubauen und zu sichern.

Schritt 3.2: Definition von Maßnahmen zur Anpassung des Geschäftsmodells

Es existieren verschiedene Maßnahmen, welche die Attraktivität des konkreten Subskriptionsmodells sowie zukünftiger Subskriptionsmodelle weiter steigern sollen:

Derzeit wird weiter an der Verbesserung der Güte statistischer Modelle gearbeitet. Je mehr Kunden ein Subskriptionsmodell abschließen, desto mehr Daten stehen zur Verfügung, mit denen eine Verbesserung der Prognosegüte erzielt werden kann.

Die Kooperation mit dem Finanzinstitut zur Finanzierung der Maschine ist noch sehr neu. Die Partnerschaft bietet Potenziale, auch weitere Finanzdienstleistungen, wie beispielsweise in der Form, dass Versicherungen gegen Produktionsausfälle in das Leistungsversprechen integriert werden. Daran wird derzeit gearbeitet.

Aktuell wird auch die Einführung eines Subskriptionsmodells für Kunden mit niedrigem Reifegrad verfolgt. Diese Kunden sind oftmals kleine Produktionsbetriebe mit geringen Produktionsmengen. Eine standardisierte Form des Subskriptionsmodells soll auch hier Verbesserungen beim Kunden erwirken können.

8.3 Kritische Reflexion

Die durchgeführte Validierung dient zur Überprüfung der inhaltlichen und konzeptionellen Anforderungen. Im Folgenden wird auf die inhaltlichen und konzeptionellen Anforderungen sowie auf die Umsetzung eingegangen, welche zur Erfüllung dieser Anforderungen geführt hat. Weiterhin werden Hinweise erläutert, die sich im Gespräch mit den Validierungspartnern ergeben haben.

Bei der Entwicklung des Vorgehensmodells sowie der dafür erforderlichen Modelle wurden Fallstudien erhoben, die schwerpunktmäßig aus dem Bereich Maschinen- und Anlagenbau stammen. Es wurden weiterhin Fallstudien aus anderen Industrien erhoben. Die daraus gesammelten Erkenntnisse wurden hinsichtlich ihrer Eignung für den Bereich des Maschinen- und Anlagenbaus überprüft und entsprechend in die Modelle integriert. Ein starker Bezug zu den Randbedingungen des Maschinen- und Anlagenbaus ist somit sichergestellt.

Im Rahmen dieser Arbeit wurde dargelegt, dass Risiken einen elementaren Bestandteil bei der Konzeption von Subskriptionsmodellen bilden. Folglich kombiniert das entwickelte Vorgehensmodell sowohl Elemente der Geschäftsmodellgestaltung als auch des Risikomanagements. Insbesondere im letzten Schritt des Vorgehens, welcher die Ableitung von Maßnahmen betrifft, ist zudem ein projektbasierter Ansatz für die Detaillierung und Umsetzung der Maßnahmen sinnvoll. Dieser ist allerdings als eine Anschlusstätigkeit nach erfolgter Durchführung des Vorgehens anzusehen und erfordert keine Veränderung des Vorgehensmodells selbst. Eine Detaillierung möglicher Maßnahmen war kein Bestandteil dieser Arbeit.

Die Möglichkeiten zur Geschäftsmodellgestaltung, welche mithilfe eines morphologischen Kastens dargestellt wurden, dienen als Basis zur Risikobeurteilung und -behandlung. Auch Parameter aus dem Umfeld des Unternehmens wurden berücksichtigt und mithilfe eines morphologischen Kastens operationalisiert. Anhand des morphologischen Kastens kann der Anwender einerseits das beabsichtigte Subskriptionsmodell und sein Marktumfeld beschreiben, andererseits ergeben sich damit auch Möglichkeiten zur Beeinflussung der Risiken. Während der Validierung wurden die hergeleiteten Merkmale und Ausprägungen mit den Validierungspartnern diskutiert und für differenziert und vollständig befunden. Die Beschreibung der Risiken erfolgt auf Basis des angestrebten Subskriptionsmodells und des Unternehmensumfeldes. Auch die Risiken wurden als vollständig befunden und die Differenzierung zwischen Chancen und

Gefahren als zielführend und diskussionsbereichernd angesehen. Im Rahmen dieser Arbeit wurden somit Einfluss und Gestaltungsgrößen für Subskriptionsmodelle definiert und Risiken von Subskriptionsmodellen auf dieser Basis identifiziert.

Es wurde weiterhin herausgearbeitet, dass die Interdependenzen von Risiken zu berücksichtigen sind, wenn einzelne Risiken durch den Anwender beeinflusst werden. Dieser Sachverhalt wurde während der Entwicklung des Vorgehensmodells berücksichtigt. Hierbei wurde bei der Validierung angemerkt, dass eine IT-Unterstützung zur Anwendung des Modells wünschenswert wäre, um insbesondere die Geschwindigkeit bei der Analyse von Interdependenzen zu erhöhen. Die Entwicklung einer IT-Unterstützung stand nicht im Fokus dieser Arbeit, kann allerdings auf Basis dieser Arbeit auch ohne weitere Beteiligung des Autors erfolgen.

Weitere inhaltliche Anforderungen wurden hinsichtlich einer hohen Anwendbarkeit zusammengefasst. So soll das Vorgehensmodell explizit keine quantitative Modellierung beinhalten, die einen mathematisch-statistischen Hintergrund des Anwenders voraussetzen würde. Da das Vorgehensmodell Unternehmen adressiert, welche keine etablierten Anbieter von Subskriptionsmodellen sind, existieren damit auch keine historischen Daten als Basis für die quantitative Analyse von Risiken. Darüber hinaus berücksichtigt das Vorgehensmodell die bereits beschriebene ambivalente Auffassung von Risiken entsprechend ihrem Gefahren- wie auch Chancenpotenzial.

Dem Anwender des Vorgehensmodells bietet sich somit ein Werkzeug, welches Elemente der Geschäftsmodellgestaltung und des Risikomanagements vereint und auf Besonderheiten des Maschinen- und Anlagenbaus eingeht. Das Modell erfordert keine Erfahrungen mit Subskriptionsmodellen und bietet dem Anwender die Möglichkeit, entsprechend der eigenen Risikoneigung vorzugehen und auf einzelne Gefahren und Chancen von Subskriptionsmodellen einzugehen. Das Vorgehensmodell ist damit für die risikobasierte Gestaltung von Subskriptionsmodellen geeignet und die inhaltlichen Anforderungen können als erfüllt angesehen werden.

Weiterhin wurden die konzeptionellen Anforderungen geprüft. Darunter versteht sich die Prüfung der Richtigkeit, Relevanz, Wirtschaftlichkeit, Klarheit, Vergleichbarkeit und des systematischen Aufbaus.

Das entwickelte Vorgehensmodell dient der Lösung der in Kapitel 1 beschriebenen Problemstellung, welche bereits hinsichtlich ihrer theoretischen und praktischen Relevanz geprüft wurde. In der Diskussion mit den Validierungspartnern wurde das Vorgehensmodell als konzeptionell richtig beurteilt. Durch die Auswahl der Validierungspartner konnten verschiedene Perspektiven für die Validierung genutzt werden. Sowohl bei Unternehmen, welche sich noch in einer frühen Phase der Konzeption von Subskriptionsmodellen befinden, als auch von Unternehmen, die bereits erste Erfahrungen mit Subskriptionsmodellen gesammelt haben, wurde die Relevanz des entwickelten Vorgehensmodells als hoch befunden. Hinsichtlich der Wirtschaftlichkeit wurde der Aufwand zur Anwendung des Vorgehensmodells als vertretbar angesehen. Durch eine IT-Unterstützung kann der Aufwand insbesondere zur Herausstellung von Wirkungsbeziehungen aber weiter reduziert werden. Die Klarheit des Modells ist gegeben.

Das Modell konnte nachvollziehbar und problemlos angewendet werden. Die Vergleichbarkeit des Modells mit Abläufen in der realen Welt ist ebenfalls gegeben, wie in der Validierung bestätigt wurde. Hierbei sei allerdings angemerkt, dass dieses Kriterium lediglich in kleinem Maßstab und vertretbarem Aufwand erfolgreich validiert werden konnte. Eine abschließende Bewertung ist erst nach Prüfung einer größeren Anzahl weiterer Anwendungsfälle möglich. Das Vorgehensmodell folgt einem systematischen und konsistenten Aufbau.

Die inhaltlichen und formalen Anforderungen an die Modelle der vorliegenden Dissertationsschrift können somit basierend auf den Ergebnissen der Validierung als erfüllt angesehen werden.

9 Zusammenfassung und Ausblick

Im letzten Kapitel werden die Ergebnisse dieser Dissertationsschrift zusammengefasst sowie ein Ausblick auf zukünftige Forschungs- und Entwicklungsbedarfe in diesem Bereich gegeben.

9.1 Zusammenfassung

Die Zielsetzung dieses Dissertationsvorhabens besteht in der Entwicklung eines Vorgehens für die risikobasierte Gestaltung von Subskriptionsmodellen. Mit den Ergebnissen dieser Arbeit werden Unternehmen dazu befähigt, Subskriptionsmodelle zu entwickeln und dabei Chancen und Gefahren entsprechend den Randbedingungen des Unternehmens zu optimieren. Im Folgenden werden die erzielten Ergebnisse zusammengefasst.

Beschreibungmodell von Einfluss- und Gestaltungsmöglichkeiten von Subskriptionsmodellen

Die Grundlage für diese Arbeit stellte die Erhebung von zehn Fallstudien dar. Entsprechend dem Vorgehen von EISENHARDT (1989) erfolgte die Erhebung neuer Fallstudien so lange, bis keine neuen Erkenntnisse aus der Analyse weiterer Fallstudien zu erwarten waren. Die Auswahl der Fallstudien erfolgte basierend auf verschiedenen Kriterien. Voraussetzung für die Aufnahme einer Fallstudie war, dass es sich bei dem Unternehmen um einen Anbieter von Subskriptionsmodellen handelt oder das Unternehmen sich zumindest aktuell in der Konzeptionsphase eines Subskriptionsmodells befindet. Vorteil einer Fallstudienerhebung ist, dass es sich um unmittelbar in der Praxis existierende Fälle handelt. Anders als bei zunächst rein theoretisch hergeleiteten Ergebnissen ist keine nachträgliche Validierung der Ergebnisse erforderlich, solange die Fallstudien repräsentativ für die Fragestellung sind (s. EISENHARDT 1989, S. 536f.). Dennoch wurden auch die Einfluss- und Gestaltungsgrößen im Rahmen des entwickelten Vorgehensmodells validiert und für geeignet befunden, um die Zielsetzung dieses Dissertationsvorhabens zu erreichen.

Basierend auf den Fallstudien konnten 20 Gestaltungs- und zehn Einflussgrößen abgeleitet werden. Merkmale und Ausprägungen dieser Größen wurden anhand eines morphologischen Kastens beschrieben. Gestaltungsgrößen sind die durch den Anbieter veränderbaren Größen zur Gestaltung des Subskriptionsmodells. Einflussgrößen wiederum stellen Größen aus dem Umfeld des Anbieters dar, welche einen Einfluss auf beispielsweise die Attraktivität oder den Erfolg eines Subskriptionsmodells haben können. Anders als Gestaltungsgrößen lassen sich Einflussgrößen nicht oder nur schwierig durch den Anbieter beeinflussen. Sie stellen damit feste Rahmenbedingungen dar, die bei der Konzeption und Planung eines Subskriptionsmodells berücksichtigt werden müssen. Als Ordnungsrahmen zur Verortung der Einflussgrößen wurde der Business-Model-Canvas nach OSTERWALDER U. PIGNEUR verwendet. Zur Beschreibung der Einflussgrößen wurden die Dimensionen der Branchenstrukturanalyse nach PORTER als zweckdienlich erachtet.

Beschreibungsmodell von Risiken von Subskriptionsmodellen

Der Ordnungsrahmen zur Beschreibung der Gestaltungsgrößen wurde auch für die Beschreibung von Risiken in Subskriptionsmodellen verwendet. Unter dem Begriff „Risiko" wurde im Rahmen dieser Arbeit die ambivalente Auffassung eines Risikos sowohl als Gefahr als auch als Chance vertreten. Es wurden folglich Gefahren und Chancen von Subskriptionsmodellen beschrieben. Diese Gefahren und Chancen sind im engen Kontext mit der Gestaltung des Subskriptionsmodells sowie dem Unternehmensumfeld des Anbieters zu sehen. Bei der Beschreibung der Risiken wurde auf in Kapitel 5 erörterte Gestaltungs- und Einflussgrößen Bezug genommen. Jede beschriebene Chance oder Gefahr nimmt Bezug auf diejenigen charakteristischen Einfluss- und Gestaltungsgrößen, welche die Basis für die jeweilige Chance oder Gefahr darstellen. Es wurden 13 Chancen und 22 Gefahren von Subskriptionsmodellen identifiziert. Die Anzahl der Chancen und Gefahren lässt dabei keinen Rückschluss darauf zu, ob ein Subskriptionsmodell grundsätzlich als erfolgversprechend zu bewerten ist. Vielmehr stellen bestimmte Chancen eine Grundvoraussetzung für eine Geschäftsbeziehung dar, da sie im Maschinen- und Anlagenbau dem Branchenstandard entsprechen. Um den Umfang des Beschreibungsmodells hinreichend gering zu halten, wurde deshalb darauf verzichtet, auf Chancen einzugehen, die nicht kennzeichnend für Subskriptionsmodelle sind. Weiterhin ist bei Risiken, die Katastrophenszenarien beschreiben, keine ambivalente Auffassung möglich. Diese Risiken stellen im Kontext dieser Arbeit immer eine Gefahr für den Anbieter dar.

Die identifizierten Chancen von Subskriptionsmodellen beschreiben strategische Vorteile, die durch das Anbieten von Subskriptionsmodellen vom Anbieter erwartet werden. Jene ergeben sich durch eine langfristige und enge Kundenbeziehung, während der an gemeinsamen Zielen wertschöpfend zusammengearbeitet wird. Dadurch kann auch auf einem gesättigten Markt, in dem eine Differenzierung allein über das Produkt zunehmend schwieriger wird, ein strategischer Vorteil erlangt werden. Die Differenzierung findet zunehmend weniger allein über innovative Produkte statt, sondern vermehrt über den effektiven und effizienten Einsatz dieser Produkte zur Lösung von Kundenproblemen. Der Anbieter hat somit Chancen, als Befähiger des Kunden zur Problemlösung aufzutreten, und partizipiert am erzielten Erfolg direkt oder indirekt. Eine direkte Partizipation stellt sich durch eine Vergütung auf Basis des erzielten Erfolges dar, eine indirekte Partizipation wiederum beispielsweise durch eine langfristige Kundenbindung und die über den Kundenlebenszyklus generierten Umsätze oder Weiterempfehlungen des Kunden. Die Kundenbindung wird dabei oftmals bewusst nicht durch lange Vertragslaufzeiten bestimmt, sondern durch den kontinuierlichen Mehrwert, der durch die Leistungsinanspruchnahme beim Kunden erzielt wird.

Gefahren ergeben sich wiederum, wenn die erwarteten Ergebnisse eines Subskriptionsmodells beispielsweise hinsichtlich der Zusammenarbeit mit dem Kunden, der Inanspruchnahme der Leistung oder der finanziellen Planung nicht eintreten. Der Anbieter begibt sich damit in die ständige Abwägung, ob das Subskriptionsmodell so gestaltet werden sollte, dass Chancen erreicht oder Gefahren vermieden werden. Oftmals ist mit der Vermeidung von Gefahren in der Folge auch eine Vermeidung von Chancen verbunden. Sowohl für Chancen als auch für Gefahren ist es unerlässlich, ein Verständnis hinsichtlich der Randbedingungen zu schaffen, in denen das Subskriptionsmodell angeboten wird. Eine Analyse des Marktes und der Gegebenheiten beim Kunden ist erforderlich, um keine Gefahren einzugehen in Bereichen, in denen ohnehin nur ein geringes Chancenpotenzial zu erwarten wäre.

Vorgehensmodell zur risikobasierten Gestaltung von Subskriptionsmodellen

Das entwickelte Vorgehensmodell dient der Unterstützung des Anwenders zur Umsetzung der Inhalte dieser Dissertationsschrift. Der Anwender ist dabei ein Unternehmen des Maschinen- und Anlagenbaus, welches sich in der Konzeptionsphase eines Subskriptionsmodells befindet. Im Rahmen des Vorgehens werden die zuvor beschriebenen Modelle integriert und in einer stringenten Abfolge von Tätigkeiten für eine risikobasierte Gestaltung von Subskriptionsmodellen integriert. Das Vorgehensmodell gliedert sich in drei Schritte mit untergeordneten Teilschritten.

Im ersten Schritt erfolgen die Beschreibung des konzipierten Subskriptionsmodells und die Identifkation der daran geknüpften Chancen und Gefahren. Anschließend sind eine iterative Analyse und Bewertung der Risiken durchzuführen und das Subskriptionsmodell ist entsprechend dem Anpassungsbedarf zu verändern. Hierbei werden auch Interdependenzen zwischen Risiken und Einfluss- sowie Gestaltungsgrößen im Vorgehensmodell berücksichtigt. Im dritten Schritt ist eine Prüfung des finalen Subskriptionsmodells durchzuführen und es sind Maßnahmen abzuleiten, welche die Umsetzung des Konzeptes sicherstellen. Das gesamte Vorgehensmodell ist iterativ aufgebaut und ist in regelmäßigen Abständen zu durchlaufen, um Veränderungen oder Erfahrungen proaktiv durch Anpassung des Subskriptionsmodells zu berücksichtigen.

9.2 Ausblick

Basierend auf den Ergebnissen dieser Arbeit ergibt sich ein Bedarf für eine Reihe weiterer Forschungs- und Entwicklungsarbeiten. Der Bedarf wird im Folgenden vorgestellt.

Die Ergebnisse dieser Arbeit richten sich maßgeblich an Unternehmen, die noch keine umfassenden Erfahrungen mit Subskriptionsmodellen sammeln konnten. Im Rahmen des Konsortialbenchmarkings „Subscription Business" des FIR an der RWTH Aachen wurde festgestellt, dass diese Form von Geschäftsmodell im Maschinen- und Anlagenbau bisher noch keine großflächige Verbreitung gefunden hat. Die inhaltlichen Anforderungen, die an die Ergebnisse dieser Arbeit gestellt und auch erfüllt wurden, entsprechen den Anforderungen ebendieser Unternehmen. Da es sich bei Tätigkeiten des Risikomanagements allerdings um kontinuierliche und iterative Prozesse handelt, ist das hier entwickelte Vorgehensmodell auf die Tauglichkeit für etablierte Anbieter von Subskriptionsmodellen zu prüfen. Bei Bedarf sind zudem Weiterentwicklungen vorzunehmen. Eine Anforderung, welche an die Ergebnisse dieser Arbeit gestellt wurde, ist, dass keine quantitativen Betrachtungen angestellt werden sollten, da Daten zu Risiken von Subskriptionsmodellen derzeit nicht vorliegen. Mit zunehmender Dauer, während der Subskriptionsmodelle angeboten werden, wird auch die verfügbare Datenmenge steigen. Dies ermöglicht dann eine detailliertere Analyse und Bewertung von Risiken durch Quantifizierung der Eintrittswahrscheinlichkeit und Auswirkung einzelner Chancen und Gefahren. Die daraus generierbaren Erkenntnisse könnten in eine Checkliste überführt werden, wie sie beispielsweise von Kreditinstituten für die Bonitätsbewertung potenzieller Kunden genutzt wird. Anhand definierter Kriterien könnte der Anbieter somit entscheiden, ob ein bestimmtes Kundenprofil bestimmte Chancen oder Gefahren erwarten ließe.

Die hier angestellten Betrachtungen bezüglich Risiken von Subskriptionsmodellen vertreten die Sicht des Anbieters. Basierend auf den genannten Daten zur Quantifizierung von Chancen und Gefahren von Subskriptionsmodellen kann zunehmend auch die Kundenperspektive abgebildet werden und für den Kunden Transparenz über dessen Risiken geschaffen werden. Diese Transparenz ermöglicht es dem Anbieter, zahlenbasiert Kundenprobleme zu adressieren und das Portfolio möglicher Leistungsversprechen dahingehend weiterzuentwickeln. Weiterhin ermöglicht diese Transparenz auch die Entwicklung von Kennzahlen zur Steuerung der Chancen und Gefahren und damit auch des Subskriptionsmodells.

Subskriptionsmodelle erlauben es dem Kunden, das Kerngeschäft zu fokussieren und die Erfahrungen des Anbieters zu nutzen, um das eigene Kerngeschäft erfolgreicher zu betreiben. Auch für den Anbieter stellt sich die Frage nach dem Kerngeschäft. Hierbei gilt es zu erarbeiten, welche Kontrollpunkte vom Anbieter strategisch zu besetzen sind. Nebensächliche Kontrollpunkte können hierbei an Dienstleister abgegeben werden. Dabei wird die Bedeutung des Subskriptionsökosystems weiter zunehmen. Für den Anbieter bietet sich die Möglichkeit, als Orchestrator sämtlicher für den Kunden erforderlicher Leistungen aufzutreten. Die Gestaltung des Ökosystems kann ebenfalls aus Sicht der optimalen Chancen- und Gefahrengestaltung erfolgen.

Eine Chance, die im Rahmen dieser Arbeit nur peripher adressiert wurde, ist die der Nachhaltigkeit. Subskriptionsmodelle ermöglichen es Unternehmen, nachhaltiger wirtschaften zu können. Einerseits dienen Subskriptionsmodelle dazu, Verschwendung durch beispielsweise Reduktion von Überkapazitäten zu reduzieren, andererseits bieten Subskriptionsmodelle die Möglichkeit, Maschinen und Anlagen noch stärker auf eine Kreislaufwirtschaft auszurichten. Bei Subskriptionsmodellen ist es im Interesse des Anbieters, die Maschinen und Anlagen möglichst lange einsetzen zu können. Durch regelmäßige Aktualisierungen von Hardware- und Softwarekomponenten der Maschine oder Anlage kann die Lebensdauer verlängert werden. Zum Ende der Lebensdauer hin besteht weiterhin die Möglichkeit, Komponenten mit einer entsprechenden Restlebensdauer weiterzuverwenden und den Recyclingsanteil der übrigen Komponenten weiter zu erhöhen.

Literaturverzeichnis

ADAMS, W.; YELLEN, J.: Commodity Bundling and the Burden of Monopoly. In: The Quarterly Journal of Economics(1976)3, S. 475–498.

ADRODEGARI, F.; SACCANI, N.: Business models for the service transformation of industrial firms. In: The Service Industries Journal 37(2017)1, S. 57–83.

ADRODEGARI, F.; SACCANI, N.; KOWALKOWSKI, C.; VILO, J.: PSS business model conceptualization and application. In: Production Planning & Control 28(2017)15, S. 1251–1263.

Aerssen, B.; Buchholz, C. (2018): Das große Handbuch Innovation. 555 Methoden und Instrumente für mehr Kreativität und Innovation im Unternehmen. Unter Mitarbeit von Nicolas Burkhardt, Ariane Ernst, Jörn Rings, Sabine Rings, Armin Schobloch, Martin Spicker et al. 1. Auflage, München: 2018.

ALGHISI, A.; SACCANI, N.: Internal and external alignment in the servitization journey – overcoming the challenges. In: Production Planning & Control 26(2015)14-15, S. 1219–1232.

ANSORGE, B.: Ordnungsrahmen für die Positionierung industrieller Dienstleister. Schriftenreihe Rationalisierung; Bd. 129. RHrsg.: G. Schuh. Apprimus, Aachen 2014. – Zugl.: Aachen, Techn. Hochsch., Diss., 2014.

ANTON, T. T.: Integration von Risiken in Geschäftsprozessmodelle zur Gestaltung eines betrieblichen Informationssystems. Dortmund, Techn. Univ., Diss., 2018.

Argyle; M.: Körpersprache & Kommunikation. Nonverbaler Ausdruck und soziale Interaktion. 10., überarb. Neuauflage. Junfermann, Paderborn 2013.

AULL, F.: Modell zur Ableitung effizienter Implementierungsstrategien für Lean-production-Methoden. München, Techn. Univ., Diss., 2012.

AURICH, J. C.; CLEMENT, M. H.: Produkt-Service Systeme. Gestaltung und Realisierung. Springer, Berlin [u. a.] 2010.

BAINES, T.; ZIAEE BIGDELI, A.; BUSTINZA, O. F.; SHI, V. G.; BALDWIN, J.; RIDGWAY, K.: Servitization: revisiting the state-of-the-art and research priorities. In: International Journal of Operations & Production Management 37(2017)2, S. 256–278.

BAINES, T. S.; LIGHTFOOT, H. W.; EVANS, S.; NEELY, A.; GREENOUGH, R.; PEPPARD, J.; ROY, R.; SHEHAB, E.; BRAGANZA, A.; TIWARI, A.; ALCOCK, J. R.; ANGUS, J. P.; BASTL, M.; COUSENS, A.; IRVING, P.; JOHNSON, M.; KINGSTON, J.; LOCKETT, H.; MARTINEZ, V.; MICHELE, P.; TRANFIELD, D.; WALTON, I. M.; WILSON, H.: State-of-the-art in product-service systems. In: Proceedings of the Institution of Mechanical Engineers, Part B: Journal of Engineering Manufacture 221(2007)10, S. 1543–1552.

BALLESTREM, J. G.; BÄR, U.; GAUSLING, T.; HACK, S.; OELFFEN, S. v.: Künstliche Intelligenz. Rechtsgrundlagen und Strategien in der Praxis. Springer Gabler, Wiesbaden 2020.

BARDMANN, M.: Grundlagen der Allgemeinen Betriebswirtschaftslehre. Geschichte – Konzepte – Digitalisierung. 3., vollst. überarb. u. erw. Auflage. Springer Gabler, Wiesbaden 2019.

BARENFANGER, R.; OTTO, B.: Proposing a Capability Perspective on Digital Business Models. In: 2015 IEEE 17th Conference on Business Informatics (CBI). 13. – 16. July 2015, Lisbon, Portugal. Hrsg.: D. Aveiro; A. Caetano. IEEE, Piscataway (NJ) 2015, S. 17–25.

BARQUET, A. P. B.; OLIVEIRA, M. G. de; AMIGO, C. R.; CUNHA, V. P.; ROZENFELD, H.: Employing the business model concept to support the adoption of product-service systems (PSS). In: Industrial Marketing Management 42(2013)5, S. 693–704.

BARTHÉLEMY, J.; QUELIN, B. V.: Complexity of Outsourcing Contracts and Ex Post Transaction Costs: An Empirical Investigation. In: Journal of Management Studies 43(2006)8, S. 1775–1797.

BAUERNHANSL, T.; REINHARD, G.; SCHUH, G.; KRÜGER, J.: WGP-Standpunkt Industrie 4.0. WGP, Darmstadt 2016. https://www.ipa.fraunhofer.de/content/dam/ipa/de/documents/Presse/Presseinformationen/2016/Juni/WGP_Standpunkt_Industrie_40.pdf (Link zuletzt geprüft: 04.06.2022)

BAUM, H.: Morphologie der Kooperation als Grundlage für das Konzept der Zwei-Ebenen-Kooperation. Gabler, Wiesbaden 2011. – Zugl.: Chemnitz, Techn. Univ., Diss., 2008.

BAUMEISTER, A.: Lebenszykluskosten alternativer Verfügbarkeitsgarantien im Anlagenbau. Beiträge zur betriebswirtschaftlichen Forschung; Bd. 117. Gabler, Wiesbaden 2008. – Zugl.: Hohenheim, Univ., Habil-Schr., 2007.

BAUREIS, D.: Eine Methode zur Identifikation erforderlicher Kompetenzen für hybride Leistungsbündel. 1. Auflage. Europäischer Hochschulverl., Bremen 2013.

BAUSBACK, N.: Positionierung von Business-to-Business-Marken. 1. Auflage. DUV Deutscher Universitäts-Verlag, Wiesbaden 2007. – Zugl.: Hannover, Univ., Diss., 2007.

BECHMANN, G.: Risiko als Schlüsselkategorie der Gesellschaftstheorie. In: Kritische Vierteljahresschrift für Gesetzgebung und Rechtswissenschaft (KritV) 74(1991)3/4, S. 212–240.

BECKER, H. P.: Investition und Finanzierung. Grundlagen der betrieblichen Finanzwirtschaft. 4., überarb. und erw. Auflage. Gabler, Wiesbaden 2010.

BECKER, H. P.; PEPPMEIER, A.: Investition und Finanzierung. Grundlagen der betrieblichen Finanzwirtschaft. 8., überarb. Auflage. Springer Gabler, Wiesbaden 2018.

BECKER, J.; NEUMANN, S.: Referenzmodelle für Workflow-Applikationen in technischen Dienstleistungen. In: Service Engineering. Hrsg.: H.-J. Bullinger; A.-W. Scheer. Springer, Berlin [u. a.] 2003, S. 619–645.

BECKER, J.; PROBANDT, W.; VERING, O.: Grundsätze ordnungsmäßiger Modellierung. Konzeption und Praxisbeispiel für ein effizientes Prozessmanagement. Springer Gabler, Berlin [u. a.] 2012.

BEER, S.: Kybernetik und Management. S. Fischer, Frankfurt am Main 1962.

BELZ, C.: Leistungssyteme zur Profilierung auswechselbarer Produkte im Wettbewerb. In: der markt 27(1988)105, S. 60–68.

BELZ, C.; SCHUH, G.; GROOS, A.; REINECKE, S.: Erfolgreiche Leistungssysteme in der Industrie. In: Industrie als Dienstleister. Fachbuch für Marketing. Hrsg.: C. Belz. Thexis, St. Gallen 1997, S. 14–108.

BENDIG, O.; PFEIFLE, S.; LEY, C.; JANIK, J.; KUGEL, M.: [Studie] Equipment-as-a-Service From Capex to Opex. new business models for the machinery industry. Deloitte, London [u. a.], Februar 2021. https://www2.deloitte.com/content/dam/Deloitte/de/Documents/energy-resources/Deloitte_Equipment-as-a-Service.pdf (Link zuletzt geprüft: 03.06.2022)

BENEDETTINI, O.; NEELY, A.; SWINK, M.: Why do servitized firms fail? A risk-based explanation. In: International Journal of Operations & Production Management 35(2015)6, S. 946–979.

BENEDETTINI, O.; SWINK, M.; NEELY, A.: Examining the influence of service additions on manufacturing firms' bankruptcy likelihood. In: Industrial Marketing Management 60(2017), S. 112–125.

BERTONI, A.; LARSSON, T.: Data Mining in Product Service Systems Design: Literature Review and Research Questions. In: Procedia CIRP 64(2017), S. 306–311.

BERWANGER, J.: [Definition] Betrug. Gabler Wirtschaftslexikon online, 19.02.2018. https://wirtschaftslexikon.gabler.de/definition/betrug-28206 (Link zuletzt geprüft: 03.06.2022)

BIEGER, T.; RÜEGG-STÜRM, J.; VON ROHR, T.: Strukturen und Ansätze einer Gestaltung von Beziehungskonfigurationen. Das Konzept Geschäftsmodell. In: Zukünftige Geschäftsmodelle. Konzept und Anwendung in der Netzökonomie. Hrsg.: T. Bieger; N. Bickhoff; R. Caspers; D. Knyphausen-Aufseß; K. Reding. Springer, Berlin [u. a.] 2002, S. 35–59.

BLEICHER, K.; ABEGGLEN, C.: Das Konzept Integriertes Management. Visionen – Missionen – Programme. 9., aktualis. u. erw. Auflage. Campus, Frankfurt am Main 2017.

BLOß, C.: Organisation der Instandhaltung. Deutscher Universitätsverlag, Wiesbaden 1995. – Zugl.: Bamberg, Univ., Diss., 1995.

BLUM, U.; KARMANN, A.; LEHMANN-WAFFENSCHMIDT, M.; THUM, M.; WÄLDE, K.; WIELAND, B.; WIESMETH, H.: Grundlagen der Volkswirtschaftslehre. Springer, Berlin [u. a.] 2003.

BMWI (HRSG.): [Discussion Paper] Ambidexterity: Product Development in the NEW. Berlin, Juli 2019. https://www.plattform-i40.de/PI40/Redaktion/DE/Downloads/Publikation/ambidexterity_ENG.pdf?__blob=publicationFile&v=5 (Link zuletzt geprüft: 03.06.2022)

BOCK, M.; WIENER, M.: Towards a Taxonomy of Digital Business Models. Conceptual Dimensions and Empiric al Illustrations . In: Proceedings of the 38th International Conference on Information Systems (ICIS) (2017).

BONNEMEIER, S.: Wertschaffung und Wertaneignung als Erfolgsfaktoren von Lösungsanbietern. Eine konzeptionelle und empirische Untersuchung organisationaler Kompetenzen. Gabler, Wiebaden 2009. – Zugl.: München, Techn. Univ., Diss., 2009.

BORNHOFEN, M.; BORNHOFEN, M. C.: Buchführung, Teil 2: DATEV-Kontenrahmen 2018. Abschlüsse nach Handels- und Steuerrecht : betriebswirtschaftliche Auswertung: Vergleich mit IFRS. Springer Gabler, Wiesbaden [u. a.] 2019.

BOSSEL, H.: Modellbildung und Simulation. Konzepte, Verfahren und Modelle zum Verhalten dynamischer Systeme: ein Lehr- und Arbeitsbuch mit Simulations-Software. Vieweg, Braunschweig [u. a.] 1992.

BOUTELLIER, R.; FISCHER, A.; VON PFUHLSTEIN, H.: Erfolgsfaktoren des qualitativen Risikomanagements. In: zfo – Zeitschrift Führung und Organisation 77(2008)1, S. 43–50.

BOUTELLIER, R.; KALIA, V.: Enterprise-Risk-Management: Notwendigkeit und Gestaltung. In: Management von Innovation und Risiko. Quantensprünge in der Entwicklung erfolgreich managen. Hrsg.: O. Gassman; C. Kobe. Springer, Berlin [u. a.] 2006, S. 27–44.

BOUTKOVVA, E.: Variantenmanagement in Anforderungsdokumenten für hochkomplexe und variantenreiche Produkte. Universität Ulm. Fakultät für Ingenieurwissenschaften und Informatik Ulm 2014. – Ulm, Univ., Diss., 2014.

BRAUN, H.: Risikomanagement. Eine spezifische Controllingaufgabe. Controlling-Forschungsbericht; Bd. 79,2. Toeche-Mittler, Darmstadt 1984. – Zugl.: Stuttgart, Univ., Diss., 1979.

BRAUWEILER, H.-C.: Risikomanagement in Unternehmen. Ein grundlegender Überblick für die Management-Praxis. 2., erw. u. erg. Auflage. Springer Gabler, Wiesbaden 2019.

BRAX, S.: A manufacturer becoming service provider – challenges and a paradox. In: Managing Service Quality: An International Journal 15(2005)2, S. 142–155.

BRAX, S. A.; VISINTIN, F.: Meta-model of servitization: The integrative profiling approach. In: Industrial Marketing Management 60(2017)5, S. 17–32.

BRILLINGER, A.-S.; ELS, C.; SCHÄFER, B.; BENDER, B.: Business model risk and uncertainty factors: Toward building and maintaining profitable and sustainable business models. In: Business Horizons 63(2020)1, S. 121–130.

BRUHN, M.: Qualitätsmanagement für Dienstleistungen. Handbuch für ein erfolgreiches Qualitätsmanagement. Grundlagen – Konzepte – Methoden. Springer Gabler, Berlin [u. a.] 2013.

BRUHN, M.: Kommunikationspolitik im Relationship Marketing. In: Handbuch Strategische Kommunikation. Grundlagen – innovative Ansätze – praktische Umsetzungen. Hrsg.: M. Bruhn; F.-R. Esch; T. Langner, 2. Auflage. Springer Reference Wirtschaft; Bd. 1. Springer Gabler, Wiesbaden 2016, S. 229–257.

BRUHN, M.; MEFFERT, H.; HADWICH, K.: Handbuch Dienstleistungsmarketing. 2., vollst. überarb. u. erw. Auflage. Springer Gabler, Wiesbaden [u. a.] 2019.

BRÜHWILER, B.; ROMEIKE, F.: Praxisleitfaden Risikomanagement. ISO 31000 und ONR 49000 sicher anwenden. Schmidt, Berlin 2010.

BULLINGER, H.-J.; SPATH, D.; WARNECKE, H.-J.; WESTKÄMPER, E.: Handbuch Unternehmensorganisation. Strategien, Planung, Umsetzung. 3, neu bearb. Auflage. Springer, Wiesbaden [u. a.] 2009.

BULLINGER, H.-J.; WARNECKE, H. J.; WESTKÄMPER, E. (Hrsg.): Neue Organisationsformen im Unternehmen. Ein Handbuch für das moderne Management. 2. Auflage. Springer, Berlin [u. a.] 2003.

BUNDESMINISTERIUM DER JUSTIZ UND FÜR VERBRAUCHERSCHUTZ (HRSG.): Insolvenzordnung (InsO). § 19 Überschuldung. https://www.gesetze-im-internet.de/inso/__19.html (Link zuletzt geprüft: 03.06.2022)

BUNDESMINISTERIUM DER JUSTIZ UND FÜR VERBRAUCHERSCHUTZ (HRSG.): Gesetz über die Haftung für fehlerhafte Produkte (Produkthaftungsgesetz – ProdHaftG), 2017. https://www.gesetze-im-internet.de/prodhaftg/BJNR021980989.html (Link zuletzt geprüft: 05.06.2022)

BUNDESAMT FÜR SICHERHEIT IN DER INFORMATIONSTECHNIK (HRSG.): IT-Grundschutz-Kompendium. Bundesanzeiger Verlag, Köln 2018.

BUNDESMINISTERIUM DER FINANZEN (HRSG.): AfA-Tabelle für die allgemein verwendbaren Anlagegüter. https://www.bundesfinanzministerium.de/Content/DE/Standardartikel/Themen/Steuern/Weitere_Steuerthemen/Betriebspruefung/AfA-Tabellen/Ergaenzende-AfA-Tabellen/AfA-Tabelle_AV.html (Link zuletzt geprüft: 03.06.2022)

BUNDESMINISTERIUM FÜR BILDUNG UND FORSCHUNG (HRSG.): Liste der zugeordneten Qualifikationen. https://www.dqr.de/media/content/2019_DQR_Liste_der_zugeordneten_Qualifikationen_01082019.pdf (Link zuletzt geprüft: 03.06.2022)

BUNDESMINISTERIUM DER JUSTIZ UND FÜR VERBRAUCHERSCHUTZ (HRSG.): Gesetz über Betriebsärzte, Sicherheitsingenieure und andere Fachkräfte für Arbeitssicherheit. 20.04.2013. https://www.gesetze-im-internet.de/asig/ (Link zuletzt geprüft: 05.06.2022)

BÜNTING, F.: Lebenszykluskostenbetrachtungen bei Investitionsgütern. In: Lebenszykluskosten optimieren. Paradigmenwechsel für Anbieter und Nutzer von Investitionsgütern. Hrsg.: S. Schweiger. Gabler, Wiesbaden 2009, S. 35–50.

BURIÁNEK, F.: Vertragsgestaltung bei hybriden Leistungsangeboten. Eine ökonomische Betrachtung. Gabler, Wiesbaden 2009. – München, Techn. Univ., Diss., 2009.

BURTON, J.; STORY, V. M.; RADDATS, C.; ZOLKIEWSKI, J.: Overcoming the challenges that hinder new service development by manufacturers with diverse services strategies. In: International Journal of Production Economics 192(2017)5, S. 29–39.

BUSCH, M. W.; VON DER OELSNITZ, D.: Multiskilling als Ansatzpunkt kompetenzerweiternder Mitarbeiterqualifikation. In: Strategisches Kompetenz-Management in der Betriebswirtschaftslehre. Hrsg.: A. Eisenkopf; C. Opitz; H. Proff. Gabler, Wiesbaden 2008, S. 48–70.

BUSSMANN, K. F.: Produktionsrisiken. In: Handwörterbuch der Produktionswirtschaft. Hrsg.: W. Kern. Enzyklopädie der Betriebswirtschaftslehre; Bd. 7. Schäffer-Poeschel, Stuttgart 1979, S. 1571–1586.

BUSTINZA, O. F.; VENDRELL-HERRERO, F.; BAINES, T.: Service implementation in manufacturing: An organisational transformation perspective. In: International Journal of Production Economics 192(2017)7, S. 1–8.

CANNON, J. P.; ACHROL, R. S.; GUNDLACH, G. T.: Contracts, Norms, and Plural Form Governance. In: Journal of the Academy of Marketing Science 28(2000)2, S. 180–194.

CANTILLON, R.; HIGGS, H.: Essai sur la nature du commerce en general. Hrsg.: H. Higgs. Liberty Fund, Carmel (IN) 1959.

CASADY, C. B.; BAXTER, D.: Pandemics, public-private partnerships (PPPs), and force majeure. COVID-19 expectations and implications. In: Construction Management and Economics 38(2020)12, S. 1077–1085.

CHRISTENSEN, C. M.: The innovator's dilemma. When new technologies cause great firms to fail. Harvard Business School Press, Boston (MA) 1997.

CLASSEN, M.; CHRISTOPH, B.; OSTERRIEDER, P.; FRIEDLI, T.: Everything as a service? Introducing the St. Gallen GaaS Management Model. In: Proceedings of the 2nd Smart Services Summit (2019), S. 61–65. http://www.alexandria.unisg.ch/257814/3/2019_Classen_Blum_Osterrieder_Friedli_XaaS.pdf (Link zuletzt geprüft: 05.0.2022)

CLEMENT, R.; SCHREIBER, D.: Internet-Ökonomie. Grundlagen und Fallbeispiele der vernetzten Wirtschaft. 3. Auflage. Springer Gabler, Berlin [u. a.] 2016.

COHEN, M.; AGRAWAL, N.; AGRAWAL, V.: Winning in the aftermarket. In: Harvard Business Review 84(2006)5, S. 129–138.

CORSTEN, H.: [Working Paper] Die Produktion von Dienstleistungen. Grundzüge einer Produktionswirtschaftslehre des tertiären Sektors. Betriebswirtschaftliche Studien; Vol. 51. Schmidt, Berlin 1985.

CORSTEN, H.; GÖSSINGER, R.: Dienstleistungsmanagement. 5., vollst. überarb. u. wes. erw. Auflage. Oldenbourg, München [u. a.] 2007.

CORSTEN, H.; GÖSSINGER, R.: Produktionswirtschaft. Einführung in das industrielle Produktionsmanagement. In: Übungsbuch zur Produktionswirtschaft. Hrsg.: H. Corsten. 11., vollst. überarb. Auflage.Oldenbourg, München [u. a.] 2009, S. 1 – 647

COUNCIL OF EUROPEAN ENERGIY REGULATORS (HRSG.): Guide on Bundled Products. https://www.ceer.eu/documents/104400/-/-/51479de6-9f10-4e9b-91f6-ae46632c76b3 (Link zuletzt geprüft: 03.06.2022)

DAHMANI, S.; BOUCHER, X.; GOURC, D.; MARMIER, F.; PEILLON, S.: Towards a Reliability Diagnosis for Servitization Decision-making Process. In: Procedia CIRP 16(2014), S. 259–264.

DE JONG, G.; KLEIN WOOLTHUIS, R. J. A.: Contract Research and High-Tech Alliances: Vistas for Future Studies. In: Scandinavian Journal of Management 24(2008)3, S. 284–289.

DIN ISO 31000:2018: Risikomanagement Leitlinien. DIN DEUTSCHES INSTITUT FÜR NORMUNG E. V., ICS 03.100.01. Beuth, Berlin, Oktober 2018.

DIN SPEC 33453:2019-09: Entwicklung digitaler Dienstleistungssysteme. DIN DEUTSCHES INSTITUT FÜR NORMUNG E. V., ICS 03.080.01, 35.240.50. Beuth, Berlin, September 2019.

DMG MORI (HRSG.): [Pressemitteilung] DMG MORI steigert Auftragseingang um +34%. https://de.dmgmori-ag.com/corporate-communications/pressemitteilungen/dmg-mori-steigert-auftragseingang (Link zuletzt geprüft: 03.06.2022)

DOMBROWSKI, U.; FOCHLER, S.; MALORNY, C.; WINKELHAKE, U.; STICH, V.; JUSSEN, P.: Trends und Entwicklungen. In: After Sales Service. Hrsg.: U. Dombrowski; S. Fochler; C. Malorny. Springer, Berlin [u. a.] 2020, S. 285–397.

DRECHSLER, D.: Strategische Frühaufklärung und Risikomanagement. Die Risikoperspektive zum Marketing-Controlling. In: Handbuch Marketing-Controlling: Grundlagen – Methoden – Umsetzung. Hrsg.: C. Zerres. Springer Gabler, Wiesbaden 2017, S. 123–148.

DYER, W. G.; WILKINS, A. L.: Better Stories, Not Better Constructs, to Generate Better Theory: A Rejoinder to Eisenhardt. In: The Academy of Management Review 16(1991)3, S. 613.

EBI, M.; HILLE, M.; DÖLLE, C.; RIESENER, M.; SCHUH, G.: Methodology for the risk and reward evaluation of industrial subscription models. In: Production at the leading edge of technology. Proceedings of the 9th Congress of the German Academic Association for Production Technology (WGP), September 30th – October 2nd, Hamburg 2019. Hrsg.: J. P. Wulfsberg; W. Hintze; B.-A. Behrens, 1. Auflage. Springer, Berlin [u. a.] 2019, S. 613–622.

EHRET, M.; WIRTZ, J.: Unlocking value from machines: business models and the industrial internet of things. In: Journal of Marketing Management 33(2017)1-2, S. 111–130.

EHRET, M.; WIRTZ, J.: Ownership of Co-creation Assets: Driving B2B Value Propositions in the Service Economy. In: Journal of Creating Value 4(2018)1, S. 42–60.

EISENHARDT, K. M.: Building Theories from Case Study Research. In: The Academy of Management Review 14(1989)4, S. 532–550.

ELLER, R.; HEINRICH, M.; PERROT, R.; REIF, M.: Kompaktwissen Risikomanagement. Gabler, Wiesbaden 2010.

ENDEMANN, T.; JÄGER, E.: Vertragsgestaltung bei Betreibermodellen. In: Industrielle Dienstleistungen und Internationalisierung. One-Stop Services als erfolgreiches Konzept. Hrsg.: M. Schenk; S. M. Christopher. Gabler, Wiesbaden 2009, S. 331–406.

EPPLER, M. J.; HELFERT, M.: A Classification And Analysis Of Data Quality Costs. https://ualr.edu/informationquality/iciq-proceedings/iciq-2004/ (Link zuletzt geprüft: 03.06.2022)

ERKOYUNCU, J. A.; ROY, R.; DATTA, P.; WARDLE, P.; MURPHY, F.: Service Uncertainty and Cost for Product Service Systems. In: Complex Engineering Service Systems. Hrsg.: I. Ng; G. Parry; P. Wild; D. McFarlane; P. Tasker. Springer, London [u. a.] 2011, S. 129–148.

ERKOYUNCU, J. A.; ROY, R.; SHEHAB, E.; DURUGBO, C.; KHAN, S.; DATTA, P.: An effective uncertainty based framework for sustainable industrial product-service system transformation. In: Journal of Cleaner Production 208(2019)2, S. 160–177.

ERPENBECK, J.; ROSENSTIEL, L.; GROTE, S.; SAUTER, W.: Handbuch Kompetenzmessung. Erkennen, verstehen und bewerten von Kompetenzen in der betrieblichen, pädagogischen und psychologischen Praxis. 3., überarb. u. erw. Auflage. Schäffer-Poeschel, Stuttgart 2017.

ESCH, F.-R.; SCHAARSCHMIDT, C.; BAUMGARTL, C.: Herausforderungen und Aufgaben des Markenmanagements. In: Handbuch Markenführung. Hrsg.: F.-R. Esch. Springer, Wiesbaden 2019, S. 3–40.

ESSIG, M.; GLAS, A. H.; SELVIARIDIS, K.; ROEHRICH, J. K.: Performance-based contracting in business markets. In: Industrial Marketing Management 59(2016)o. H., S. 5–11.

FABRY, C.: Synchronisation der Dienstleistungsproduktion mittels Takt. Schriftenreihe Rationalisierung; Bd. 128. RHrsg.: G. Schuh. Apprimus, Aachen 2014. – Zugl.: Aachen, Techn. Hochsch., Diss., 2014.

FAN, Y.; STEVENSON, M.: A review of supply chain risk management: definition, theory, and research agenda. In: International Journal of Physical Distribution & Logistics Management 48(2018)3, S. 205–230.

FASSE, F.-W.: Risk-Management im strategischen internationalen Marketing. S + W Steuer- und Wirtschaftsverl., Hamburg 1995.

FECHTER, M.; DIETZ, T.: Bewertung der Wandlungsfähigkeit eines Produktionssystems. In: Entwicklung, Aufbau und Demonstration einer wandlungsfähigen (Fahrzeug-)Forschungsproduktion. Hrsg.: T. Bauernhansl; M. Fechter; T. Dietz. Springer, Berlin [u. a.] 2020, S. 11–43.

FECHTER, M.; DIETZ, T.: Zusammenfassung und Ausblick. In: Entwicklung, Aufbau und Demonstration einer wandlungsfähigen (Fahrzeug-)Forschungsproduktion. Hrsg.: T. Bauernhansl; M. Fechter; T. Dietz. Springer, Berlin [u. a.] 2020, S. 145–158.

FELDHUSEN, J.; GROTE, K.-H.: Pahl/Beitz Konstruktionslehre. Springer, Berlin [u. a.] 2013.

FISCHER, A. M.: Risikomanagement in mittelständischen Unternehmen: Methodisches Vorgehen bei der Implementierung und dessen Erfolgsfaktoren. Zürich, Techn. Hochsch., Diss., 2008. http://e-collection.ethbib.ethz.ch/eserv/eth:31009/eth-31009-02.pdf (Link zuletzt geprüft: 05.06.2022)

FLECHTNER, H.-J.: Grundbegriffe der Kybernetik. Eine Einführung. Wissenschaftliche Verlagsgesellschaft m.b.H., Stuttgart 1966.

FLIEß, S.: Prozessorganisation in Dienstleistungsunternehmen. Kohlhammer, Stuttgart 2006.

FÖRSTER, H.-U.: Integration von flexiblen Fertigungszellen in die PPS. Springer, Berlin [u. a.] 1988.

FORSTNER, L.; DÜMMLER, M.: Integrierte Wertschöpfungsnetzwerke – Chancen und Potenziale durch Industrie 4.0. In: e & i Elektrotechnik und Informationstechnik 131(2014)7, S. 199–201.

FOX, C. R.; POLDRACK, R. A.: Prospect Theory and the Brain. In: Neuroeconomics. Hrsg.: P. W. Glimcher; C. F. Camerer; E. Fehr; R. A. Poldrack. Academic Press, 2009, S. 145–173.

FREIER, B.: Wirtschaftsspionage in Nordrhein-Westfalen. In: Wirtschaftsschutz in der Praxis. Hrsg.: C. Vogt; C. Endreß; P. Peters. Sicherheit – interdisziplinäre Perspektiven. Springer, Wiesbaden [u. a.] 2019, S. 3–16.

FREILING, J.: Das Contracting als innovatives Instrument des Marketing industrieller Services und seine Implikationen bezüglich der Interaktionsgestaltung zwischen Anbieter- und Nachfragerseite. In: Dienstleistungsmanagement Jahrbuch 2001. Hrsg.: M. Bruhn; B. Stauss. Gabler, Wiesbaden [u. a.] 2001, S. 458–477.

FREILING, J.: Performance Contracting. In: Handbuch Industriegütermarketing. Hrsg.: K. Backhaus; M. Voeth. Gabler, Wiesbaden [u. a.] 2004, S. 679–695.

FROHMANN, F.: Digitales Pricing. Strategische Preisbildung in der digitalen Wirtschaft mit dem 3-Level-Modell. Springer Gabler, Wiesbaden 2018.

FUCHS, H.: Systemtheorie und Organisation. Die Theorie offener Systeme als Grundlage zur Erforschung und Gestaltung betrieblicher Systeme. Springer Wiesbaden 1973.

FURLOTTI, M.: There is more to contracts than incompleteness: a review and assessment of empirical research on inter-firm contract design. In: Journal of Management & Governance 11(2007)1, S. 61–99.

GAIARDELLI, P.; PEZZOTTA, G.; RONDINI, A.; ROMERO, D.; JARRAHI, F.; BERTONI, M.; WIESNER, S.; WUEST, T.; LARSSON, T.; ZAKI, M.; JUSSEN, P.; BOUCHER, X.; BIGDELI, A. Z.; CAVALIERI, S.: Product-service systems evolution in the era of Industry 4.0. In: Service Business 15(2021)1, S. 177–207.

GASSMANN, O.: Innovation und Risiko: zwei Seiten einer Medaille. In: Management von Innovation und Risiko. Quantensprünge in der Entwicklung erfolgreich managen. Hrsg.: O. Gassmann; C. Kobe. Springer, Berlin [u. a.] 2006, S. 3–26.

GASSMANN, O.; FRANKENBERGER, K.; CSIK, M.: Geschäftsmodelle entwickeln. 55 innovative Konzepte mit dem St. Galler Business Model Navigator. Hanser, München [u. a.] 2013.

GEBAUER, H.; SAUL, C. J.; HALDIMANN, M.; GUSTAFSSON, A.: Organizational capabilities for pay-per-use services in product-oriented companies. In: International Journal of Production Economics 192(2017)14–15, S. 157–168.

GEISSBAUER, R.; GRIESMEIER, A.; FELDMANN, S.; TOEPERT, M.: Serviceinnovation. Potenziale industrieller Dienstleistungen erkennen und erfolgreich implementieren. Springer, Berlin [u. a.] 2012.

GENKOVA, P.; SCHUBERT, C. E.: Die Wechselwirkungen zwischen Auslandsaufenthalt, interkultureller Kompetenz und soziokultureller Anpassung für Auslandsentsendungen. In: Gruppe. Interaktion. Organisation. Zeitschrift für Angewandte Organisationspsychologie (GIO) 51(2020)1, S. 103–116.

GERL, S.: Innovative Geschäftsmodelle für industrielle Smart Services. Karlsruher Hochschulschriften für Wirtschaftsingenieurwesen und International Management; 1/2018. Hochschule Karlsruhe – Technik und Wirtschaft, Karlsruhe 2018.

GERL, S.: Innovative Geschäftsmodelle für industrielle Smart Services. Ein Vorgehensmodell zur systematischen Entwicklung. Springer Gabler, Wiesbaden [u. a.] 2020.

GESCHKA, H.: Szenariotechnik als Instrument der Frühaufklärung. In: Management von Innovation und Risiko. Quantensprünge in der Entwicklung erfolgreich managen. Hrsg.: O. Gassmann; C. Kobe. Springer, Berlin [u. a.] 2006, S. 357–372.

GETHMANN, C. F.; KLOEPFER, M.: Handeln unter Risiko im Umweltstaat. Springer, Berlin [u. a.] 1993.

GLAS, A.: Public Performance-based Contracting. Ergebnisorientierte Beschaffung und leistungsabhängige Preise im öffentlichen Sektor. Springer, Wiesbaden [u. a.] 2012.

GLAS, A. H.; RAITHEL, C.; ESSIG, M.: Risk perception in performance based contracts and the influence of experience. In: International Journal of Productivity and Performance Management 68(2019)6, S. 1078–1101.

GLASER, C.: Risikomanagement im Leasing. Grundlagen, rechtlicher Rahmen und praktische Umsetzung. Springer Gabler, Wiesbaden 2015.

GLASER, C.: Risikomanagement im Leasing. Grundlagen, rechtlicher Rahmen und praktische Umsetzung. 2. Auflage. Springer Gabler, Wiesbaden 2018.

GLOBOCNIK, D.; SALOMO, S.: Erfolgsfaktoren des strategischen Innovationsmanagements. Ergebnisse der Benchmarkstudie innovate! austria. In: Innovationsstrategien. Hrsg.: P. Granig; E. Hartlieb; H. Lercher. Springer, Wiesbaden [u. a.] 2014, S. 55–69.

GOMEZ-URIBE, C. A.; HUNT, N.: The Netflix Recommender System. In: ACM Transactions on Management Information Systems 6(2016)4, S. 1–19.

GREVING, B.: Messen und Skalieren von Sachverhalten. In: Methodik der empirischen Forschung. Hrsg.: S. Albers; D. Klapper; U. Konradt; J. Wolf. 3., überarb. u. erw. Auflage. Gabler, Wiesbaden 2009, S. 65–78.

GRGUREVIC, K.: Geschäftsmodellstrategien im globalen, digitalen Wettbewerb. In: Digitale Transformation von Geschäftsmodellen. Hrsg.: D. Schallmo; A. Rusnjak; J. Anzengruber; T. Werani; M. Jünger. Springer, Wiesbaden [u. a.] 2017, S. 128–157.

GRONAU, N.; ULLRICH, A.: Auswirkungen der Digitalisierung – Implikationen und Handlungsempfehlungen für Transformation und betriebliche Weiterbildung. In: Logistik im Wandel der Zeit – Von der Produktionssteuerung zu vernetzten Supply Chains. Festschrift für Wolfgang Kersten zum 60. Geburtstag. Hrsg.: M. Schröder; K. Wegner. Springer Gabler, Wiesbaden 2019, S. 471–493.

GROSSE-OETRINGHAUS, W. F.: Fertigungstypologie unter dem Gesichtspunkt der Fertigungsablaufplanung. Betriebswirtschaftliche Forschungsergebnisse; Bd. 65. Duncker & Humblot, Berlin 1974. – Zugl.: Gießen, Univ., Diss., 1972.

GRUBIC, T.; JENNIONS, I.: Do outcome-based contracts exist? The investigation of power-by-the-hour and similar result-oriented cases. In: International Journal of Production Economics 206(2018)2, S. 209–219.

GRUNDMANN, W.: Leasing und Factoring. Formen, Rechtsgrundlagen, Verträge. Springer, Wiesbaden [u. a.] 2019.

GÜRTLER, M.; KORTLER, S.; HELMS, B.; BERKOVICH, M.; LEIMEISTER, J. M.; KRCMAR, H.; SHEA, K.; LINDEMANN, U.; MAURER, M.: Von Anforderungslisten zum konzeptionellen Design – Funktionsbasierte Analyse von Anforderungen an Product-Service Systems. In: Dienstleistungsmodellierung 2012. Product-Service Systems und Produktivität. Hrsg.: O. Thomas; M. Nüttgens. Springer, Wiesbaden 2013, S. 96–113.

GUMMERUS, J.: Value creation processes and value outcomes in marketing theory. In: Marketing Theory 13(2013)1, S. 19–46.

GUO, L.; NG, I.: Behaviour Transformation: An Examination of Relational Governance in Complex Engineering Service. In: Complex Engineering Service Systems. Hrsg.: I. Ng; G. Parry; P. Wild; D. McFarlane; P. Tasker. Springer, London [u. a.] 2011, S. 163–182.

GUTENBERG, E.: Grundlagen der Betriebswirtschaftslehre; Bd. 1: Die Produktion. 24. Auflage. Springer, Berlin [u. a.] 1983.

GUTMANNSTHAL-KRIZANITS, H.: Risikomanagement von Anlagenprojekten. Deutscher Universitätsverlag 1994. – Zugl.: Wien, Techn. Univ., Diss., 1994.

HAHN, D.; SCHARWÄCHTER, R.; BAUSCH, A.; HINTZE, M.: BOT-Controlling: Ein neues Aufgabenfeld fur das Controlling international tätiger Unternehmungen. In: Internationalisierung. Hrsg.: U. Krystek; E. Zur. Springer, Berlin [u. a.] 1997, S. 353–378.

HAINDL, A.: Risk-Management von Lieferrisiken. Passauer Reihe; Bd. 3: Risiko, Versicherung und Finanzierung. VVW, Karlsruhe 1996. – Zugl.: Passau, Univ., Diss., 1995.

HALLER, M.: Risiko-Management: neues Element in der Führung 47(1978)11, S. 483–487.

HALLER, M.: Risiko-Management – Eckpunkte eines integrierten Konzepts. In: Risiko-Management. Hrsg.: H. Jacob; D. Adam; K.-W. Hansmann; W. Hilke; W. Müller; D. Pressmar; A.-W. Scheer. Gabler, Wiesbaden 1986, S. 7–44.

HALLER, S.: Dienstleistungsmanagement. Grundlagen – Konzepte – Instrumente. 5., aktualis. Auflage. Gabler, Wiesbaden 2012.

HALLER, S.; WISSING, C.: Dienstleistungsmanagement. 8., überarb. u. erw. Auflage. Springer Gabler, Wiesbaden [u. a.] 2020.

HANS-BÖCKLER-STIFTUNG (Hrsg.): Unterschiede IFRS – HGB -. Hrsg.: Hans-Böckler-Stiftung. https://www.boeckler.de/50543.htm# (Link zuletzt geprüft: 03.06.2022)

HANSEN, S.: Does the COVID-19 Outbreak Constitute a Force Majeure Event? A Pandemic Impact on Construction Contracts. In: Journal of the Civil Engineering Forum 6(2020)2, S. 201–214. https://www.researchgate.net/publication/341478645_Does_the_COVID-19_Outbreak_Constitute_a_Force_Majeure_Event_A_Pandemic_Impact_on_Construction_Contracts/fulltext/5ec4187c299bf1c09acbca65/Does-the-COVID-19-Outbreak-Constitute-a-Force-Majeure-Event-A-Pandemic-Impact-on-Construction-Contracts.pdf (Link zuletzt geprüft: 05.06.2022)

HARLAND, T.: Chancen und Risiken durch Subscription-Modelle im Maschinenbau, Doktorvortrag, Aachen, 10.12.2018, 49 Folien. [in Bibliothek des FIR e. V. an der RWTH Aachen verfügbar]

HARLAND, T.: Gestaltung des Digitalen Schattens für Instandhaltungsdienstleistungen im Maschinen- und Anlagenbau. Schriftenreihe Rationalisierung; Bd. 160. RHrsg.: G. Schuh. Apprimus, Aachen 2019. – Zugl.: Aachen, Techn. Hochsch., Diss., 2018.

HEESCHEN, D.: Kennzahlenbasierte Auswahl der Fertigungstechnologien und -ressourcen im industriellen Werkzeugbau. Ergebnisse aus der Produktionstechnik; Bd. xx Apprimus, Aachen 2015. – Zugl.: Aachen, Techn. Hochsch., Diss., 2015.

HEIDELBERGER DRUCKMASCHINEN AG (HRSG.): [Video] Subscribe to a Smart Future. Subscription Smart und Subscription Plus*. https://www.heidelberg.com/global/de/services_and_consumables/print_site_contracts_1/subscription_agreements/subscription_1.jsp (Link zuletzt geprüft: 03.06.2022)

HEIN, D.: Strategisches Risikomanagement im Maschinen- und Anlagenbau. Berichte aus der Produktionstechnik; Bd. 2007,29. Shaker, Aachen 2007. – Aachen, Techn. Hochsch., Diss., 2007.

HEINRICH, B.; KLIER, M.: Datenqualitätsmetriken für ein ökonomisch orientiertes Qualitätsmanagement. In: Daten- und Informationsqualität. Auf dem Weg zur Information Excellence. Hrsg.: K. Hildebrand; M. Gebauer; H. Hinrichs; M. Mielke. 4., erw. Auflage. Springer Vieweg, Wiesbaden 2018, S. 47–95.

HELM, R.; KLOYER, M.: Controlling contractual exchange risks in R&D interfirm cooperation: an empirical study. In: Research Policy 33(2004)8, S. 1103–1122.

HERMANN, U.: Digitalisierung im Industrieunternehmen. Die Chancen der digitalen Ökonomie der Dinge erkennen, entwickeln und erfolgreich umsetzen. Apprimus, Aachen 2019.

HERRMANN, C.: Ganzheitliches Life Cycle Management. Nachhaltigkeit und Lebenszyklusorientierung in Unternehmen. Springer, Berlin [u. a.] 2010.

HERZOG, M.; MEURIS, D.; BENDER, B.; SADEK, T.: The Nature of Risk Management in the Early Phase of IPS2 Design. In: Procedia CIRP 16(2014), S. 223–228.

HESSE, S.: Fertigungsautomatisierung. Automatisierungsmittel, Gestaltung und Funktion. Vieweg+Teubner, Wiesbaden 2000.

HOFFMANN, J.: Informationssystem-Architekturen produzierender Unternehmen bei software-definierten Plattformen. Schriftenreihe Rationalisierung; Bd. 158. RHrsg.: G. Schuh. Apprimus, Aachen 2018. – Zugl.: Aachen, Techn. Hochsch., Diss., 2018.

HÖLSCHER, R.; KREMERS, M.; RÜCKER, U.-C.: [Studie] Industrieversicherungen als Element des modernen Risikomanagements – Ergebnisse einer empirischen Untersuchung. Studien zum Finanz-, Bank- und Versicherungsmanagement des Lehrstuhls für Finanzierung und Investition; Bd. 1. Hrsg.: R. Hölscher. Universität Kaiserslautern, Kaiserslautern 1996. https://kluedo.ub.uni-kl.de/frontdoor/deliver/index/docId/4280/file/__RM-Studie_ISSN+(1).pdf (Link zuletzt geprüft: 03.06.2022)

HOMBURG, C.: Marketingmanagement. Strategie – Instrumente – Umsetzung – Unternehmensführung. 6. überarb. u. erw. Auflage. Springer Gabler, Wiesbaden 2017.

HOMBURG, C.; SCHMITT, J.: Von Robotern und Emotionen. In: Harvard Business Manager 32(2010)9, S. 6–9.

HONNÉ, M.: Erklärungsmodell ausgewählter Lean-Prinzipien für industrielle Dienstleistungen. Schriftenreihe Rationalisierung; Bd. 143. RHrsg.: G. Schuh. Apprimus, Aachen 2016. – Zugl.: Aachen, Techn. Hochsch., Diss., 2016.

HORVÁTH, P.; GLEICH, R.; SEITER, M.: Controlling. 13., komplett überarb. Auflage. Vahlen, München 2015.

HOU, J.; NEELY, A.: Investigating risks of outcome-based service contracts from a provider's perspective. In: International Journal of Production Research 56(2018)6, S. 2103–2115.

HUBERT, B.: Planungshorizont und ausgewählte Instrumente des strategischen Controllings. In: Grundlagen des operativen und strategischen Controllings. Hrsg.: B. Hubert. Springer, Wiesbaden [u. a.] 2019, S. 179–221.

HUTZSCHENREUTER, T.: Allgemeine Betriebswirtschaftslehre. Springer, Wiesbaden [u. a.] 2015.

HYPKO, P.; TILEBEIN, M.; GLEICH, R.: Benefits and uncertainties of performance-based contracting in manufacturing industries. In: Journal of Service Management 21(2010)4, S. 460–489.

IEC 31010:2019: Risk management. International Electrotechnical Commission, ICS 03.100.01. International Organization for Standardization, Geneva, 2019.

ISLER, C.: Der Vertrag im Anlagenbau. Ein Leitfaden für Praktiker. Hrsg.: epartners Rechtsanwälte. https://www.epartners.ch/assets/images/publications/vertrag_im_anlagebau.pdf (Link zuletzt geprüft: 03.06.2022)

IVANOV, D.: Structural Dynamics and Resilience in Supply Chain Risk Management. Springer, Cham [u. a.] 2018.

JACOB, F.; KLEINALTENKAMP, M.: Leistungsindividualisierung und -standardisierung. In: Handbuch Industriegütermarketing. Hrsg.: K. Backhaus; M. Voeth. Gabler, Wiesbaden 2004, S. 603–620.

JACOBS, J.; JUNKER, A.; LETMATHE, P.: Zustandsorientierte Maschinenzuordnungs- und Instandhaltungsplanung. In: ZfB – Zeitschrift für Betriebswirtschaft 79(2009)11, S. 1259–1282.

JÄGER, A.: Risikobewertung und Risikomanagement von Emerging Risks in der Industrieversicherung. Einflussgrößen und Handlungsstrategien in der Versicherungsindustrie am Beispiel Nanotechnologien. Stuttgart, Univ., Diss., 2009. https://elib.uni-stuttgart.de/bitstream/11682/5527/1/Dissertation_NanoUndVersicherung_Jaeger_2009.pdf (Link zuletzt geprüft: 03.06.2022)

JANORSCHKE, B.; PRITZEL, C.: Wandlungsfähigkeit. In: Industrielle Dienstleistungen und Internationalisierung. One-Stop Services als erfolgreiches Konzept. Hrsg.: M. Schenk; S. M. Christopher. Gabler, Wiesbaden 2009, S. 409–437.

JODLBAUER, H.: Digitale Transformation der Wertschöpfung. 1. Auflage. Verlag W. Kohlhammer, Stuttgart 2018.

JONEN, A.: [Technical Report] Semantische Analyse des Risikobegriffs. Strukturierung der betriebswirtschaftlichen Risikodefinition und literaturempirischen Auswertung. Beiträge zur Controlling-Forschung; Nr. 11. Technische Universität Kaiserslautern, Kaiserslautern 2007. https://www.econstor.eu/bitstream/10419/57899/1/715575333.pdf (Link zuletzt geprüft: 03.06.2022)

KAHNEMAN, D.; THALER, R. H.; KNETSCH, J. L.: Experimental Tests of the Endowment Effect and the Coase Theorem. In: The Journal of Political Economy 98(1990)6, S. 1325–1348.

KAMPKER, A.; FAULHABER, M.; HUSMANN, M.; SCHÜLER, F.; JUSSEN, P.: Effizientes Service-Release-Management für KMU. In: ZWF – Zeitschrift für wirtschaftlichen Fabrikbetrieb 113(2018)7-8, S. 508–511.

KAMPKER, A.; FRANK, J.; JUSSEN, P.: Digitale Vernetzung im Service. In: WiSt 46(2017)5, S. 4–11.

KAMPKER, A.; HUSMANN, M.; HARLAND, T.; JUSSEN, P.; STEINBAUER, M.: Six Principles for Successful Data-Driven Service Innovation in Industrial Companies. In: 2018 IEEE International Conference on Engineering, Technology and Innovation (ICE/ITMC). IEEE, 2018, S. 1–8.

KAMPKER, A.; JUSSEN, P.; MOSER, B.: Industrial Smart Services: Types of Smart Service Business Models in the Digitalized Agriculture. In: 2018 IEEE International Conference on Industrial Engineering and Engineering Management (IEEM). IEEE, 2018, S. 1081–1085.

KAMPKER, A.; LUKAS, M.; JUSSEN, P.: Process Characteristics and Process Performance Indicators for Analysis of Process Standardization. In: Asset Intelligence through Integration and Interoperability and Contemporary Vibration Engineering Technologies. Hrsg.: J. Mathew; C. W. Lim; L. Ma; D. Sands; M. E. Cholette; P. Borghesani. Springer, Cham [u. a.] 2019, S. 287–300.

KAMPKER, A.; STICH, V.; JUSSEN, P.; MOSER, B.; KUNTZ, J.: Business Models for Industrial Smart Services – The Example of a Digital Twin for a Product-Service-System for Potato Harvesting. In: Procedia CIRP 83(2019)2, S. 534–540.

KAMPKER, A.; VALLÉE, D.; SCHNETTLER, A.: Elektromobilität. Springer, Berlin [u. a.] 2018.

KAPPENBERG, W.; DREWS, P.: Softwarealterung aus Sicht des IT-Managements – Ergebnisse einer qualitativ-empirischen Analyse in der Finanzindustrie. In: Informatik 2014. Big Data – Komplexität meistern; 22. – 26. September 2014 in Stuttgart. Hrsg.: E. Plödereder. GI-Edition Proceedings; Bd. 232. Gesellschaft für Informatik, Bonn 2014, S. 1553–1564.

KARSTEN, W. F.: Factoring und Forfaitierung – Alternativen der Fremdfinanzierung. In: Handbuch Finanzierung. Hrsg.: R.-E. Breuer. 3. Auflage. Gabler, Wiesbaden 2001, S. 401–436.

KARTEN, W.; NELL, M.; RICHTER, A.; SCHILLER, J.: Risiko und Versicherungstechnik. Eine ökonomische Einführung. Springer Gabler, Wiesbaden 2018.

KEITEL, T.: Factoring als Instrument des Risikomanagements im Projektgeschäft. Gabler, Wiesbaden 2008. – Zugl.: Berlin, Techn. Univ., Diss., 2008.

KELLNER, F.; LIENLAND, B.; LUKESCH, M.: Produktionswirtschaft. Planung, Steuerung und Industrie 4.0. Springer, Berlin [u. a.] 2018.

KESTEN, R.: Finanzwirtschaft klipp & klar. Springer, Wiesbaden [u. a.] 2020.

KHAN, M. A.; WUEST, T.: Towards a framework to design upgradable product service systems. In: Procedia CIRP 78(2018), S. 400–405.

KHAN, M. A.; WUEST, T.: Upgradable Product-Service Systems: Implications for Business Model Components. In: Procedia CIRP 80(2019)43, S. 768–773.

KINDSTRÖM, D.: Towards a service-based business model – Key aspects for future competitive advantage. In: European Management Journal 28(2010)6, S. 479–490.

KIRCHHARTZ, P.: Intelligente Services und neue Geschäftsmodelle. Performancebasierte Bezahlmodelle für digitale Produkte, Services und Anlagenequipment. SMS group online, 12.01.2021. https://www.sms-group.com/de/sms-group-magazine/uebersicht/intelligente-services-und-neue-geschaeftsmodelle (Link zuletzt geprüft: 03.06.2022)

KISZKA, S.: Die Steuerung operationeller Risiken in Kreditinstituten. Eine kritische Analyse des neuen Standardansatzes. Best Masters; Bd. 1. Springer Gabler, Wiesbaden [u. a.] 2018. – Zugl.: Saarbrücken, Univ., Masterarb., 2018.

KLEINALTENKAMP, M.; JACOB, F.; PLÖTNER, O.: Industrielles Servicemanagement. In: Handbuch Industriegütermarketing. Hrsg.: K. Backhaus; M. Voeth. Gabler, Wiesbaden 2004, S. 313–334.

KLEINALTENKAMP, M.; PLÖTNER, O.; ZEDLER, C.: Industrielles Servicemanagement. In: Handbuch Industriegütermarketing. Hrsg.: K. Backhaus; M. Voeth. Gabler, Wiesbaden, 2004, S. 627–648.

KLEINALTENKAMP, M.; SAAB, S.: Technischer Vertrieb. Eine praxisorientierte Einführung in das Business-to-Business-Marketing. Springer, Berlin [u. a.] 2009.

KNIGHT, F. H.: Risk, Uncertainty, and Profit. Sentry Press, New York 1964.

KNOBLICH, H.: Betriebswirtschaftliche Warentypologie. Grundlagen u. Anwendungen. Beiträge zur betriebswirtschaftlichen Forschung; Bd. 32. Westdeutscher Verlag, Köln [u. a.] 1969. – Zugl.: Nürnberg Erlangen, Univ., Habil.-Schr., 1969.

KOCH, V.: Interaktionsarbeit bei produktbegleitenden Dienstleistungen. Am Beispiel des technischen Services im Maschinenbau. Gabler, Wiesbaden 2010. – Zugl.: Augsburg, Univ., Diss., 2009.

KÖNIG, R.: Management betrieblicher Risiken bei produzierenden Unternehmen. Aachen, Techn. Hochsch., Diss., 2008. https://publications.rwth-aachen.de/record/49989/files/Koenig_Roland.pdf (Link zuletzt geprüft: 03.06.2022)

KOLLOCH, M.; RECK, F.: Kundengetriebene Innovation und Digitalisierung. Wirkmechanismen, Nutzenpotenziale und Umsetzungsbarrieren am Beispiel der Energiebranche. In: Geschäftsmodelle in der digitalen Welt. Strategien, Prozesse und Praxiserfahrungen. Hrsg.: W. Becker; B. Eierle; A. Fliaster; B. S. Ivens; A. Leischnig; A. Pflaum; E. Sucky. Springer Gabler, Wiesbaden 2019, S. 124–141.

KOR, A.: Management industrieller Produktion. Ein Produktions- und Kostenmodell zur Planung und Steuerung bei flexibler Fertigung. Gabler / Deutscher Universitätsverlag, Wiesbaden 1996. – Zugl.: Hamburg, Univ., Diss., 1996.

KRATZHELLER, J. B.: Risiko und Risk Management aus organisationswissenschaftlicher Perspektive. Deutscher Universitätsverlag, Wiesbaden 1997. – Zugl.: Freiburg (Breisgau), Univ., Diss., 1996.

KRÜGLER, E.; SCHMITT, C.: Projektverträge im Anlagenbau und für vergleichbare Investitionsprojekte. Springer, Berlin [u. a.] 2013.

KÜHN, T. A.: Lebenszyklusorientierte Leistungssysteme im Werkzeugbau. Ergebnisse aus der Produktionstechnik; Bd. 15/2016. Apprimus, Aachen 2016. – Zugl.: Aachen, Techn. Hochsch., Diss., 2016.

KUMAR, A. A.; TRINH, G. C.; SAKAO, T.: How is Uncertainty Perceived and Managed in Design by PSS Providers? Relation to PSS Types Provided. In: The Philosopher's Stone for Sustainability. Hrsg.: Y. Shimomura; K. Kimita. Springer, Berlin [u. a.] 2013, S. 91–96.

KUPSCH, P. U.: Das Risiko im Entscheidungsprozeß. Die Betriebswirtschaft in Forschung und Praxis; Bd. 14. Gabler, Wiesbaden 1973. – Zugl.: München, Univ., Diss., 1971.

KURZ, M.: Koordination zwischen Instandhaltung und Produktion mittels Handelsmechanismus. Schriftenreihe Rationalisierung; Bd. 152. RHrsg.: G. Schuh. Apprimus, Aachen 2018. – Zugl.: Aachen, Techn. Hochsch., Diss., 2018.

LAH, T.; WOOD, J. B.: Technology-as-a-Service Playbook. How to Grow a Profitable Subscription Business. Point B Inc., Seattle (WA) 2016.

LAN, Y.; LIU, Z.; NIU, B.: Pricing and Design of After-Sales Service Contract: The Value of Mining Asymmetric Sales Cost Information. In: Asia-Pacific Journal of Operational Research 34(2017)01, S. 1–25.

LARGE, R.: Strategisches Beschaffungsmanagement. Eine praxisorientierte Einführung mit Fallstudien. 4., vollst. überarb. Auflage. Gabler / GWV Fachverlage, Wiesbaden 2009.

LASCH, R.: Strategisches und operatives Logistikmanagement: Prozesse. 2., überarb. u. erw. Auflage. Springer Gabler, Wiesbaden 2018.

LAUX, H.; GILLENKIRCH, R. M.; SCHENK-MATHES, H. Y.: Entscheidungstheorie. 9., vollst. überarb. Auflage. Springer Gabler, Berlin [u. a.] 2014.

LAY, G.; SCHROETER, M.; BIEGE, S.: Service-based business concepts: A typology for business-to-business markets. In: European Management Journal 27(2009)6, S. 442–455.

LAY, G.; SCHRÖTER, M.; ARMBRUSTER, H.: TCO als Ausgangspunkt für die Entwicklung dienstleistungsbasierter Geschäftsmodelle in der Investitionsgüterindustrie. In: Lebenszykluskosten optimieren. Paradigmenwechsel für Anbieter und Nutzer von Investitionsgütern. Hrsg.: S. Schweiger. Gabler / GWV Fachverlage, Wiesbaden 2009, S. 153–179.

LEE, S. M.; LEE, D.: “Untact”: a new customer service strategy in the digital age. In: Service Business 14(2020)1, S. 1–22.

LEFKES, C.; BERTH, M.; SCHULTZ, C.: Perspektivenwechsel im Handel. Von disruptiven Geschäftsmodellen lernen und Gegenstrategien entwickeln. In: Digitale Transformation von Geschäftsmodellen. Grundlagen, Instrumente und Best Practices. Hrsg.: D. Schallmo; A. Rusnjak; J. Anzengruber; T. Werani; M. Jünger. Springer, Wiesbaden [u. a.] 2017, S. 547–574.

LEIMEISTER, J. M.: Dienstleistungsengineering und -management: Data-driven Service Innovation. 2., vollst. aktualis. u. erw. Auflage. Springer, Berlin [u. a.] 2020.

LEVITT, T.: Exploit the product life cycle. In: Harvard Business Review 43(1965)11, S. 81–94.

LEY, W.: Entwicklung von Entscheidungshilfen zur Integration der Fertigungshilfsmitteldisposition in EDV-gestützte Produktionsplanungs- und -steuerungssysteme. VDI-Verl., Düsseldorf 1984.

LINDHULT, E.; CHIRUMALLA, K.; OGHAZI, P.; PARIDA, V.: Value logics for service innovation: practice-driven implications for service-dominant logic. In: Service Business 12(2018)3, S. 457–481.

LIPPMANN, E.; PFISTER, A.; NEUMANN, U.: Führungstheorien. In: Handbuch angewandte Psychologie für Führungskräfte. Führungskompetenz und Führungswissen. Hrsg.: E. Lippmann; A. Pfister; U. Jörg. 5., vollst. überarb. Auflage. Springer, Berlin 2019, S. 39–73.

LÖBLER, H.: Management von Service-Ökosystemen. In: Kooperative Dienstleistungen. Spannungsfelder zwischen Service Cooperation und Service Coopetition. Hrsg.: M. Bruhn; K. Hadwich. Springer Gabler, Wiesbaden 2019, S. 157–184.

LONG, H. J.; WANG, L. Y.; ZHAO, S. X.; JIANG, Z. B.: An approach to rule extraction for product service system configuration that considers customer perception. In: International Journal of Production Research 54(2016)18, S. 5337–5360.

LOVELOCK, C. H.: Strategies for Managing Demand in Capacity-Constrained Service Organisations. In: The Service Industries Journal 4(1984)3, S. 12–30.

LUKAS, M.: Quantitative Bewertung von Standardisierung für Ausführungsprozesse im Industrieservice. Schriftenreihe Rationalisierung; Bd. 161. RHrsg.: G. Schuh. Apprimus, Aachen 2019. – Zugl.: Aachen, Techn. Hochsch., Diss., 2019.

LÜTZENBERGER, J.; KLEIN, P.; HRIBERNIK, K.; THOBEN, K.-D.: Improving Product-Service Systems by Exploiting Information From The Usage Phase. A Case Study. In: Procedia CIRP 47(2016), S. 376–381.

MALERI, R.: Grundlagen der Dienstleistungsproduktion. 4., vollst. überarb. und erw. Auflage. Springer, Berlin [u. a.] 1997.

MALERI, R.; FRIETZSCHE, U.: Grundlagen der Dienstleistungsproduktion. 5., vollst. überarb. Auflage. Springer, Berlin [u. a.] 2008.

MANSARD, M.; CAGIN, J.-M.: [Whitepaper] Reaping the recurring benefits of industry 4.0. A manufacturing executive playbook for business model transformation towards new revenue streams. https://www.zuora.com/resource/reaping-recurring-benefits-industry-4-0/ (Link zuletzt geprüft: 03.06.2022)

MARR, R.: Produkt, Problemlösungen als. In: Handwörterbuch der Produktionswirtschaft. Hrsg.: W. Kern. Enzyklopädie der Betriebswirtschaftslehre; Bd. 7. Schäffer-Poeschel, Stuttgart 1979, S. 1434–1450.

MARTIN, H. H.: Contracting out maintenance and a plan for future research. In: Journal of Quality in Maintenance Engineering 3(1997)2, S. 81–90.

MARTINEZ, V.; NEELY, A.; VELU, C.; LEINSTER-EVANS, S.; BISESSAR, D.: Exploring the journey to services. In: International Journal of Production Economics 192(2017)8, S. 66–80.

MATHIEU, V.: Product services: from a service supporting the product to a service supporting the client. In: Journal of Business & Industrial Marketing 16(2001)1, S. 39–61.

MCNAUGHT, K. R.; ZAGORECKI, A. T.: Modelling Techniques to Support the Adoption of Predictive Maintenance. In: Complex Engineering Service Systems. Hrsg.: I. Ng; G. Parry; P. Wild; D. McFarlane; P. Tasker. Springer, London [u. a.] 2011, S. 277–296.

MEFFERT, H.; BRUHN, M.; HADWICH, K.: Dienstleistungsmarketing. Grundlagen – Konzepte – Methoden. 9., überarb. Auflage. Springer Gabler, Wiesbaden 2018.

MEHTA, N.; STEINMAN, D.; MURPHY, L.; MARTINEZ, M.: Customer Success. Wiley, Hoboken (NJ) 2016.

MEIER, H.: Service im globalen Umfeld. Innovative Ansätze einer zukunftsorientierten Servicegestaltung. In: Dienstleistungsorientierte Geschäftsmodelle im Maschinen- und Anlagenbau. Vom Basisangebot bis zum Betreibermodell. Hrsg.: H. Meier; J. J. Schramm. Springer, Berlin [u. a.] 2004, S. 3–13.

MEISE, V.: Ordnungsrahmen zur prozessorientierten Organisationsgestaltung. Modelle für das Management komplexer Reorganisationsprojekte. Schriftenreihe Studien zur Wirtschaftsinformatik; Bd. 10. Kovac, Hamburg 2001. – Zugl.: Münster, Univ., Diss., 2000.

MERZ, M.: Entwicklung einer indikatorenbasierten Methodik zur Vulnerabilitätsanalyse für die Bewertung von Risiken in der industriellen Produktion. KIT Scientific Publishing, Karlsruhe 2011. – Zugl.: Karlsruhe, Karlsruher Inst. für Technologie, Diss., 2011.

MEYER, A.: Kundenbindung im gewerblichen Automobilmarkt. Eine empirische Kausalanalyse. Gabler, Wiesbaden 2010. – Zugl.: Bamberg, Univ., Diss., 2010.

MICHALIK, A.; BESENFELDER, C.; HENKE, M.: Servitization of Small- and Medium-Sized Manufacturing Enterprises: Facing Barriers through the Dortmund Management Model. In: IFAC-PapersOnLine 52(2019)13, S. 2326–2331.

MICHALIK, A.; MÖLLER, F.; HENKE, M.; OTTO, B.: Towards utilizing Customer Data for Business Model Innovation: The Case of a German Manufacturer. In: Procedia CIRP 73 (2018), S. 310–316.

MIKUS, B.: Risiken und Risikomanagement – ein Uberblick. In: Risikomanagement. Hrsg.: J. Bloech; C.-C. Freidank; B. Huch; W. Lücke; U. Götze; K. Henselmann; B. Mikus. Physica, Heidelberg 2001, S. 3–28. [=2001a]

MIKUS, B.: Zur Integration des Risikomanagements in den Führungsprozeß. In: Risikomanagement. Hrsg.: J. Bloech; C.-C. Freidank; B. Huch; W. Lücke; U. Götze; K. Henselmann; B. Mikus. Physica-Verlag HD, Heidelberg, 2001, S. 67–94. [=2001b]

MILLER, K. D.: A Framework for Integrated Risk Management in International Business. In: Journal of International Business Studies 23(1992)2, S. 311–331.

MÖLLER, A.: [Pressemitteilung] Pay-per-part: TRUMPF und Munich Re planen neues Geschäftsmodell für die produzierende Industrie. munichre.com, 14.10.2020. https://www.munichre.com/de/unternehmen/media-relations/medieninformationen-und-unternehmensnachrichten/medieninformationen/2020/2020-10-14-pay-per-part.html (Link zuletzt geprüft: 03.06.2022)

MÖLLER, K.; CASSACK, I.: Prozessorientierte Planung und Kalkulation (kern-)produktbegleitender Dienstleistungen. In: Zeitschrift für Planung & Unternehmenssteuerung 19(2008)2, S. 159–184.

MOSER, K.: Wirtschaftspsychologie. 2., vollst. überarb. u. aktualis. Auflage. Springer, Berlin [u. a.] 2015.

MOTT, B. P.: Organisatorische Gestaltung von Risiko-Managementsystemen. In: Wertorientiertes Risiko-Management für Industrie und Handel. Methoden, Fallbeispiele, Checklisten. Hrsg.: W. Gleißner; G. Meier. Gabler, Wiesbaden 2001, S. 199–232.

MOURTZIS, D.; FOTIA, S.; BOLI, N.; PITTARO, P.: Product-service system (PSS) complexity metrics within mass customization and Industry 4.0 environment. In: The International Journal of Advanced Manufacturing Technology 97(2018)1-4, S. 91–103.

MÜLLER, J. M.; DÄSCHLE, S.: Business Model Innovation of Industry 4.0 Solution Providers Towards Customer Process Innovation. In: Processes 6(2018)12, S. 1–19.

MUMM, M.: Einführung in das betriebliche Rechnungswesen. Buchführung für Industrie- und Handelsbetriebe. 2., aktualis. u. erw. Auflage. Springer, Berlin [u. a.] 2012.

NAGL, A.; BOZEM, K.: Geschäftsmodelle 4.0. Business Model Building mit Checklisten und Fallbeispielen. Springer Gabler, Wiesbaden 2018.

NEELY, A.: Exploring the financial consequences of the servitization of manufacturing. In: Operations Management Research 1(2008)2, S. 103–118.

NEMOTO, Y.; AKASAKA, F.; SHIMOMURA, Y.: A framework for managing and utilizing product–service system design knowledge. In: Production Planning & Control 26(2015)14-15, S. 1278–1289.

NETFLIX INC. (HRSG.): Annual Report Pursuant to Section 13 or 15 of the Securities Exchange Act of 1934, United States Securities and Exchange Commission. Washington D.C. 2018. https://www.annualreports.com/HostedData/AnnualReports/PDF/NASDAQ_NFLX_2019.pdf (Link zuletzt geprüft: 04.06.2022)

NEUHÜTTLER, J.; WOYKE, I.; GANZ, W.: Applying Value Proposition Design for Developing Smart Service Business Models in Manufacturing Firms. In: Advances in the human side of service engineering. Proceedings of the AHFE 2017 International Conference on The Human Side of Service Engineering, July 17−21, 2017, The Westin Bonaventure Hotel, Los Angeles (CA), USA. Hrsg.: L. E. Freund; W. Cellary. Advances in intelligent systems and computing; Bd. 601. Springer, Cham [u. a.] 2018, S. 103–114.

NEUMANN, I.: Pay-TV in Deutschland. Markteintritts- und Wettbewerbsbedingungen für neue Anbieter. Deutscher Universitätsverlag, Wiesbaden 1998. – Zugl.: Hamburg, Univ., Diss., 1997 u. d. T.: Zur Relevanz von intermediärem Wettbewerb und Markteintrittsbarrieren auf dem deutschen Markt für Pay-TV.

NGUYEN, T.: Grenzen der Versicherbarkeit von Katastrophenrisiken. 1. Auflage. DUV Deutscher Universitäts-Verlag, Wiesbaden 2007. – Zugl.: Hagen, Fernuniv., Habil.-Schr., 2007.

NILSSON, A. G.; TOLIS, C.; NELLBORN, C.: Perspectives on Business Modelling. Springer, Berlin [u. a.] 1999.

NORDIN, F.; KINDSTRÖM, D.; KOWALKOWSKI, C.; REHME, J.: The risks of providing services. In: Journal of Service Management 22(2011)3, S. 390–408.

NORMANN, T.: In drei Schritten zur sicheren Zurechnung des Leasinggegenstands. In: Betriebswirtschaft im Blickpunkt (2014)12, S. 326–330.

NOTTMEYER, J.: Entwicklung eines Verfahrens zur Bestimmung operativer organisatorischer Risiken in Gießereien. Schriftenreihe Rationalisierung und Humanisierung; Bd. 90. RHrsg.: G. Schuh. Shaker, Aachen 2008. – Zugl.: Aachen, Techn. Hochsch., Diss., 2008.

NUDURUPATI, S. S.; LASCELLES, D.; WRIGHT, G.; YIP, N.: Eight challenges of servitisation for the configuration, measurement and management of organisations. In: Journal of Service Theory and Practice 26(2016)6, S. 745–763.

OEHMEN, J.: Risiko- und Chancenmanagement in der Produktentwicklung. In: Handbuch Produktentwicklung. Hrsg.: U. Lindemann. Hanser, München [u. a.] 2015, S. 59–98.

ÖZCAN, D.; KAMMLER, F.; THOMAS, O.: Integrationsansatz zum konzeptionellen Design von Product-Service Systems. In: Dienstleistungsmodellierung 2014. Vom Servicemodell zum Anwendungssystem. Hrsg.: O. Thomas; M. Nüttgens. Research. Springer Gabler, Wiesbaden 2014, S. 54–75.

OLIVA, R.; KALLENBERG, R.: Managing the transition from products to services. In: International Journal of Service Industry Management 14(2003)2, S. 160–172.

OSTERWALDER, A.: The business model ontology. A proposition in a design science approach. 1. Auflage. Universite de Lausanne, Diss., 2004.

OSTERWALDER, A.; PIGNEUR, Y.: Business model generation. Ein Handbuch für Visionäre, Spielveränderer und Herausforderer. 1. Auflage. Campus, Frankfurt am Main [u. a.] 2011.

OTT, G.: Wachstumsfördernde Dienstleistungen zur nachhaltigen Nutzung von hochwertigen Sondermaschinen. Ein Leitfaden für Betreiber und Hersteller von Sondermaschinen. [Abschlussbericht des Projekts NANUSO] TU Dresden, Dresden, Februar 2010. https://tu-dresden.de/ing/maschinenwesen/cimtt/ressourcen/dateien/20101220-Leitfaden_Lemme.pdf (Link zuletzt geprüft: 03.06.2022)

PAGITSCH, M.; JACOBS, G.; BOSSE, D.: Remaining Useful Life Determination for Wind Turbines. In: Journal of Physics: Conference Series 1452(2020), S. 1–8.

PAIOLA, M.; GEBAUER, H.: Internet of things technologies, digital servitization and business model innovation in BtoB manufacturing firms. In: Industrial Marketing Management 89(2020)14–15, S. 245–264.

PALUCH, S.; BLUT, M.: Service Separation and Customer Satisfaction. In: Journal of Service Research 16(2013)3, S. 415–427.

PATHAK, B.; ASHOK, M.; TAN, Y. L.: Value co-destruction: Exploring the role of actors' opportunism in the B2B context. In: International Journal of Information Management 52(2020)5, S. 1–13.

PETERSEN, T.; BLUTH, C.: [Studie] Megatrend-Report #02. Die Corona-Transformation. Hrsg.: Bertelsmann Stiftung. https://www.bertelsmann-stiftung.de/de/publikationen/publikation/did/megatrend-report-02-die-corona-transformation (Link zuletzt geprüft: 03.06.2022)

PEZZOTTA, G.; SASSANELLI, C.; PIROLA, F.; SALA, R.; ROSSI, M.; FOTIA, S.; KOUTOUPES, A.; TERZI, S.; MOURTZIS, D.: The Product Service System Lean Design Methodology (PSSLDM). In: Journal of Manufacturing Technology Management 29(2018)8, S. 1270–1295.

PIALOT, O.; MILLET, D.; BISIAUX, J.: "Upgradable PSS": Clarifying a new concept of sustainable consumption/production based on upgradablility. In: Journal of Cleaner Production 141(2017)3, S. 538–550.

PISCHON, A.: Integrierte Managementsysteme für Qualität, Umweltschutz und Arbeitssicherheit. Hrsg.: D. G. Liesegang. Springer, Berlin [u. a.] 1999.

PÖPPELBUß, J.; Sontowski Lisa: Smart Service Engineering im After Sales Service. In: After Sales Service. Hrsg.: U. Dombrowski; S. Fochler; C. Malorny. Springer, Berlin [u. a.] 2020, S. 333–334.

PORTER, M. E.: Wettbewerbsstrategie. Methoden zur Analyse von Branchen und Konkurrenten. 10., durchges. u. erw. Auflage. Campus, Frankfurt am Main 1999.

PORTER, M. E.; HEPPELMAN, J. E.: How Smart, Connected Products Are Transforming Competition. Harvard Business Review online, November 2014. https://hbr.org/2014/11/how-smart-connected-products-are-transforming-competition (Link zuletzt geprüft: 04.06.2022)

PORTER, M. E.; HEPPELMANN, J. E.: How Smart, Connected Products Are Transforming Companies. The operations and organizational structure of firms are being radically reshaped by products' evolution into intelligent, connected devices. In: Harvard Business Review 93(2015)10, S. 97–114.

PROBST, G. J. B.; GOMEZ, P.: Vernetztes Denken. Ganzheitliches Führen in der Praxis. 2., erw. Auflage. Gabler, Wiesbaden 1991.

RADDATS, C.; KOWALKOWSKI, C.; BENEDETTINI, O.; BURTON, J.; GEBAUER, H.: Servitization: A contemporary thematic review of four major research streams. In: Industrial Marketing Management 83(2019)Winter, S. 207–223.

RAI, A.; TANG, X.: Research Commentary – Information Technology-Enabled Business Models: A Conceptual Framework and a Coevolution Perspective for Future Research. In: Information Systems Research 25(2014)1, S. 1–14.

REIM, W.; PARIDA, V.; SJÖDIN, D. R.: Managing Risks for Product-Service Systems Provision: Introducing a Practical Decision Tool for Risk Management. In: International Journal of Operations & Production Management 36(2016)6, S. 665–686.

REIM, W.; SJÖDIN, D.; PARIDA, V.: Mitigating adverse customer behaviour for product-service system provision: An agency theory perspective. In: Industrial Marketing Management 74(2018)15, S. 150–161.

RIDDER, H.-G.: The theory contribution of case study research designs. In: Business Research 10(2017)2, S. 281–305.

RIESENER, M.; DOELLE, C.; EBI, M.; PERAU, S.: Methodology for the implementation of subscription models in machinery and plant engineering. In: Procedia CIRP 90(2020)137, S. 730–735.

RIESENER, M.; SCHUH, G.; DÖLLE, C.; TÖNNES, C.: The Digital Shadow as Enabler for Data Analytics in Product Life Cycle Management. In: Procedia CIRP 80(2019), S. 729–734.

RITTER, F.: Lebensdauer von Bauteilen und Bauelementen. Modellierung und praxisnahe Prognose. Institut für Massivbau (Darmstadt): Dissertation; H. 22. Inst. für Massivbau, Darmstadt 2011. – Zugl.: Darmstadt, Techn. Univ., Diss., 2011.

ROBBERT, T.; ROTH, S.; MENTGES, S.: Preisgestaltung bei kooperativen Dienstleistungen. In: Kooperative Dienstleistungen. Spannungsfelder zwischen Service Cooperation und Service Coopetition. Hrsg.: M. Bruhn; K. Hadwich. Springer Gabler, Wiesbaden 2019, S. 506–530.

RÖMISCH, P.; WEIß, M.: Vertragsmanagement. In: Planung, Analyse und Betrieb von Verarbeitungsanlagen. Hrsg.: P. Römisch; M. Weiß. Springer Vieweg, Wiesbaden 2014, S. 391–406.

ROMEIKE, F.: Risikomanagement. Springer Gabler, Wiesbaden 2018.

ROMEIKE, F.; FINKE, R. B.: Erfolgsfaktor Risiko-Management. Gabler, Wiesbaden 2003.

ROOS, G.: Servitization as Innovation in Manufacturing – A Review of the Literature. In: The Handbook of Service Innovation. Hrsg.: R. Agarwal; W. Selen; G. Roos; R. Green. Springer, London [u. a.] 2015, S. 403–435.

ROTH, S.; STOPPEL, E.: Preissysteme zur Gestaltung und Aufteilung des Service Value. In: Service Value als Werttreiber. Konzepte, Messung und Steuerung. Hrsg.: M. Bruhn; K. Hadwich. Springer Gabler, Wiesbaden 2014, S. 183–204.

RUFFER, S.: Vertriebsseitige Herausforderungen bei industriellen Betreibermodellen: eine integrierte Betrachtung der Anbieter- und Nachfragerperspektive. Universitätsbibliothek Dortmund, Dortmund 2018. – Zugl.: Dortmund, Techn. Univ., Diss., 2018.

RUNKLER, T. A.: Data Analytics. Models and Algorithms for Intelligent Data Analysis. Springer Vieweg, Wiesbaden [u. a.] 2016.

SACHNOW, T.; WINKLER, D.; Hoberg, P.; H.: Digitale Transofrmation bei der Kaeser SE. In: Digitale Transformation. Fallbeispiele und Branchenanalysen. Hrsg.: G. Oswald; H. Krcmar. Springer Gabler, Wiesbaden 2018, S. 99–120.

SAEBI, T.; LIEN, L.; FOSS, N. J.: What Drives Business Model Adaptation? The Impact of Opportunities, Threats and Strategic Orientation. In: Long Range Planning 50(2017)5, S. 567–581.

SAKAO, T.; SONG, W.; MATSCHEWSKY, J.: Creating service modules for customising product/service systems by extending DSM. In: CIRP Annals 66(2017)1, S. 21–24.

SCHALLMO, D.: Geschäftsmodell-Innovation. Grundlagen, bestehende Ansätze, methodisches Vorgehen und B2B-Geschäftsmodelle. Springer Gabler, Wiesbaden 2013.

SCHALLMO, D.; RUSNJAK, A.: Roadmap zur Digitalen Transformation von Geschäftsmodellen. In: Digitale Transformation von Geschäftsmodellen. Hrsg.: D. Schallmo; A. Rusnjak; J. Anzengruber; T. Werani; M. Jünger. Springer Gabler, Wiesbaden 2017, S. 1 – 31.

SCHAWALDER, M.; LENZ, V.; RÖLLIN, H.: Industrielle Services strategisch optimieren. Service Excellence. Springer Vieweg, Berlin [u. a.] 2013.

SCHMARZO, W.: Using Confusion Matrices to Quantify the Cost of Being Wrong. KDnuggets online, 11.10.2018. https://www.kdnuggets.com/2018/10/confusion-matrices-quantify-cost-being-wrong.html (Link zuletzt geprüft: 03.06.2022)

SCHMIDT, S.: Die Diffusion komplexer Produkte und Systeme. Ein systemdynamischer Ansatz. Gabler, Wiesbaden 2009. – Zugl.: Cottbus, Techn. Univ., Diss., 2008.

SCHMIDT-SUDHOFF, U.: Unternehmerziele und unternehmerisches Zielsystem. Betriebswirtschaftliche Beiträge; Bd. 10. Gabler, Wiesbaden 1967.

SCHMITZ, B.; DUFFORT, F.; SATZGER, G.: Managing Uncertainty in Industrial Full Service Contracts: Digital Support for Design and Delivery. In: 2016 IEEE 18th Conference on Business Informatics (CBI), 29.08.2016 – 01.09.2016. IEEE, Paris 2016, S. 123–132.

SCHOMBURG, E.: Entwicklung eines betriebstypologischen Instrumentariums zur systematischen Ermittlung der Anforderungen an EDV-gestützte Produktionsplanungs- und -steuerungssysteme im Maschinenbau. Aachen, Techn. Hochsch., Diss., 1980.

SCHÖNSLEBEN, P.: Tangible services and intangible products in industrial product service systems. In: Procedia CIRP 83(2019)2, S. 28–31.

SCHORCHT, H.: Risikomanagement und Risikocontrolling junger Unternehmen in Wachstumsbranchen. Konzeption eines theoriegeleiteten Handlungsrahmens für die praxisinduzierte Unternehmenssteuerung. Schriften zum Konvergenzm@nagement; Bd. 1. Logos, Berlin 2004. – Zugl.: Ilmenau, Techn. Univ., Diss., 2003 u .d. T.: Risikocontrolling junger Technologieunternehmen in Wachstumsbranchen.

SCHRÖDER, R. W.: Risikoaggregation unter Beachtung der Abhängigkeiten zwischen Risiken. Nomos, Baden-Baden 2005. – Zugl.: Witten, Herdecke, Univ., Diss., 2005.

SCHROEDER, A.: Wirtschaftlichkeitsanalyse von Betreibermodellen. Eine theoretische und empirische Untersuchung. TU München, München 17.11.2010.

SCHUH, G.; ANDERL, R.; DUMITRESCU, R.; KRÜGER, A.; HOMPEL, M. ten: [Studie] Industrie 4.0 Maturity Index. Die digitale Transformation von Unternehmen gestalten. UPDATE 2020. Hrsg.: acatech. https://www.acatech.de/publikation/industrie-4-0-maturity-index-update-2020/download-pdf?lang=de (Link zuletzt geprüft: 03.06.2022)

SCHUH, G.; BENDER, D.: Strategisches Innovationsmanagement. In: Innovationsmanagement. Reihe Handbuch Produktion und Management; Bd. 3. Hrsg.: G. Schuh. Springer, Berlin [u. a.] 2012, S. 17–56.

SCHUH, G.; BOSHOF, J.; DÖLLE, C.; KELZENBERG, C.; TITTEL, J.: Subskriptionsmodelle im Maschinen- und Anlagenbau. In: Internet of Production – Turning Data into Value. Statusberichte aus der Produktionstechnik. Hrsg.: T. Bergs; C. Brecher; R. H. Schmitt; G. Schuh. Fraunhofer-Institut für Produktionstechnologie IPT, Aachen 2020, S. 282–301.

SCHUH, G.; FRANK, J.; JUSSEN, P.; RIX, C.; HARLAND, T.: Monetizing Industry 4.0: Design Principles for Subscription Business in the Manufacturing Industry. In: 2019 IEEE International Conference on Engineering, Technology and Innovation (ICE/ITMC), 17.06.2019 – 19.06.2019. IEEE, Valbonne Sophia-Antipolis 2019, S. 1–9.

SCHUH, G.; HALLER, C.; KANTELBERG, J.; LAU, F.; LINDER, N.; SPANGLER, T.; VAN DIJK, L.; WALCH, M.: Radikale Innovationen und neue Geschäftsmodelle. In: AWK Aachener Werkzeugmaschinen-Kolloquium 2017: Internet of Production für agile Unternehmen. Hrsg.: G. Schuh. Apprimus, Aachen 2017, S. 55–73.

SCHUH, G.; KAMPKER, A.; ZISKOVEN, H.: Rechtsformen, Rechnungswesen und Controlling. In: Strategie und Management produzierender Unternehmen. Reihe Handbuch Produktion und Management; Bd. 1. Hrsg.: G. Schuh; A. Kampker. Springer, Berlin [u. a.] Heidelberg 2011, S. 383–461.

SCHUH, G.; LENDERS, M.; BARTOSCHEK, M.; BENDER, D.: Preisfindungsprozess für Leistungssysteme im Maschinen- und Anlagenbau. In: Controlling 20(2008)8-9, S. 481–487.

SCHUH, G.; WENGER, L.; STICH, V.; HICKING, J.; GAILUS, J.: Outcome Economy: Subscription Business Models in Machinery and Plant Engineering. In: Procedia CIRP 93(2020), S. 599–604.

SCHULTE, J.; STEVEN, M.: Risk Management of Industrial Product-Service Systems (IPS2) – How to Consider Risk and Uncertainty over the IPS2 Lifecycle? In: Leveraging Technology for a Sustainable World. Hrsg.: D. A. Dornfeld; B. S. Linke. Springer, Berlin [u. a.] 2012, S. 37–42.

SCHULTE-ZURHAUSEN, M.: Organisation. 6., überarb. u. aktualis. Auflage. Vahlen, München 2014.

SCHUMACHER, S.: Risikomanagement für die qualitätsorientierte Entwicklung industrieller Dienstleistungen. Ergebnisse aus der Produktionstechnik; 2016, Bd. 43. Apprimus, Aachen 2016. – Zugl.: Aachen, Techn. Hochsch., Diss., 2016.

SCHURITZ, R.; SATZGER, G.: Patterns of Data-Infused Business Model Innovation. In: 2016 IEEE 18th Conference on Business Informatics (CBI), 29.08.2016 – 01.09.2016. IEEE, Paris 2016, S. 133–142.

SCHÜRITZ, R.; SEEBACHER, S.; SATZGER, G.; SCHWARZ, L.: Datatization as the Next Frontier of Servitization: Understanding the Challenges for Transforming Organizations. In: 38th International Conference on Information Systems, Seoul, South Korea, 10th – 13th December 2017. Hrsg.: ICIS. Red Hook (NY) 2017.

SCHÜTTE, R.: Grundsätze ordnungsmäßiger Referenzmodellierung. Konstruktion konfigurations- und anpassungsorientierter Modelle. Neue betriebswirtschaftliche Forschung; Bd. 233. Gabler, Wiesbaden 1998. – Zugl.: Münster, Univ., Diss., 1997.

SCHWEIGER, S.: Nachhaltige Wettbewerbsvorteile für Anbieter und Nutzer von Maschinen/Anlagen durch Lebenszykluskostenoptimierung schaffen. In: Lebenszykluskosten optimieren. Paradigmenwechsel für Anbieter und Nutzer von Investitionsgütern. Hrsg.: S. Schweiger. Gabler, Wiesbaden 2009, S. 16–34.

SCRUTON, R.: A short history of modern philosophy. From Descartes to Wittgenstein. 2. Auflage. Routledge, London [u. a.] 1995.

SEEGY, U.: Dienstleistungskompetenz im Maschinen- und Anlagenbau. Eine Untersuchung wesentlicher Handlungspotenziale und ihrer Auswirkungen. Gabler, Wiesbaden 2009. – Zugl.: Oestrich-Winkel, Europ. Business School, Diss., 2008.

SEIFERT, P.: Modulare Vertragskonzeption bis hin zur Realisierung von Betreibermodellen. In: Dienstleistungsorientierte Geschäftsmodelle im Maschinen- und Anlagenbau: Vom Basisangebot bis zum Betreibermodell. Hrsg.: H. Meier. Springer, Berlin [u. a.] 2004, S. 243–268.

SHAMAYLEH, A.; AWAD, M.; FARHAT, J.: IoT Based Predictive Maintenance Management of Medical Equipment. In: Journal of medical systems 44(2020)4, S. 1–12.

SIEBERT, A.: Sale-and-lease-back. Analyse und Vergleich nach deutschem Steuerrecht, HGB und IFRS. Wismarer Schriften zu Management und Recht; Bd. 34. Europäischer Hochsch.-verl., Bremen 2009. – Zugl.: Wismar, Hochsch., Master-Thesis, 2009.

SKLYAR, A.; KOWALKOWSKI, C.; SÖRHAMMAR, D.; TRONVOLL, B.; PARIDA, V.: Digital servitization. Organizing the firm and working with the ecosystem. Linköping Studies in Science and Technology; Dissertation No. 21. Linköping University Electronic Press, Linköping 2021. Zugl.: Linköping, Univ.; Diss., 2021. https://www.researchgate.net/publication/351072104_Digital_servitization_Organizing_the_firm_and_working_with_the_ecosystem/fulltext/6082fda3881fa114b423b124/Digital-servitization-Organizing-the-firm-and-working-with-the-ecosystem.pdf (Link zuletzt geprüft: 04.06.2022)

SKLYAR, A.; KOWALKOWSKI, C.; TRONVOLL, B.; SÖRHAMMAR, D.: Organizing for digital servitization: A service ecosystem perspective. In: Journal of Business Research 104(2019)1, S. 450–460.

SLOVIC, P.: Perception of risk: Reflections on the psychometric paradigm. In: Social theories of risk. Hrsg.: S. Krimsky. Praeger, Westport (CT), 1992, S. 117–152.

SLOVIC, P.; WEBER, E. U.: [Conference Paper] Perception of Risk Posed by Extreme Events. Conference “Risk Management strategies in an Uncertain World,” Palisades, New York, April 12-13, 2002. https://www.researchgate.net/profile/Elke-Weber/publication/209805350_Perception_of_Risk_Posed_by_Extreme_Events/links/00463518b052018aba000000/Perception-of-Risk-Posed-by-Extreme-Events.pdf (Link zuletzt geprüft: 04.06.2022)

SONG, W.; SAKAO, T.: A customization-oriented framework for design of sustainable product/service system. In: Journal of Cleaner Production 140(2017)17, S. 1672–1685.

SOUSA-ZOMER, T. T.; MAGALHÃES, L.; ZANCUL, E.; CAUCHICK-MIGUEL, P. A.: Exploring the challenges for circular business implementation in manufacturing companies: An empirical investigation of a pay-per-use service provider. In: Resources, Conservation and Recycling 135(2018)1, S. 3–13.

SPATH, D.; DEMUß, L.: Betreibermodelle für den Maschinen- und Anlagenbau. In: ZWF – Zeitschrift für wirtschaftlichen Fabrikbetrieb 96(2001)1-2, S. 35–39.

SPATH, D.; DEMUß, L.: Entwicklung hybrider Produkte – Gestaltung materieller und immaterieller Leistungsbündel. In: Service Engineering. Hrsg.: H.-J. Bullinger; A.-W. Scheer. Springer, Berlin [u. a.] 2003, S. 467–506.

SPIEGEL, S.; MUELLER, F.; WEISMANN, D.; BIRD, J.: Cost-Sensitive Learning for Predictive Maintenance. 01.10.2018. http://arxiv.org/pdf/1809.10979v1 (Link zuletzt geprüft: 04.06.2022)

SPINDLER, G.-I.: Basiswissen Marketing. Quick Guide für (Quer-)Einsteiger, Jobwechsler, Selbstständige, Auszubildende und Studierende. 2., überarb. u. erw. Auflage. Springer Gabler, Wiesbaden [u. a.] 2020.

SPRING, M.; ARAUJO, L.: Service, services and products: rethinking operations strategy. In: International Journal of Operations & Production Management 29(2009)5, S. 444–467.

STAHLKNECHT, P.; MERTENS, P.; GRUND, K.; SCHINZER, H. D.; ZANGER, C.; FAISST, W.; MÜLLER, J.; JAHNKE, B.; BECKER, J.; THOME, R.; POHL, C.; KÖNIG, W.; TÖBBEN, H.; BODENDORF, F.; HEINZL, A.; SOEFFKY, M.; GERUM, E.; MÜHLBACHER, J. R.; SINZ, E.; FISCHER, J.; HARIJONO, I.; NIEMANN, H.: M. In: Lexikon der Wirtschaftsinformatik. Hrsg.: P. Mertens; A. Back; J. Becker; W. König; H. Krallmann; B. Rieger; A.-W. Scheer; D. Seibt; P. Stahlknecht; H. Strunz; R. Thome; H. Wedekind; A. Engelhardt. Springer, Berlin [u. a.] 1997, S. 247–274.

STELZER, D.: Produktion digitaler Güter. In: Entwicklungen im Produktionsmanagement. Hrsg.: A. Braßler; H. Corsten; T. Blecker. Vahlen, München 2004, S. 233–250.

STEUERNAGEL, A.: Strategische Unternehmenssteuerung im digitalen Zeitalter. Theorien, Methoden und Anwendungsbeispiele. Springer Gabler, Wiesbaden [u. a.] 2017.

STOJKOVSKI, I.; ACHLEITNER, A.-K.; LANGE, T.: Equipment as a Service: The Transition Towards Usage-Based Business Models. In: SSRN Electronic Journal 17(2021)1, S. 1–44.

STOLZ, M.: Neue Produktnutzungskonzepte und Tele-Technologien. In: Neue Entwicklungen in der Unternehmensorganisation. Hrsg.: D. Spath; E. Westkämper; H.-J. Bullinger; H.-J. Warnecke. Springer, Berlin [u. a.] 2017, S. 231–245.

STOPPEL, E.: Nutzungsabhängige Preissysteme auf industriellen Märkten. Springer Gabler, Wiesbaden 2016. – Zugl.: Kaiserslautern, Techn. Univ., Diss., 2015.

STÖPPLER, S.: Nachfrageprognose und Produktionsplanung bei saisonalen und konjunkturellen Schwankungen. Physica-Schriften zur Betriebswirtschaft; Bd. 11. Physica, Würzburg [u. a.] 1984. – Zugl.: Frankfurt (Main), Univ., Habil.-Schr., 1980.

STÜER, P.: Gestaltung industrieller Dienstleistungen nach Lean-Prinzipien. Schriftenreihe Rationalisierung; Bd. 132. RHrsg.: G. Schuh. Apprimus, Aachen 2015. – Zugl.: Aachen, Techn. Hochsch., Diss., 2015.

SUH, E. S.: Product Service System Availability Improvement through Field Repair Kit Optimization: A Case Study. In: Applied Sciences 9(2019)20, S. 1–12.

SUPPATVECH, C.; GODSELL, J.; DAY, S.: The roles of internet of things technology in enabling servitized business models: A systematic literature review. In: Industrial Marketing Management 82(2019)1, S. 70–86.

THOBEN, K.-D.; WIESNER, S.; WUEST, T.: “Industrie 4.0” and Smart Manufacturing – A Review of Research Issues and Application Examples. In: International Journal of Automation Technology 11(2017)1, S. 4–16.

TÖPFER, A.: Vision und Realität von CRM-Projekten. In: Management von CRM-Projekten. Handlungsempfehlungen und Branchenkonzepte. Hrsg.: K. D. Wilde; H. Hippner. Gabler, Wiesbaden 2004, S. 223–243.

TÖPFER, A.: Ursache-Wirkungs-Konzepte für Kundenloyalität und Kundenbindung. In: Handbuch Kundenmanagement. Anforderungen, Prozesse, Zufriedenheit, Bindung und Wert von Kunden. Hrsg.: A. Töpfer. Springer, Berlin [u. a.] 2008, S. 81–100.

TÖPFER, A.; MANN, A.: Einfluss auf Risiko der Angebotsattraktivität. In: Handbuch Kundenmanagement. Anforderungen, Prozesse, Zufriedenheit, Bindung und Wert von Kunden. Hrsg.: A. Töpfer. Springer, Berlin [u. a.] 2008, S. 37–75.

TOONEN, A.; KANTHADAI, S.; JONES, S.: The Big Data Payoff:. Turning Big Data into Business Value. A joint report by Informatica and Capgemini on the keys to operationalizing Big Data projects. Capgemini, Paris 2016. https://www.capgemini.com/de-de/wp-content/uploads/sites/5/2017/07/the_big_data_payoff_turning_big_data_into_business_value.pdf (Link zuletzt geprüft: 04.06.2022)

TOR, A.: Justifying Competition Law in the Face of Consumers' Bounded Rationality. In: New developments in competition law and economics. Economic Analysis of Law in European Legal Scholarship; Bd. 7. Hrsg.: K. Mathis; A. Tor. Springer, Cham [u. a.] 2019, S. 3–25.

TZUO, T.; WEISERT, G.: Subscribed. Why the subscription model will be your company's future – and what to do about it. Portfolio/Penguin, New York 2018.

UHLMANN, E.; MEIER, H.: Produktverständnis im Wandel. In: Industrielle Produkt-Service Systeme. Entwicklung, Betrieb und Management. Hrsg.: H. Meier; E. Uhlmann. Springer Vieweg, Berlin 2017, S. 1–17.

ULAGA, W.; REINARTZ, W. J.: Hybrid offerings: How manufacturing firms combine goods and services successfully. In: Journal of Marketing 75(2011)11, S. 5–23.

ULRICH, H.: Die Unternehmung als produktives soziales System. Grundlagen der allgemeinen Unternehmungslehre. Gesammelte Schriften; Bd. 1. Haupt, Bern [u. a.] 1970.

ULRICH, H.: Systemorientiertes Management. Das Werk von Hans Ulrich. Haupt, Bern [u. a.] 2001.

ULRICH, H.; DYLLICK, T.; PROBST, G.: Management. Haupt, Bern [u. a.] 1984.

ULRICH, P.; HILL, W.: Wissenschaftstheoretische Grundlagen der Betriebswirtschaftslehre (Teil I). In: WiSt (1976)7, S. 304–309. [=1976a]

ULRICH, P.; HILL, W.: Wissenschaftstheoretische Grundlagen der Betriebswirtschaftslehre (Teil II). In: WiSt (1976)7, S. 345–350. [=1976b]

URSCHEL, O.: Risikomanagement in der Immobilienwirtschaft. Ein Beitrag zur Verbesserung der Risikoanalyse und -bewertung. Karlsruher Schriften zur Bau-, Wohnungs- und Immobilienwirtschaft; Bd. 4. KIT Scientific Publ, Karlsruhe 2010. – Zugl.: Karlsruher Inst. für Technologie, Diss., 2009

UUSKOSKI, M.; KÄRKKÄINEN, H.; MENON, K.: Rapid Sales Growth Mechanisms and Profitability for Investment Product Manufacturing SMEs Through Pay-Per-X Business Models. In: Product lifecycle management enabling smart X. 17th IFIP WG 5.1 International Conference, PLM 2020, Rapperswil, Switzerland, July 5-8, 2020, Revised Selected Papers. Hrsg.: A. Bouras; F. Nyffenegger; L. Rivest; J. Ríos. IFIP Advances in Information and Communication Technology; Bd. 594. Springer, Cham [u. a.] 2020, S. 402–415.

UUSKOSKI, M.; MENON, K.; KÄRKKÄINEN, H.; KOSKINEN, K.: Perceived Risks and Benefits of Advanced Pay-Per-Use Type of Business Models Based on Industry 4.0 Enabled Technologies in Manufacturing Companies. In: Product Lifecycle Management to Support Industry 4.0. Hrsg.: P. Chiabert; A. Bouras; F. Noël; J. Ríos. IFIP Advances in Information and Communication Technology. Springer, Cham [u. a.] 2018, S. 498–507.

VAN DER AALST, W.: Process Mining. Data Science in Action. 2. Auflage. Springer, Berlin [u. a.] 2016.

VAN WEELE, A. J.; EßIG, M.: Strategische Beschaffung. Grundlagen, Planung und Umsetzung eines integrierten Supply Management. Springer Gabler, Wiesbaden 2017.

VDMA (HRSG.): [Report] Leitfaden Fit for Service. Position bestimmen, Potenziale identifizieren, Serviceerfolg steigern. Frankfurt am Main 2019. https://industrie40.vdma.org/documents/4214230/26342484/Leitfaden_Fit_for_Service_Leitfaden_1529498468487.pdf/f1d5138e-0e76-f433-a1ed-cefce2e21ad3 (Link zuletzt geprüft: 04.06.2022)

VDMA (HRSG.): [Report] Maschinenbau in Zahl und Bild 2019. Frankfurt am Main 2019. https://www.vdma.org/documents/34570/4890926/Maschinenbau%20in%20Zahl%20und%20Bild%202021.pdf/0924681c-aeb0-70b7-dc13-949c75a0ba25, zuletzt geprüft am 20.11.2020. (Link zuletzt geprüft: 04.06.2022)

VDMA; MCKINSEY&COMPANY (HRSG.): [Studie] Kundenzentrierung als Chance für den digitalen Durchbruch. Was sich die Endkundenindustrien vom Maschinenbau bei digitalen Plattformen und Mehrwertdiensten wünschen. Frankfurt am Main, September 2020. https://www.mckinsey.de/~/media/McKinsey/Locations/Europe%20and%20Middle%20East/Deutschland/News/Presse/2020/2020-09-18%20Maschinenbau/VDMA_McKinsey_Broschre_Digitale%20Plattformen_DEUTSCH.pdf (Link zuletzt geprüft: 04.06.2022)

VDI 3633: Simulation von Logistik-, Materialfluss- und Produktionssystemen – Grundlagen. VDI VEREIN DEUTSCHER INGENIEURE, 01.040.03, 03.100.10. VDI-Verl., Düsseldorf, Dezember 2014. https://www.vdi.de/richtlinien/details/vdi-3633-blatt-1-simulation-von-logistik-materialfluss-und-produktionssystemen-grundlagen

VELU, C.; STILES, P.: Managing Decision-Making and Cannibalization for Parallel Business Models. Hrsg.: University of Cambridge Cambridge Service Alliance. Cambridge, Juli 2013. https://cambridgeservicealliance.eng.cam.ac.uk/resources/Downloads/Monthly%20Papers/2013Julypaper_ManagingDecisionMakingandCannibalization.pdf (Link zuletzt geprüft: 04.06.2022)

VOIGT, K.-I.; BULIGA, O.; MICHL, K.: Business Model Pioneers. Management for professionals. Springer, Cham [u. a.] 2017.

VOM BROCKE, J.: Referenzmodellierung. Gestaltung und Verteilung von Konstruktionsprozessen. Advances in information systems and management science; Bd. 4. Logos, Berlin 2003. – Zugl.: Münster, Univ., Diss., 2002.

VOM BROCKE, J.; FETTKE, P.: [Definition] Referenzmodellierung. Enzyklopädie der Wirtschaftsinformatik online, 8. April 2019. https://wi-lex.de/index.php/lexikon/informations-daten-und-wissensmanagement/informationsmanagement/referenzmodellierung/ (Link zuletzt geprüft: 04.06.2022)

WAGNER, D. R.: Simulationsbasierte Bewertung von Verfügbarkeitsgarantien von Windenergieanlagen. Schriftenreihe Rationalisierung; Bd. 140. RHrsg.: G. Schuh. Apprimus, Aachen 2016. – Zugl.: Aachen, Techn. Hochsch., Diss., 2016.

WAITZINGER, S. M.: Ein Vorgehensmodell zur Risikoidentifikation in der Entwicklung technologiegetriebener Geschäftsmodelle. Schriftenreihe zu Arbeitswissenschaft und Technologiemanagement; Bd. 29. Fraunhofer IRB, Stuttgart 2015. – Zugl.: Stuttgart, Univ., Diss., 2015.

WALLIN, J.; PARIDA, V.; ISAKSSON, O.: Understanding product-service system innovation capabilities development for manufacturing companies. In: Journal of Manufacturing Technology Management 26(2015)5, S. 763–787.

WAWERLA, M.: Risikomanagement von Garantieleistungen. Methodische Identifikation, Beurteilung, Steuerung und Überwachung der Risiken von Garantieleistungen im Maschinen- und Anlagenbau. Forschungsberichte aus dem wbk, Institut für Produktionstechnik, Karlsruher Institut für Technologie (KIT); Bd. 139. Shaker, Aachen 2008. – Zugl.: Karlsruhe, Univ., Diss., 2007.

WEERTH, C.: [Definition] Embargo. Gabler Wirtschaftslexikon online, 19.02.2018. https://wirtschaftslexikon.gabler.de/definition/embargo-36710 (Link zuletzt geprüft: 04.06.2022)

WEI, W.; ROMERO, D.; WUEST, T.; SCHMIDT, T.: Towards (pro-)active intelligent products. In: International Journal of Product Lifecycle Management 11(2018)2,

WEIGEL, N.: Datenqualitätsmanagement – Steigerung der Datenqualität mit Methode. In: Daten- und Informationsqualität. Auf dem Weg zur Information Excellence. Hrsg.: K. Hildebrand; M. Gebauer; H. Hinrichs; M. Mielke. 4., erw. Auflage. Springer Vieweg, Wiesbaden 2018, S. 67–85.

WEILL, P.; WOERNER, S. L.: Optimizing your digital business model 54(2013)3, S. 71–78.

WEINRAUCH, M.: Wissensmanagement im technischen Service. Praxisorientierter Gestaltungsrahmen am Beispiel industrieller Großanlagen. Deutscher Universitätsverlag, Wiesbaden 2005. – Zugl.: Darmstadt, Techn. Univ., Diss., 2004.

WEISMANN, U.: Lebenszyklusorientiertes interorganisationelles Anlagencontrolling. Forschungsberichte aus dem wbk, Institut für Produktionstechnik, Karlsruher Institut für Technologie (KIT); Bd. 144. Shaker, Aachen 2008. – Zugl.: Karlsruhe, Univ., Diss., 2008

WELTER, M.: Die Forschungsmethodik der Typisierung. Charakteristika, Einsatzbereiche und praktische Anwendung. In: WiSt – Wirtschaftswissenschaftliches Studium 35(2006)2, S. 113–115.

WESTKÄMPER, E.: Struktureller Wandel durch Megatrends. In: Digitale Produktion. Hrsg.: E. Westkämper; D. Spath; C. Constantinescu; J. Lentes. Springer, Berlin [u. a.] 2013, S. 7–9.

WESTKÄMPER, E.; NIEMANN, J.; STIERLE, T.: Systemorientierte Produktionsstrukturen für den Werkzeugmaschinenbau. In: ZWF – Zeitschrift für wirtschaftlichen Fabrikbetrieb 99(2004)9, S. 461–464.

WESTPHAL, I.; THOBEN, K.-D.; SEREGNI, M.: Evaluating potential Business Models for innovative Product Service Systems: Transparency regarding the relation to existing business. In: 2016 International Conference on Engineering, Technology and Innovation/IEEE International Technology Management Conference (ICE/ITMC), 13.06.2016 – 15.06.2016. IEEE, Piscataway (NJ) 2016, S. 1–9.

WILDEMANN, H.: Betreibermodelle – eine neue Outsourcingstrategie? TCW Transfer-Centrum, München 2004.

WINDAHL, C.; ANDERSSON, P.; BERGGREN, C.; NEHLER, C.: Manufacturing firms and integrated solutions: characteristics and implications. In: European Journal of Innovation Management 7(2004)3, S. 218–228.

WIRTZ, B. W.: Digital Business Models. Concepts, Models, and the Alphabet Case Study. Springer, Cham [u. a.] 2019.

WIRTZ, J.; EHRET, M.: Asset-Based Strategies for Capturing Value in the Service Economy. In: Handbook of service science; Vol. II. Hrsg.: P. P. Maglio. Service science : research and innovation in the service economy. Springer, Cham [u. a.] 2019, S. 785–810.

WOLF, K.: Risikomanagement im Kontext der wertorientierten Unternehmensführung. Deutscher Universitätsverlag, Wiesbaden 2003. – Zugl.: Bayreuth, Univ., Diss., 2003.

YANG, M.; EVANS, S.: Product-service system business model archetypes and sustainability. In: Journal of Cleaner Production 220(2019)3, S. 1156–1166.

ZANETTI, V.; CAVALIERI, S.; PEZZOTTA, G.: Additive Manufacturing and PSS: a Solution Life-Cycle Perspective. In: IFAC-PapersOnLine 49(2016)12, S. 1573–1578.

ZÄPFEL, G.: Entwicklungsstand und -tendenzen von PPS-Systemen. In: Handbuch Produktionsmanagement. Strategie – Führung – Technologie – Schnittstellen. Hrsg.: H. Corsten. Gabler, Wiesbaden 1994, S. 721–745.

ZARPELON NETO, G.; PEREIRA, G. M.; BORCHARDT, M.: What problems manufacturing companies can face when providing services around the world? In: Journal of Business & Industrial Marketing 30(2015)5, S. 461–471.

ZELEWSKI, S.: Grundlagen. In: Betriebswirtschaftslehre; Bd. 1. Hrsg.: H. Corsten. 4., vollst. überarb. u. wes. erw. Auflage. Oldenbourg, München [u. a.] 2008, S. 1–97.

ZHANG, M.; ZHAO, X.; LYLES, M. A.; GUO, H.: Absorptive capacity and mass customization capability. In: International Journal of Operations & Production Management 35(2015)9, S. 1275–1294.

ZHANG, S.: Instandhaltung und Anlagenkosten. Deutscher Universitätsverlag, Wiesbaden 1990. – Zugl.: Darmstadt, Techn. Hochsch., Diss., 1988.

ZHANG, W.; BANERJI, S.: Challenges of servitization: A systematic literature review. In: Industrial Marketing Management 65(2017), S. 217–227.

ZINN, B.; NICKOLAUS, R.; DUFFKE, G.; GÜZEL, E.; SAWAZKI, J.; WÜRMLIN, J.: Belastungen von Servicetechnikern im Maschinen- und Anlagenbau im Bezugsfeld lebensphasenorientierten Kompetenzmanagements. In: Altern in der Erwerbsarbeit. Perspektiven der Laufbahngestaltung. Hrsg.: F. Frerichs. Springer VS, Wiesbaden 2016, S. 163–182.

ZOLLENKOPP, M.; LÄSSIG, R.: Digitalisierung im Industriegütergeschäft. In: Digitale Transformation von Geschäftsmodellen. Grundlagen, Instrumente und Best Practices. Hrsg.: D. Schallmo; A. Rusnjak; J. Anzengruber; T. Werani; M. Jünger. Springer Gabler, Wiesbaden [u. a.] 2017, S. 59–95.

Anhang

Fallstudie 1: Aufnahme am 18.10.2019

Das Unternehmen ist ein weltweit agierendes Maschinenbauunternehmen und Zulieferer für die Automobilindustrie mit dem Fokus auf Lagerherstellung. Aufgrund des hohen Konkurrenzdruckes und geringer Margen beim Vertrieb ihrer materiellen und immateriellen Produkte versucht das Unternehmen, sich durch die Erschließung neuer Geschäftsmodelle am Markt zu differenzieren. Das Serviceportfolio umfasst verschiedene Leistungen, beginnend bei der Installation und Beratung bis hin zur Überwachung und Instandhaltung der Lager. Die Sensorik für die Überwachung der Aggregate wird in den meisten Fällen zwar verkauft; sämtliche Services, welche die Überwachung selbst umfassen, werden allerdings schon seit Jahren im Rahmen von Subskriptionsverträgen angeboten und vertrieben.

Leistungen im Rahmen von Subskriptionsverträgen zu beziehen, soll in den nächsten Jahren verstärkt angeboten werden, um sich von der Konkurrenz abzuheben und Preisverhandlungen für Einzelleistungen mit dem Kunden zu reduzieren. Das Unternehmen strebt dabei an, Verfügbarkeitsgarantien anstatt einzelner Leistungen zu vertreiben. Um eine vertraglich festgelegte Anlagenverfügbarkeit garantieren zu können, bietet das Unternehmen seinen Kunden zusätzliche Trainings im Umgang mit seinen Produkten sowie den Einblick in die vom Unternehmen erhobenen Leistungs- und Betriebsdaten zur Realisierung eines Zustandsüberwachungssystems an. Das Unternehmen orientiert sich dabei insbesondere an den alltäglichen und dominierenden Problemen des Kunden und unterstützt ihn dabei, diese zu lösen. Durch Kenntnisse über den jeweiligen Anlagenpark und die jeweilige Industrie des Kunden können Beraterteams bei Bedarf individuelle Leistungen zuschneiden und im Rahmen von Subskriptionsmodellen anbieten.

Aufgrund der Individualität der Leistungen ist eine intensive Betreuung des Kunden notwendig. Subskriptionsmodelle werden folglich nur in etablierten Märkten angeboten. Nach Vertragsabschluss verbaut das Unternehmen die Wälzlager und weitere Hardwarekomponenten sowie Sensorik in der Maschine des Kunden. Montagekosten werden dem Kunden nur dann in Rechnung gestellt, wenn überdurchschnittlich hohe Kosten anfallen. Die Preisbildung ist derzeit kundenindividuell und abhängig von den jeweils bezogenen Leistungen. In den meisten Fällen übernimmt das Unternehmen die Montagekosten und der Kunde zahlt ab Beginn der Vertragslaufzeit einen monatlichen Betrag. Um neue Ideen zu generieren und Kunden einen Mehrwert im Rahmen von Subskriptionsmodellen anbieten zu können, befragt das Unternehmen seine Berater- und Vertriebsmitarbeiter regelmäßig mithilfe eines Fragenkatalogs hinsichtlich neuer Anregungen aus deren Praxisalltag. Die Ideen werden in einer Datenbank gesammelt, deren Reifegrad beurteilt und bei Eignung im Anschluss zu neuen Leistungsangeboten weiterentwickelt. Die Berater- und Vertriebsteams nutzen die Datenbank, um Ideen immer wieder mit verschiedenen Kunden zu diskutieren und letztlich auch individuelle

Bestandteile als Leistungen im Rahmen eines Subskriptionsmodells anzubieten. Um die neue Ausrichtung der Organisation zu beschreiben und zu begründen, erstellt das Unternehmen für alle Mitarbeiter Schulungsvideos.

Sollte der Kunde sich gegen eine Vertragsverlängerung entscheiden, fordert das Unternehmen die gesamte Hardware und Sensorik zur Gewährleistung der Garantien bis auf die im Anlagenpark des Kunden verbauten Lager zurück. Aufgrund rechtlicher Rahmenbedingungen können fest verbaute Lager nicht einfach zurückgefordert werden. Um diesen Sachverhalt entsprechend zu berücksichtigen, ist eine Risikoabschätzung jedes einzelnen Kunden essentiell. Für große Aufträge führt das Unternehmen eine Risikobewertung durch. Die Risiken werden dabei aus möglichst vielen Dimensionen betrachtet (technisch, kaufmännisch, ökologisch etc.) und auf einer Skala bewertet. Auf Basis der Risikobewertung entscheidet das Unternehmen, ob und in welcher Form ein Angebot für den Kunden erstellt werden kann. Wie das Angebot aussieht, hängt von Faktoren ab, die das Risiko des jeweiligen Angebotes bestimmen (Dauer und Intensität der Partnerschaft, Daten usw.). Das Unternehmen nutzt sein Wissen über die Lebensdauer seiner Lager als Berechnungsgrundlage zur Angebotserstellung und koppelt diese direkt an den monatlich zu zahlenden Betrag. Die Parameter zur Berechnung der Restlebensdauer leitet das Unternehmen direkt aus der Zustandsüberwachung der Aggregate ab, welche die Daten in einer Cloud speichern.

Ausgewählten Kunden bietet das Unternehmen mittlerweile die Möglichkeit, sämtliche angebotenen Leistungen im Rahmen eines Subskriptionsvertrages zu beziehen. Die Hardware wird dabei durch das Unternehmen vorfinanziert. Optionen mit Finanzierung durch eine Leasinggesellschaft werden derzeit noch geprüft.

Fallstudie 2: Aufnahme am 31.10.2019

Das Unternehmen ist ein weltweit agierender Maschinen- und Anlagenbauer. Es produziert Presssysteme und komplette Produktionsanlagen für die Holzwerkstoff-, Komposite- und Recyclingindustrie. Subskriptionsmodelle bietet das Unternehmen mehrheitlich für den größten Geschäftsbereich an, der sich auf die holzverarbeitende Industrie konzentriert. In diesem Geschäftsbereich baut das Unternehmen schlüsselfertige Komplettanlagen für nahezu dreistellige Millionenbeträge oder auch einzelne Maschinen zur Herstellung von Holzwerkstoffplatten.

Das Unternehmen bietet zwei grundlegende Leistungen, die im Rahmen eines Subskriptionsmodells gebündelt werden. Gegen eine monatliche Zahlung steht Kunden ein Remote-Service zu Verfügung. Der Remote-Service ist über eine Hotline 24 Stunden am Tag erreichbar. Des Weiteren können Kunden gegen eine feste jährliche Zahlung Inspektionsleistungen buchen. Hierbei wählt der Kunde aus verschiedenen Modulen aus und kann die Inspektionsleistungen für seinen Anlagenpark individuell zusammenstellen. Bevor eine Inspektion durchgeführt wird, bereitet sich das Unternehmen offline mithilfe von historischen Wartungs- und Maschinendaten aus vorangegangenen Servicefällen auf den Kundenbesuch vor und erstellt eine Inspektionscheckliste.

Nach dem Kundenbesuch erhält der Kunde einen Report zu seiner Anlage inklusive Handlungsempfehlungen zur Verbesserung des Anlagenbetriebs.

Das Unternehmen bündelt den Remote-Service und die regelmäßigen Inspektionen zum Leistungsüberwachung. Servicemitarbeiter prüfen alle zwei Wochen mithilfe von Remote-Service Anlagen des Kunden, um sich Fehlermeldungen zu analysieren. Die Anlagen sind mit zahlreichen Sensoren ausgestatten, auf deren ausgegebene Daten die Mitarbeiter des Unternehmens zugreifen können. Die Servicemitarbeiter prognostizieren notwendige Wartungsarbeiten manuell. Bei Bedarf führen die Service-Mitarbeiter im Anschluss eine Remote-Inspektion durch. In jedem Fall wird ein Report für den Kunden erstellt. Durch die regelmäßige Berichterstattung wird der Kunde automatisch besser im Umgang mit seinen Maschinen geschult.

Langfristig arbeitet das Unternehmen daran, durch die Verbesserung seiner historischen Betriebsdatenbasis Vorhersagemodelle für die Instandhaltung der Anlage zu entwickeln. Um Kunden in Zukunft eine Verfügbarkeitsgarantie anbieten zu können, wird derzeit an Fehlerbaumanalysen gearbeitet. Das Unternehmen entwickelt hierzu derzeit die dafür notwendige Sensorik. So unterliegt aktuell beispielsweise die Qualität der Inputmaterialien des Kunden in die Maschine großen Schwankungen, da die Anlagen mit Holz als Naturwerkstoff arbeiten. Die Ursachen eines Ausfalls sind daher nur sehr schwer zu identifizieren. Das Unternehmen versucht, mit dieser zusätzlichen Sensorik für die Inputmaterialien sowie der Überwachung und Beherrschung weiterer technischer Parameter eine präzise Abschätzung von Ausfallzeitpunkten zu ermöglichen.

Nach Kauf und Beendigung der sechs bis zwölf Monate dauernden Montage einer Anlage garantiert das Unternehmen dem Kunden anlagenspezifische Leistungskennzahlen. Zusätzlich werden verbesserte Leistungskennzahlen in einem Optimierungsvertrag definiert. Diese Kennzahlen sollen von der Anlage erfüllen werden können. Es wird allerdings keine Garantie ausgesprochen. Vielmehr erhält das Unternehmen eine Bonuszahlung zusätzlich zum Kaufpreis, falls es in einem Zeitraum von sechs Monaten eine Verbesserung der Kennzahlen um einen bestimmten Wert realisieren kann.

Um Kunden an die eigenen Serviceleistungen zu binden, bietet das Unternehmen Bonusverträge an. Kunden erhalten je nach Umsatzvolumen der jährlich gekauften Ersatzteile individuell zugeschnittene Bonusleistungen. So erhalten Kunden beispielsweise beim Kauf von Ersatzteilen in Höhe eines bestimmten Wertes den kostenfreien Zugang zum Remote-Service und bei noch umfangreicheren Käufen den kostenfreien Zugang zum Ticket-System. Mithilfe des Ticket-Systems kann der Kunde Tickets erstellen und diese sowohl intern weiterleiten als auch bei Bedarf an das Unternehmen eskalieren. Das Unternehmen garantiert Kunden dabei eine Antwort innerhalb einer Stunde. Da der Großteil der Kunden im Ausland sitzt und die Mitarbeiter der Kunden oft nur schlechtes Englisch oder Deutsch sprechen, nutzt das System automatisch eine Übersetzungssoftware. So sinkt die Schwelle für den Kunden, mit dem Unternehmen in Kontakt zu treten. Der überwiegende Teil aller Tickets kann ohne örtliche Anwesenheit eines Servicetechnikers des Unternehmens gelöst werden. Kosten für die

Nutzung des Ticketsystems fallen nur an, wenn der Kunde ein Ticket an das Unternehmen eskaliert oder eine Serviceleistung in Anspruch nimmt. Falls das Unternehmen ein Ticket nicht aus der Ferne lösen kann, werden dem Kunden die Kosten für das Ticket erlassen und er zahlt nur für die Serviceleistung vor Ort.

Das Unternehmen bietet Trainings an, bei denen der Kunde aus einem Trainingskatalog unterschiedliche Module auswählen kann. Zusätzlich können Trainings vor Ort beim Kunden gebucht werden. Schulungen und Trainings werden abhängig von der Teilnehmerzahl, der Dauer des Trainings und den Reisekosten abgerechnet. Das Unternehmen bietet seinen Kunden eine cloudbasierte Softwarelösung, um ausgewählte Kennzahlen selbstständig zu überwachen. Die Software liefert neben den wesentlichen Kennzahlen für die Anlage auch eine transparente Darstellung der kontinuierlichen Verbesserung anhand historischer Daten. Grundsätzlich liegen dem Unternehmen primär Service- und Maschinendaten vor. Das Unternehmen nutzt die Instandhaltungsdaten ohne Einschränkungen zur Weiterentwicklung der Leistungen. Kunden gehen äußerst vorsichtig mit ihren Prozessdaten um und gewähren den Zugang lediglich selektiv und für einzelne Projekte. Nach Projektabschluss werden sämtliche Prozessdaten gelöscht.

Alle Verträge (einmalige Optimierungsverträge ausgeschlossen) haben eine Laufzeit von einem Jahr und werden automatisch verlängert. Die Kündigungsfrist beträgt einen Monat. Bei Neukauf einer Anlage fallen für die Installation keine zusätzlichen Kosten für die Installation des Remote-Service Anschlusses an. Der Kunde zahlt für den Remote-Service pro Benutzer einen festen Betrag pro Monat. Weiterhin können die Kunden die oben beschriebenen Softwareleistungen zur Überwachung der Aggregate für einen festen monatlichen Betrag hinzubuchen. Die Preise für Software wurden auf Basis einer internen Wertabfrage bei den Vertriebsmitarbeitern des Unternehmens festgelegt. Für das Ticket-System fallen dem Nutzer zunächst keine Kosten an. Erst wenn der Kunde ein Ticket an das Unternehmen übergibt, wird dem Kunden auf Basis der angerufenen Minuten diese Leistung in Rechnung gestellt. Der Rechnungsbetrag ist jederzeit im Ticket-System abrufbar.

Fallstudie 3: Aufnahme am 09.10.2019

Das Unternehmen ist ein großes deutsches Medienhaus. Seit Jahrzehnten veröffentlicht und betreibt das Unternehmen Tageszeitungen, Zeitschriften, Radio- und Fernsehsender mit lokalem bzw. regionalem Fokus auf verschiedene deutsche Großstädte. Das Unternehmen hat jahrzehntelange Erfahrungen mit klassischen Abonnements durch gedruckte Tageszeitungen bzw. Zeitschriften. Seit ca. 10 Jahren gibt Unternehmen auch Abonnements für digitale Zeitungen und Medien heraus. Das Unternehmen bietet unterschiedliche Formen von Abonnements an, die insgesamt im höherpreisigen Segment liegen. Klassischerweise existieren Printversionen als Wochenendabos, Tagesabos, Studentenabos usw., deren Laufzeit sich automatisch verlängert. Ein Abo der digitalen Edition enthält den gleichen Inhalt und das gleiche Format wie die Printversion. Eine verhältnismäßig neue Leistung ist zudem die Webseite, auf der mittlerweile zahlreiche Artikel erst gegen Bezahlung zum Lesen freigegeben werden. Zu Beginn war die Webseite lediglich ein Mittel, um Reichweite zu erlangen, mittlerweile wird die Webseite jedoch als Einnahmequelle im Rahmen von Abos immer bedeutender. Datenanalysten, Marketingspezialisten und Redakteure arbeiten sehr eng zusammen. Die Arbeit von Redakteuren beispielsweise wird durch die Auswertung von Datenanalysten stark beeinflusst. So können die Analysten basierend auf den Klickraten und der Verweilzeit der Kunden auf dem digitalen Angebot ermitteln, wie positiv einzelne Artikel beim Kunden angenommen werden. Diese können zudem über die Nutzer-Identifikationsnummer mit den personenbezogenen Informationen kombiniert werden. Durch dieses Feedback können Redakteure neue Inhalte noch besser auf die Präferenzen der Kunden zuschneiden und erhalten für neue, innovative Leistungen direktes Feedback vom Kunden. Weiterhin bietet diese Auswertung zukünftig das Pozential, für jeden Kunden anhand der Lesevorlieben eine individuelle digitale Zeitung anzubieten. Auch hilft die Auswertung des Leseverhaltens bei der Prävention von Kündigungen der Kunden, die anhand des Leseverhaltens prognostiziert wird. Bei Kunden im Digitalbereich werden neue Marketingansätze und Produktinnovationen erprobt. Abhängig vom jeweiligen Leseverhalten und der daraus abgeleiteten Kündigungswahrscheinlichkeit werden Kunden individuell beworben und zum Beispiel durch Push-Benachrichtigungen auf Artikel oder Informationen im der digitalen Zeitungsausgabe aufmerksam gemacht. Die Nutzung der digitalen Zeitungsausgabe soll dadurch gesteigert, die Kundenbindung erhöht und letztlich eine Kündigung ausgeschlossen werden. Um dies zu bewerkstelligen, wurden Datenanalysten in die Redaktionsteams integriert. Diese interdisziplinären Teams werden aus Unternehmenssicht als erfolgskritisch bewertet, weshalb in den letzten Jahren insbesondere an der Akzeptanz solcher neuen Querschnittsfunktionen gearbeitet wurde. Das Unternehmen arbeitet gegenwärtig daran, kundenindividuelle Preise anzubieten. Dadurch sollen die Anzahl der Kunden und die Erlöse maximiert werden. Klassisch wurden potenzielle Kunden für Abonnements, denen das Abonnement zu teuer war, nicht als relevant angesehen. Die Preisstruktur soll nun differenzierter werden. Um individuelle Preise und eine lebenszyklische Preisentwicklung bei Kunden überhaupt zu ermöglichen, wird derzeit eine breitere Preisbasis definiert. Im Rahmen dessen wurde in den letzten Jahren die IT-Systemlandschaft des Unternehmens grundlegend überarbeitet. So wurden beispielsweise ein neues CRM-, ERP- und E-mail-System eingeführt und die Marketingdatenbank für neue Preissysteme weiterentwickelt. Das Unternehmen greift hier zum einen auf bestehende Daten aus dem Printgeschäft zurück und kombiniert diese mit soziogeographischen Informationen sowie weiteren Datenbanken. Im Digitalbereich werden insbesondere solche Informationen als Grundlage zur Preisgestaltung verwendet, die aus dem Nutzungsverhalten abgeleitet werden können. Die Kompetenz zur Auswertung von Daten wurde sowohl intern als auch durch Zuhilfenahme von Dienstleistern aufgebaut. Für die Webseite wurden eigens Datenexperten eingestellt und teilweise auch selbst ausgebildet, da der Bedarf durch das vorhandene Angebot nicht bedient werden konnte. Ein Dienstleister wurde beauftragt, auf Basis der Marketingdatenbank ein Punktesystem zu entwickeln, anhand dessen jeder Kunde evaluiert wird. Die Betreuung dieses mittlerweile entwickelten Systems erfolgt weiterhin durch den Dienstleister. Das Unternehmen versucht derzeit, auch höherpreisige Angebote, die über das klassische Abonnement hinausgehen, aktiv zu entwickeln, um einerseits Kunden enger zu binden und andererseits weitere Umsatzkanäle zu erschließen. Es existiert bereits jetzt ein umfangreiches Loyalitätsprogramm hinsichtlich verschiedener Inhalte (Kennenlernen der Redaktion, Einkaufsgutscheine, Seminare etc.). Das Loyalitätsprogramm gilt für alle Abonnenten. Eine personalisierte Empfehlung bestimmter Bestandteile des Loyalitätsprogrammes wird bislang wegen unzureichender Datenbasis nicht durchgeführt. Kunden, die nicht erfolgreich von einer Kündigung des Abonnements abgehalten werden konnten, werden in einem sechsstufigen Prozess betreut, bei dem über verschiedene Möglichkeiten versucht wird, Kunden wieder an ein Abonnement heranzuführen. Grundsätzlich sind die Kündigungsfristen produktabhängig. Bei digitalen Angeboten wird eine kurze Kündigungsfrist von Nutzern als attraktiv aufgefasst, wohingegen bei Printkunden auch lange Kündigungsfristen unproblematisch sind. Entscheidend ist aber die Haltbarkeit des Kunden und nicht, ob ein neuer Kunde aufgrund einer attraktiv kurzen Kündigungsfrist oder anderen Rahmenbedingungen für kurze Zeit gewonnen werden konnte.

Fallstudie 4: Aufnahme am 08.10.2019

Das Unternehmen ist ein weltweit agierender Softwaredienstleister. Das Produkt des Unternehmens ist eine Customer-Relationship-Management-(CRM)-Plattform mit darauf verfügbarer Software für u. a. Vertriebs-, Service-, und Marketinganwendungen. Mithilfe dieser Plattform können Kundenbeziehungen gezielt gestärkt und langfristig ausgebaut werden. Das Unternehmen vertreibt ausschließlich Software-as-a-Service-Lösungen. Die Nutzung der Software erfolgt über die eigens dafür eingerichtete Cloud. Das Unternehmen positioniert sich im Premiumsegment seines Marktes und adressiert als zwei Kundensegmente zum einen kleine und mittlere Unternehmen mit nur wenigen Abonnementnutzern und zum anderen Konzerne mit mehreren hundert Abonnementnutzern. Der Großteil der Kunden hat nur einen sehr eingeschränkten Kontakt mit den Mitarbeitern des Unternehmens. Als Marketingmaßnahme können Kunden über die Website des Unternehmens eine unverbindliche und kostenlose 30-tägige Testversion jeder angebotenen Softwarelösung beziehen. Bei positivem Nutzererlebnis wird diese Testversion in einen zahlungspflichtigen 12-monatigen Vertrag umgewandelt. Das individuelle Leistungsangebot während der Nutzungsphase wird durch eine Künstliche Intelligenz (KI) basierend auf den bisherigen Kunden- und Nutzungsdaten dem jeweiligen Kunden entsprechend angepasst. Die Segmentierung der Kunden auf Basis der Leistungsanforderungen entfällt somit, da mithilfe der speziell dafür eingerichteten künstlichen Intelligenz jeder Kunde individuell adressiert werden kann. Nach Möglichkeit sollen kleinere Kunden dazu befähigt werden, sich u. a. durch ein Kunden-

und Lernportal bei Problemen selbst zu helfen. Der Kunde hat jedoch auch die Möglichkeit, den Kundendienst des Unternehmens zu kontaktieren. Kunden mit großem Projektvolumen werden Vertriebsmitarbeiter für die individuelle Auswahl der Funktionalitäten und die Anpassung an bestehende Prozesse zur Seite gestellt. Nach Vertragsabschluss übergeben die Vertriebsmitarbeiter diese Kunden an einen Customer-Success-Manager, welcher den Kunden von diesem Zeitpunkt an begleitet und dabei unterstützt, die Nutzung des Kunden zu intensivieren. Bei kleineren Kunden übernimmt diese Aufgabe eine dafür entwickelte KI. Diese spricht dem Kunden kontinuierlich Empfehlungen aus, wie dessen Nutzung der Software verbessert und intensiviert werden kann. Der Kunde soll sämtliche Inhalte, für die er bezahlt, auch nutzen, andernfalls wird der Umfang der abonnierten Leistung auf Basis von Nutzungsszenarien überarbeitet und entsprechend angepasst. Um die Zufriedenheit vom Kunden zu überwachen, werden Kunden mithilfe einer Ampellogik bewertet. Dabei stellen „grüne Kunden" zufriedene Kunden dar und „rote Kunden" stellen Kunden dar, die mit einer erhöhten Wahrscheinlichkeit den Vertrag zur Nutzung der Software kündigen werden. Falls ein Kunde beispielsweise eine Funktion oder die gesamte abonnierte Leistung nicht regelmäßig nutzt, wird der Kunde mit einer roten Farbe der Ampel bewertet. Darauf basierend kann das Unternehmen in die individuelle Ansprache mit dem Kunden gehen und die Ursache hierfür identifizieren. Wenn Kunden beispielsweise nicht bewusst ist, wie die korrekte bzw. angedachte Nutzung einer Leistung erfolgt, wird ihnen Training hierfür angeboten. Die kontinuierliche Steigerung des Kundennutzens steht im Vordergrund sämtlicher Aktivitäten. Oberstes Ziel ist, mithilfe der vom Kunden erfassten Daten diesen darin zu unterstützen, die eigenen Kunden erfolgreicher zu adressieren. Kunden werden bei der Weiterentwicklung von Softwareanwendungen mit eingebunden. Kunden können aktiv Ideen einbringen, welche von anderen Kunden bewertet werden. Mit jeder neuen Softwareversion oder jedem neuen Update wird transparent aufgezeigt, welche Kundenideen umgesetzt wurden. Durch die Schaffung einer eigenen Schulungsplattform wurde zudem ein Werkzeug geschaffen, durch das dem Kunden skalierend Training für die Nutzung der Leistungen angeboten werden kann. Mittels Zertifikaten, die bei Abschluss von Kursen erworben werden können, werden Kunden an die Software und das Unternehmen herangeführt. Während der Nutzung der Software erhobene Daten werden verwendet, um zum einen die Softwareanwendungen weiterzuentwickeln, zum anderen aber auch Verbesserungsvorschläge für Kunden im Rahmen einer kontinuierlichen Leistungsüberprüfung zu generieren. In jeder Anwendung des Unternehmens ist eine KI etabliert, die abhängig von den zugrundeliegenden Daten in der Lage ist, Muster zu erkennen und Handlungsempfehlungen auszusprechen oder Prozesse automatisiert durchführt. Das Unternehmen greift lediglich auf Nutzungsdaten zurück. Vertrauliche Anwenderdaten des Kunden sind nicht einsehbar und werden für keine Auswertungen verwendet. Kunden können sämtliche Daten mühelos aus dem System exportieren. Bei Kündigung des Vertrages werden sämtliche Daten des Kunden gelöscht. Kunden haben die Möglichkeit, über Schnittstellen die Leistungen anderer Anbieter zu nutzen, indem deren Software in die Plattform des Unternehmens eingebunden wird. Das Unternehmen betrachtet

Lock-in-Effekte als nicht zielführend, wenn dadurch eine vom Kunden nicht beabsichtigte Bindung an das Unternehmen erreicht wird. Vielmehr beabsichtigt man, einen Lock-in-Effekt über den Nutzen der Leistung und die kontinuierliche Weiterentwicklung des Angebots im Interesse des Kunden zu erzielen. Umsatz wird im Wesentlichen über eine feste Zahlung pro Nutzerzugang erreicht, die auf monatlicher Basis abgerechnet wird. Des Weiteren wird Umsatz auch auf Basis des Nutzens erzielt. Bei Nutzung der Marketinganwendung des Unternehmens besteht die Möglichkeit, auch auf Basis der verschickten Nachrichten, also nutzungsbasiert, abzurechnen. Auch Anfragen an eine vom Unternehmen entwickelte KI werden nutzungsabhängig bepreist. Die Preismetrik variiert somit je nach Leistung. Grundlegende Anforderung an die Metrik ist Objektivität aus Sicht des Kunden und des Anbieters, welche keinen Verhandlungs- oder Interpretationsspielraum zulassen darf.

Fallstudie 5: Aufnahme am 13.03.2019

Das Unternehmen ist ein Hersteller von Industrie-Kompressoren und Druckluftsystemen sowie den damit verbundenen Dienstleistungen. Neben dem Vertrieb von Hardware und dem klassischen After-Sales-Service konzentriert es sich zunehmend auf die Entwicklung und Realisierung von Subskriptionsmodellen. Gegen einen monatlichen Grundpreis garantiert das Unternehmen eine Anlagenverfügbarkeit sowie den Zugang zum Remote-Service. Aufgrund des hohen Konkurrenzdruckes und geringer Margen beim Vertrieb von Hardware und dem klassischen Servicegeschäft kann sich das Unternehmen durch die Erschließung neuer Geschäftsmodelle am Markt von Wettbewerbern differenzieren und breiter aufstellen.

Das Unternehmen erhebt zunächst Daten zur Leistung der Maschinen, analysiert Abweichungen und identifiziert Verbesserungspotenziale zur Energieeinsparung oder Laufzeitverlängerung. Bei Auffälligkeiten werden dem Kunden bereits vor Ausfall einer Maschine die passenden Ersatzteile geliefert. Für kleinere Wartungsarbeiten leitet ein Service-Mitarbeiter einen Mitarbeiter des Kunden vor Ort durch den Wartungsprozess. Sollten komplexere Instandhaltungsmaßnahmen notwendig sein, besucht ein Service-Mitarbeiter den Kunden vor Ort.

Kunden erhalten in regelmäßigen Zeitabständen eine Leistungsübersicht zu ihren Kompressoren. Das Unternehmen optimiert mithilfe von Nutzungsdaten und Daten aus der Wartungshistorie sowohl die Software als auch die Hardware ihrer Kompressoren und passt sie an die individuellen Bedürfnisse des Kunden an. In der Vergangenheit bezahlte der Kunde nichts für die Software- und Hardwareverbesserungen oder die Updates. Lediglich die tatsächlich gemessenen Einsparungen wurden über einen vorab definierten Zeitraum zwischen dem Unternehmen und dem jeweiligen Kunden geteilt. Das Investitionsrisiko lag beim Unternehmen; das entsprechende Risiko des Kunden war somit minimal.

Es stellte sich heraus, dass die Optimierung der Hardware an den Maschinen ab einem bestimmten Effizienzgrad nicht wirtschaftlich war und die Investitionskosten auch bei langen Laufzeiten nicht amortisiert wurden. Das Unternehmen hat daher das Geschäftsmodell angepasst und bietet heute ein Subskriptionsmodell an, bei dem der Kunde für die Nutzung zahlt. In diesem nutzungsabhängig bepreisten Modell wird dem Kunden die Anlagenverfügbarkeit garantiert. Der Kunde zahlt dabei nur für die verbrauchte Luft (Preis/Kubikmeter) und die für den Betrieb der Maschine, anfallenden Stromkosten. Das Unternehmen selbst kann in diesem Geschäftsmodell entscheiden, wie die Luft produziert wird. So bietet sich in manchen Fällen für das Unternehmen an, gebrauchte Maschinen, die noch in gutem Zustand sind, weiter zu betreiben, anstatt neue Maschinen beim Kunden anzuschließen. Auch kann das Unternehmen selbst in kritischen Fällen entscheiden, ob ein Austauschgerät direkt beim Kunden vorgehalten wird, welches bei Bedarf für ein ausgefallenes Gerät oder bei Auslastungspeaks eingesetzt wird.

Da die Investitionskosten einer Druckluftanlage für den Kunden entfallen, kann sich das Unternehmen mit dem Subskriptionsmodell gegen die günstigeren Wettbewerbsprodukte aus Asien behaupten. Diese Modelle werden trotz der über die Vertragslaufzeit höheren Kosten im Gegensatz zum Einmalkauf stark nachgefragt. Bei vielen Kunden ist der Betrieb einer eigenen Druckluftstation mit einer alten Anlage aufgrund hoher Betriebskosten ein starker Kostentreiber. Oftmals berücksichtigen jedoch Unternehmen wie beispielsweise Krankenhäuser keine Gelder zum Kauf eines neuen Kompressors in der eigenen Kostenkalkulation. Durch das Subskriptionsmodell erhalten solche Kunden einen Spielraum, um dennoch eine effizientere Maschine zu beziehen.

Damit mithilfe des Subskriptionsmodells die breite Masse der Kunden adressiert werden kann, sammelt das Unternehmen aktuell Daten zum Betrieb dieser Maschinen, damit zuverlässig die für den Betrieb eines Kompressors anfallenden Kosten bestimmt werden können. Besonders relevant sind hierbei die Häufigkeit und die Ursache von Ausfällen sowie die Wartungshistorie der Druckluftanlagen. Das Unternehmen arbeitet derzeit an Vorhersagemodellen, um ideale Instandhaltungszeitpunkte besser abschätzen zu können. Die dafür notwendige Datenbasis wird über Sensorik generiert, die zukünftig standardmäßig in allen Kompressoren verbaut sein wird. Angeboten wird Kunden das Subskriptionsmodell nur auf Nachfrage.

Vor Abschluss eines Fünf-Jahres-Vertrags muss sich jeder Kunde einer finanziellen Prüfung unterziehen. Der Kunde verpflichtet sich außerdem dazu, eine individuell an ihn angepasste, monatliche Mindestabnahmemenge zu bezahlen. Die Mindestabnahme fällt auch dann an, wenn der Kunde weniger Luft nutzt als in der Mindestabnahme festgehalten. Die Mindestabnahme ist dabei so kalkuliert, dass das Unternehmen den Kompressor nicht defizitär betreibt, falls der Kunde unter der Mindestabnahme bleibt. Bei Nichterfüllung des Leistungsversprechens sind keine Pönalen für das Unternehmen vorgesehen. Das Unternehmen vermeidet detaillierte Vertragswerke, um Kunden nicht initial abzuschrecken. Weiterhin soll so eine partnerschaftliche Beziehung gefördert und eine Kunde-Dienstleister-Beziehung vermieden werden. Die Investitionskosten für die Kompressoren werden ausschließlich durch Eigenkapital von Unternehmen getragen.

Fallstudie 6: Aufnahme am 27.05.2019

Das Unternehmen ist ein Präzisionsmaschinenhersteller für Druckmaschinen. Es bedient weltweit Kundschaft und betreibt Niederlassungen. Die Produktionsstätten befinden sich in Deutschland und China. Es gibt verschiedene Maschinentypen, zwischen denen der Kunde wählen kann. Die Wahl ist sowohl abhängig von den zu bedruckenden Bogengrößen als auch durch die konkrete Anwendung bestimmt. Auf Wunsch werden kundenspezifische Anpassungen vorgenommen, wie beispielsweise die spezifische Kombination und Anordnung der Druckwerke. Zusätzlich zu den physischen Produkten werden Dienstleistungen, Verbrauchsmaterialien und Softwarelösungen angeboten. So wird das Unternehmen unter anderem in die Wartung und Instandsetzung der Maschinen eingebunden. Es werden Materialien wie Bögen, Farbe, Lacke angeboten, da das Unternehmen hier eine Händlerposition einnimmt und die Materialien nicht selber produziert. Außerdem bietet das Unternehmen eigens entwickelte Software, beispielsweise für ein umfassendes Leistungs-Monitoring, an und bindet Maschinen in eine Cloud ein. Durch Integration einer großen Maschinenbasis konnte in den letzten Jahren eine breite Datenbasis geschaffen werden. Mithilfe dieser Daten und der daran geknüpften Erkenntnisse wird Software zur Steuerung der Druckereien entwickelt.

Daten der bisher in Betrieb befindlichen Maschinen bilden in diesem Geschäftsmodell eine notwendige Grundlage für die im Rahmen des Subskriptionsmodells versprochene Effizienzsteigerung. Diese Daten werden durch eine Software, die in-house produziert wurde, analysiert und durch eine hauseigene Plattform für den Kunden visualisiert. Ergebnis der Analyse und der datenbasierten Prozessberatung ist die kontinuierliche Verbesserung der Leistung. In einem monatlichen Bericht wird der aktuelle Stand mit den für den Monat vereinbarten Zielen abgeglichen und herausgearbeitet, in welchen Punkten Verbesserungsbedarf besteht. Durch die Cloud kommt hier der Netzwerkeffekt zum Tragen. Die Daten aus der Cloud können genutzt werden, um herauszufinden, wo und wie andere Nutzer bessere Leistungen der Maschine abrufen. Dadurch kann unter anderem durch prädiktive Instandhaltung die Servicezeit minimiert werden.

Der Nutzen, der dem Kunden angeboten wird, ist eine Steigerung der Produktionsmenge. Die OEE ist abhängig von den Servicezeiten und den Zeiten zwischen Aufträgen, für die Vorbereitung der Maschine für einen neuen Auftrag. Durch eine Reduktion des Maschinenstillstands können die Durchlaufzeiten und die Stückkosten minimiert werden. Für den Kunden wird somit eine höhere Leistung ermöglicht und er kann eine Absatzsteigerung erreichen. Das Unternehmen betrachtet sich als ein Lösungsanbieter. Es wird nicht nur die Druckmaschine, sondern auch den Service, die Beratung, die Leistungsunterstützung, Weiterbildung der Mitarbeiter und alle Verbrauchsmaterialien zur Verfügung stellen. In der Folge kann der Kunde sich auf sein Kerngeschäft konzentrieren.

Das Angebot richtet sich an ausgewählte Kunden mit ambitionierten Wachstumszielen. Grundlegend für die Auswahl von Kunden ist eine Risikoabschätzung des potenziellen Kunden, die durch eine circa zweiwöchige Analyse des Ist-Zustands erarbeitet wird. Hier wird erörtert, ob das vom Kunden gesetzte Ziel der Produktivitätssteigerung realistisch ist.

Durch das neue Geschäftsmodell wird eine Differenzierung vom Wettbewerb angestrebt. Es besteht ein kontinuierlicher Kontakt zum Kunden über einen dem Kunden zugeordneten, persönlichen Ansprechpartner. Für den Kunden ergibt sich durch das neue Geschäftsmodell unter anderem ein geringer Aufwand im Bereich des Angebotsvergleichs und des Einkaufs von Verbrauchsmaterialien, da diese schon im Angebot des Unternehmens enthalten sind.

In der Regel besteht ein Vertrag für fünf Jahre. Die Preisgestaltung erfolgt kundenindividuell in Abhängigkeit des angenommenen Risikos und der Produktionsmenge. Zu Beginn wird eine Einmalzahlung gefordert als Anzahlung für die Installation für die Druckmaschine. Der Preis besteht aus der monatlichen Grundgebühr für eine feste Anzahl gedruckter Bögen und der Gebühr pro über die festgelegte Anzahl hinausgehend gedruckte Bögen.

Fallstudie 7: Aufnahme am 24.10.2019

Das Unternehmen ist ein international agierender Lösungsanbieter für die Baubranche mit weltweiten Niederlassungen. Es werden verschiedene Geräte und Verbrauchsmaterialien für die Baubranche vom Unternehmen selbst produziert. Weiterhin entwickelt das Unternehmen verschiedene Software- und Brandschutzlösungen.

Zusätzlich zum Verkauf seiner Produkte bietet das Unternehmen die Möglichkeit, Geräte über eine Dauer von ca. vier Jahren zu einem festen monatlichen Preis zu mieten. Das Angebot adressiert professionelle Kunden und keine Privatpersonen. Im Rahmen dieser Vertragslaufzeit trägt das Unternehmen Sorge dafür, dass dem Kunden keine Ausfälle aufgrund von defekten Geräten entstehen und dies zu kostenintensiven Verzögerungen auf der Baustelle führt. Der Kunde kann sein defektes Gerät über verschiedene Kanäle dem Unternehmen zur Reparatur zukommen lassen. Es besteht die Möglichkeit, das Gerät an einer der Verkaufsniederlassungen abzugeben, telefonisch den Kundenservice oder den persönlichen Kundenberater diesbezüglich zu kontaktieren oder auch über die Webseite ein defektes Gerat zu melden. Das Unternehmen lässt das defekte Gerät über ein Logistikunternehmen abholen, stellt bei Bedarf ein gleichwertiges Ersatzgerät zur Verfügung und retourniert das ursprüngliche Gerät nach spätestens drei Tagen. Für die Reparatur des Gerätes betreibt das Unternehmen weltweit Reparaturwerkstätten. Dort werden Fehlercodes des Gerätes analysiert und defekte Teile werden getauscht. Bei Bedarf wird dem Kunden auch ein neues Gerät zur Verfügung gestellt. Das Unternehmen arbeitet derzeit daran, vermehrt Daten aus den Geräten zu erheben und für weitergehende Leistungen zu nutzen.

Mithilfe des Flottenmanagements bietet sich dem Kunden die Möglichkeit seinen Gerätebestand zu optimieren. Verkaufsberater besprechen vor Abschluss eines Subskriptionsmodells den erforderlichen Gerätepark sowie die aktuellen Kosten für die Verwaltung der Geräte. Das Unternehmen hat sich zum Ziel gesetzt, die administrativen Kosten für die Nutzung der Geräte zu reduzieren und seine Kunden durch Lösungen dabei zu unterstützen. So wird zunächst Transparenz hinsichtlich der Bestandteile, der Lebensdauer und der Nutzungshäufigkeit der Geräte geschaffen, bevor der Inhalt des Subskriptionsmodells kundenindividuell konfiguriert wird. Diese Transparenz kann durch Nutzung einer Geräteverwaltungssoftware auch durch den Kunden dauerhaft genutzt werden. Details, u. a. zu den Geräten, den Materialzuordnungen, der Lagerverwaltung und der Verrechnung, können innerhalb einer Softwarelösung verwaltet werden.

Trotz optimiertem Gerätebestand können Auftragsspitzen beim Kunden auftreten. Kunden des Subskriptionsmodells bietet sich die Möglichkeit, Messgeräte oder spezielle Geräte, die nur gelegentlich benötigt werden, für kurze Einsätze von wenigen Tagen oder Wochen zu buchen. Diese werden über eine Tagespauschale abgerechnet. Um Geräte optimal für den Einsatz vorzubereiten, bietet das Unternehmen die Möglichkeit einer jährlichen Kalibrierung.

Sollten dem Kunden Geräte durch Diebstahl abhandenkommen, so übernimmt das Unternehmen 80 Prozent der entstandenen Kosten, wenn eine polizeiliche Anzeige vorgelegt werden kann. Das Unternehmen finanziert die dem Kunden zur Verfügung gestellten Geräte eigenständig ohne Einbindung von Finanzinstituten. Die Preisbildung erfolgt kundenindividuell.

Fallstudie 8: Aufnahme am 19.10.2019

Das Unternehmen ist ein weltweit agierender Motorenbauer und Servicedienstleister für die Schifffahrts- und Kraftwerksbranche. Neben der Herstellung und dem Vertrieb der Hardware für diese mehrheitlich großen Kunden wie Reedereien, Häfen und OEMs generiert das Unternehmen die Hälfte des Umsatzes über kundenindividuelle, produktbegleitende Dienstleistungen. Während die Produkte teilweise defizitär verkauft werden, werden über die Dienstleistungen hohe Margen generiert.

Um Kunden in der Kraftwerkssparte zu gewinnen, bewirbt sich das Unternehmen auf Ausschreibungen von Betreibergesellschaften, welche über den gesamten Lebenszyklus für das Kraftwerk verantwortlich sind. Diese Betreibergesellschaft fordert in den meisten Fällen Performancegarantien. Die konkret ausgesprochenen Leistungsversprechen variieren dabei stark und enthalten in Teilen auch Vereinbarungen zu Pönalen. Abhängig davon, wieviel vom Kraftwerksprozess durch Aggregate des Unternehmens kontrolliert wird, werden ambitioniertere Leistungsversprechen definiert. In Teilen werden Leistungsversprechen zugesichert, um einen strategisch relevanten Auftrag zu erhalten.

Durch Condition-Monitoring und die Einhaltung strenger Richtlinien und Checklisten bei der Errichtung eines Kraftwerkes kann das Unternehmen Verfügbarkeitsgarantien mit einem einen Erfüllungsgrad von über 90 Prozent versprechen. Außerdem berichtet das Unternehmen periodisch (monatlich oder quartalsweise) im Rahmen eines Performanceberichtes an den Kunden. In Ländern wie Pakistan oder Brasilien ist es oft schwierig, qualifiziertes Personal für den Betrieb eines Kraftwerkes zu finden. Insbesondere in Ländern mit schwierigem Zugang zu qualifizierten Mitarbeitern ist das Angebot von Verfügbarkeitsgarantien populär. Das Unternehmen bietet in diesem Fall an, ein Kraftwerk mit einem eigenen Team vor Ort zu betreuen. Im Rahmen der ausgesprochenen Verfügbarkeitsgarantien werden auch Ersatzmotoren vorgehalten, die im Notfall schnell eingebaut beziehungsweise gewechselt werden können und welche das Unternehmen dort auf eigene Kosten positioniert, um vereinbarte Garantien einzuhalten.

Die Überwachung der Kraftwerke wird von einem Serviceteam realisiert. Weltweit existieren dazu Monitoring-Center, in denen Mitarbeiter stationiert sind, die einzelnen Kunden zugewiesen sind und Kunden als Servicemitarbeiter zu Verfügung stehen. Jeder Mitarbeiter überwacht dabei ca. 20 Kraftwerke gleichzeitig. Je nach Bedarf können die Mitarbeiter des Unternehmens direkt zum Kunden fahren oder mithilfe von Augmented Reality die Servicemitarbeiter des Betreibers der Kraftwerke aus der Ferne mit ihrem Know-how unterstützen.

In der Schifffahrtsbranche konzentrieren sich die Subskriptionsmodelle auf große Kunden. Erfahrungsgemäß empfinden kleinere Kunden sowohl die komplexen Leistungsversprechen als auch die damit einhergehenden Verträge als kompliziert. Das Unternehmen arbeitet derzeit daran, explizit auch kleinere Kunden zu adressieren. Die Kundenakquise erfolgt aktuell auf mehreren Kanälen. Der Erstkontakt entsteht meist über den Verkauf der Hardware an Reedereien, Häfen oder konkurrierende OEMs beim Bau eines Schiffes. Vertriebsteams sprechen diese Kundengruppen regelmäßig an und erkundigen sich nach geplanten Neubauprojekten bzw. Servicebedarf bei eigenen, aber auch bei Fremdprodukten. Der günstige, teils defizitäre Verkauf der Hardware erfolgt zur Bindung des Kunden, um später über Dienstleistungen Unternehmensgewinne zu erwirtschaften.

Etwa ein Drittel der verkauften Schiffsmotoren werden mit Condition-Monitoring überwacht. Die Erhöhung dieses Anteils wird durch hohe Ansprüche der Kunden hinsichtlich Datenschutz und die teilweise mangelhafte Konnektivität auf dem offenen Meer erschwert. Dies ist insbesondere dann herausfordernd, wenn Garantien an Echtzeitdaten geknüpft sind. Motordaten werden nur dann an das Unternehmen übertragen, wenn ein potenzieller Wartungsfall auftritt, der Kunde Daten übertragen kann und dieser Übertragung auch explizit zustimmt. Standortdaten werden in der Regel nicht übertragen, was eine zeitnahe Bereitstellung von Ersatzteilen bei Ausfall eines Motors erschwert. Da die verkaufte Hardware und Software stark variieren, verursacht die Bereitstellung eines Serviceteams für das Condition-Monitoring erhebliche Kosten.

Im ersten Jahr nach Fertigstellung eines Schiffes betreut das Unternehmen die verkaufte Hardware über Garantieleistungen, die mit keinen zusätzlichen Kosten für den Kunden verbunden sind. Da in den meisten Fällen die Betreiber des Schiffes regelmäßig wechseln, werden bei jedem Wechsel die Verträge neu verhandelt. Der neue Betreiber wird nur selten dem Unternehmen direkt mitgeteilt. Das Unternehmen versucht daher, den Betreiber zu identifizieren, um mit diesem einen neuen Vertrag abzuschließen. Die Verträge enthalten meist Klauseln, die es dem Kunden ermöglichen, den Vertrag auszusetzen, falls ein Schiff nicht bewegt wird.

Die Leistungsversprechen beziehen sich in der bei den Schiffsmotoren immer auf die eigentlichen Antriebsmotoren und Generatoren zur Stromerzeugung, niemals aber auf das ganze Schiff. Für Motoren des Unternehmens kann der Kunde verschiedene Garantien im Rahmen von Subskriptionsverträgen abschließen. So kann beispielsweise eine Garantie für die Reduktion des Kraftstoffverbrauchs vereinbart werden. Je ambitionierter das Leistungsversprechen ist, desto erforderlicher ist eine enge Zusammenarbeit zwischen dem Kunden und dem Unternehmen. Ausgewählte Leistungsversprechen bzw. damit verbundene Garantien kann ein Kunde beispielsweise nur dann beziehen, wenn entsprechende grundlegende Leistungen bereits bezogen werden. Ursprünglich waren Leistungsversprechen oftmals nicht für Betreiber interessant, da Risiken an den Kunden des Schiffbetreibers, also dem Auftraggeber für einen bestimmten Transport, abgegeben wurden. Durch die zunehmende Transparenz beim Abschluss von Transportgeschäften wählen Kunden mittlerweile verstärkt Anbieter, die den günstigsten Festpreis bieten können. Somit steigt zunehmend auch das Interesse von Betreibern an Garantieleistungen.

Sowohl in der Kraftwerks- als auch in der Maritimsparte wird im Rahmen von Kundenbefragungen das bestehende Serviceportfolio gemeinsam mit den Kunden weiterentwickelt. Auf Basis der Ergebnisse werden neue Serviceleistungen erarbeitet. Das Unternehmen übernimmt auch den Service für Aggregate von Wettbewerbern und geht mit entsprechenden Angeboten auf potenzielle Kunden zu.

Fallstudie 9: Literaturbasierte Aufnahme

Die Kaeser Kompressoren SE ist ein international agierendes Maschinenbauunternehmen und Anbieter verschiedener Produkte und Dienstleistungen im Bereich Druckluft. Seit einigen Jahren fokussiert Kaeser zunehmend die Digitalisierung und Erweiterung seiner Produktpalette um ergänzende Dienstleistungen und neue Geschäftsmodelle. Der Fokus hier liegt auf dem Angebot von Subskriptionsmodellen für Druckluftanlagen.[1]

[1] https://www.kaeser.de/unternehmen/ueber-uns/ (zuletzt geprüft am 18.06.2022)

Neben dem Verkauf von stationären und mobilen Kompressoren sowie klassischen Wartungsdienstleistungen bietet Kaeser Lösungen für die vorausschauende Instandhaltung und Subskriptionsmodelle. Das Unternehmen führt eine firmeninterne Auswertung der beim Kunden erhobenen Daten durch und überführt diese in ein Servicemodell. Bei der vorausschauenden Wartung handelt es sich um eine Vorstufe zu dem angebotenen Subskriptionsmodell. Erst beim Subskriptionsmodell ist auch der Kompressor von Kaeser selbst Gegenstand der Geschäftsbeziehung. Die Verträge werden über einen fixen Zeitraum von mindestens 5 Jahren geschlossen, in welchem Kaeser die in Echtzeit übermittelten Daten auswertet und ggfs. anfallende Wartungsarbeiten übernimmt. Der in diesem Geschäftsmodell versprochene Kundennutzen bezieht sich vor allem auf reduzierte Kosten sowie eine höhere Wartungseffizienz, welche sich in einer höheren Versorgungssicherheit widerspiegeln soll. Der Preis für den Kunden ist dabei abhängig von der tatsächlich erzeugten Menge an Druckluft, über den Vertragszeitraum allerdings fix. Der Kunde bindet zudem weniger Kapital, da Kaeser im Subskriptionsmodell den Kompressor zur Nutzung zur Verfügung stellt. (s. Sachnow et al. 2018, S. 100)

Neben Wartungsdienstleistungen werden auch verschiedene Formen von Subskriptionsmodellen angeboten. Mit dem Durchlaufen der 3 Projektphase Entwicklung, Installation und Betrieb wird für jeden Kunden ein individuelles Angebot modular zusammengestellt. In der Entwicklungsphase wird zunächst der genaue Bedarf des Kunden durch das Nutzungsverhalten ermittelt. Anschließend wird mithilfe von Simulationsmodellen die optimale technische Konfiguration für die Kundenanforderungen ermittelt. Bei der Installation der Anlage beim Kunden wird zusätzliche Netzwerktechnologie und Software verbaut, um Kaeser die Erhebung der notwendigen Daten u. a. für vorausschauende Instandhaltung zu ermöglichen. Die Betreiberverantwortung ist abhängig von der Form des gewählten Subskriptionsmodells. Je nach Modell liegt die Betreiberverantwortung entweder beim Kunden selbst oder bei Kaeser. In jedem Fall übernimmt Kaeser alle anderen Schritte des Lebenszyklus der Anlage. Je nach Vertragsgestaltung wird Kunden eine bestimmte Energieeffizienz vertraglich garantiert.[2]

Die in den Anlagen installierte Steuerungs- und Regelungssoftware bietet Kaeser die Möglichkeit, von jeder Anlage ein genaues virtuelles Modell mit allen nötigen Zustandsgrößen zu generieren und die Historie der Maschinenparameter nachzuvollziehen. Die erhobenen Daten sind für die jeweiligen Kunden einsehbar und befähigen sie zur Umsetzung von Anforderungen wie der ISO Norm 50 001. Darüber hinaus bilden diese Daten die Grundlage für Angebote zu vorausschauender Instandhaltung. Alle

[2] https://www.kaeser.de/produkte/betreibermodell-sigma-air-utility/ (zuletzt geprüft am 18.06.2022)

Daten werden in Echtzeit übertragen und mittels der von Kundennetzwerken separierten Modems übertragen. Die Verarbeitung der Daten erfolgt zentral am Hauptstandort des Unternehmens.[3]

Es wird eine monatliche Grundgebühr für Anlagen- und Betriebskosten erhoben. Darüber hinaus erfolgt eine bedarfsgerechte Abrechnung gemäß der tatsächlichen Nutzung zu vertraglich fixierten Mehrpreisen. Sofern die Betreiberverantwortung ebenfalls bei Kaeser liegt, wird zusätzlich eine individuelle Grundabnahmemenge vertraglich festgelegt. Grundsätzlich erfolgt die Preisbildung für die Subskriptionsmodelle kundenindividuell gemäß der Anlagen- und Servicekonfiguration. Die Berechnung der Preise beruht dabei auf Erfahrungsdaten und erfolgt automatisiert. Zu diesem Zweck werden bereits abgewickelte Verträge hinsichtlich Investitions- und Betriebskosten über den Vertragslebenszyklus ausgewertet.

Fallstudie 10: Literaturbasierte Aufnahme

Netflix ist ein weltweit agierender Dienstleister für Video-Streaming und Produzent von Filmen und Serien mit Sitz in Los Gatos in Kalifornien. Das Unternehmen besitzt über 139 Millionen Abonnenten in über 190 Ländern. Nutzer haben nach Abschluss eines Streaming-Abonnements unbegrenzten Zugriff auf die Medienbibliothek und können Inhalte werbefrei und on-Demand über das Internet abrufen. Netflix beschäftigt 7100 Mitarbeiter in Vollzeit. Das Unternehmen gliedert sich in drei Segmente: nationales Streaming, internationales Streaming und nationaler DVD-Versanddienstleister. Dabei werden die Einnahmen aller drei Segmente über einen von Nutzern monatlich zu zahlenden Betrag generiert (s. Netflix Inc. 2018, S. 1f.). Im Rahmen des DVD-By-Mail-Service zahlen Kunden für eine bestimmte Stufe des Angebotes, welche definiert wie viele DVDs maximal zeitgleich ausgeliehen werden können. Die DVDs werden an die Abonnenten versendet und nach dem Anschauen in einem beigelegten Rücksendeumschlag an Netflix zurückgeschickt. Bei diesem Segment handelt es sich mittlerweile um den kleineren Unternehmensteil, verglichen mit den Streaming-Angeboten (s. Voigt et al. 2017, S. 133). In den Streaming-Segmenten werden Nutzern gegen einen festen monatlichen Betrag Videoinhalte zur Verfügung gestellt. Abhängig vom abgeschlossenen Abonnement können über ein Nutzerkonto mehrere Nutzer die Inhalte der Netflix-Webseite konsumieren. Im Rahmen seines Subskriptionsmodells arbeitet Netflix an einer kontinuierlichen Verbesserung des Kundennutzens, indem es die Streaming-Inhalte erweitert. Dabei orientiert sich Netflix an den Vorlieben von Nutzern und versucht durch das Aufgreifen von aktuellen Trends und Themen, Nutzer an sich zu binden und neue Kunden zu akquirieren. Zusätzlich können Nutzer Inhalte auf mobilen Endgeräten ohne dauerhaften Zugang zum Internet herunterladen. Zu den wichtigsten Ressourcen der Streaming-Segmente gehören daher die Datenbanken, auf denen Inhalte

[3] https://www.kaeser.de/produkte/sigma-smart-air/ (zuletzt geprüft am 18.06.2022)

gespeichert werden, sowie das globale Server-System Open Connect, welches die Inhalte für Nutzer bereitstellt. Als eine der wichtigsten Ressourcen nutzt Netflix selbstentwickelte und patentierte Empfehlungsalgorithmen. Diese Algorithmen analysieren das Verhalten der Nutzer, vergleichen es mit dem von anderen und leiten so personalisierte Empfehlungen für einzelne Titel, Genres oder Kategorien ab (s. Voigt et al. 2017, S. 135; s. Gomez-Uribe und Hunt 2016, S. 2f.). Netflix versucht, sich exklusiv Inhaltsrechte für seinen Streaming-Dienst zu sichern. Da Lizenzvereinbarungen zu Inhalten zwischen Netflix und seinen Partnern nur für eine begrenzte Zeit gelten, analysiert und bewertet das Unternehmen vor Ablauf der Lizenz die Akzeptanz und Beliebtheit einzelner Titel und entscheidet im Anschluss darüber, ob sich eine Lizenzverlängerung lohnt (s. Voigt et al. 2017, S. 134f.). Das Unternehmen ermöglicht Kunden jederzeit, zum nächsten Abrechnungszeitraum zu kündigen Das Unternehmen sieht eine direkte Proportionalität zwischen dem Maximieren der Einnahmen durch Änderungen an den Leistungen und dem Wert der Leistungen für den Kunden. Im Rahmen des Subskriptionsmodells konzentriert sich das Unternehmen bei der Kundenakquise daher auf eine reine Optimierung der Nutzungserfahrung (s. Gomez-Uribe und Hunt 2016, S. 8).

In der Reihe **Schriftenreihe Rationalisierung** zuletzt erschienen:

Lenart, Martin:
Risikobasierte Gestaltung von Subskriptionsmodellen im Maschinen- und Anlagenbau
ISBN: 978-3-98555-212-2
Erscheinungsdatum: 02.07.2024

Engländer, Jacques:
Gestaltungsmodell eines Informationssicherheitsmanagementsystems für produzierende Unternehmen in Industrie-4.0-Umgebungen
ISBN: 978-3-98555-185-9
Erscheinungsdatum: 18.12.2023

Leiting, Tobias:
Konfiguration und Preisbildung von Subskriptionsleistungssystemen für die produzierende Industrie
ISBN: 978-3-98555-162-0
Erscheinungsdatum: 04.07.2023

Defèr, Florian:
Datenbasierte zuverlässigkeitsorientierte Instandhaltung von Produktionsanlagen
ISBN 978-3-98555- 137-8
Erscheinungsdatum: 09.01.2023

Götzen, Rafael Frank:
Ordnungsrahmen für die softwarebasierte Automatisierung administrativer Prozesse
ISBN: 978-3-98555-103-3
Erscheinungsdatum: 25.08.2022

Spiß, Maria:
Systematische Konfiguration der Resilienz in der Beschaffung
ISBN: 978-3-98555-196-5
Erscheinungsdatum: 29.01.2024

Müller, Jonas:
Soziotechnische Gestaltungsinstrumente für den Einsatz von Business-Analytics
ISBN: 978-3-98555-182-8
Erscheinungsdatum: 27.11.2023

Schacht, Maximilian:
Digitaler Schatten der Kundeninteraktionen produzierender Unternehmen
ISBN 978-3-98555-132-3
Erscheinungsdatum: 09.01.2023

Bach, Thies:
Gestaltungsmodell zur lernunterstützenden Erweiterung von Produktionsplanungs- und -steuerungssystemen
ISBN 978-3-98555-127-9
Erscheinungsdatum: 14.12.2022

Scholz, Svenja:
Bewertungsmetrik leistungsbestimmender Faktoren von Supply-Chains in Industriebetrieben
ISBN: 978-3-98555-049-4
Erscheinungsdatum: 11.04.2022

Edition Wissenschaft
Apprimus

Fischer, Markus:

Implementierung von Manufacturing Execution Systems basierend auf Industrie-4.0-Reifegradmodellen

ISBN: 978-3-98555-048-7
Erscheinungsdatum: 22.03.2022

Holst, Lennard:

Referenzmodell für das Customer-Success-Management im Subskriptionsgeschäft des Maschinen- und Anlagenbaus

ISBN: 978-3-98555-033-3
Erscheinungsdatum: 21.02.2022

Külschbach, Andreas:

Systematische Bewertung von Änderungsanfragen in der Produktion

ISBN: 978-3-98555-024-1
Erscheinungsdatum: 20.12.2021

Voswinckel, Carl Themo:

Blockchainbasierte Maschinen- und Anlagenanbindungen für datenbasierte Dienstleistungen

ISBN: 978-3-86359-990-4
Erscheinungsdatum: 12.08.2021

Frey, Dominik:

Simulationsbasierte Bewertung der Häufigkeit von Planungsläufen in der Produktionsplanung und -steuerung

ISBN: 978-3-86359-937-9
Erscheinungsdatum: 11.02.2021

Frank, Jana:

Reifegradbasierte Gestaltung der Unternehmenskultur am Beispiel der Instandhaltung

ISBN: 978-3-86359-928-7
Erscheinungsdatum: 28.01.2021

Hicking, Jan:

Spezifikation von intelligenten Produkten im Maschinenbau

ISBN: 978-3-86359-904-1
Erscheinungsdatum: 20.10.2020

Wieninger, Simon:

Vertrauen in Unternehmensnetzwerken durch Blockchain-Technologie

ISBN: 978-3-86359-880-8
Erscheinungsdatum: 24.08.2020

Birkmeier, Martin:

Messung und Darstellung der Qualität von betrieblichen Informationsflüssen

ISBN: 978-3-86359-866-2
Erscheinungsdatum: 01.07.2020

Krechting, Denis:

Methodennavigator für Business-Analytics produzierender Unternehmen

ISBN: 978-3-86359-860-0
Erscheinungsdatum: 02.06.2020

Edition Wissenschaft
Apprimus

FSC
www.fsc.org
MIX
Papier | Fördert
gute Waldnutzung
FSC® C083411

Zeitfracht Medien GmbH
Ferdinand-Jühlke-Straße 7
99095 Erfurt, Deutschland
produktsicherheit@kolibri360.de